2018
中国有色金属加工行业
优秀论文集

中国有色金属加工工业协会 编

2018
ZHONGGUO YOUSE JINSHU
JIAGO
YOUXI

北 京
冶 金 工 业 出 版 社
2019

内 容 提 要

本文集分为铝加工篇和铜加工篇。铝加工篇的文章是从 2018 年中国铝加工产业年度大会收编的论文中评选出的优秀论文，内容不仅涵盖行业整体发展现状，也包括铝加工过程中涉及的关键技术。在工艺技术方面重点介绍了特殊合金的熔铸技术、相关铝型材的挤压生产技术、铝板带箔的轧制技术、多种表面处理技术以及锻压、拉拔、焊接、热处理、辅料、管理等方面的内容。铜加工篇的文章主要选自 2018 年中国铜加工产业年度大会暨中国（黄石）铜产业发展高峰论坛和第四届中国（铜陵）铜基新材料产业发展国际论坛两个会议的优秀论文，内容既有铜板带、铜管和压延铜箔等行业综述性文章，也包含了熔铸、铜板带、压延铜箔、铜线等行业细分领域的工艺技术和管理方面的优秀文章。

本书可供有色金属加工行业从业人员、金属材料研发与应用人员阅读，也可供大专院校有关专业师生参考。

图书在版编目(CIP)数据

2018 中国有色金属加工行业优秀论文集/中国有色金属加工工业协会编．—北京：冶金工业出版社，2019．5

ISBN 978-7-5024-8122-3

Ⅰ．①2…　Ⅱ．①中…　Ⅲ．①有色金属—金属加工—文集　Ⅳ．①TG146-53

中国版本图书馆 CIP 数据核字(2019)第 089036 号

出 版 人　谭学余
地　　址　北京市东城区嵩祝院北巷 39 号　邮编　100009　电话　(010)64027926
网　　址　www. cnmip. com. cn　电子信箱　yjcbs@ cnmip. com. cn
责任编辑　曾　媛　张登科　美术编辑　彭子赫　版式设计　孙跃红　禹　蕊
责任校对　李　娜　责任印制　牛晓波

ISBN 978-7-5024-8122-3

冶金工业出版社出版发行；各地新华书店经销；三河市双峰印刷装订有限公司印刷
2019 年 5 月第 1 版，2019 年 5 月第 1 次印刷
787mm×1092mm　1/16；18. 75 印张；455 千字；292 页

78. 00 元

冶金工业出版社　投稿电话　(010)64027932　投稿信箱　tougao@cnmip. com. cn
冶金工业出版社营销中心　电话　(010)64044283　传真　(010)64027893
冶金工业出版社天猫旗舰店　yjgycbs. tmall. com

（本书如有印装质量问题，本社营销中心负责退换）

前　言

进入21世纪以来，以铜、铝加工为代表的中国有色金属加工产业持续快速发展。2018年，我国铜、铝加工材产量分别达到1781万吨和3970万吨，已连续15年和13年稳居世界第一，并继续保持增长。与此同时，装备、科技、标准、专利水平也得到大幅度提升。然而产业大而不强的问题仍然存在，部分高端品种仍然依赖进口，我国铜、铝加工材亟待向产业链和价值链高端迈进。

当前，中国特色社会主义进入了新时代，产业发展面临高质量发展的新需要，坚持“创新、协调、绿色、开放、共享”五大发展理念，推动传统制造业向先进制造业转型，产业结构向全球价值链高端攀升，是当前行业发展的主旋律，而技术创新是实现这种转型发展和提质升级的重要手段。

近年来，中国有色金属加工工业协会依托每年一度的中国铜、铝加工产业年度大会，以及两年一度的中国（铜陵）铜基新材料产业发展国际论坛等平台，组织全国铜、铝加工企业及相关高校、研究院所的从业人员按照贯彻落实新发展理念，推动行业高质量发展的新要求，结合自身和企业的工作成果和相关经验撰写论文，得到了全行业的积极响应，每年收到的论文数量快速增加。2018年，共收到铜加工相关论文86篇，铝加工相关论文128篇。此举对于加强技术交流、促进科技创新、推动行业高质量发展、培育人才成长都起到积极的作用。其中，特别优秀的论文被推选在年会上进行演讲交流。然而，年度大会发表演讲的容量毕竟有限，还有很多选题新颖、技术先进、观点独到、内容优秀的论文也值得在行业推广交流和专门收纳、保存。为此，中国有色金属加工工业协会决定从每年的会费中列支款项，对这些论文重新编排并正式出版，一方面体现扶优扶强和对作者贡献与价值的肯定；另一方面进一步激发行业技术和管理人员，尤其是广大青年科技管理人员结合本职工作开展各种创新研究的热情和活力。这是中国有色金属加工工业协会在七届三次理事会上做出的关于进一步提高服务质量承诺的一项重要内容。

《2018中国有色金属加工行业优秀论文集》共选取40篇优秀论文并由冶金工业出版社正式出版。其中铝加工类23篇，内容涵盖行业综述，以及熔铸、挤压、轧制、热处理、表面处理等各种工序的工艺技术进步情况；铜加工类15

篇，内容涵盖行业综述，以及熔铸与加工、铜板带、压延铜箔、铜线等工艺技术进展和铜加工管理等。

我们非常希望本论文集所讨论的技术和管理问题能在读者们的参与下不断迭代、丰富和完善，成为在新时代促进中国有色金属加工产业，尤其是铜、铝加工产业高质量发展的参考书，并衷心希望带动更多同志勤奋思考、不断提炼、总结经验、探讨规律，共同为推动中国有色金属产业实现高质量发展做出各自的新贡献。

本论文集在遴选和编辑过程中得到了广大作者的积极响应和支持。范顺科理事长在百忙之中多次亲自关心和指导。中国有色金属加工工业协会秘书处工作人员为论文集的最终出版做了大量工作。在此对他们的付出一并表示感谢！

由于时间所限，书中疏漏在所难免，敬请广大读者批评指正。

编 者

2019 年 5 月 20 日

目　录

铝加工篇

综述

工艺技术

熔铸

挤压

轧制

热处理

表面处理

其他

铜加工篇

综述

工艺技术

熔铸与加工

铜板带

压延铜箔

铜线

管理

铝加工篇

综 述

中国铝加工工业发展现状

王祝堂

（中国有色金属加工工业协会，北京 100814）

摘 要：对中国铝加工业作了扼要的介绍，2017年中国铝材总生产能力58000kt/a，占世界总产能93500kt/a的62%，总产量38200kt，出口4218kt，净消费量34377kt，均居世界之首。中国铝加工业装备的80%以上是21世纪以来建成的，而且大部分是从世界顶尖的公司引进的。2017年中国拥有二辊热轧机约380台、单机架四辊可逆式热轧机约95台、热粗-精轧线12条、(1+3)式热连轧线7条、(1+4)式热连轧线13条、(1+5)式热连轧线2条、(1+1+5)式热连轧线2条；有在产的双辊连续铸轧线约850条，带坯总生产能力约8500kt/a，占世界总产能的96%以上；有约580家生产板带的企业，生产能力约16400kt/a，产量约9800kt，设备利用率40%；铝箔生产能力约5500kt/a，产量3650kt；中国保有挤压机3800台，挤压企业835家，有≥225MN的超级挤压机3台，并在建300MN的挤压机，约有制粉企业160个，总生产能力约175kt/a；有约45家锻件生产企业，总生产能力约125kt/a，有全球独一无二的800MN锻压机。

1 引言

尽管中国的铝加工业在许多方面均居世界前列，而且在铝箔与挤压材方面已成为初级强国，但要成为一个全盘的铝加工业强国还有许多工作要做，仍需撸起袖子加油干。

经过改革开放40年来的高速发展，中国铝工业发展从高速转向高质量，同其他产业一样，中国铝加工业稳中有进、稳中向好趋势十分明显。一方面，中国铝加工业拥有全球最完备的产业体系，承受外部市场冲击的能力已臻至世界首屈一指；另一方面，中国铝加工业体量庞大，增速仍十分可观，消费旺盛。

中国铝加工业早已今非昔比，改革开放40年，中国在发展成为世界第二大经济体的同时，还是世界第一大工业国，世界第一大铝工业国、第一大铝材生产国、第一大铝材消费国，中国铝工业在全球一枝独秀。

2 中国铝加工工业现状概述

2.1 2017年中国铝材总产量34550kt

2017年中国铝材总生产能力约58000kt/a，占世界总产能935500kt/a的62%。据中国有色金属加工工业协会和北京安泰科信息股份有限公司的资料，中国2016年、2017年有关铝材各种信息见表1。

表1 2016年、2017年中国铝材产、销数据 (kt)

产品名称	2016年				2017年			
	产量	进口	出口	净消费量	产量	进口	出口	净消费量
板带	9020	246	1639	7627	10300	255	2077	3478
箔材	3180	60	1080	2160	3650	61	1163	2548
挤压材	18550	71	1304	17317	19500	66	944	18622
线材	4130	11	22	4119	4400	11	24	4387
粉材	150	1	10	141	160	2	10	152
锻件等	170	—	—	170	190	—	—	190
总计	35200	389		31534	38200	395	4218	34377

由表1中所列数据可见，中国2017年铝加工材表观净消费34400kt，占世界净消费量61430kt的56%。由此可见，中国铝材有着巨大的国内市场，所以美国挑起中美贸易战，对中国出口到美国的钢、铝加征25%的关税，对中国铝加工业会有一些影响，但不大，完全可通过增加国内消费与加大对其他地区出口抵销。2017年中国铝材产量同比上升8.5%，笔者认为，2018年的增长率不会低于7.5%。

2.2 铝加工装备先进

中国铝加工产业装备的80%以上是21世纪以来建成的，而且大部分是从世界顶尖的制造公司引进的，如美国瓦格斯塔夫（Wag Staff）的铸造机，日本宇部兴产公司的挤压机，德国西马克集团（SMS Group）的板带轧机、重型挤压机、反向挤压机与厚板预拉伸机，奥地利艾伯纳公司的加热炉与热处理炉等。

2.2.1 熔炼保温炉组

有世界顶尖的铝合金熔炼保温约95套，容量约2600t，具有节能、环保等优点，能耗低于55m^3/t铝天然气，温室气体和二噁英排放量能满足欧洲经济共同体的环保法规要求。

2.2.2 铸造机

截至2017年，中国保有现代化的圆锭与扁锭铸造机约4500台，最大的圆锭铸造机一次可铸160根，扁锭铸造机一次可铸单块锭的质量达42t，可铸圆锭最大长度9m，这些都可以列为世界纪录。中国引进的瓦格斯塔夫圆锭铸造机48台，其中引进最多的是辽宁忠旺铝业有限公司，共计13台，总生产能力在1200kt/a以上，这是世界上绝无仅有的。中国现有引进的扁锭铸造机近90台，其中瓦格斯塔夫公司55台；美国阿尔梅克斯公司（Almex）4台，专用于铸造航空航天器硬合金扁锭；还引进了既可以铸造扁锭又可以铸造圆锭（ingot/billet）的铸造机。瓦格斯塔夫铸造系统见图1。

2.2.3 铸锭热轧（板带热轧）

中国铝板热轧始于1919年，用二辊小热轧机轧制铁模铸造小扁锭，生产小板片，现代化铝板带轧制始于1956年11月东北轻合金有限公司2000mm四辊不可逆热轧机的投产，从苏联引进；1970年西南铝业（集团）有限责任公司建成投产，有一台中国有完全自主知识产权的2800mm四辊不可逆热轧机，由第一重型机器制造有限公司设计制造。

图1 瓦格斯塔夫铝合金铸造系统

铸锭热轧前都要进行加热，通常把这种工艺称为预加热。硬合金锭在机械加工之前必须进行均匀化处理，均匀化处理是既费时又费能的工序，预加热也如此，均匀化处理和预加热可单独进行，也可以合并进行。中国铝板带轧制工业拥有世界上最多与最先进的推进式加热炉。这种炉具有加热温度均匀、加热速度快、节能环保、易自动控制、容量大等优点。

截至2017年中国有引进的艾伯纳公司及其他公司的扁锭推进式加热-均匀化炉52台，国产85台。南山轻合金公司热轧线有5座HICON推进式加热炉，每座炉可装30t的扁锭25块，是全球一次可装锭最多与装料最大的生产线。天津忠旺铝业有限公司软合金热轧线的艾伯纳推进式加热炉可装厚390~650mm、宽1240~2700mm、长4500~8000mm的锭，锭温度均匀性±3℃，热效率≥72%，锭坯加热温度350~620℃，单块锭最大质量26.5t，最多可装25块。

2017年中国铝板带热轧机及生产线见表2。热连轧线是指精轧机列≥2个机架的生产线，热轧板带总生产能17910kt/a，占世界总生产能力的53%左右。在热轧板带中，厚板的产量一般不会超过8%，其余的为供冷轧用的带卷坯，供冷轧用的热轧带坯厚度通常都≥2.2mm。

表2 2017年中国拥有的铝板带热轧机及热连轧线

型 式	总生产线条数及台数	生产能力/kt·a^{-1}
二辊热轧机	约380	1000（估计）
单机架4辊可逆式热轧机	约95	2500
热粗-精轧线（1+1）式	12	3260
（1+3）式	5	2080
哈兹雷特连续铸造机-3机架热轧机	2	1000
（1+4）式	13	7830

续表2

型　式	总生产线条数及台数	生产能力/kt·a^{-1}
(1+5) 式	2	1400
(1+1+5) 式	2	2100
总　计		21170

中国现有两条哈兹雷特1950mm连铸连轧线，一条在河南豫港龙泉高精度铝板有限公司，该厂把生产能力定为250kt/a；另一条在内蒙古霍林郭勒锦联铝材有限公司，生产能力定为350kt/a。实际上每条的生产能力完全可以达到500kt/a。

亚洲铝厂有限公司的1(2450mm)+5(1730mm)式热连轧线已停产。2540mm热粗轧机是全新的，由西马克公司设计制造，1730mm 5机架热连轧线是从美国铝业公司购买的二手设备，但由西马克公司做过改造。

2.2.4　厚板生产

在铝加工产业，厚板是指厚度>6mm的板材，除北美以外，其他国家和地区都采用这一定义，在北美将厚板定义为厚度>6.35mm(0.25in)的板材。在全世界铝行业，按厚度只有厚板（plate）与薄板（sheet）之分，没有中厚板之说，以后最好不要用这一名称，但是却有特厚板（thick plate）这一名称。

2017年中国铝合金厚板生产能力已超过1000kt/a，是世界上最大者与最先进的，如东北轻合金有限责任公司的3950mm热轧机、天津中旺铝业有限公司的4500mm热轧机、南山铝业股份有限公司与爱励铝业（镇江）有限公司的4100mm热轧机、南南铝加工有限公司的4100mm热轧机、西南铝业（集团）有限责任公司的4300mm热轧机，都是从西马克公司引进的，还有企业拟建5600mm粗轧机，生产线已预留出此轧机的位置，它真是世界铝粗轧机之王，比奥科宁克铝业公司达文波特轧制厂的粗轧机还大一点点。

要生产航空航天铝合金厚板还必须有辊底式固溶处理炉、时效炉、预拉伸机、超声探伤线等，应可处理38m长、厚达250mm的板材，生产线总长近180m。当下中国有辊底式固溶处理炉和时效炉，是全球拥有这类炉最多的国家。中国有一家企业有3台辊底式固溶处理炉，炉膛长38m，炉内保温板材的最大温差为±1.5℃，首台炉2015年12月3日进行了有负荷试车，全面达到预期效果；该公司还有4台艾伯纳辊底式时效炉，3台处理通用版，另一台炉膛长39m，可进行T77处理，这是中国首台，也是亚洲第一台，可处理板材最大质量25t。

板材淬火后，内部存在着相当大的内应力，必须矫直（平）消除，否则在以后机械加工时会产生变形，拉伸矫直是消除内应力最有效的措施，因为拉伸是在时效与机械加工之前进行，故称预拉伸。拉伸变形量一般为2%左右，最大4%，太小不能有效地消除残余应力，太大会产生滑移线，且可能引发新的内应力，过大时还可能拉断。

至2017年12月全世界有在产的厚板预拉伸机约60台，中国有25台，占总数的42%，由于85%以上的厚板都要经过拉伸，所以拉伸机的生产能力决定了企业厚板生产能力。目前，世界上最大厚板预拉伸机为136MN，为美国凯撒铝业公司雷文斯伍德轧制厂所有，中国西南铝业（集团）有限责任公司有一台120MN的拉伸机，是中国航母级别拉伸机，由洛阳中信重工集团制造。

2.2.5 双辊式连续铸轧带坯

铝及铝合金厚板可以直接由热轧机生产，热轧也可以生产供冷轧用的带坯，这种带坯是一种中间产品，目前热轧产品的95%以上是这种中间产品。中国是双辊式铸轧机王国，2017年，中国有在产的双辊式连续铸轧机约850台，带坯总生产能力约8500kt/a，占世界总产能的96%以上。在这些铸轧机中，仅有12台是引进的，其他的都是中国有关企业设计制造的，中国生产的铸轧机不但可以满足国内需求，而且已出口到世界6个发展中国家。2017年，中国生产的铸轧带坯约5600kt，设备利用率约66%。这是世界上绝无仅有的，几乎占冷轧用带坯的57%。

双辊式铸轧机生产冷轧带坯具有短流程、投资少、节能环保等优点，但目前还不能生产热处理可强化合金与镁含量≥3.5%的合金，除电池阳极箔外，中国铝箔几乎全是用铸轧带坯轧制的，包括0.0045mm厚的电力电容器箔，这是中国铝箔工业的创举。

2.2.6 带材冷轧及ABS板带

第一，中国铝板带冷轧始于1919年，直到1995年块片式冷轧才在华夏大地上消失，现在冷轧时，轧的都是带材，所以不要说“铝板带冷轧”；第二，目前，中型（辊面宽度≥1300mm）冷轧机与大型（辊面宽度>1800mm）冷轧机都是非可逆的，同时卷的质量≥5t，只有小型轧机（辊面宽度≤1200mm）、同时带卷质量<5t时才进行可逆式轧制；第三，在现有技术水平条件下，冷轧带材速度很难超过2400m/min，带卷质量也不会超过32t；第四，冷轧带材宽度大多数不会超过2500mm，也会有个例；第五，由于轧制速度和带卷质量提高，今后不会建5机架冷连轧线了，建4机架冷轧线也仅是个别的。如果突破这些底线一定要做好技术经济分析。

截至2017年12月，中国有约580家生产板、带的企业，生产能力约16400kt/a，产量约9800kt，设备利用率约60%，处于产能较为严重的过剩状态，去产能任务很重。

按生产能力大小，中国铝板带生产企业结构如下：

产能≥200kt/a的大型企业	约23家
产能≥50kt/a、<199kt/a的中型企业	约80家
产能<50kt/a的小型企业	约477家

可以按工作辊也可以按支撑辊辊面宽度，将冷轧机分为大、中、小型，支撑辊辊面宽度比工作辊的窄3%~4.5%。工作辊辊面宽度≥1800mm的称为大型轧机，1200mm≤辊面宽度<1800mm的为中型轧机，轨面宽度窄于1200mm的划为小型轧机。

当下，中国约有大小单机架铝带冷轧机1350台，冷连轧线14条，连轧线的生产能力3810kt/a，单机架冷轧机的生产能力12160kt/a，生产能力最大的单机架冷轧机的最大产能为135kt/a（罐料），但这个数字的实际意义不大，因为与产品结构的关系很大。在这14条冷连轧线中，双机架的10条，三机架的3条，五机架的1条（2014年停产），国外还有4机架的，中国没有。在这些冷连轧线中，有9条是引进的，其中8条是西马克公司的，装机水平世界领先。

中国1956~2017年从苏联、日本、美国、英国、奥地利、意大利、德国共引进四辊、六辊铝带冷轧机32台，其中最多也是最先进的是西马克公司的，共19台，仅先进的CVC plus6冷轧机就有14台，独占世界鳌头。

在铝合金板带中，CTP与PS板基板、铝箔带坯、罐料、ABS（Automotive-Body-Sheet汽车车身薄板）是4种大宗产品，约占全球平轧铝产品（FRPs）总量的65%。在这四种产品中，前三类中国都能生产，不但能满足本国的需求，而且还有少量出口，总体上与美国、德国、日本的产品相比，在品质方面还有一些差距，大而不强，多而不高。

中国是世界最大的汽车产销大国，却不是一个用铝大国，单车的铝材用量比工业发达国家低21%以上。

2.2.7　铝箔

中国铝箔生产始于20世纪30年代初，近35年是中国铝箔工业发展的黄金时期，2017年铝箔生产能力约5500kt/a，产量3650kt。从2005年起，中国已成为一个世界铝箔初级强国，主要标志是：

（1）生产能力最大，2017年约5500kt/a，约占全球总生产能力的76%，产量3650kt，约占全球产量的56.7%；

（2）拥有全世界最多的先进的2000mm箔轧机35台，其中进口的26台，占总数的74.3%，占世界总台数（50台）的70%；

（3）可生产经济建设所需的各种箔材，可用铸轧带箔生产宽1100mm的厚0.0045～0.005mm的电力电容器箔，国外生产超薄箔用的都是铸锭热轧带坯；

（4）双辊式铸轧带坯占的比例达78%，这在世界主要铝箔生产国是绝无仅有的，在国外生产的铝箔中，铸锭热轧-冷轧带坯占93%以上。中国铝箔带是世界上最节能环保的，经济效益最好的；

（5）中国铝箔在国际市场上有很强的竞争力。

2.2.8　挤压

在新中国成立前中国并没有铝加工业，1956年东北轻合金有限责任公司的建成投产开创了中国铝加工业的先河，有11台从苏联引进的水压机，有1台50MN的，是当时亚洲最大的。2007年中国挤压铝材产量超过2000kt，超过美国的，成为世界第一。2017年，中国保有挤压机约3800台，有挤压企业835家。在这3800台挤压机中，有反向挤压机36台、正反向挤压机9台，其余的皆为正向挤压机。按挤压力大小挤压机的结构如下：

挤压力	台数	比例
挤压力≥150MN	5台	0.13%
100MN≤挤压力<150MN	7台	0.18%
45MN≤挤压力<110MN	123台	3.24%
12MN≤挤压力<45MN	1380台	36.32%
挤压力<12MN	2285台	60.13%

中国有世界上最大的超级挤压机3台，2台225MN挤压机，都是忠旺铝业股份有限公司的，吉林麦达斯铝业有限公司有1台235MN的，还有一个企业正在建设1条300MN的，它们都是太原重型机械股份有限公司设计制造的。经济压力≥45MN的大挤压机有约140台。

2.2.9　制粉

中国现代化铝粉制造工业始于哈尔滨铝加工厂（现名东北轻合金有限责任公司）二期

工程铝、镁粉项目1962年建成投产，生产能力：铝粉2kt/a、镁粉800t/a、铝镁合金粉500t/a。经过55年的发展，中国已形成产品种类齐全、产量大的最大铝粉王国。2007年以前，中国是铝粉净进口国，从2008年起，中国成为铝粉净出口国。2017年中国约有大小铝粉生产企业160个，总生产能力约175kt/a，并在建规划产能达200kt/a的球形铝粉项目，总投资38亿元，分三期建成：一期投资6亿元，建50kt/a球形铝粉项目，2017年10月开工，2018年投入营业；二期投资14亿元，建50kt/a的球形铝粉、50kt/a铝银浆项目，2019年投产；三期投资18亿元，建100kt/a铝球粉、50kt/a铝银浆粉，2020年具备生产条件。

中国生产能力≥10kt/a的铝粉厂见表3。

表3 中国生产能力≥10kt/a的铝粉厂

企 业	生产能力/kt·a^{-1}	生产线/条	粉末类型
河南省远洋粉体科技有限公司	16	5	微细球粉
东营金茂铝业高科技有限公司	15	5	微细球粉
山东鲁驰新材料科技有限公司	12	2/40台球磨机	微细球粉、铝膏
营口恒达实业有限公司	10		空气喷粉
湖南金天铝业高科技有限公司	10	3	1~50μm球粉
泸溪县金源粉体材料有限责任公司	10	3	微细球粉

中国科学院力学研究所对铝粉生产技术有着突出贡献，1984年该所开始研究气体雾化机理、工艺和装备；1990年推出球粉工业化生产装置，后来又成功研制出氮保护雾化技术，同时采用紧密耦合气体雾化器（CCGA），使雾化、分级和包装等全流程在氮保护下进行，生产的球粉不但细分率高，而且含氧量低；后来又研制成功有工业化生产价值的双流雾化（水雾化-气雾化）、离心雾化、真空雾化、氮雾化、超声雾化等工艺及相应的装备。

2.2.10 锻压

锻造是一种古老的工艺，几乎与纯金属的规模化生产同时诞生，人类发现和使用金属的几千年历史都伴随着锻造技术的发展。锻造是机械制造工业的基础工艺之一，锻造零件在机械与装备占有很重要的地位，但是，在铝材中，锻件占的比例并不大，例如在1956~1983年的27年中，中国东北轻合金有限责任公司共生产铝材2335.832kt，其中模锻件17.614kt/a、自由锻件3.728kt/a，分别占总量的0.75%、0.16%，工业发达国家占比稍微大一些，但也不超过2%。

世界铝合金锻件的工业化生产始于20世纪初，因为原铝的商业化提取1888年才开始，中国铝合金锻件的现代化工业生产始于1961年东北轻合金有限责任公司二期工程锻压车间的建成，设计生产能力：模锻件3700t/a、自由锻件800t/a。主要设备是从苏联引进的：100MN模锻机1台、50MN模锻机1台、30MN模锻机1台、3MN锻压机1台，模铣床2台。

1970年7月1日西南铝加工厂（现西南铝业（集团）有限责任公司）建成，有中国第一重型机械公司设计制造的8柱立式300MN模锻机1台、60MN立式自由锻造机1台，锻件生产能力24.5kt/a。

近 40 年是中国铝合金锻压工业大发展时期，2017 年中国可生产铝合金锻件的企业约有 45 家，总生产能力约 125kt/a。中国已跻身铝锻件世界先进行列，是世界生产能力最大的，有全球最大的 800MN 锻压机，全国保有锻压机约 140 台，可生产国民经济建设所需各种锻件，东北轻合金有限责任公司与西南铝业（集团）有限责任公司生产的直径≤10m 的锻环，保证了航天器的如期发射，西南铝业（集团）有限责任公司生产的铝合金模锻件装在成千上万架波音飞机上。

2.2.11 航空航天器锻件

南山集团锻造公司 2016 年初建成，有 4 台锻压机，全从德国进口：125MN、500MN 模锻机各 1 台，由辛贝尔康普公司（Siempelkamp）制造；2 台自由锻造机，25MN、60MN 的各 1 台，由韦普科海底里克公司（Wepukohypdiulik）制造。设计航空级铝合金锻件 35kt/a。

第二重型机械制造有限公司拥有的世界最大的锻造机都是该公司设计制造的，1 台 200MN 的，一台 800MN 的，后者是全世界唯一的。800MN 模锻机于 2013 年投产，一直运转正常，200MN 的模锻机于 2011 年投产。

山东航桥新材料有限公司是北京航空材料研究院与魏桥铝电有限公司的合资企业，投资 2 亿元，2010 年 8 月投产，有 4 台锻压机：1 台 500MN 的，由第一重型机械制造有限公司设计制造；另 3 台为 36MN、25MN、16MN 的模锻机，由天津市天锻压力机有限公司制造。航桥新材料有限公司锻件生产能力为 10kt/a。

东北轻合金有限责任公司和西南铝业（集团）有限责任公司的锻压车间的概况前已述及，在此不再赘言，目前西南铝业（集团）有限责任公司还规划增建 1 台 100MN 的锻压机。

除了这些以生产航空航天器锻件为主的主要锻压企业外，全国还有六七家较小的生产航空器锻件的企业，它们的总生产能力约 15kt/a。

以西南铝业（集团）有限责任公司为代表的锻压工业已走向世界，不但为中国“长征”系列火箭、“神舟”系列飞船、“嫦娥”系列探月卫星、“天宫”系列空间站、国产诸多飞机提供了所需的模锻件、锻环等（图 2）；更难能可贵的是，它们已获得美国波音公司精密航空模锻件和锻坯生产许可证，法国 BVAS 9100 和美国 PRI Nadcap 热处理、超声波探伤及实验室认证；取得了波音公司、空客公司、赛峰公司航空铝材供应商资格；通过了中国商飞公司质量体系审查认证。

2.2.12 锻造车轮

锻造铝合金车轮的各项性能比钢车轮和低压铸造铝合金车轮优越得多，例如美国奥科宁克铝业公司（原美国铝业公司）的 DURA-BRIGHI EVO 锻造车轮比钢轮轻 47%，如果一辆公共汽车的 12 个车轮全部用锻造铝合金取代，在其生命周期内（运行 1.5 百万千米）可以减排二氧化碳 13.3t；锻造铝合金车轮可承受 71.2t 重量，而钢轮在承受 13.7t 重量时就会发生变形，可见锻造铝合金车轮承受重量的能力为钢轮的 5 倍。奥克林克林业公司采用 80MN 的锻压机生产车轮。

中国生产锻造铝合金车轮始于 1995 年秦皇岛中信戴卡轮毂制造有限公司，有 2 台引进的锻压机，至今全国有 18 家生产车轮的锻造企业，拥有锻压机约 40 台，戴卡集团是世界最大者。

图 2　西南铝业（集团）有限责任公司生产的直径 10m 的世界第一铝合金环

3　我国铝加工业正向强国迈进

目前中国已成为世界铝工业和铝加工业大国，同时已进入世界铝箔铝与挤压材初级强国，现在已迈进高质量发展阶段，正在向着世界全盘强国高速阔步前行，到 2025 年，中国有望成为世界独一无二的既大又强的铝加工工业国。

要成为世界强国，还需要做哪些事呢？

（1）去产能，铝加工业产能显著过剩，须在近几年内通过关、停、合并等工作淘汰那些工艺落后、能耗大、环保不合格的企业与生产线，至少要去掉 20%以上的产能。

（2）形成结构合理、大中小企业搭配得当、中高精产品能充分满足国内外需求的铝加工业结构，扩大出口，进口适量高精铝材，出口量宜达到产量的 20%或更多一些。

大力走向国际市场，到国外去建厂，去收购企业。收购是最佳途径，不但见效快，而且有现成的市场与技术，但是收购的应是技术含量高的，美国铝业公司与诺贝丽斯铝业公司就是主要靠收购国外企业发家的。忠旺控股公司在收购国外企业方面起了引领作用，所收购的翁纳铝业公司（Alunna）与银色游艇公司（Silver Yatch Co.，Ltd.）都是世界一流企业。2025 年最好能够形成五六个有竞争力的跨国铝业公司，其中有一两个进入世界 500 强。

（3）加大科技研发投入，加强知识产权保护，广揽高端人才，广育未来人才，人才是企业发展的主要生产力，让智能科技助力智能铝加工业，大力加强原创性工作，在此期间最好能研发五六个原创性的变形铝合金。

（4）航空航天铝材应有很强的可追溯性，可追本溯源，如果全国有一个在二三十年内专门用专一的铝土矿提取氧化铝，用此种氧化铝在专门的电解槽系列内提取原铝，全国凡是生产航空航天铝材的企业都用此厂生产的重熔用铝锭，这对保障合金成分有着极其重要的作用。

（5）花大力气推广铝的应用，特别是在汽车中的应用，如果 2025 年乘用车的用铝量能达到 220kg/辆，新能源车是全铝的，货运车的 80%以上是全铝的，那么仅此一项 2025

年的用铝量就会达到 7500kt 或更多一些。

劳动生产率尚需较大提高，铝加工业各种产品的平均劳动生产率大致比工业发达国家低 10~60t/(人·年)。

(6) 原铝/再生铝消费量，或废铝/原铝（锭）消费量。再生产 1t 铝材时，废铝用得越多，经济效益越高，技术也更硬，2016 年，日本的此比率达 44%，是世界上最高的；在生产罐身料（can body stock）时，美国用的废旧罐（UBC）是最高的，而中国在这方面还有很大差距，几乎为零。

应补的短板真还不少，例如，水平连铸线，可显著提高成品率，专业化圆锭铸造厂可考虑建此类生产线与均匀化处理炉生产直径≤400mm 的圆锭；引进 Micromill 无头短流程轧制线，建哈兹雷特铝箔带坯无头轧制线（铸造—热轧—冷轧）；ABS 长流程生产线；罐料厂建 UBC100kt/a 生产项目；中国在建、拟建几十座原子能发电厂，原子能铝材的全盘生产供应；C 纤维及碳化硅纤维生产以及铝基复合材料生产；紧固件生产项目；铝-锂合金研发、生产与深加工基地；兵器铝合金厚板与泡沫复合装甲板；极纯铝与靶材；半固态模锻汽车与电子装备零件；高强高导电率铝合金线材；抑爆铝箔；高压电池箔；Al-Li、Al-Sc 合金等焊丝，要求 H_2、杂质含量低；可超塑可自然时效的铝合金 5083；汽车与电子产品冲挤件；智能化生产线。在这些需补的短板中，有的是产量不足，有的是还没有形成工业化生产线。

铝锂合金的发展、特点与其在客机结构上的应用

郑卓阳，程仁寨，肖　栋，张涵源

（山东南山铝业股份有限公司，山东龙口　265706）

摘　要：分析了客机结构材料的发展与未来趋势，指出铝锂合金在客机结构材料上还有能力与复合材料继续竞争。回顾了第一代至第四代铝锂合金的发展历史、性能特点与应用。介绍了铝锂合金的熔铸、加工与废料再生的方法以及我国铝锂合金的研究现状与发展机遇。

关键词：铝锂合金；客机；结构材料；特点；应用；发展

1　引言

自从1919年容克斯公司在F13客机上首次采用全金属结构以来，民航客机结构中铝合金的使用比例一直保持在60%~80%。但在21世纪初的B787、A350飞机上，复合材料的使用比例首次超过铝合金，这给航空铝合金生产企业带来巨大的冲击！

复合材料全面取代铝合金是否会成为一种趋势？

第四代铝锂合金能否应对复合材料的挑战？

2　客机结构材料的发展与未来趋势

2.1　各种材料在飞机结构中使用比例的发展

波音Boeing、空客Airbus历代飞机中铝、钢、钛、复合材料等各种材料在飞机结构中所占的比例见表1[1]。

表1　波音、空客公司历代飞机中各种材料在飞机结构中的使用比例

公司	机型	首飞年份	各种材料在飞机结构中的使用比例/%				
			铝合金	钢材	钛合金	复合材料	其他材料
波音 Boeing	B737	1967	79	12	5	3	1
	B747	1969	79	13	4	3	1
	B767	1981	80	14	2	3	1
	B777	1994	70	11	7	11	1
	B787	2011	20	10	15	50	5
空客 Airbus	A310	1985	74	8	5	6	7
	A320	1987	66	6	5	15	8
	A330/340	1992	66	5	5	16	8

续表 1

公司	机型	首飞年份	各种材料在飞机结构中的使用比例/%				
			铝合金	钢材	钛合金	复合材料	其他材料
空客 Airbus	A380	2007	61	5	5	22	7
	A350	2014	20	7	14	52	7
2020 下一代客机研究		2020	50~55	8	7	25~30	5

资料来源：Teal，Expert interviews，Russia & CIS Military Newswire，Roland Berger. Areostructure Tooling Equipment FINAL Short pptx.

2.2 重新评估铝锂合金与复合材料在现代与下一代客机上的优势

复合材料的比强度、比刚度优势明显，理论减重效果很好，耐疲劳、抗腐蚀、适合采用智能结构。这些优势使复合材料成为 B787、A350 结构材料的首选。

B787 对复合材料的使用不仅大大降低了结构重量，还通过人性化的全复合材料机身，使得乘坐舒适性得到了明显改善。B787 客机将巡航时的座舱气压从 2400m 海拔高度下的 74kPa 压力升高到 1800m 海拔高度下的 81kPa[2]，同时将机身窗口扩大到了 483mm×279mm，使乘客感觉更舒适、视野更开阔。由此引起的结构增重，若使用铝合金机身则要增加 1000kg，而使用复合材料仅为 70kg。这充分体现了复合材料性能的可设计性和优秀抗疲劳能力带来的效益。此外复合材料不易腐蚀的特点，也允许设计者增加客舱的湿度，从而解决了铝合金机身易受腐蚀、客机湿度不能提高的难题[3]。

但在新一代的 A320NEO、B737MAX 窄体客机中，复合材料的使用比例并未增加。波音公司原计划在推出 B787 客机之后，以它为基础研发新一代窄体客机，它将采用新一代涡扇发动机，复合材料用量高达 70%~80%。但到 2011 年，波音公司最终还是保守地选择了以铝合金材料为主的 B737MAX 方案[4]。这说明铝合金与复合材料在飞机结构材料上的选用竞争还未结束。

复合材料为什么没有实现对铝合金的全面取代？复合材料虽然具有很多优势，但它的缺点也十分明显，如：复合材料的制造与加工成本高昂，制造时容易出现分层和其他裂纹，机械性能上各向异性需交错叠层铺设，紧固件孔口处的缺口敏感性高，难以进行无损探伤，对冲击破坏非常敏感，损伤扩展难以控制和预测，导电率低需在外表面预布金属网以防止雷击，易燃且不可回收等。这些特点导致其设计与安全考虑偏向保守，难以充分发挥减重效果。

根据空客公司和克兰菲尔德大学（Cranfield University）的研究，复合材料的减重设计面临着以下挑战：对比 7075 铝合金与碳纤维复合材料的比强度与比刚度数值，可见复合材料的理论减重效果十分明显，但在考虑了拉孔应力集中和压缩稳定性的影响后，其减重效果便会大打折扣，最终只剩下 18%[5]。分析过程如表 2 所示。

表 2　在考虑诸多要求后，碳纤维复合材料相对于 7075 铝合金的减重效果　　（%）

材　料	相对强度	相对刚度	受拉孔应力集中影响	考虑压缩稳定性
7075 铝合金	100	100	100	100
碳纤维复合材料	277	171	67	44
减重效果	63	42	28	18

2.3 第三代铝锂合金对复合材料的挑战

复合材料相较于传统铝合金的优势主要有：比强度与比刚度高，减重效益明显；抗疲劳和耐腐蚀效果好，可将维护时间间隔延长一倍，允许提高客舱的压力与湿度标准，使乘客感觉更舒适。

但根据 2.2 节的阐述，在综合考虑了孔应力集中和压缩稳定性后，碳纤维复合材料相对于 7075 铝合金的减重效果仅剩下 18%。而第三代铝锂合金的比强度与比刚度相较于 7075 铝合金可提高 8%~15%，同时允许采用焊接连接的优势也有助于进一步降低结构重量。这意味着第三代铝合金的减重效果与碳纤维复合材料相差无几。

第三代铝锂合金具有以下优势：制造和加工成本适中，可继承传统的铝合金加工设备、工艺；比强度、比刚度较传统航空铝合金提高 8%~15%；可以焊接连接，能够进一步减重和减少零件数；承受压、弯、扭应力时更有优势；具有良好的耐损伤性能，可以通过热处理获得不同的性能组合；具有良好的耐腐蚀、抗应力腐蚀性能，薄板不需要包覆层，外场维护时间间隔亦可延长 1 倍；抗冲击，碰撞后发生变形，容易确定损伤位置，容易修理；结构设计风险小，设计与安全系数不用趋于保守；飞机退役后可将材料回收循环再生，生产废料亦可回炉再利用。

由此可见，在减重效益、维护间隔与客舱环境标准上，第三代铝锂合金都具有不逊色于复合材料的性能，下一代飞机在结构材料上的选用竞争还未结束。

3 铝锂合金的性能特点与发展方向

3.1 铝锂合金的基本特性

习惯上将含有金属元素锂的铝合金统称为铝锂合金，虽然锂经常不是合金中含量最多的合金化元素。铝锂合金实际上是指含锂铝合金。

锂的密度仅有 0.534g/cm³，是化学元素周期表中最轻的金属元素。在铝合金中每加入 1%的锂，密度即降低 3%，弹性模量提高 6%[6]。各类合金元素添加量对铝合金密度和弹性模量的影响如图 1 所示。

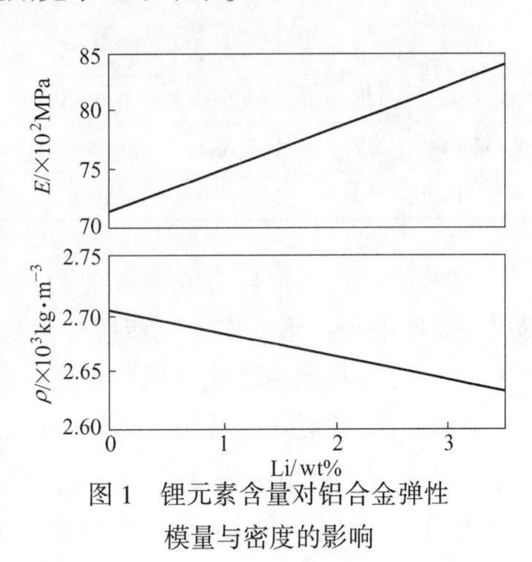

图 1 锂元素含量对铝合金弹性模量与密度的影响

3.2 第一代、第二代铝锂合金的特点与应用

德国材料学家在 1924 年研发了第一个含锂铝合金——Scleron 合金（Al-12Zn-3Cu-0.6Mn-0.1Li），并断言锂可以改善铝合金的性能，但由于当时有工艺性能更好的杜拉铝，铝锂合金未得到进一步的发展[7]。第二次世界大战后，铝锂合金的研究主要集中于美、苏两国，他们分别独立开发并应用了 2020 合金（Al-4.5Cu-1.0Li-0.8Mn-0.15Cd）和 ВАД23 合金（Al-5.3Cu-1.2Li-0.6Mn-0.17Cd）[8]。2020 铝合金曾用于 RA-5C 超音速侦察机的机翼蒙皮与尾翼安定面上，后因航空损伤容限设计标准的采用而被放弃。ВАД23 合金则未见正式应用。这就是铝锂合金的第一个世代。

1980年起，由于石油危机和复合材料兴起等原因，又兴起一股铝锂合金研究热潮，在此期间开发了一系列较为成熟的铝锂合金，如1420、2090、2091、8090、8091等。第二代铝锂合金的发展目标是直接取代在飞机结构中广泛应用的2024、7075铝合金，但该目标未能实现。除1420广泛应用于MiG-29、Su-27等战机外，其他合金均未能取代2024、7075而获得广泛应用。主要原因是这些合金的性能优势并不明显，而生产、成型、热处理工艺都远较传统铝合金复杂[9]。

第一代、第二代铝锂合金的性能特点：锂含量>2%，密度低，强调减重；比强度、比刚度高；断裂韧性低、裂纹敏感性高；各向异性大；加工性能差，成品率低；热稳定性差，在80~100℃长期使用时脆性增大。

3.3　第三代、第四代铝锂合金的特点与应用

针对铝锂合金研究和应用中遇到的问题，在20世纪90年代以后，人们不再追求一种“全能型”的铝锂合金，而是针对具体应用，开发具有特定性能优势的铝锂合金材料。如高强可焊的1460、2195，高韧性的2097、2197等[10,11]，它们的化学成分参见表3[12]。

表3　部分第三代铝锂合金的化学成分　(%)

成分	Li	Cu	Mg	Zr	Ag	Zn	Mn	其他
1460	1.9~2.5	2.5~3.5	—	0.12	—	—	—	Sc：0.1~0.2
2195	0.8~1.2	3.7~4.3	0.25~0.8	0.14	0.25~0.6	<0.25	<0.25	Ti：<0.1
2097	1.2~1.8	2.5~3.1	0.35	0.14	—	0.35	0.1~0.6	Ti：0.15
2197	1.3~1.7	2.5~3.1	0.25	0.12	—	<0.05	0.1~0.5	Ti：0.12
Weldalite049	0.7~1.8	2.3~5.2	0.25~0.8	0.14	0.25~0.8	—	—	—
Weldalite210	1.3	4.5	0.4	0.14	0.4	0.5	—	—

这些第三代铝锂合金的锂含量<2%，密度适当降低，不再片面追求减重；具有更好的强度-韧性平衡；耐损伤、抗疲劳性能良好；各向异性小；耐腐蚀，部分不包铝的第三代铝锂合金的耐腐蚀性能比包铝的2024、2524铝合金还好；热稳定性好，具有良好的耐热性；加工成型性能好，适用于激光焊接、搅拌摩擦焊；性价比更高。微观组织从第二代铝锂合金单一的δ′相升级为由多种不同尺度、形态、位向和结构组成的复杂析出相，包括δ′、β′、θ′、T_1、S′、$Al_{20}Cu_2Mn_3$等[13]，克服了δ′相强化效果较低，易发生共面滑移，热稳定性差，容易粗化和向平衡相δ转化的问题。其典型金相组织模式如图2所示。

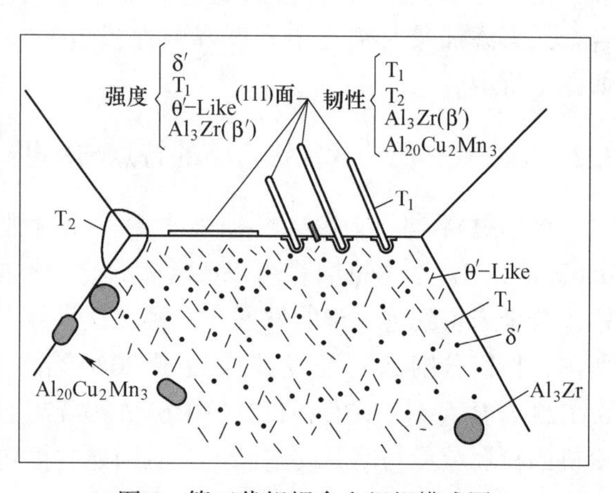

图2　第三代铝锂合金组织模式图

通过热处理状态的不同，可以赋予铝锂合金不同的性能组合，从而允许飞机制造商将同一合金和产品用于有不同性能要求的不同飞机部位，这是铝锂合金的一个

重要特点。如 2099 铝锂合金的挤压产品，有两种主要的热处理状态——T83 和 T8E67。T83 态具有较高的强度，T8E67 态虽然强度稍低但具有较高的断裂韧性。前者用于高强度部件，而后者主要用在中等强度但要求耐损伤性能的部件上。相比之下，复合材料只能针对每个部件的性能要求，专门设计和制造所用材料。

第三代、第四代铝锂合金在客机结构上对传统 2×××、7×××系铝合金的取代情况见表 4。

表 4　第三代、第四代铝锂合金产品类型及取代的传统合金类型与应用

产品类型	合金/状态	被代替合金/状态	应用
薄板	2098-T851、2198-T8、2199-T8E74、2060-T8E30：耐损伤/中强	2524-T3、2524-T351、2024-T3	机身/机舱蒙皮
厚板	2199-T86、2050-T84、2060-T8E86：耐损伤	2024-T351、2324-T39、2624-T351、2624-T39	下翼面蒙皮
	2099-T86：中强	7050-T7451、7×75-T7×××	机身内部构件
	2050-T84、2055-T8×、2195-T82：中强	7150-T7751、7255-T7951、7055-T7751、7055-T7951	上翼面蒙皮
	2050-T84：中强	7050-T7451	翼梁、翼肋、其他内部构件
锻件	2050-T852、2060-T8E50：高强	7175-7-T7351、7050-T7452	机身/机翼附件、窗户、框架
挤压件	2099-T81、2060-T8E50：高强	2024-T3511、2024-T4312、2026-T3511、6110-T6511	下翼桁条、机身/机舱桁条
	2099-T81、2099-T83、2196-T8511、2055-T8E83、2065-T8511：中/高强	7075-T73511、7075-T79511、7150-T6511、7175-T79511、7055-T77511、7055-79511	机身/机舱桁条、框架、上翼桁条、地板梁、座椅

第四代铝锂合金的化学成分特点是以 Al-Cu-Li 为基础，锂含量甚至比第三代铝锂合金还低，通过调整 Cu/Li 的比例和采用多元微合金化来获得更高的静强度（尤其是屈服强度）和更高的断裂韧性，而裂纹扩展速率、弹性模量、抗疲劳与耐腐蚀性能则与第三代铝锂合金相当。

以美铝的第四代铝锂合金——2055 为例，与 7075-T6511 相比，密度低 4%，抗拉和压缩屈服强度提高 25%~30%，弹性模量提高 8%；与 7150-T7511 相比，密度低 5%，断裂韧性提高 8%，弹性模量提高 7%。2055 具有与 7055 相当的力学性能，而密度更低、弹性模量和耐腐蚀性能更好。

第四代铝锂合金在飞机不同部位上所用的牌号与热处理状态如图 3 所示。

4　铝锂合金的熔铸、加工与废料再生

4.1　铝锂合金的生产技术难点

铝锂合金中锂元素化学性质活泼，会破坏熔体表面致密的氧化膜，如果不保护熔体液面，铝锂合金熔体在空气中会很快氧化变成灰渣甚至发生燃烧。这使得铝锂合金不能在大气中进行熔铸生产，必须处在保护气的气氛下，导致熔铸工艺和熔铸设备复杂，成本昂贵、成品率低。

而在铸造时，因为含有化学性质活泼的锂元素，会与普通炉衬材料反应，原料易混入

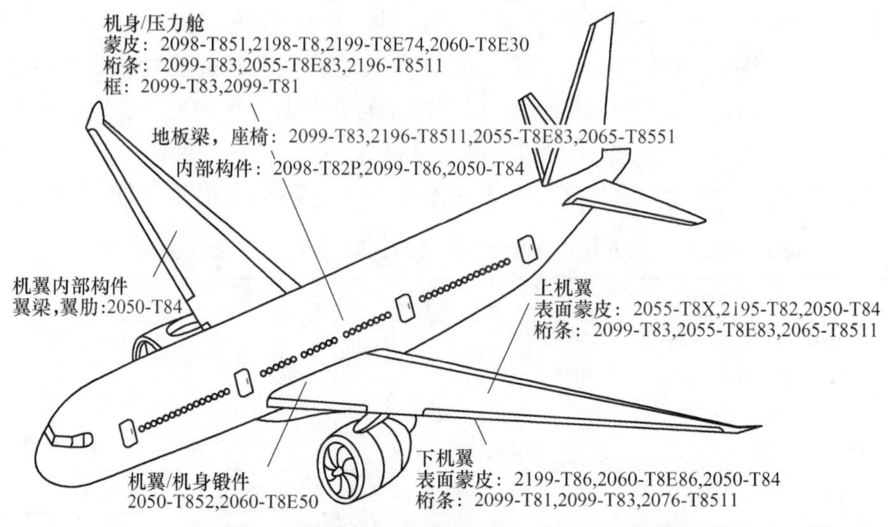

图 3　各牌号第四代铝锂合金在飞机上的应用

钠、钾、钙、铁、硅等杂质元素。元素烧损量大、吸氢严重、易氧化形成夹杂物、易团聚[14]、易出现裂纹。

同时铝锂合金在铸造时，一旦发生溢流，如果金属熔体与水直接接触，将有发生燃烧甚至爆炸的危险，这是铝锂合金熔铸区别于其他铝合金熔铸的关键之处。为减少溢流的发生，应采取以下措施：结晶器在使用前应仔细打磨，并涂抹专用润滑剂；严格控制熔体温度、铸造速度和结晶器液面水平高度，掌握好引锭开始时间；采用熔剂保护减少溢流；保持熔铸过程的平稳性。

为彻底防止铝锂合金铸造时的爆炸危险，可以采用斜底铸造井（美铝专利 EP0150922，1985）或有机冷却剂冷却法（美铝专利 USP4724887，1988）。

斜底铸造井如图 4 所示，铸造时喷向铸锭的冷却水流到井底的集水槽后，立刻被水泵抽走，保证井底没有积水，从而避免了爆炸的危险。

有机冷却剂冷却法如图 5 所示，铸造时采用不含水的有机冷却剂冷却铸锭，从而可避免铝锂合金熔体与水的可能接触。使用该法铸造的铸锭，即使尺寸较大也能获得较小的枝晶臂间距。

而在后续加工方面，铝锂合金所需的生产设备与传统铝合金完全相同，仅具体工艺上有所不同。这是其相对于复合材料的重要优势。

4.2　铝锂合金废料的回收与利用

与复合材料比，铝合金能够回收再利用是其重要的优势。对于机加工过程产生的优质废料，可以简单地重熔复用。而对于退役飞机的回收料，较好的选择是通过电解法从熔体中回收锂或铝锂中间合金[14]。如美铝专利（USP 4790917，1988）：以电解槽中熔化的废屑作阳极，以锂或铝锂中间合金作阴极，以氯化锂熔盐作为电解质。在大约 700℃下电解，锂即从熔化的废屑中转移到阴极里，当阳极中的锂耗尽后，电解槽的电压会突然升高。电解结束后，阳极中无锂的废屑即可按照传统铝合金废料处理，在阳极中生成的锂或铝锂中间合金可作为原料制备新的铝锂合金。示意图可见图 6。

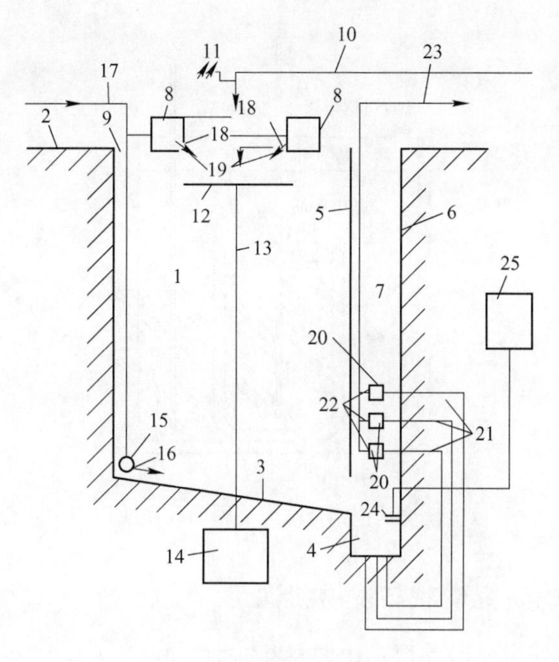

图4　斜底铸造井示意图

1—混凝土槽；2—地平面；3—倾斜底座；4—集水槽；5—内壁；6—墙；7—空隙；8—冷却水模具；9—上端；10—流水槽；11—落水管；12—浇铸平台；13—从动构件；14—电机；15—多歧管；16—出水口；17，23—管道；18—开口；19—水流；20—换气管；21—输入；22—输出；24—水位传感器

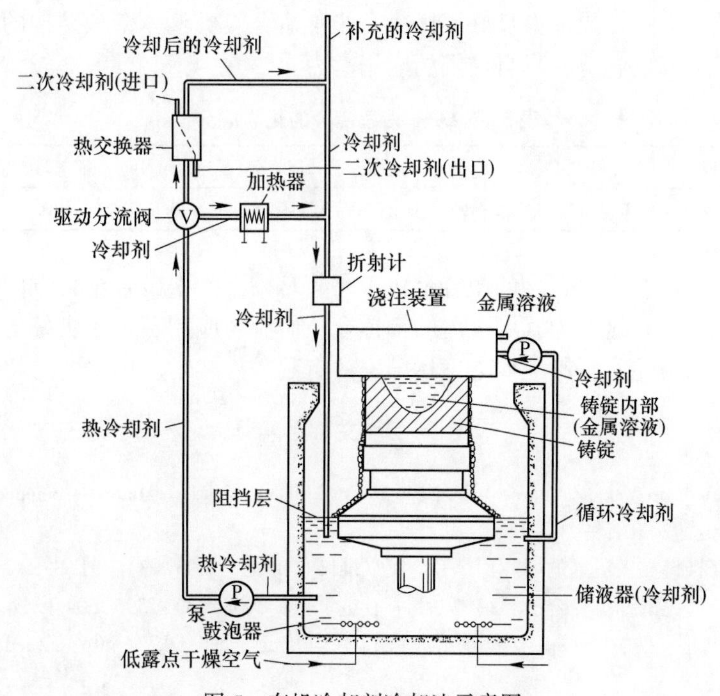

图5　有机冷却剂冷却法示意图

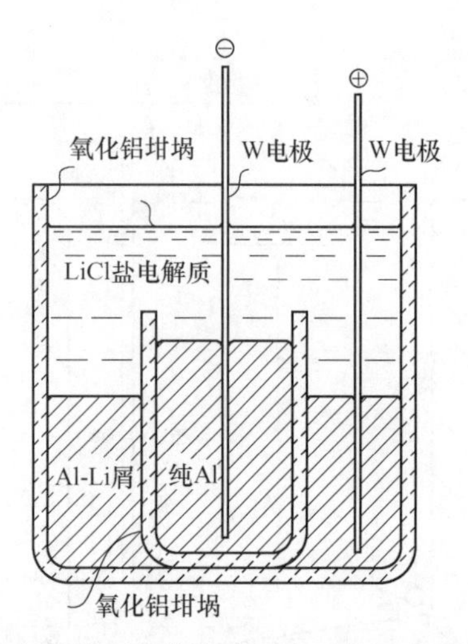

图 6　以电解法从锂铝合金废屑中回收锂或铝锂中间合金

5　我国铝锂合金的研究现状与发展机遇

中国自 20 世纪 80 年代中期启动铝锂合金研究工作，众多高校和企业在国家项目的持续自主下，成功研制出综合性能优良的铝锂合金，建立了具有自主知识产权的合金牌号，如 2A97 等[16]。

近年来，航材院结合机身壁板的整体挤压技术，凭借第二代、第三代铝锂合金的研究经验积累，成功开发出了我国具有自主知识产权的第四代铝锂合金——X2A66 铝锂合金，化学成分见表 5。与外国第三代铝锂合金比，X2A66 具有高强高韧、耐损伤、抗疲劳、耐腐蚀、热稳定性好、加工成形性良好等优势，非常适合飞机整体壁板结构的制造，符合世界未来航空技术的发展趋势，具有广阔的应用潜力[17]。

表 5　X2A66 铝锂合金的化学成分　　(%)

合金	Li	Cu	Mg	Zr	Zn	Mn	Ti	Fe	Si
X2A66	1. 3~1. 8	3. 5~4. 1	0. 2~0. 6	0. 08~0. 16	0. 2~0. 8	0. 2~0. 6	<0. 1	<0. 1	<0. 1

近几年来，我国在铝锂合金的微合金化，尤其是稀土元素微合金化方面取得了很大突破，形成了一定特色。这就为我国今后的铝锂合金研制与应用奠定了良好的基础，是使我国铝锂合金研制与应用水平赶上西方发达国家的有利条件[18]。

参 考 文 献

[1] Filatov Y A, Yelagin V I, Zakharov V V. New Al-Mg-Sc alloys [J]. Materials Science and Engineering A, 2000, 280: 97-101.

[2] 陈亚莉．复合材料在飞机上的新应用 [J]. 航空维修与工程, 2005 (3): 31-32.

[3] 杨乃宾．新一代大型客机复合材料结构 [J]. 航空学报, 2008 (3): 596-604.

[4] 范玉青．“大型-双发”——未来十年大飞机竞争焦点 [EB/OL]. http://aed. git. edu. cn/info/1038/1082. htm.

[5] 崔德刚．浅谈民用大飞机结构技术的发展 [J]. 航空学报, 2008, 29 (3): 573-582.

[6] 王祝堂，田荣璋，顾景成，等．铝合金及其加工手册［M］. 2 版．长沙：中南大学出版社，1988：357.

[7] Yang Shoujie，Lu Zheng，Su Bin，et al. Development of Aluminum Lithium Alloys［J］. J Mater Eng，2015（5）：44.

[8] 杨守杰，卢健，冯朝辉，等．铝锂合金历史回顾与在中国的研究发展［J］. 材料导报，2014（11）：430-435.

[9] 李成功，巫世杰，戴圣龙，等．先进铝合金在航空航天工业中的应用与发展［J］. 中国有色金属学报，2002（3）：14-21.

[10] Hopkins A K，Jata K V，Rioja R J. Isotropic Wrought Aluminum-lithium Plate Development Technology［J］. Mater Sci Forum，1996，217-222：421.

[11] Jata K V，Hopkins A K，Rioja R J. The Anisotropy and Texture of Al-Li Alloys［J］. Mater Sci Forum，1996，217-222：647.

[12] Roberto J R. Mater Sci Eng A，1998，257：100.

[13] 郑子樵，李劲风，李红英，等．新型铝锂合金的研究进展与应用［C］. 第十四届中国有色金属学会材料科学与工程合金加工学术研讨会文集，2011：6-14.

[14] 安阁英，彭德林，陆政．用压入法加锂熔炼铝锂合金的研究［J］. 特种铸造及有色冶金，1992（6）：16-18.

[15] 何建伟，王祝堂．铝-锂合金废料的回收与再生［J］. 轻合金加工技术，2015（7）：1-6.

[16] 徐进军，康唯，都昌兵．航空航天铝锂合金及其成形技术的研究现状和发展趋势［J］. 兵器材料科学与工程，2017（5）：132-137.

[17] 翟彩华，冯朝辉，柴丽华，等．铝锂合金的发展及一种新型锂铝合金——X2A66［J］. 材料科学与工程学报，2015（3）：302-306.

[18] 孟亮，郑修麟．稀土元素及杂质在铝锂合金中的作用研究现状及发展［J］. 航空学报，1998，19（2）：129.

含Sc铝合金的研究现状及其发展探讨

路丽英，刘科研，丛福官

（东北轻合金有限责任公司，黑龙江哈尔滨　150060）

摘　要：简述了Sc在铝合金中的主要作用，重点介绍了含Sc铝合金的发展现状及制约其应用的主要因素，归纳了含Sc合金的主要应用情况，同时对含Sc铝合金的发展做了展望，并提出相应建议。

关键词：Al-Sc合金；航天材料；微合金化；研究现状；发展趋势

The Research Status and Development of Sc Aluminum Alloy

Lu Liying，Liu Keyan，Cong Fuguan

(Northeast Light Alloy Co.，Ltd.，Harbin 150060)

Abstract：The main function of Sc in aluminum alloy is briefly described，the development status of Sc aluminum alloy and the main factors restricting its application are emphatically introduced，the main application of Sc alloy is summarized，and the development of aluminum alloy containing Sc is prospected. And put forward the corresponding suggestions.

Key words：Al-Sc alloy；space materials；microalloying；research status；the development trend

1　引言

钪是到目前为止所发现的对优化铝合金性能最为有效的合金元素。铝合金中添加微量钪，可表现出诸多优异性能，如改善铸态组织、抑制再结晶作用等，同时，可以全面提高铝合金强度、韧性、塑性、高温性能、耐腐蚀及焊接性能[1-3]。钪在铝合金中，同时具有稀土金属和过渡族金属的有益作用，但其效果却比这两类金属都明显。因此，钪已经成为国际材料界倍受重视的一种新型铝合金微合金化添加元素。研究含钪铝合金最早、最深入的国家是俄罗斯，他们在含钪铝合金的研究方面开展了大量的工作，在航天、航空工业中，铝钪合金的应用发展较快。他们已开发出四大系列20余个牌号的铝钪合金，四个系列分别为热处理非强化可焊Al-Mg-Sc系合金；热处理强化高强度可焊Al-Zn-Mg-Sc系合金；热处理强化中强和高强可焊Al-Li-Sc系合金；热处理强化高强Al-Zn-Cu-Sc系航空合金。此外，美、日、德和加拿大等国也开展了含钪铝合金的研究工作，也取得了很多成果，已在大型民用飞机的承重部件用铝钪合金材料代替其他材料，以提高飞机的综合性能[4]。

目前，全世界的钪探明储量约 2000kt，其中 90%~95%存在于铝土矿、磷块岩及铁钛矿石中，主要分布于俄罗斯、中国、塔吉克斯坦、美国、马达加斯加、挪威等国家。我国钪资源丰富，与钪有关的矿产储量大，如铝土矿和磷块岩矿床、钨矿床、稀土矿床等，其中铝土矿（Sc）矿床和磷块岩（Sc）矿床占优势。据估计铝土矿和磷块岩矿的钪储量约 29 万吨，占所有钪矿类型总储量的 51%。我国是世界产铝大国，通过含钪铝合金的应用开发，不仅可以解决钪的应用问题，而且对我国国民经济和军事科学技术的发展也有重要作用和意义。自 20 世纪末，中南大学及东北大学等单位已开展了一些基础工作，东北轻合金有限责任公司等企业也开展了相应的研究与工业化试制生产工作，均取得了一定进展，并注册了国家合金牌号，但研究与生产尚不够系统和深入，还有待进一步研究。

2 Sc 对铝合金组织及性能的影响

2.1 Sc 对铸态组织的影响

晶粒大小对材料性能非常重要，影响晶粒细化程度的因素主要有两个，一是单位合金熔体中影响成核核心的数量，二是作为形核作用的孕育剂的作用大小，第二个因素依赖晶核核心与基体铝的晶体结构和晶格常数的相似性[5,6]。对于以 Al-Mg 和 Al-Zn-Mg 为基的含 Sc 的铝合金，Mg 和 Zn 与 Sc 均不形成中间化合物，所以 Sc 在该类合金中的存在形式同它在 Al-Sc 二元合金中类似。Al-Sc 二元合金在凝固过程中发生共晶反应，温度为 655℃，共晶成分点 0.55%，Sc 的极限固溶度为 0.32%。因此，铝中 Sc 的含量为 0.32%~0.55% 时，一定比例的 Sc 以 α-Al 中析出次生 Al_3Sc 相形成存在，还有微量的 Sc 固溶在基体中。然而，在非平衡凝固条件下，对于 Al-Mg-Sc 和 Al-Zn-Mg-Sc 合金，由于 Mg 或 Zn、Mg 的加入显著降低了 Sc 在 Al 中的溶解度，使共晶浓度降低，铸态合金中出现块状的初生 Al_3Sc 颗粒，该质点为 $AuCu_3$ 型立方结构，点阵常数 $a=0.410$nm，与铝的晶格常数仅相差 1.5%，无论晶体结构还是晶格常数均与基体铝（fcc，$a=0.405$nm）极为相似，合金凝固时，这种质点是 fcc(Al) 结晶时的理想晶核，可以起到非均质晶核的作用[7]。这些特点保证了初生 Al_3Sc 相可成为良好的非均质晶核，从而对 Al-Mg 合金晶粒的细化起到显著作用。

中南大学邓英等研究了 Sc 含量对 Al-Zn-Mg 合金铸态组织和性能的影响[8]，见图 1，结果表明，三种（Al-Zn-Mg、Al-Zn-Mg-0.10Sc-0.10Zr 和 Al-Zn-Mg-0.25Sc-0.10Zr）合金经半连续铸造 172mm 规格圆铸锭经过均匀化处理后其平均晶粒直径分别为 78.3μm、

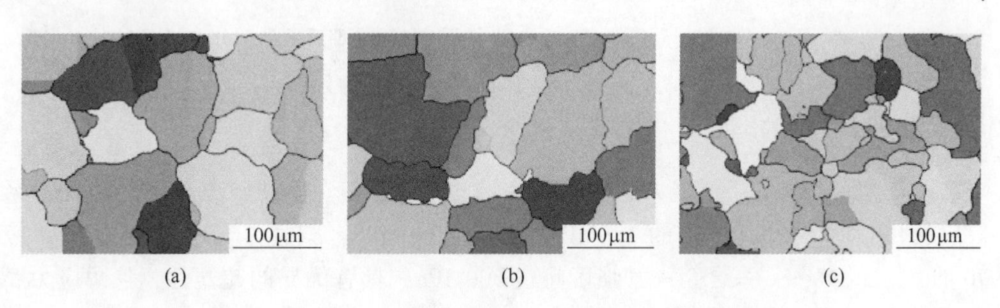

图 1 不同 Sc 含量的 Al-Zn-Mg 合金均匀化态晶粒分布

79.6μm 和 58.4μm，说明添加 0.10wt%Sc 和 0.10wt%Zr 的铝-锌-镁合金细化晶粒的效果较弱，而继续增加 Sc 含量达到 0.25wt%Sc 和 0.10wt%Zr 的铝-锌-镁合金可以显著细化铸态晶粒组织。

2.2 Sc 对再结晶的影响

Sc 元素在铝合金中形成稳定的弥散质点能强烈地抑制合金的再结晶，显著提高冷加工后合金的再结晶温度[9,10]。少量 Sc 对铝及其合金的再结晶温度就能产生很大影响，99.9%的纯铝冷加工后再结晶起始温度为 230℃，添加 0.33wt%Sc 以后，合金的再结晶温度为 450℃；在含 5wt%Mg 的铝合金中加入 0.3wt%Sc，其再结晶起始温度从 385℃ 提高到 470℃；7075 合金中加入 Sc 以后再结晶温度亦有显著提高。

此外，Sc 还能显著提高铝合金的热稳定性，使合金能在其再结晶温度线以下一定温度条件下使用而保持强度不受损失，即合金的耐热性提高。例如，Al-0.8%Sc 合金在 380℃ 条件下保温 500h，硬度没有降低；350℃条件下保温 70h，弥散质点的平均尺寸只有 5nm；另外，对于 Al-5.5%Zn-2.0%Mg 合金，Sc 含量从 0%增至 0.6%，冷轧板材的再结晶温度就从 280℃提高到 590℃[11]。可见，加入 Sc 及增加其含量将促使铝合金非再结晶组织的热稳定性迅速提高。

邓英等[8]还研究了 Al-Zn-Mg、Al-Zn-Mg-0.10Sc-0.10Zr 和 Al-Zn-Mg-0.25Sc-0.10Zr 三种合金铸锭热轧成 7mm 板材，并进行固溶时效处理，热处理后板材的晶粒分布结果见图 2，晶界分布比例见图 3。可以看出，Al-Zn-Mg 合金发生明显再结晶，其中大角度晶界逐渐增强，然而，Al-Zn-Mg-0.10Sc-0.10Zr 和 Al-Zn-Mg-0.25Sc-0.10Zr 合金板材热处理后仍然未再结晶，呈现明显的纤维状结构。纤维状结构内部呈现亚晶粒晶界特征，且随着钪含量的增加，取向差 2°~15°之间的小角度晶界增加。此外，三种合金板材的平均晶粒尺寸分别为 8.26μm、1.36μm 和 0.93μm。

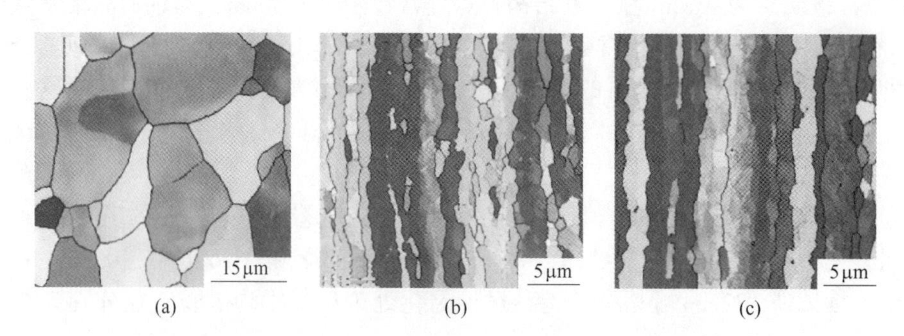

图 2　不同 Sc 含量的 Al-Zn-Mg 合金板材热处理后的晶粒分布

2.3 Sc 对力学性能的影响

Sc 元素还具有提高铝合金力学性能的作用。俄罗斯牌号为 01570 的 Al-Mg-Sc 系合金，其屈服强度由未添加 Sc 的 180MPa 提升至 300MPa，塑性未降低；俄罗斯牌号为 01970 的 Al-Zn-Mg-Sc 系合金，其强度超过 500MPa，具有优异的超塑性，且耐应力腐蚀开裂及焊接性能均有较大提升[12]。

Jia 等人[13]研究了 Al-Zr-Sc 三元合金再结晶行为，合金经 90%的冷加工变形及 200～600℃范围内不同温度保温 30min 的退火处理，结果表明，板材的再结晶温度由不含 Sc 合金的 250℃提高至含 0.15wt%Sc 合金的 600℃。这是因为合金中形成大量细小的 Al_3(Sc，Zr) 析出物，该颗粒热稳定性高，进一步提高了铝合金的再结晶温度。Zhang 等人[14]研究添加 Sc 与 Zr 改性的超高强度 Al-Zn-Mg-Cu 合金，经过均匀化处理、热挤压、固溶及时效处理后，含 0.05wt%Sc 和 0.16wt%Zr 的合金在 T6 状态下屈服强度与抗拉强度分别达到 719MPa 和 790MPa。Deng 等人[15]研究了 Al-Zn-Mg-Sc-Zr 合金冷轧 2mm 厚度板材，470℃固溶 1h 后水淬处理，再进行 120℃保温 24h 时效处理，合金的抗拉强度、屈服强度和伸长率分别达到 555MPa、524MPa 和 2.3%。其主要强化机制为固溶时效处理产生的沉淀析出强化及 Al_3(Sc，Zr) 粒子起到弥散强化和抑制再结晶产生的亚晶强化。

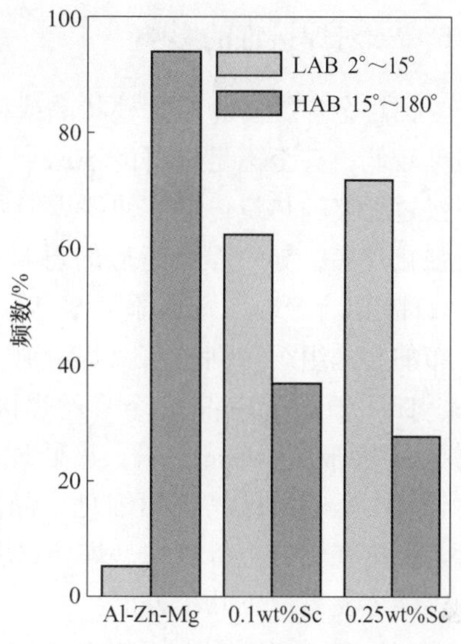

图 3 三种合金中不同取向的晶粒比例

2.4 Sc 对耐腐蚀性的影响

添加 Sc 元素还可以提高铝合金的耐剥落腐蚀、耐晶间腐蚀性能，降低应力腐蚀开裂倾向[16]，Li 等人[17]研究表明，Al-Zn-Mg 合金中添加 Sc 与 Zr 后耐剥落腐蚀性能提高，应力腐蚀开裂倾向降低。Sc 与 Zr 元素的加入，一方面细化晶粒，提高晶界体积分数，还可打破晶界上沉淀析出物的连续分布状态；此外，消除 PFZ，提高耐腐蚀性能。Argade 等人[18]研究 Al-4Mg-0.08Sc-0.008Zr 合金发现，该合金不仅拥有较高的极化电阻，而且随着在 3.5%NaCl 溶液中浸泡时间的延长，极化电阻也随之提高；此外，峰值时效的合金具有最正的钝化膜击穿电位。Al-Mg 合金中添加 Sc 与 Zr 后，基体上析出了 Al_3Sc 或 Al_3(Sc，Zr) 颗粒，因而具有了强化作用，力学性能也随之提高，且 Al_3Sc 及 Al_3(Sc，Zr) 颗粒与基体形成微腐蚀电偶对的倾向小，使得该合金兼具优秀力学性能及耐腐蚀性能。Sc 元素可以提高铝合金耐蚀性的主要原因有以下几个方面：

（1）Al_3Sc 电极电位与 α-Al 相近，两者之间电位差小，改善铝合金的电化学稳定性。

（2）Sc 元素能够显著细化铝合金组织，提高晶界体积分数，将晶界上原本连续分布的脆性沉淀物转变为间断分布，抑制腐蚀裂纹沿晶界发展，从而降低合金应力腐蚀开裂倾向。

（3）Al_3Sc 可改变晶界析出物的化学成分，提高某些沉淀物的化学惰性。

（4）铝合金的应力腐蚀开裂通常沿再结晶晶界发展，抑制再结晶亦可降低应力腐蚀开裂倾向。

（5）“晶间无沉淀析出带”（PFZ）的电位较负，在介质中率先受到腐蚀，PFZ 越宽，合金耐晶间腐蚀性能越差，而 Sc 元素能够降低铝合金时效处理后 PFZ 的宽度，甚至将其消除，从而提高铝合金的耐晶间腐蚀性能。

2.5　Sc 对焊接性的影响

铝合金焊缝多为粗大柱状晶或枝晶组织，晶间往往存在脆性低熔点共晶物，导致焊缝强度较低，甚至不足母材的 50%，裂纹倾向较大，耐腐蚀性能低等[19]。此外，由于熔化焊接过程伴随热量传输，使得焊缝两侧母材中的沉淀析出颗粒长大，甚至发生再结晶，失去强化效果，导致焊缝附近的母材软化[20]。Babu 等人[21]研究含 Sc 的 AA2319 焊丝焊接 AA2219 铝合金时发现，添加 Sc 后焊缝由粗大柱状晶转变为细小等轴晶组织，且晶间连续分布的共晶组织得到改善，焊缝强度、韧性及延伸率均得到提升。Huang 等人[22]研究含 Sc、Ti 和 Zr 的 Al-Mg 合金焊丝焊接 Al-Zn-Mg-Sc-Zr 合金时发现，焊缝区晶粒细化效果明显，为细小等轴晶组织，热处理前焊缝断裂强度可达 460MPa，焊接系数达到 83.3%。此外，由于焊缝区晶粒的细化，晶间低熔点共晶物的分布状态改善，焊缝热裂纹倾向降低。无论在铝合金母材或是焊接材料中添加 Sc 元素，均能提高焊接性能。Sc 元素改善焊接性能主要有以下几个方面：

（1）Sc 元素可强烈细化铝合金焊缝区晶粒，甚至将枝晶转变为等轴晶，消除晶间低熔点共晶物的连续分布形式，从而提高焊缝区强度及耐腐蚀性能。

（2）Sc 元素具有较强的沉淀强化作用，可在焊后冷却及热处理过程中析出，进一步提高焊缝强度。

（3）含 Sc 铝合金中存在稳定的 Al_3Sc、$Al_3(Sc, Zr)$ 等颗粒，能够抑制热影响区的再结晶，减弱热影响区的软化。

3　含 Sc 铝合金现状及制约应用的因素

3.1　钪的生产状况

全世界钪的储量约为 200 万吨，拥有钪资源较多的国家依次为中国、美国、俄罗斯、澳大利亚等[23]。在自然界中，钪很少能形成显著富集体（矿床），而是广泛分散于各种造岩矿物中和含钪矿物中。自然界中含钪的矿物多达 800 种以上，但氧化钪含量>0.05%的矿物很少。已知的钪独立矿物仅有钪钇矿等少数几种，且矿源很少，在自然界中较为罕见。目前，钪的主要来源是钛白粉废液、稀土尾矿、赤泥，尚未见直接从钪独立矿物中提取钪进行生产的报道。

国外主要的钪生产企业有俄罗斯的运输公司、俄罗斯轻合金研究所和美国元素公司等。澳大利亚 Metallica、EMC 公司计划开采三处澳大利亚钪矿床，日本住友金属矿山公司计划在菲律宾开采矿山，合计年生产氧化钪的数量大于 50t。我国钪生产厂家主要是湖南稀土研究院、东方钪业、东方锆业等，原料主要是从钛白粉废液中提取，另外，还有几家产量在百公斤级的企业，主要是利用现有钛白粉厂及稀土分离厂进行生产。

3.2　含钪铝合金的开发及生产现状

复合微合金化 Al-Mg 系是提高合金强度最常用也是最有效的方式。其中稀土元素 Sc 是目前为止发现的对改善铝合金性能最有效的合金元素，它是一种可比 Zr、Mn 和 Cr 更有效抵抗再结晶过程、提高合金的再结晶温度的元素。Sc 与 Al 基体形成纳米级别的粒子，而复合添加微量 Sc 和 Zr 效果更好。因为 Zr 能替代 Al_3Sc 粒子中的一部分 Sc 形成 $Al_3(Sc_{1-x}Zr_x)$ 粒子，这种粒子比 Al_3Sc 在热力学和动力学上更稳定。Al_3Sc 和 $Al_3(Sc_{1-x}Zr_x)$ 均能通过钉扎位错的移动和亚晶界的合并保持合金的亚结构强化，从而提高合金的强度。

目前，世界主要是俄罗斯及中国制备 Al-Sc 合金，且以俄罗斯为首位，并已商品化生产及应用 Al-Sc 合金。俄罗斯在研究 Al-Sc 合金方面居世界领先水平，大量研究工作开始于 20 世纪 70 年代，主要研究单位有俄罗斯科学院巴伊科夫冶金研究所和全俄轻合金研究院，至今已经开发出 Al-Mg-Sc、Al-Zn-Mg-Sc、Al-Zn-Mg-Cu-Sc、Al-Mg-Li-Sc 和 Al-Cu-Mg-Sc 等五个系列 20 余种合金，产品主要用于航空航天、舰船和车辆等的焊接结构件，在兵器、器械和自行车等领域也有应用[4]。目前，属于 Al-Mg-Sc 系的合金主要有 01570、01570C、01571、01545、01545K、01535、01532 和 01515 等；Al-Zn-Mg-Cu-Sc 系合金主要有 01970、01975 和 01987 等；Al-Mg-Li-Sc 系合金主要有 01421 和 01423 等；Al-Mg-Li-Sc 合金主要有 01460 和 01464 等[24]。俄罗斯已能生产系列 Al-Sc 合金，并得到较为广泛的应用，而我国注册国家牌号的仅有 Al-Mg-Sc 系，其合金主要为 5A25、5A70、5B70、5A71 和 5B71，尚未形成多种合金系列，应加快研究和发展。

此外，其他国家，特别是美国、日本、澳大利亚等发达国家也开始加快 Al-Sc 合金的研制及应用，进入 2000 年后，截至 2016 年前，陆续注册国际牌号的含 Sc 铝合金主要有 5024 等合金，具体合金及其成分见表 1。

表 1 主要含 Sc 变形铝合金的国际牌号及其化学成分 （wt%）

合金	年份	Si	Fe	Cu	Mn	Mg	Cr	Zn	Ti	Zr	Sc	Al
2023	2004	0.10	0.15	3.6~4.5	0.30	1.0~1.6	0.10	—	0.05	0.05~0.15	0.01~0.06	Rem.
5024	2008	0.25	0.40	0.20	0.20	3.9~5.1	0.10	0.25	0.20	0.05~0.20	0.10~0.40	Rem.
5025	—	0.25	0.25	0.10	0.20	4.5~6.0	0.20	0.25	0.05~0.20	0.10~0.25	0.0008Be, 0.05~0.55Sc	Rem.
5028	2014	0.30	0.40	0.20	0.30~1.0	3.2~4.8	0.05~0.15	0.05~0.50	0.05~0.15	0.05~0.15	0.02~0.40	Rem.
7042	2009	0.20	0.20	1.3~1.9	0.20~0.40	2.0~2.8	0.05	6.5~7.9	—	0.11~0.20	0.18~0.50	Rem.

3.3 制约含 Sc 铝合金发展的因素

当前制约世界大规模应用钪及其 Al-Sc 合金主要有下面几个因素：

（1）钪的价格昂贵严重制约了其应用的广度，尤其在以经济性为核心的民用领域，应用更为滞后。

（2）钪的资源特性制约其供给数量及稳定性，从而制约了钪产品的大规模生产及产量稳定供应。

（3）钪的提取技术存在回收工艺复杂、成本高、回收率低的劣势，也是引起钪价格高的重要原因之一。

（4）下游生产成本控制，目前获得应用的几个领域主要有铝钪合金、钪钠卤灯、燃料电池等，生产工艺复杂、技术含量高、附加值高、产品价格高。

归根结底阻碍 Al-Sc 合金大规模应用主要就是钪的资源稀散且价格过于昂贵。其实，钪在地壳中的含量并不少，只是过于分散。目前我国钪的主要资源是酸法生产钛白废液和氧化钛氯化烟尘及炼钨废渣[25,26]，经测算，即使上述资源全部加以利用，每年也只能生产不足 10t 氧化钪。显然这样一个资源量是很难支撑钪的规模应用的，但随着钪的应用领域扩展以及对钪需求的扩大，相信会有新的可供提取钪的资源被发现和利用。例如我国铝土矿中氧化钪含量约为（$40\sim200)\times10^{-4}\%$，每年资源开采总量近 1000t[27]，而且主要富集于氧化铝生产过程中产生的废渣（赤泥）中，历年累计量十分可观，一旦这一资源得以成功利用，将使我国钪资源紧缺状况发生根本改变。

20 世纪 90 年代，国际市场氧化钪（99.99%）价格最高时为 1.8 万美元/千克，金属钪（99.99%）价格更是高达 7.5 万美元/千克。虽然近年价格已大幅下跌，国内 3N 级氧化钪（99.9%）已降至每千克万元以下，金属钪价格为 5 万～10 万元/千克，铝钪合金（含 2%Sc）为 650 元/千克。但这个价格依然很高，使钪的应用市场开发十分缓慢。据国内用户反应，只有将铝钪合金的价格降到 400 元/千克以下，才有可能推广应用。除俄罗斯外的其他国家虽对其进行了大量研究，却鲜有将其列入标准的材料牌号者，更鲜有批量应用，这便是很好的例证。可见只有尽快研究相对经济的提钪方法，开发出更经济实惠的 Al-Sc 合金，才能加快推动钪的实际应用。

4　铝钪合金的应用状况

由于 Al-Sc 合金材料具有较好的综合性能，如强度高、焊接性好、超塑性强、热传导性和抗蚀性好等优点，故在航天航空工业、民用工业、军用工业等领域的应用日益增加[28,29]。

4.1　含 Sc 铝合金在航空航天领域的应用

目前有一些国家，如俄罗斯等，将含 Sc 铝合金用于宇宙飞行器的热调控系统，还用作大型负载的焊接结构材料和其他构件，且前景较好，正向着工业化应用轨道发展。选用的合金类型主要有 Al-Mg-Sc、Al-Zn-Mg-Sc、Al-Cu-Li-Sc 和 Al-Zn-Mg-Li-Sc 等系列合金，其强度高、焊接性好、超塑性强、热传导性和抗蚀性好。俄罗斯已经将 Al-Li-Sc 合金作为航空飞机的结构材料加以利用，如用作米格-20、米格-29、图-204 客机和雅克-36 直升机等的结构材料；还用挤压异形材的形态作为安东诺夫运输机的机身纵梁材料；为了使飞机重量小、强度高，以提高飞机运载能力和速度等，用 Al-Sc 合金作为机身及机翼的蒙皮材料等。我国正在开展这方面的研究与推广工作，已有相当显著的进展。

西方一些发达国家也非常重视 Al-Sc 合金在航天领域的应用，我国也已经开始重视含 Sc 铝合金在航天航空领域的研用。国外一些国家已在大型飞机的各种部件利用 Al-Sc 合金材料代替其他材料，以提高飞机的综合性能，特别是减少机重，提高机械性能，提高飞机运量及速度，降低油耗，这也给我国航空航天事业发展提供了宝贵的借鉴作用。随着我国在研的大型飞机项目推进和未来该领域的发展，利用 Al-Sc 合金作为部分结构件的材料，将具有重要的技术价值和现实意义，且今后航空航天领域应用 Al-Sc 合金材料的潜力也将很大。

4.2 含 Sc 铝合金在民用领域的应用

由于含 Sc 铝合金的价格高，民用领域应用范围受到限制，因此只有部分领域有所应用。目前 Al-Sc 合金在运动器件、高档自行车和汽车等民用领域的应用在不断开发和发展中。其中，因 Al-Sc 合金重量小、刚度高，用于制作曲棍球的球杆手柄、棒球棒和垒球棒等高档运动器件效果很好。为提高焊接强度、降低热开裂、提高抗疲劳性能，Al-Sc 合金也是制作轻量化自行车较为理想的材料（如山地车、公路自行车等）。我国台湾用 Al-Sc 合金制作自行车已经取得很好效果。2003 年已经接受欧洲市场 5 万辆 Al-Sc 自行车订单，每辆售价 2000 元左右，有较好的市场前景。利用 Al-Sc 合金焊料解决汽车上 Al 合金部件间的焊接技术问题，实用效果良好。Al-Mg-Zn-Sc 等合金焊料在运输车业中也很有应用前景。另外 Al-Sc 合金在摩托车的减速器、上链板、启动杆等部件上的应用，在印刷机械、电力和电器设备、离心机和铁路机器等部件上的应用，在火车和船舶零部件等的应用，在野外露营支帐篷的支架、笔记本电脑机壳和手机等的应用均具有发展潜力。此外，为了适合民用产品的轻量化和小型化的要求，在家用电器、电子产品等领域使用 Al-Sc 合金作为结构件也具有较好的应用前景。

4.3 含 Sc 铝合金在军工领域的应用

由于 Al-Sc 合金具有强度高，可焊性、耐蚀性和热稳定性好等优良的综合性能，同时具有较好的抗中子辐射性，故在核反应堆的结构件材料中获得应用。此外，在导弹制造中，可用 Al-Sc 合金作为导弹的导向尾翼，效果良好。另外，Al-Sc 合金还可用于制作新式防身用左轮手枪部件，除用于制作主枪管外，还用作枪身的结构件材料等。从目前国内外 Al-Sc 合金在一些工业领域中的应用情况表明，俄罗斯应用 Al-Sc 合金的量最多最大，已居世界之冠。其他如乌克兰、日本、美国、法国和英国等西方国家也已经使用这类合金，但用量不大。我国还处于利用 Al-Sc 合金的研发和试用阶段，但其应用进程较快。

5 含 Sc 铝合金的发展展望

Sc 是铝合金优秀的微合金化元素，对合金某些性能或综合性能均有显著改善，是发展新一代高性能铝合金非常有前景的合金元素。同时，我国钪资源丰富，原料来源多样，具有较好的保供性。目前，我国在 Al-Mg-Sc 和 Al-Zn-Mg-Sc 合金系列方面有较好的研究基础，在其他合金领域也开展了一些零散的研究工作，但与 Al-Sc 合金研发应用大国和未来发展前景相比还有很大差距。预测今后含钪铝合金材料的发展还需要着重考虑以下几个方面：

（1）目前，尽管 Sc 不存在资源问题，但由于存在状态和分布情况导致提 Sc 的成本高，致使 Al-Sc 合金的价格高昂。要解决该问题，就要改进 Sc 提取工艺，更重要的是开发工艺合理、成本低廉的铝钪合金工业生产技术，使产品成本下降。

（2）要进一步深入研究 Sc 在铝合金中与其他合金元素的交互作用及物理冶金行为，要在 Sc 与 Mn、Cr、Zr、Ti 等过渡族元素的复合合金化、时效制度，铝钪合金的抗蚀性、耐热性、焊接性等应用性能方面做深入研究，探索其机理，为进一步开发新合金奠定理论基础。

（3）含 Sc 铝合金兼具优异的力学性能与物理化学性能，应进一步深入开展应用性能分析和扩大应用研究范围，特别是部分具有特殊应用需求的使用环境或领域，如功能材料方向的应用研究。

（4）世界上美国、俄罗斯、日本等国家已开始了钪元素国家收储，我国正处于开发高附加值钪产品的阶段，正快速发展，可以预测未来以铝钪合金为代表的新材料对钪的市场需求将持续增长。铝钪合金的高强、高韧、耐蚀等性能将使其在航天器、航空器、轨道交通、大型舰船以及高档汽车等领域的发展中发挥重要作用。

（5）我国开展了在多种铝合金中添加 Sc 元素的研究，而且涉及的合金品种越来越多，但多属于尝试性研究，缺乏理论支撑。另外，尽管 Sc 中间合金售价降低，但每吨（2wt% Sc）依然要达到 60 万~80 万元，致使 0.2wt%Sc 铝合金产品其综合成本每吨也要达到 20 万元以上，甚至更高。因此，铝钪合金应用领域受到限制，一般只有航天航空、武器装备、高档民用等领域有一定量的应用，因此各科研机构应集中优势力量开展含 Sc 铝合金的研究，量力而行，切莫盲目追风。

参 考 文 献

[1] 尹志民，潘清林，姜峰，等．钪和含钪合金［M］．长沙：中南大学出版社，2007.

[2] 杜刚，杨文，闫德胜，等．铸态 Al-Mg-Sc-Zr 合金退火过程中的硬化行为［J］．金属学报，2011，47（3）：311-316.

[3] 陈琴，潘清林，王迎，等．微量 Sc 和 Zr 对 Al-Mg-Mn 合金组织与力学性能的影响［J］．中国有色金属学报，2012，22（6）：1555-1563.

[4] 郭中正，甘国友，严继康，等．铝钪合金的现状与展望［J］．云南冶金，2005，34（3）：34-39.

[5] 周民，甘培原，邓鸿华，等．含钪微合金化铝合金研究现状及发展趋势［J］．中国材料进展，2018，37（2）：154-160.

[6] Dvydov V C，Rostova T D，Zakharov V V，et al. Scientific Principles of Making an Alloying Addition of Scandium to Aluminum Alloys［J］．Materials Science and Engineering，2000，A280：30-36.

[7] Jones M J，Humphreys F J. Interaction of Recrystallization and Precipitation：The Effect of Al_3Sc on the Recrystallization Behaviour of Deformed Aluminium［J］．Acta Materialia，2003，51（8）：2149-2159.

[8] Deng Y，Yin Z M，Zhao K，et al. Effects of Sc and Zr Microalloying Additions on the Microstructure and Mechanical Properties of New Al-Zn-Mg Alloys［J］．Journal of Alloys and Compounds，2012，530（7）：71-80.

[9] Milman Y V，Sirko A I，Lotsko D V，et al. Microstructure and Mechanical Properties of Cast and Wrought Al-Zn-Mg-Cu Alloys Modified with Zr and Sc［J］．Materials Science Forum，2002，396-402：1127-1132.

[10] Dai X Y，Xia C Q，Wu A R，et al. Influence of Scandium on Microstructures and Mechanical Properties of Al-Zn-Mg-Cu-Zr Alloys［J］．Materials Science Forum，2007，546-549：961-964.

[11] 范靖亚．Sc 对 Al-5.5%Zn-2.0%Mg 合金组织和性能的影响［J］．轻金属，1997，9：56-59.

[12] Zakharov V V. Effect of Scandium on the Structure and Properties of Aluminum Alloys［J］．Metal Science and Heat Treatment，2003，45（7-8）：246-253.

[13] Jia Z，Rϕyset J，Solberg J K，et al. Formation of Precipitates and Recrystallization Resistance in Al-Sc-Zr Alloys［J］．The Transactions of Nonferrous Metals Society of China，2012，22（8）：1866-1871.

[14] Zhang W, Xing Y, Jia Z H, et al. Effect of Sc and Zr Addition on Microstructure and Properties of Ultra-high Strength Aluminum Alloy [J]. The Transactions of Nonferrous Metals Society of China, 2014, 24 (12): 3866-3871.

[15] Deng Y, Yin Z M, Duan J Q, et al. Evolution of Microstructure and Properties in a New Type 2mm Al-Zn-Mg-Sc-Zr Alloy Sheet [J]. Journal of Alloys and Compounds, 2012, 517 (3): 118-126.

[16] Cavanaugh M K, Birbilis N, Buchheit R G, et al. Investigating Localized Corrosion Susceptibility Arising from Sc Containing Intermetallic Al_3Sc in High Strength Al-alloys [J]. Scripta Materialia, 2007, 56 (11): 995-998.

[17] Li B, Pan Q L, Zhang Z Y, et al. Research on Intercrystalline Corrosion, Exfoliation Corrosion, and Stress Corrosion Cracking of Al-Zn-Mg-Sc-Zr Alloy [J]. Materials and Corrosion, 2013, 64 (64): 592-598.

[18] Argade G R, Kumar N, Mishra R S. Stress Corrosion Cracking Susceptibility of Ultrafine Grained Al-Mg-Sc Alloy [J]. Materials Science and Engineering A, 2013, 565 (10): 80-89.

[19] Olabode M, Kah P, Martikainen J. Aluminium Alloys Welding Processes: Challenges, Joint Types and Process Selection [C]. Proceedings of the Institution of Mechanical Engineers, Part B: Journal of Engineering Manufacture, 2013, 227 (8): 1129-1137.

[20] Borchers T E, Mcallister D P, Zhang W. Macroscopic Segregation and Stress Corrosion Cracking in 7××× Series Aluminum Alloy Arc Welds [J]. Metallurgical and Materials Transaction A, 2015, 46 (5): 1827-1833.

[21] Babu N K, Talari M K, Pan D, et al. High Temperature Mechanical Properties Investigation of Al-6.5% Cu gas tungsten arc welds made with Scandium Modified 2319 Filler [J]. The International Journal of Advanced Manufacturing Technology, 2013, 65 (9-12): 1757-1767.

[22] Huang X, Pan Q L, Li B, et al. Effect of Minor Sc on Microstructure and Mechanical Properties of Al-Zn-Mg-Zr Alloy Metal-inert Gas Welds [J]. Journal of Alloys and Compounds, 2015, 629 (29-30): 197-207.

[23] 王祝堂. 低成本提钪法问世——开启铝钪应用新篇章 [N]. 中国有色金属报, 2017.

[24] 王祝堂. 航空航天铝-钪合金新进展 [N]. 中国有色金属报, 2017.

[25] 姜锋, 尹志民, 李汉广. 铝钪中间合金的制备方法 [J]. 稀土, 2001, 22 (1): 41-44.

[26] 詹海鸿, 梁焕龙, 樊艳金, 等. 硫酸法钛白废酸二段中和处理并沉淀钪 [J]. 有色金属, 2014 (8): 45-47.

[27] 徐刚, 廖春生, 严纯华. 我国钪资源开发利用的战略思考 [J]. 中国有色金属学报, 2001 (5): 232-235.

[28] 林河成. 铝钪合金材料的发展现状及前景 [J]. 稀土, 2010, 31 (3): 97-101.

[29] 王祝堂. 铝-钪合金的性能与应用 [J]. 铝加工, 2012 (3): 4-14.

铝合金在桥梁工业上的应用开发

卢 建[1]，谢 毅[2]

(1. 中国有色金属加工工业协会，北京 100814；
2. 北京摩特威尔科技有限公司，北京 100011)

摘 要：采用铝合金材代替钢材制造桥梁，具有可减轻桥梁质量、铝桥梁在使用期间几乎不需维护、延长使用年限、降低维护费用等优点。文章在简单介绍铝合金在桥梁应用的发展概况基础上，进一步阐述了铝合金在桥梁结构中应用的特点和优势。同时，重点介绍了国内外铝材在桥梁的应用实例。

关键词：铝合金；桥梁结构；建筑材料；铝合金应用；轻量化

1 引言

挤压铝材在桥梁中的应用已有很长历史，但用量不大，发展速度较慢，主要因为铝合金强度还不够高，无法满足结构要求。铝的价格比钢高，桥梁造价上升。近几年，铝在民用桥梁得到广泛应用，国内外兴建了大量的铝结构桥梁。此外，铝材在军事领域的应用已成为一种趋势，在军事桥梁和战备桥梁中，作为一种新型高性能材料表现出很高的优越性。铝桥梁在国外发展相当迅速，有关研究与应用在我国也逐步开展，并发展迅速。人行桥、公路汽车桥和铁路桥都可以使用铝合金结构。

20世纪30年代前期，工程人员开始在固定桥的通行部位以铝代钢。1933年秋，美国匹兹堡市对横跨莫诺加黑拉河（Monongahela River）的斯密斯菲尔德大桥进行大修，将木构件及钢地板系统全部换成铝桥面，采用美国铝业公司（Alcoa）生产的铝板材。该桥长91m，正交各向异性桥体，用2014-T6铝合金薄板与厚板成形的型材铆接。该铝合金桥可允许有轨电车通行，保留原有双向汽车路线。此铝合金桥服役34年后还完好如初。1967年，为提高桥的通行能力进行翻修，将5456-H321铝合金厚板焊于6012-T6铝合金挤压型材上，以5556铝合金丝作焊料制成桥体，挤压型材与钢制桥梁上部结构螺纹连接。

2 铝合金在桥梁结构中应用的特点

由于铝合金具有密度小、耐腐蚀、焊接性能好、维护费用低及可循环利用等诸多优点，在桥梁工矿中越来越引起人们的兴趣与重视，铝合金结构桥梁成为桥梁建设的一种发展趋势。铝合金在桥梁工程中除可用于桥梁的主结构中，如桥面和主梁等承重件外，一些辅助零部件也可采用铝合金制造，如灯柱、指示牌等。

近年来，我国正兴起城市人行天桥的改造工程，需要建造上万座的人行天桥。

2.1 铝合金桥梁的特点

从国内外铝合金结构桥梁实例看，铝合金材料适合建造各种结构桥梁，但更适用于一些有特殊要求场合，如铝合金材料适用于建造公路桥梁、悬索桥、人行天桥、军用桥、浮桥和开启桥等桥梁，特别适用于军用战备桥梁，海洋气候和腐蚀环境下的桥梁等。主要是因为铝合金材料有如下特点：

（1）重量轻、比强度高。铝合金密度约为钢材密度的1/3，采用铝合金材料代替钢材或混凝土建造桥梁的上部结构，可以大大减少结构自重和下部支撑系统负荷，且易于搬动。铝桥面的重量是100kg/m^2，而水泥桥面的重量一般在504kg/m^2。一个3m×12m的铝桥面重量不到4t。

（2）耐腐蚀性能好、免维护。铝合金暴露在大气中，其表面能自然生成一层致密的氧化膜，可防止自然界有害因素对铝合金的腐蚀，从而起到很好的隔离保护作用，不必进行表面防护处理（但其与其他金属接触部位易腐蚀，需做专门处理）。

（3）铝合金结构具有易回收、再处理成本低、回收剩余价值高、环境保护好的优点。容易挤压成形，可以得到任何形状的型材，满足结构的不同需要，设计师选择余地非常大。

（4）铝合金结构易于机械化制造和运输、安装拆卸方便、施工周期短。所有构件均可在工厂加工预制、现场拼装，可减少运输费用和安装成本，缩短桥梁安装时间，对交通影响短暂。

（5）铝合金具有特殊的光泽与质感，并可进行阳极氧化或电解着色，从而获得良好的观感。

（6）优良的低温性能。在低温条件下，其强度和延性均有所提高，是理想的低温材料，不必规定铝合金结构桥梁的临界（低温）工作温度。

2.2 公路桥用铝合金材料及性能

在公路桥设计中，如果是单纯的结构件，如桥梁、支架、桥面等，更适宜采用锻造铝合金材料制造，一般采用5×××和6×××系列合金，锻造铝合金作为首选材料：5052、5083、5086、6005A、6061、6063和6082。因为它们具有较高的强度和耐蚀性，参见表1。

表1 用于铝桥中的铝合金材料及性能

铝合金及热处理状态	产品	温度范围/℃		最小强度/MPa			
		最小值	最大值	Fu	Fy	Fwu	Fwy
5052-H32	板材	0.4	50	215	160	170	65
5083-H116	板材	1.6	40	305	215	270	115
5086-H116	板材	1.6	50	275	195	240	95
5086-H321	板材	1.6	8	275	195	240	95
6005A-T61	挤压材	—	25	260	240	165	90
6063-T5	挤压材	—	12.5	150	110	115	55
6063-T6	挤压材	—	25	205	170	115	55
6061-T6、T6510、T6511	挤压材	—	—	260	240	165	105
6061-T6	板材	0.15	6.3	290	240	165	80/105
6061-T851	板材	6.3	100	290	240	165	105
6082-T6、6082-T6511	挤压材	5	150	310	250	190	110

铸造铝合金一般作为桥梁辅助结构，如一些连接件和标准件等。以下几种铸造铝合金可作为步行（人行天桥）备选材料：356.0-T6、A356.0-T61 和 A357.0-T61。

2.3 铝合金桥梁的经济分析及问题

（1）原始成本。铝桥面原始成本（最初投资）比其他材料高，通常根据对比材料的不同要高 25%~100%，但是，采用铝合金建造完后不需刷油漆，服役期不需定期维护。若把维护费用也加以考虑，则铝合金制造桥梁在整个服役期内总费用（投资费与维护费之和）低于其他材料。美国把建造投资与维护费分开计算，在做建筑概算与决定时不考虑后期的维修费用。目前，在其他国家与地区用大挤压铝材建造桥梁在增加。因大挤压铝型材的宽度比桥梁的宽度窄得多，必须把多块型材连接。连接是机械紧固或焊接，不足之处主要是接头疲劳强度比母材低，同时紧固与连接是劳动密集型工作，成本高。摩擦搅拌焊接是一种比较新的连接工艺，优于传统的连接方法是一种有前途的连接工艺。

（2）铝合金某些性能与钢性能具有一定差异。尽管铝合金在建筑与交通运输方面获得广泛应用，民用航空器结构材料约有 90%是铝的，或铝零部件净重约占飞机自重的 60%以上，飞机上的铝结构件承受着非常严峻的静载荷及动载荷，但铁路设计部门只有为数不多的工程师在桥梁中采用铝合金并充分发挥了它们的优点，铝材生产者在推广材料应用方面还有许多工作要做。钢结构与混凝土结构对桥梁工程师来说是轻车熟路，在设计铝结构时必须熟悉铝与钢性能的某些重大差异，如：铝弹性模量 72GPa，而钢的约为 210GPa，即铝材的弹性模量仅相当于钢材的 1/3，即铝工件的挠度比钢大得多；铝合金的疲劳强度约为钢的 1/3，需采用不同疲劳设计；铝的热膨胀系数比钢及混凝土的大 1 倍，在连接铝工件时必须留出更大热胀冷缩量。设计时要综合考虑这三点，采用加厚铝合金结构元件。虽然铝密度相当于钢密度的 1/3 左右，但铝结构的平均质量却达到钢结构的 50%左右。

3 国内外铝材在桥梁的应用实例

3.1 国外铝合金在民用桥梁的应用

截至 2013 年 6 月，国外已建造约 355 座铝合金桥，主要是公路桥与过街人行天桥，铁路桥很少。80 余年来无一座垮塌，也没有一座因铝材品质问题而发生安全事故。1970 年以前建造的铝合金公路桥见表 2。

表 2　国外早期建造的典型铝合金桥

地　点	形式	用途	车道数	跨度/m	建设年度	桥面板	所用铝合金
美国，匹兹堡，斯密斯菲尔德街（Smithfield St）	铆接正交桥面板（orthotropicdeck）	公路，电车（trolley）	2+2 车道（track）	约 100	1933	铝厚板	2014-T16
美国纽约州，马塞纳（Massena）市格拉斯（Grasse）河	铆接厚板梁（girder）	铁路	1	30.5	1946		Clad2014-T6，2117-T4 铆钉
加拿大，阿尔维达（Arvida）市萨圭纳（Saguenay）河	铆接拱形（riveted Arch）	公路	2	6.1，88，6.1	1949	混凝土	2014-T6Alc 厚板，挤压材，2117 铆钉

续表 2

地　点	形式	用途	车道数	跨度/m	建设年度	桥面板	所用铝合金
美国印第安纳州得梅因（Des Moines）市第 86 街	焊接厚板梁	公路		20	1958	混凝土	5083-113
美国纽约州，杰里科市（Jeri-Cho）	铆接厚板梁	公路	4（2 座桥）	23.5	1960	混凝土	6061-T6
美国弗吉尼亚州，彼得斯堡（Petersburg）市阿波马托克斯河（Appomattox River）	螺接三角箱式梁	公路	2	29.5	1961	混凝土	6061-T6
美国纽约州，阿米斯维尔市（Amityville）	铆接三角箱式梁	公路	6（2 座桥）	18	1963	混凝土	6061-T6
美国密歇根州瑟克斯维尔市（Sykesville）帕塔普斯科（Patap-sco）河	铆接三角箱式梁	公路	2	28，29，32	1963	混凝土	6061-T6
美国，匹兹堡，斯密斯菲尔德街	新焊接正交桥面板	公路，电车	2+2	100	1967	铝厚板	5456-H321
英国亨顿船坞（Hendon Dock）	铆接双翼开启式（double leaf bas-cule）	公路、铁路	1+1	37	1948	铝厚板	2014-T66151-T6
苏格兰图梅尔（Tummel）河	铆接桁架	人行		21，52，21	1950	铝薄板	6151-T6
苏格兰阿伯丁市（Aberdee）	铆接双翼开启式	公路，铁路	1+1	30.5	1953	铝薄板，木材	2014-T66151-T6
德国杜塞尔多夫市（Dussel-dorf）	双腹厚板，拱形肋	人行		55	1953		
德国吕嫩（Lunen）	铆接斜腹杆桁架	公路	1	44	1956	挤压铝型材	6351-T6
瑞士卢塞姆市（Luceme），2 座桥	悬架固梁	人行与运畜车		20，34	1956	木材	5052
南威尔士罗格斯顿市（Roger-stone）	焊接 W 形桁架，贯通横梁	人行		18	1957	波纹铝薄板	6351-T6
英国蒙茅斯郡（Monmouth shire）	焊接的	人行		18	1957	波纹铝薄板	6351-T6

续表 2

地　点	形式	用途	车道数	跨度/m	建设年度	桥面板	所用铝合金
英国班布里市（Banbury）	铆接桁架	公路	1	3	1959	波纹铝薄板	6351-T6
英国格洛斯特（Gloucester）	铆接桁架	公路	1	12	1962	挤压型材	6351-T6

3.1.1　加拿大的阿尔维达塞右纳河桥

世界第一座全铝合金桥（图 1）建于 1949 年，位于加拿大魁北克省阿尔维达（Arvida）塞右纳河，全长 153m，宽 9.75m，主跨长 88.4m，拱高 14.5m，在主跨两侧有几跨 6.1m 的连接孔，整个结构用 2014-T6 铝合金制成，总质量 150t。到目前为止，该桥仍是世界上最长的铝桥之一。

(a)

(b)

图 1　阿尔维达全铝公路桥（a）和人行桥（b）

3.1.2　英国梅德韦河桥

英国梅德斯通跨越梅德韦河（Medway）的人行铝桥（图 2）为跨度达 180m 的悬索桥，桥面板是薄铝结构，由挤压板单元放置并紧压在一起形成宽铝板，挤压板用 6082-T6 铝合金制成，其他部分用 6063-T5 铝合金制成。倾斜的钢柱、纤细的铝面结构、碳纤维和不锈钢栏杆使该桥异常轻巧，对视觉形成强烈的冲击，令人耳目一新。该桥荣获多项欧洲设计奖。

3.1.3　荷兰里克哈维河活动桥

荷兰阿姆斯特丹里克哈维桥（图 3），2003 年 3 月投入使用，为一座活动结构桥梁，有两孔，跨径分别为 10m、13m，上部结构包括由梯形断面挤压板制成的桥面板和板材制成的主梁，主梁高 0.90m，跨间的铝结构无防腐保护，只有两岸的表面和栏杆为了审美作阳极化处理。里克哈维桥于 2003 年赢得欧洲铝行业奖。

3.1.4　北挪威福斯莫桥

北挪威诺兰县（County of Nordland in Northern Norway）福斯莫全铝桥（图 4）1995 年 9 月投入使用，全是用铝合金挤压型材制造的，桥面板是用一块块大挤压铝合金型材纵焊而成，运到工地一次吊装到位。

图 2　英国梅德韦河桥

图 3　里克哈维活动铝桥

图 4　诺兰县福斯莫公路桥

3.1.5　早期的其他典型铝桥

20 世纪 30 年代前期，工程人员开始在固定桥的通行部位以铝代钢。1933 年秋美国匹兹堡市对横跨莫诺加黑拉河（Monongahela River）上的斯密斯菲尔德大桥进行全面大修，将木构件（timber）及钢地板系统全部换成铝桥面，采用美国铝业公司生产的板材。这座 91m 长的正交各向异性桥体是用 2014-T6 铝合金薄板与厚板成形的型材铆接的。新的铝合金桥可允许当时该市新建的有轨电车通行，还保留原有的双向汽车路线。这座铝合金桥在服务了 34 年后仍然完好，1967 年为了提高桥的通行能力进行了翻修，将 5456-H321 铝合金厚板焊于 6012-T6 铝合金挤压型材上，以 5556 铝合金丝作焊料制成桥体，而挤压型材与钢制的桥梁上部结构的连接则是螺接。

此后，全球建造了大约 350 多座各种大小铝合金桥，主要在北美、北欧和西欧等国家。中国到 20 世纪 90 年代末还无铝合金桥梁，主要是造价太高，而非技术原因。

1950 年，加拿大建造的铝桥有横跨阿尔维达市（Arvida）萨岗奈河（Saguenay River）的拱桥（桥长 88.4m）及 30.5m 长的单轨铁路桥，主要用轧制厚板铆接或焊接的型材建造，这两座桥的上部结构也是用铝材制造，至今仍在使用，未经维修。

20 世纪 50~60 年代美国由于钢材紧俏，在修筑州际公路桥梁时选用了铝材，仍主要以铝合金板材加工成形的型材建造，其中有：1958 年建造的伊利诺伊斯州德斯莫内斯（DesMoines）附近的双车道四跨焊接板梁桥；1960 年建造的纽约州朱里乔市（Jellcho）的两座双车道铆接板梁桥；以及 4 座独一无二的铆接加固的三角板梁桥，在设计中借鉴了“法尔奇尔德（Fairchild）”即“单应力（Unistress）”理念。采用法尔奇尔德理念设计的铝桥有：

（1）匹兹堡市阿波马托克斯河（Appomattox River）36号公路上的桥，建于1961年；

（2）89.3m长的3跨塞斯维尔（Sykesville）大桥引桥，它是32号公路帕塔普斯科河（Patapsco River）上的一座桥，现在是马里兰历史名胜桥之一（Maryland Historic Bridge）；

（3）两座6车道4跨的桑利斯公路桥（Sunrise Highway），建于1965年，分别位于纽约州宁登豪斯特（Lindenhurst）与阿米迪维尔（Amityville）。

从现在的劳动成本来看，法尔奇尔德采用薄板铆接三角型材建造桥梁是没有成本效率的（cast-effective），但是依照他的理念设计建造的桥梁坚固耐用，使用几十年仍如新建造的一样，阿波马托克斯河上的36号公路、宁登豪斯特、阿米迪维尔桥已服务43年。

欧洲铝合金建造桥梁约始于1950年，最早建造的是英国巴斯库尔市（Bascule）的两座活动桥，采用铝合金厚板铆接的。法国彻马里尔斯（Chamalierès）铝桥引起了人们的极大兴趣，桥体为铝桥梁系统，可以从2车道拓宽成4车道。1956年德国吕嫩建成腹杆主桁架桥，桥的跨度结构件是用Al-Mg-Si合金挤压型材铆接的，其质量为钢的30%；1960年吉普汽车运输公司设计的跨度32.4mm的公路桥，桥跨结构件为2024铝合金铆接的；1956年加拿大在寒根河上建造了拱式桥（图5），主跨为2024铝合金挤压型材，采用无铰拱跨式和铆接方式，外表未刷油漆，用铝合金型材187t，桥总重量为钢结构桥的50%。

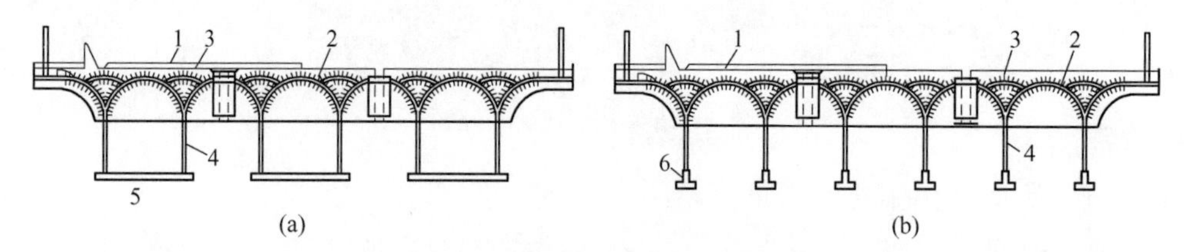

图5 铝-混凝土桥梁跨式结构截面图

（a）水平板式结构；（b）基脚式结构

1—混凝土板；2—薄壳；3—小圆拱；4—立墙；5—水平板；6—基脚

挤压铝合金型材桥板也用在不少桥梁建设上。采用各种工艺将挤压铝合金板连接成一块大板已用于制造飞机货舱地板、船的甲板、直升机着陆平台。20世纪80~90年代开始在翻修桥梁时采用铝合金挤压型材及面板。例如在瑞典斯文逊/皮特塞（Svensson/Petersen）设计的铝桥获得一定的推广，采用纵向加固的6063-T5或T6态铝合金挤压空心型材，用螺钉紧固组成桥体（图6），仅在斯德哥尔摩（Stockholm）一地就建造了36座这样的桥。这种桥先在工厂预制好，运到工地趁晚上往来车辆稀少的时候在两三个小时内组装完毕，可将对交通的影响降至最低限度。

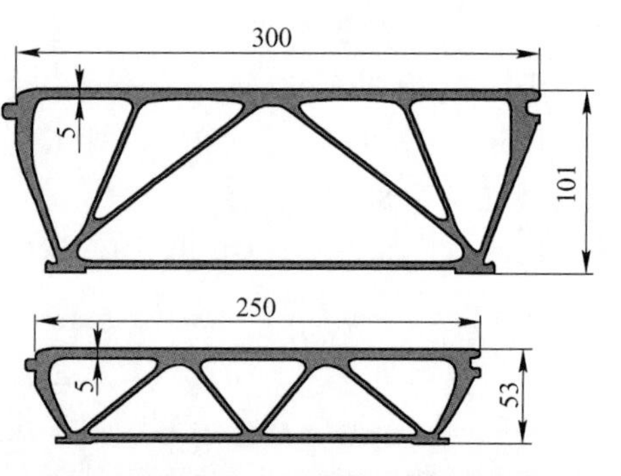

图6 瑞典典型挤压桥梁铝型材截面图

（6063-T5/T6）（单位为mm）

1996年美国宾夕法尼亚州亨廷顿（Huntingdon，PA）附近的有历史保存价值的卡拜因（Corbin）桥，就是用上述方法以大挤压铝合金型材改造的。当时在设计讨论时选用铝合金的理由是质量轻、比强度大、可在工厂加工。改造后的铝桥的有效承载能力增加了2倍。

美国原雷诺兹金属公司20世纪90年代中期研发出几种可焊的桥梁铝合金挤压型材。其中之一在现代化改建亨廷顿市附近的久尼塔（Juniata）河上的卡拜因吊桥中得到应用，此桥长97.5m、宽3.8m，原为厚木板桥体，是为过往马拉拖车建造的，后来改为轻质钢桥体，终因钢桥体的自身质量大，限制最大通行负载为7t，后来翻新时又改用高133mm、宽344mm的多孔6063-T6铝合金空心挤压型材，将它们对焊起来。桥面挤压型材方向垂直于车辆前进方向，用机械方法将其紧固于6061-T6铝合金挤压I字梁上，I字梁方向平行于车辆行进方向。经过这次现代化技术改造，除了桥体自重外，桥的有效负载允许达到22t，并允许紧急车辆通行。

采用雷诺兹金属公司桥梁型材建造的第二座公路桥是美国弗吉尼亚州克拉克斯维尔市（Clarksville）附近的58号公路小布法洛克莱克河（Little Buffalo Creek）上的桥，此桥长16.7m、宽9.75m，桥体是用宽305mm、高203mm的6063-T6铝合金挤压型材金属氩弧焊接的，型材挤压方向平行于车辆前进方向，整块焊接铝合金板被置于4根长的钢桥梁上。这种桥体的突出优点就是上盖与下底是连续的，各向同性的，即纵横向性能相等。雷诺兹铝桥体表面有一层厚9mm的环氧树脂，其中含有填料，可以增加车辆行驶摩擦力，防止打滑。这种表面的功能与混凝土桥面的功能极为相似。

美国最近建造的挤压铝型材桥在肯塔基州克拉克县（Clark County，KY），这是一座乡村桥梁，主要来往车辆是学校与医院的，必须在很短时间安装完毕。桥体用雷诺兹桥梁空心型材（6063-T6铝合金）焊接，在工厂预制，运到工地，不到3h架设完毕，将交通中断时间缩短到最低限度。

3.1.6 近期建设的其他典型铝桥

2010年，加拿大魁北克省布洛萨德（Brossard）修建的其国内最长的矮桁架铝合金行人桥，长44.21m，护栏高1.372m，自身质量17t，全部为6061-T6铝合金空心挤压型材制造（图7）。

图7 加拿大最长的布洛萨德铝合金矮桁架行人桥

3.2 我国的铝合金结构桥梁

我国铝合金结构桥的应用历史也有十几年，但由于相关研究不够，没有完整的设计规范，铝合金结构数量少，结构形式比较单一。比较著名的几个铝合金桥范例是2007~2008年间建成的几座人行天桥。其中，首座铝合金桥是建于2007年3月的杭州庆春路中河人行天桥。

3.2.1 杭州庆春路中河人行天桥

杭州庆春路中河人行天桥（图8）是我国首座铝合金结构桥梁，2007年3月建成，由外资公司承建，所有铝合金型材从德国进口，主材为6082-T6铝合金。整座人行天桥分为5个预制组件，呈“工”字形，主跨长度39m，质量为11t，其余辅桥跨度15~25m，桥下机动车通行净空4.8~5.3m，能满足现有无轨电车通行，天桥距离中河高架桥底2.8~

3.2m，完全满足行人通行。全桥的质量仅为同体积钢材的 34%。在天桥的 4 个脚上安装 4 对上下自动扶梯，是杭州市首次在人行天桥上安装自动扶梯。该天桥克服了通行净空无法满足使用要求这一技术难题，并解决了庆春路和中河路的交叉路口人车争道矛盾。

图 8 中国首座全铝合金结构城市人行过街天桥在杭州建成

3.2.2 上海徐家汇人行天桥

上海徐家汇人行天桥（图 9）是国内首座完全自主设计、自行生产、自行建造的铝合金结构桥梁，2007 年 9 月 29 日在徐家汇潜溪北路投入运行，总工期仅 37 天。该桥由同济大学沈祖炎院士负责桥梁设计，外形类似外滩白渡桥，连接徐家汇第六百货公司以及太平洋百货公司。主材为 6061-T6 铝合金，单跨 23m，宽度 6m，主桥高 2.6m，桥净高 4.6m。

图 9 上海徐家汇人行天桥

铝合金天桥自重仅 150kN，最大载质量可达 50t，远低于“地铁上面建设天桥总荷载不得超过 700kN”的规定，确保了该处地下地铁运行的安全。徐家汇人行天桥所用铝材全部为中国广东凤铝铝业有限公司三水公司生产。

3.2.3 北京市西单商业区人行天桥

北京市西单商业区人行天桥（图 10）是北京市迎奥运重点工程，于 2008 年 7 月 20 日投入试运行。铝合金上部结构为外资公司承建，主要铝合金型材均为国产，为 6082-T6 铝合金型材；铝合金步道板等附件从国外进口，为 6005-T6 铝合金。其中，一号天桥为“U”形天桥，连接汉光百货和君太百货商场，主跨 38.1m，桥面净宽 8m，主桥高 4.1m，净高 5.1m，总长 84m，总面积 1506m^2，配置 8 部自动扶梯，一部无障碍升降平台，是目前世界上最大的高强度铝合金天桥。二号天桥为“Z”形天桥，连接西单商场和西单国际大厦，主跨 32.7m，桥面净宽 6m，净高 5.2m，总长 53.9m，总面积 952.2m^2，配置 4 部自动扶梯。连廊连接君太百货商场与西单 MALL 二层平台，总长 20.2m，净宽 5.8m，总面积 127.90m^2。该天桥造型追求时代感、形式简约，在满足安全性、实用性的同时，兼顾标志性、美观性、舒适性，体现了人文气息，堪称人行天桥的经典作品。

该桥成功解决了复杂环境下铝合金结构桁架吊装难题，并制订 JQB-198—2008《北京市西单商业区人行天桥工程铝合金上部结构施工质量验收标准》(北京市建设委员会备案)，为今后铝合金结构桥梁施工验收提供了宝贵借鉴经验。该天桥与两侧建筑的二层平台构成安全、连续、通畅、美观、舒适的“S”形二层步行系统和高品质商业氛围，彻底解决了人流量分流不合理、人车混行、交通拥堵等难题。

图 10 北京市西单商业区人行天桥工程（铝合金过街天桥）

3.2.4 天津海河蚌埠桥铝合金人行桥面

天津海河桥人行桥面采用 6061-T6 铝合金挤压型材建造（图 11），全部为国产铝材。

图 11 天津海河蚌埠桥工程采用铝合金做人行桥面

3.2.5 杭州西湖口字形过街天桥

杭州西湖附近的口字形过街人行铝合金天桥 2013 年 4 月通行，是中国丛林铝业有限公司设计、制造与安装的（图 12），全长 217m，宽 4.8m，承载能力 4.3kN/m^2，所有铝材都是丛林铝业公司研发生产的。桥的桁架结构是用 6082-T6 铝合金挤压大型材制造的，四片主桁架及四片过渡桁架组成闭合环形人行天桥，呈口字形，其美观独特的结构成为杭州街头一道风景，被称为现代建筑中的艺术品。

原天桥（“解百”天桥）采用传统材料，平均每 2 年需进行防锈及其他相关维护，每次维护费用 11 万元左右，而铝合金桥免去了防锈维护，维护成本降低 90% 以上。此外，全铝天桥由于其上部结构轻，可进一步降低基础费用和对地质条件的要求。丛林公司研发团队在设计时，不仅对于桥排水系统、电梯悬空搭载部位加强结

图 12 杭州西湖附近的铝合金过街人行天桥

构以及过渡连接装置等细节进行深入分析探索，而且带入人性化理念，在建有上下行电梯和楼梯的同时，还安装了无障碍轮椅升降平台，美观实用、经济环保，是中国天桥领域一次飞跃。

中国建成的铝合金桥梁都是过街人行天桥，还没有铝合金公路桥与铁路桥，可见在铝合金桥的设计、制造与安装方面与国外相比还有较大的差距，但所需要的桥梁铝合金及铝材中国现在都可以生产与提供。

3.3　军用铝桥

军事战备桥梁主要是指便桥，包括冲击桥、装配式桥等。战备桥梁是陆军遂行渡河工程保障的最主要装备。现代战争对军用桥梁有很高的技术要求，优良的装备应当具有快速的机动能力、广泛的适应能力和良好的操作性、可靠性、安全性及足够的抗毁伤能力。战备桥梁装备只有在快速机动的前提下，才能保证其强大的保障能力和广泛的适应能力得以充分发挥。因此，新一代军事战备桥梁装备对快速机动性能提出了更高的要求。

铝合金不仅应用于民用桥梁中，在军事上也得到了广泛运用。例如：美英联军在伊拉克战争中就投入了大量的渡河桥梁装备，其中有美军“狼灌”冲击桥、改进型带式舟桥，以及英军的中型桁架桥、M3 自行舟桥等。

目前战备桥梁器材研制中广泛使用的仍然是传统的结构材料——钢材，如我国研制的六四式军用梁、八七型军用梁是国家战备抢修器材的主要储备器材。另外还有 ZB-200 型装配式公路钢桥、321 钢桥等。其具有明显的缺点：重量大、机动性差、克服和跨越障碍的潜力小、耐腐蚀性差、维修保养费用高等，很难适应未来高技术局部战争的要求。

而采用铝合金结构完全能够发挥轻质的优势，从而减少所需配套运输车辆的数量，降低油耗，降低作业强度和减少作业人员的数量。铝合金结构的重量轻，对地基基础的承载能力要求低，可满足战备特殊荷载的要求。材料自身的强度高，相对钢桥来说具有承载力大、变形小、刚度大、稳定性好等优点，能更好地满足战备桥梁快速机动灵活的要求。铝合金质轻、架设速度快而且噪声小，可更好地适应瞬息万变的战场情况，发挥其良好的保障能力和广泛的适应能力。

另外，铝合金具有可挤压成形的优点，能采用最有效的截面形式和尺寸，而且具有良好的耐腐蚀性，可减少器材服役期中的维护保养工作量，有效降低装备使用全寿命成本。如采用铝合金材料的美军“狼灌”冲击桥桥节每延米重量 4.6kN，比采用钢质材料的冲击桥每延米重量减轻约 35%，架桥作业效率提高约 36%。

铝合金材料的性能，特别是焊接性能与钢材相比有很大差别，铝合金（尤其是热处理铝合金）焊接后会造成材料在焊缝及热影响区机械性能的下降，同时铝合金的焊接变形也比钢材大得多，且容易产生焊接缺陷。但由于铝合金材料具有易于挤压成形的优点，因此，钢质结构大量采用焊接组合构件，而铝合金结构则应尽可能采用大型挤压型材以减少焊接量、控制焊接变形和焊接缺陷。与舟桥相比，多数战备便桥是架设在河流两岸的，水的浮力及水动性对其影响很小，因此与舟桥的受力及支承条件不同。战备桥梁的桥面板常采用扁宽薄壁大断面空心铝合金挤压型材夹芯板结构。

战备桥梁结构是典型的焊接结构，在使用中承受诸如坦克、火炮等重型移动载荷作用。5×××系合金用于战备桥梁结构时材料强度偏低，因此必须在 6×××系和 7×××系合金中选择合适的铝合金型号。在此两系合金中，6×××系铝合金的可焊性能较好，而且在施焊一段时间后，其机械性能可恢复到施焊前的80%左右（除延伸率外）。相对于6×××系合金，7005型铝合金具有更好的焊接性能和更高的焊接强度。目前，7A05型铝合金已成功地应用于轻型渡河桥梁中。

3.3.1 铝合金装甲架桥系统

2000年春天，德国开始豹式Ⅱ型坦克计划时，原来使用装甲架桥（AVLB）系统的钢桥破坏了。随后进行的分析和计算表明：安全裕度低于以前的假设。显然，AVLB系统在使用性能和承载力方面都存在一定的缺陷。瑞典军方研发了一种新型装甲架桥系统——Kb71，如图13所示。桥梁由两个箱梁组成，桥跨总长20m，一个桥面板宽为1.4m，桥高为0.17m，桥的总宽为3.8m，见图14。该桥是由压制铝板焊接而成，其中一部分采用摩擦搅动焊接技术，另一部分则采用惰性气体保护焊接（MIG），最大可以承受豹式Ⅱ型坦克的负载，NATO标准中的70级军用荷载坦克的履带在箱梁的腹板内可顺利行进，而不像前东德的BLG60型AVLB系统，坦克的履带处于悬臂上。瑞典军方对该桥进行了荷载试验、疲劳试验，并在安装好的成桥上施加不同类型的交通荷载（包括1000辆豹式Ⅱ型坦克的超限荷载）。试验结果显示，该设计可满足瑞典武装部队规定的要求。

图13 Kb71型20m拼接坦克桥

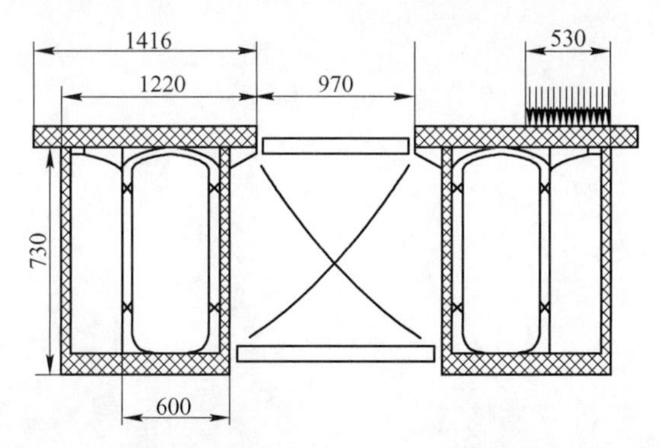

图14 Kb71桥和BLG60桥横截面

3.3.2 铝合金舟桥

舟桥是用于在江河上架设浮桥或结构潜渡门桥的制式渡河保障装备。减轻舟桥结构重量，提高装备的机动性能，是国内外舟桥装备发展的重要趋势。在现有的各类轻质高强材料中，铝合金是最适宜作为舟桥装备主体结构的材料。舟桥中最重要的结构是纵向承重结构，这种结构通常采用所谓的空心梁结构形式，空心梁的上翼板是车行部纵向构件和甲板，下翼缘是舟底的纵向构件和底板。舟桥舟体甲板不仅要承受浮桥纵、横向弯曲以及扭转，同时还要承受车辆荷载的直接作用，铝合金舟桥的甲板应采用专门设计的、符合其受力特点的大型多腔挤压型材。

铝合金在国外军用舟桥装备中已得到非常普遍的应用，装备性能也因此得到很大提高。如美国的带式舟桥（图 15）、德国的 FSB 带式舟桥及日本的 92 式带式舟桥等。我国在轻型门桥、轻型伴随桥的桥跨结构中曾采用过铝合金材料，但在重型的带式舟桥装备中还未得到应用。目前我军逐渐开展了铝合金用于舟桥承重结构设计的研究工作并取得了显著成果。随着我国综合国力的提高，铝合金必定会在舟桥装备上得到越来越广的应用。

图 15　美军的先进舟桥系统

铝合金门窗隔热保温方法研究

聂德键，罗铭强，李 辉，罗伟浩，
黄和銮，林丽荧，张小青，易 鹏

（广东兴发铝业有限公司，广东佛山 528061）

摘 要：对铝合金门窗的隔热性能及研究进展进行综述，重点介绍玻璃节能法、铝合金断桥型材节能、遮阳体系节能法的隔热作用及应用情况。

关键词：铝合金门窗；节能；玻璃节能；断桥型材；遮阳

Research of Heat Insulation Method for Aluminum Alloy Windows

Nie Dejian，Luo Mingqiang，Li Hui，Luo Weihao，Huang Heluan，
Lin Liying，Zhang Xiaoqing，Yi Peng

(Guangdong Xingfa Aluminum Co.，Ltd.，Foshan 528061)

Abstract：The heat insulation performance and research progress of aluminum alloy windows are reviewed. The heat insulation effect and application of glass energy saving method，aluminum alloy broken bridge profile energy saving system and sun shading system energy saving method are mainly introduced.

Key words：aluminum alloy windows；energy saving；glass energy-saving；broken bridge profiles；sun shading

1 引言

铝合金门窗具有强度高、重量轻、变形小、密封性能好、稳定性高、耐久性强、装饰性强、利于定型加工、易于回收、无污染、经济实用等诸多优点，不仅在高档次的公共建筑上使用，而且在民用住宅上也得到了普遍使用[1]。我国建筑铝合金门窗行业从引进国外技术到自主研发发展到现在，具备了建设大型豪华、节能、环保型建筑门窗、幕墙工程的能力。在我国建筑业蓬勃发展的推动下，铝合金门窗的产量不断增加，特别是在北京奥运会、上海世博会、广州亚运会、西部大开发、各地旧城改造及新城建设的拉动下，铝合金门窗市场总量继续保持增长的态势。

门窗是建筑的重要组成部分，也是热量损失的主要位置，经门窗损失的热量占建筑能耗总量的40%~50%左右[2]。我国的建筑物门窗的能耗量为墙体的4倍、屋面的5倍、地

面的 20 多倍。门窗系统是由型材、玻璃和相关附件按照某种结构形式组成的整体，能量损失主要是来自三方面：对流、传导和辐射，其最为重要的节能指标是传热系数和遮阳系数，对流反应门窗的气密性，传导和辐射反应门窗的保温和隔热性[3]。针对以上能量损失方式，目前常用节能措施主要有玻璃节能、铝合金断桥型材节能、遮阳系统节能等方法。

2　玻璃节能

铝合金门窗的玻璃面积占整个门窗面积的 70%～80%，玻璃具有极好的采光功能，可见光可以几乎无阻碍透过，同时有大量红外热量的直接透过，通过玻璃损失的热量占门窗损失总热量的 70%以上，因此，玻璃是门窗节能的关键[4]。目前，业界普遍采用加厚或镀膜法提升玻璃质量，采用双层玻璃或三层玻璃，通过双层（或多层）玻璃之间形成的空气隔膜提升气密性，在玻璃内部形成密闭空间，降低门窗玻璃的热损失，从而提高门窗系统整体保温性能[5]。单层玻璃、中空玻璃、多层中空玻璃的热系数依次降低，单片玻璃的传热系数 $K=6\mathrm{W/(m^2 \cdot K)}$ 左右，普通中空玻璃 $K=2.3\sim3.2\mathrm{W/(m^2 \cdot K)}$，而采用 Low-E 中空玻璃系统 $K=1.4\sim1.8\mathrm{W/(m^2 \cdot K)}$[6]。在夏热冬暖地区中夏天 6mm Low-E 玻璃进入热量 $Q=376.6\mathrm{W/(m^2 \cdot h)}$，相比普通玻璃降低 $267.3\mathrm{W/(m^2 \cdot h)}$，节能 41.5%；冬天 Low-E 玻璃流失热量 $Q=98\mathrm{W/(m^2 \cdot h)}$，相比普通玻璃节能 15.5%；夏热冬冷地区冬天 Low-E 玻璃相比普通玻璃节能 37.5%；6+12A+6 中空 Low-E 玻璃相比单片在夏天可提升 8.3%的节能效果[7]。

3　铝合金断桥型材节能

铝合金门窗具有诸多优势，但铝合金具有较大的传热系数，即使采用中空玻璃也无法满足部分地区节能门窗的标准要求。铝合金隔热断桥门窗将铝合金型材分为内外两部分，其内外侧铝型材中间插入（或灌注）传热系数小于 $0.3\mathrm{W/(m^2 \cdot K)}$ 的非金属材料，以有效切断铝框热流直接传递的路线，使铝材导热系数显著降低，可大大提高传统门窗保温性能。夏季太阳暴晒的情况下，室内外温差可达 11～57℃左右，断桥门窗可有效地减少热量传递；而在寒冷的冬季可节约冬季取暖的费用，从而达到节能目的。门窗铝型材的保温隔热性能主要是由隔热条、密封条和封闭空腔组成的隔热系统来实现，达到阻断内外侧铝材间热量的直接传导和辐射，减小腔体内空气的直接对流的热损失，因此隔热条长度、密封条布置、腔体分布和铝合金型材的基本热工性能成为隔热铝（合金）型材设计的关键[8]。马世明[9]等采用有限元数值分析法研究插胶式断桥门窗的隔热性能，结果表明在 PA66 隔热条中，传热分析的边界条件相同时，随着隔热条尺寸（宽度）的增大，其节能效果有明显提高，但选择隔热条时应综合考虑其气密性、水密性和抗风压等性能，在保证型材强度的条件下，增大隔热条宽度可使得型腔高度增大，进而增大热阻。目前常用的穿条式隔热铝材中的隔热条玻璃纤维增强 PA66 材料导热系数 K 值是 0.26～0.34；注胶式隔热铝材的隔热胶的 K 值是 0.008～0.13。从隔热材料的导热系数 K 值来看，隔热胶是最佳的隔热材料[10]。

4　遮阳系统节能

门窗节能最有效的方法就是提高门窗的遮阳性能，遮阳系统既能合理控制太阳光线进入室内，减少建筑空调能耗和人工照明用电，改善室内光环境；有效的遮阳措施又能阻挡阳光直射辐射和漫辐射，控制热量进入室内，降低室温、改善室内热环境[11]。一般根据遮阳设施与窗户的位置关系分为三大类：外遮阳——遮阳设施设置在户外；内遮阳——遮阳设施设置在户内；窗户自遮阳——依靠玻璃自身的特性或者在玻璃之间设置遮阳帘实现对太阳辐射的削减[12,13]。

4.1 外遮阳

外遮阳可分为构造遮阳、固定遮阳、活动遮阳。构造遮阳又称为构件类遮阳，是结合建筑构件处理的遮阳方式，这是一种较好的设计手法。通常是结合建筑立面、造型处理和窗过梁设置。如加宽挑檐、外走廊和凹窗、骑楼等均可以起到一定的遮阳作用。外固定遮阳设施，通常是在窗户外设置水平、垂直、综合遮阳构件，使该类遮阳设施与建筑浑然一体，成为建筑不可分割的一部分，运用比较广泛（图1）[14]。窗外活动式遮阳具有最好的遮阳效果，遮阳的效果也可以根据居住者的意愿进行调节，能对散射辐射和眩光有较好的控制，实现视觉和热环境的舒适性。一般而言，结构极其简单的活动遮阳板可以完美解决冬夏两季对太阳辐射需求截然相反这一矛盾[15]。利用现代科技手段制作的活动遮阳装置（电动和遥控等）使建筑遮阳成为提升物业品味、体现人性化设计的重要方面（图2）[16]。

图1　常见固定遮阳

图2　活动遮阳

4.2 内遮阳

内遮阳设施是建筑最常用的遮阳形式，通常安装于窗户内，主要用于防止夏季强烈的阳光透过玻璃直接进入室内，调节室内光环境使其达到一个相对舒适的水平；或者出于隐私考虑，将室内与室外在视觉上隔离[17]。内遮阳设施安装和拆卸方便，调节灵活，投资成本低，目前在建筑中使用非常广泛。内遮阳产品诸多，材质、开启方式各异，本文按照内遮阳主要应用的场所进行归类，分为布艺帘、纤维织物卷帘、百叶帘、天棚帘四大类[18]。

4.3 窗户自遮阳

窗户自遮阳可分为玻璃自遮阳和玻璃中间设置遮阳。玻璃镀膜用在建筑窗户上可以改变远红外线与可见光的数量和减少紫外线的透射。热反射玻璃，一般是在玻璃表面镀一层或多层如铬、钛、不锈钢等金属或其化合物组成的薄膜，使产品呈丰富颜色，对可见光有适当的透射率，对近红外线有较高的反射率，对紫外线有很低的透过率[19]。与普通玻璃比较，可降低遮阳系数，即提高遮阳性能。此类玻璃对漫射型辐射是非常合适的遮阳方式，但是对于太阳直射，虽然也可以降低辐射热，但仍有相当一部分能量进入室内，也无法避免太阳光线对室内物体的直接照射[20]。

在门窗中间设置遮阳设施是非常有效的节能方式，如在玻璃中间设置电动百叶卷帘，既可增加幕墙整体遮阳性能，又可防止太阳直射辐射和眩光的产生，还能达到私密性的要求。百叶窗帘是一项传统的遮阳产品，中空玻璃和百叶窗帘分属两种产品，如能把百叶窗帘和中空玻璃合为一体，既可节省使用空间，又能达到遮阳的目的，同时提高百叶的寿命[21]。

5 结束语

（1）受国家节能政策影响，环保、节能门窗产品成为当前门窗行业开发的主流，将来的大型建筑工程也必然是高标准的绿色工程。

（2）建筑门窗节能常用的玻璃节能、铝合金断桥型材节能和遮阳体系节能三种方法都有明显的节能效果，但实际设计时需要综合当地环境、建筑特点、节能需求、成本等方面考虑。

（3）目前，我国铝合金节能门窗的产量和生产能力已跻身世界前列，随着建筑节能工作的推进，人们对节能窗的要求也越来越高，使节能门窗呈现出多功能、高技术化的发展趋向。

参考文献

[1] 李学智，马梅梅．门窗节能，建筑节能的主角［J］．门窗，2010（7）：43-47.

[2] 赵东来，胡春雨，柏德胜，等．我国建筑节能技术现状与发展趋势［J］．建筑节能，2015，43（3）：116-121.

[3] 杨秀，张声远，齐晔，等．建筑节能设计标准与节能量估算［J］．城市发展研究，2011，18（10）：7-13.

[4] 郭兴忠，杨闯，张超，等．节能门窗热工性能对建筑能耗影响的模拟研究［J］．建筑材料学报，2014，17（2）：261-265，297.

[5] 皮锦轩．建筑门窗保温性能的优化措施分析［J］．技术与市场，2016，23（11）：113.

[6] 郭新．铝合金门窗及幕墙节能方法解析［J］．安徽建筑，2009，16（2）：36，60.

[7] 陈建峰，孙剑波．建筑节能玻璃膜的应用与建筑节能效果分析［J］．住宅产业，2013（4）：72-73.

[8] 王昭君，王洪涛，孙诗兵，等．幕墙门窗铝型材隔热性能模拟试验研究［J］．节能技术，2014，32（3）：231-236.

[9] 马世明，吴亮圣．断桥铝合金门窗系统中玻璃与隔热条的有限元数值分析［J］．广东土木与建筑，2010，17（2）：25-27.
[10] 节能门窗首选注胶式隔热铝合金门窗［J］．铝加工，2013（6）：48.
[11] 杨连飞．建筑门窗遮阳［J］．门窗，2012（9）：52-54.
[12] 李岳．窗口内外遮阳性能差异实验研究［D］．广州：华南理工大学，2010.
[13] 黄海静，刘雁飞．基于遮阳形式的建筑立面设计［J］．西部人居环境学刊，2015，30（2）：59-64.
[14] 楚洪亮，孙诗兵，万成龙．建筑遮阳设施对建筑能耗的影响分析［J］．山东建筑大学学报，2016，31（1）：33-37，46.
[15] 李翠，李峥嵘，肖琳．建筑遮阳调节行为特性研究［J］．建筑科学，2015，31（10）：218-221，234.
[16] 张树君．建筑遮阳设计［J］．住宅产业，2012（2）：67-71.
[17] 白胜芳．对建筑遮阳技术发展的思考和建议［J］．建设科技，2012，15：22-26.
[18] 任俊．建筑遮阳形式及若干应用问题研究［J］．广州建筑，2012，40（5）：6-9.
[19] 白胜芳，沈万夫．建筑遮阳与绿色建筑［J］．中华民居，2010（4）：114-117.
[20] 涂逢祥．建筑遮阳是建筑节能的重要手段［J］．建筑技术，2011，42（10）：875-876.
[21] 周焕明．建筑遮阳节能技术浅析［J］．中国科技财富，2009（6）：52-53.

工艺技术：熔铸

熔剂对铝合金熔体的物理净化

李有望

（郑州西盛铝业有限公司，河南郑州　450041）

摘　要：本文针对国内外铝熔体净化用熔剂的研究、制备及使用现状，从熔剂净化的必要性、铝及铝合金熔体净化的基本对象和简单高效环保等基本要求，论述了当前铝及铝合金熔体熔剂净化技术现状及存在的问题，探讨熔剂化学净化的缺陷以及熔剂物理净化的优势，详述了熔剂配制的热力学基础和熔剂净化铝合金熔体的动力学条件。旨在从熔剂净化铝合金熔体的热力学和动力学基础出发，规范熔剂的定义与熔剂的除气渣杂的简单、高效的基本功能要求，并在此基础上明确熔剂使用的环境影响成因和环保要求，并为铝合金熔体净化用熔剂的相关标准及规范的修订提供基本依据。

关键词：铝合金；熔体；熔剂；化学净化；物理净化；夹气夹渣夹杂；熔剂环保；标准及规范

1　引言

目前，就熔剂制备及使用理念，国内外存在一些差距，主要体现在：国外的铝合金熔体净化用熔剂的研究趋势主要围绕成分简单、高效精炼及低排放等方向努力，力求通过最小的成本及环境代价实现铝液的高效净化；而我国的熔剂制备与使用更多地集中在熔剂的添加物，结果虽然在一定程度上实现了熔剂的某一特殊功能需求，但对由此引发的其他问题并未做深入探讨。本文研究认为，这些差距的本质在于熔剂的物理净化与化学净化的区别。本文论述了熔剂物理净化的原则，以及熔剂的物理净化对于铝和铝合金熔体净化过程中降低熔剂对铝熔体二次污染的风险和二次烧损、提高铝及铝合金熔体净化处理的水平，及其在降低环境排放等方面的优越性。

2　熔剂净化的必要性

2.1　炉内净化与在线净化

众所周知，铝熔体净化按照其净化处理时间顺序一般分为炉内净化与在线净化。炉内精炼是指铝合金熔体通过炉内精炼处理达到净化铝合金熔体的效果的过程，其工作原理为：通过气体与铝合金熔体里的杂质发生化学反应以达到杂质与铝合金熔体的分离，净化铝合金熔体。在线净化是在合金铸造过程中的一种铝液净化方式，主要包括在线除气和在线过滤（如转子除气、管式/板式/深床过滤）[1]。

凝固前高质量冶金熔体的获得需要炉内净化与在线净化的良好匹配，然而需要注意的是，铝液的在线净化处理是一个连续过程，铝液在净化装备的停留的时间有限，导致铝液质量调控工艺窗口窄，其净化效果过度依赖装备，同时其在铝液处理量上也存在瓶颈。与此同时，在线净化对炉内净化比较敏感，如若炉内铝液净化的程度无法满足后工序要求，将对在线净化产生极大的影响，急剧降低铝液在线净化效率，进而无法保证后续铸坯的冶金质量。此外，炉内净化的不彻底，将会导致在线净化装置的单位铝液处理量降低，无法保证净化效果。此外，炉内净化与在线净化的处理对象各有侧重，从夹杂物的尺寸上来说，炉内净化的处理对象一般为粒径大于40μm的大尺寸夹杂，而在线净化主要针对细小的微粒夹杂，高效的炉内净化对在线净化装置的使用寿命、净化效率都大有裨益。因此，高效的炉内净化处理是铝熔体净化的关键工序，也可为后续的在线净化创造有利条件；在线净化是炉内净化的有效补充，可进一步净化铝液，二者相互影响、互为补充。

2.2 熔剂净化与气体净化

一般来讲，炉内净化包括熔剂法、气体精炼法（活性、惰性气体）、真空净化、外场净化，其中熔剂净化和气体净化是目前行业应用最为广泛的炉内精炼方法[2]。熔剂净化是在铝合金熔炼过程中，将熔剂加入熔体内部，通过一系列物理化学作用，达到除气除杂的目的。熔剂的除杂能力是由熔剂对熔体中氧化夹杂物的吸附作用和溶解作用以及熔剂与熔体之间的化学作用决定的。熔剂和夹杂物之间的界面张力愈小，熔剂的吸附性愈好，除杂作用愈强。除了以除气除杂为主要目的的熔剂外，还有一些其他的熔剂，如覆盖剂、清渣剂等，本文主要探讨用于除气除渣的熔剂。

与熔剂净化相比，气体净化主要是依靠向熔体内部吹入活性或惰性气体，活性气体除利用气体分压定律实现除气、通过气泡吸附夹杂之外，还可通过与熔体中的氢直接反应生成气态产物，实现扩散除气、浮选除渣。

图1所示为气体除氢固杂示意图。此外，活性气体还可与熔体中的碱金属或碱土金属反应，生成低密度的盐类，上浮至铝液表面达到去除碱金属/碱土金属目的。以典型活性气体氯气为例，氯气进入到熔体的基本反应如下：

$$3Cl_2 + 2Al = 2AlCl_3\uparrow \quad (1)$$

$$Cl_2 + H_2 = 2HCl\uparrow \quad (2)$$

$$Cl_2 + 2Na = 2NaCl \quad (3)$$

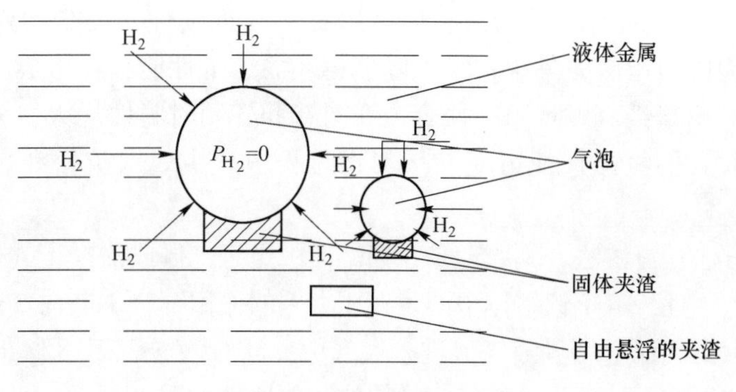

图1 气体除氢固杂示意图

由此可知，氯气本身及氯化反应产物 $AlCl_3$、HCl 均为气体，在熔体中会自发上升，实现净化，此外还可直接与熔体中的氢直接反应，达到除氢目的，是一种高效熔体精炼介质。

相较于其他净化炉内净化方式，熔剂法和气体精炼法具有投入小、成本低、可操作性强、净化效果显著等一系列优点，是目前应用较为广泛的精炼方法。但是，气体净化也存在一些难题，如气体的纯净度、吹入熔体中气泡的大小及均匀性的控制。同时，活性气体往往有毒（如氯气），且腐蚀设备。惰性气体精炼主要是依靠扩散除气、浮选除渣实现净化的目的，其虽然克服了活性气体腐蚀设备的缺点，但是其净化效率远远不如活性气体，更无法实现碱金属、碱土金属的去除。

值得一提的是，熔剂除通过其自身与熔体中的夹杂物发生物理化学的吸附、溶解和化合的作用之外，还可分解或与熔体反应生成各种气体，产生气体净化的功效。与气体吸附夹杂不同的是，熔融状态下的熔剂还可润湿夹杂，吸附发生的动力学过程更有效，此种机制比气体浮游法吸附夹杂吸附效率更高，还可聚合不同尺寸的夹杂。因此，生产上采用的较多的气体-熔剂混合精炼，同时发挥了熔剂、气体的优势，多重净化机制相结合，实现高效净化。但气体精炼调控的工艺窗口较窄，大量关于气体精炼的研究已见诸报道，目前的研究热点更多地研究集中在熔剂部分。

3　熔剂净化概述

3.1　铝合金熔体净化的基本对象

熔铸作为铝加工的头道工序，若铸坯存在由熔铸引起的“先天不足”（如夹杂、气孔等），无论何种先进的工艺或装备，均无法在其后一系列加工过程中（如轧制、挤压、热处理、表面处理等）弥补这种先天缺陷，进而难以保证铝制品的质量和性能。因此要发挥材料的潜力，充分发挥自身性能，必须首先解决铸坯的生产和质量的控制。

3.1.1　铝熔体中的气

铝合金熔体中氢的主要来源是铝合金在熔炼过程中，大气中及原材料表面的水分通过冶金反应进入合金熔体中，造成熔体吸氢。它在铝液中的存在形式有两种：约 90%的氢以间隙原子状态溶解于熔体中；还有约 10%的少部分氢以气泡形式吸附于夹杂的表面或缝隙中，形成负曲率半径的氢气泡。氢的存在会对铝合金的性能产生不良影响，铝及其合金中的氢会使铸坯产生尺寸不等的气孔，破坏金属材料的连续性，减少构件的有效承载截面，同时在气孔周围引起应力集中，大大降低铸坯的加工性能；在半成品中会出现由氢引起的分层缺陷和第二类氢脆现象，使合金在锻造和轧制时脆性增大；铸坯中以过饱和状态和化合状态存在的氢是促使铸坯在均匀化过程中产生二次疏松和表面起泡的重要原因[3,4]。

除气的基本方法是浮游法，其原理是在铝熔体中通入气体或能产生气体的物质以生成气泡，根据分压差原理，溶于铝熔体中的氢在压力差的作用下，不断向气泡内扩散，气泡浮出液面时，扩散到气泡中的氢随气泡进入大气中；同时气泡表面还能自动吸附夹杂物，夹杂物随气泡上浮而排至液面形成熔渣。具体的工作原理如图 1 所示。

3.1.2 铝熔体中的杂质元素

2000 系 Al-Cu-Mg、Al-Cu-Mn 合金中杂质元素主要是 Fe、Si、Zn 等[5]。在镁含量低于 1.0%的 Al-Cu-Mg 合金，硅含量超过 0.5%时，能提高人工时效的速度和强度，而不影响自然时效能力。因为硅和镁形成了 Mg_2Si 相，有利于人工时效效果。但镁含量提高到 1.5%时，经淬火自然时效或人工时效处理后，合金的强度和耐热性能随硅含量的增加而下降。因而，硅含量应尽可能地降低。除此以外，硅含量增加将使 2A12、2A06 等合金铸造形成裂纹倾向性增加，铆接时塑性降低。因此，合金中的硅含量一般限制在 0.5%以下。要求塑性高的合金，硅含量应更低些。Fe 和 Al 形成 $FeAl_3$ 化合物，Fe 还可与 Cu、Mn、Si 等元素形成粗大化合物，这些化合物不溶入基体，降低了合金的塑性，变形时合金容易开裂；并使强化效果明显降低。而少量的 Fe（小于 0.25%）对合金力学性能影响小，可改善铸造、焊接裂纹的形成倾向，但使自然时效速度降低。为获得更高塑性的材料，合金中的 Fe、Si 含量应尽量低些。少量的 Zn(0.1%~0.5%）对 Al-Cu-Mg 合金的室温力学性能影响很小，但使合金耐热性降低。合金中 Zn 含量应限制在 0.3%以下。

Al-Cu-Mn 合金中的 Fe 含量超过 0.45%时，形成不溶解相 Al_7Cu_2Fe，会弱化合金淬火时效状态的力学性能和 300℃时的疲劳强度，因此 Fe 含量一般限制在 0.3%以下。少量 Si(0.4%）对室温力学性能影响不明显，但同样会降低 300℃时的疲劳强度，Si 含量超过 0.4%时，还降低室温力学性能。因此，Si 含量要求在 0.3%以下。少量 Zn(0.3%）对合金室温性能没有影响，但能加快 Cu 在 Al 中的扩散程度，降低合金 300℃时的疲劳强度，一般控制在 0.1%以下。

3000 系合金的杂质元素一般包括 Fe、Si、Mg、Zn[6]。Fe 能溶于 $MnAl_6$ 中形成 $(FeMn)Al_6$ 化合物，从而降低 Mn 在 Al 中的溶解度。在合金中加入 0.4%~0.7%Fe，但 Fe+Mn 要保证不大于 1.85%，可以有效地细化板材退火后的晶粒；否则，形成大量的粗大片状（$(FeMn)Al_6$ 化合物，会显著降低合金的力学性能和工艺性能。Si 是有害杂质，Si 与 Mn 形成的复杂三元相 T($Al_{12}Fe_3Si_2$）或 β($Al_9Fe_2Si_2$）相，影响了 Fe 的有利效应。故合金中的 Si 应控制在 0.6%以下，Si 也会降低 Mn 在 Al 中的溶解度，而且比 Fe 的影响大。少量的 Mg（约为 0.3%）能显著细化该系合金退火后的晶粒，并有助其提高抗拉强度，但对退火材料的表面光泽不利。在 Al-Mg-Mn 系合金中，Mg 作为合金化元素，添加 0.3%~1.3%Mg，可提高合金强度，伸长率（退火状态）降低。合金中 0.05%~0.5%Cu，可以显著提高其抗拉强度，但含有少量的铜（0.1%），便能使合金的耐蚀性能降低，故合金中 Cu 含量应控制在 0.2%以下。Zn 含量低于 0.5%时，对合金的力学性能和耐蚀性能无明显影响，考虑到合金的焊接性能，Zn 的含量应限制在 0.2%以下。

5000 系铝合金的杂质元素主要有 Fe、Si、Cu、Zn 等[7]。Fe 与 Mn 和 Cr 能形成难溶的化合物，从而弱化 Mn 和 Cr 在合金中的作用，当铸锭组织中形成较多硬脆化合物时，容易产生加工裂纹。此外，Fe 还降低该系合金的耐腐蚀性能，因此 Fe 含量一般控制在 0.4%以下，对焊丝材料，Fe 最好限制在 0.2%以下。Si 是有害杂质（LF3 合金除外），Si 与 Mg 形成 Mg_2Si 相，由于 Mg 含量过剩，降低了 Mg_2Si 相在熔体中的溶解度，所以不但强化作用不大，而且降低了合金的塑性。轧制时，Si 比 Fe 的副作用更大些，因此 Si 含量一般应限制在 0.5%以下。5A03 合金中含 0.5%~0.8%Si，可以降低焊接裂纹倾向，改善合金的焊接性能。微量的 Cu 就对合金的耐蚀性能不利，因此 Cu 含量一般限制在 0.2%以下，有的合金要求更严格。Zn 含量小于 0.2%时，对合金的力学性能和耐腐蚀性能没有明显影响，在高 Mg 合金中添加少量的 Zn，抗拉强度可以提高 10~20MPa，因此，合金中杂质 Zn 应限制在 0.2%以下。

此外，5000 系铝合金中微量杂质 Na 能强烈损害合金的热变形性能，出现"钠脆性"[8]，在高 Mg 合金中更为突出。消除钠脆性的办法是使富集于晶界的游离 Na 变成化合物，可以采用氯化方法使之产生氯化钠并随炉渣排出，也可以采用添加微量铅的方法。

7000 系 Al-Zn-Mg、Al-Zn-Mg-Cu 合金中杂质主要有 Fe 和 Si[9,10]。Fe 会降低合金的耐蚀性和力学性能，尤其对 Mn 含量较高的合金更为明显，所以，Fe 含量应尽可能低，其含量应限制在 0.3%以下。Si 能降低合金强度，并使弯曲性能稍降，焊接裂纹倾向增加，Si 的含量应限制在 0.3%以下。这些杂质主要以硬而脆的 $FeAl_3$ 和游离的 Si 形式存在，这些杂质还与 Mn、Cr 形成（FeMn）Al_6、（FeMn）Si_2Al_3、Al（FeMnCr）等粗大化合物，$FeAl_3$ 有细化晶粒的作用，但对抗蚀性能影响较大，随着不溶相含量的增加，不溶相的体积分数也在增加，这些难溶的第二相在变形时会破碎并拉长，出现带状组织，粒子沿变形方向呈直线状排列，由短的互不相连的条状组成。由于杂质颗粒分布在晶粒内部或晶界上，在塑性变形时，会在部分颗粒-基体边界上发生孔隙，产生微细裂纹，成为宏观裂纹的发源地，同时它也促使裂纹的过早发展。此外，它对疲劳裂纹的成长速度有较大影响，在破坏时它具有一定的减少局部塑性的作用，这可能和由于杂质数量增加使颗粒之间距离缩短，从而减少裂纹尖端周围塑性变形流动性有关。因为含 Fe、Si 的相在室温下很难溶解，起到缺口作用，容易成为裂纹源而使材料发生断裂，故对伸长率，特别是对合金的断裂韧性有非常不利的影响。因此，新型合金在设计和生产时，对 Fe、Si 的含量控制较严，除采用高纯金属原料外，在熔铸过程中也应采取一些措施，避免这两种元素混入合金中。

3.1.3 铝熔体中的夹渣

铝熔体中的夹杂有碳化物、氮化物、氧化物、氢化物、硼化物等固态夹杂物以及铁、硅、锌、锰等金属夹杂，其中以 Al_2O_3 为主，含量占夹杂含量的 95%以上[11]。铝熔体中非金属夹杂物尺寸在几个到几十个微米之间，其危害非常大。非金属氧化夹杂物与铝合金材料的基体有着不同的弹性模量、硬度、膨胀系数等性能参数，在外力作用下，容易在氧化夹杂相的尖角处产生应力集中，割断基体组织，使产品渗漏或易于腐蚀，显著降低力学性能及抗应力腐蚀性能；夹渣的存在也会降低合金的流动性和充填铸型的能力，增大铸件的缺陷倾向；增加铝熔体的吸气倾向，并阻滞气体的扩散和析出，在热处理过程中，促进二次疏松和孔洞的形成[12,13]。

熔剂去除铝合金熔体中的夹渣主要通过吸附、溶解和化合三种方式实现，其中吸附的动力学条件如图 7 所示；溶解主要是通过在熔剂中加入可与夹渣相互溶解的化学物，根据其物理化学的相似性质，实现溶解，后随熔剂一同除去，如 Na_3AlF_6 就可溶解 Al_2O_3；而化合作用是通过熔剂与夹渣发生化学反应，生成其他容易去除的化合物实现去除的目的，如 Na_2SiF_6，其余 Al_2O_3 反应生成的 Na_3AlF_6 和 AlF_3 都可通过其他机制实现精炼，如式（9）所示。

3.1.4 铝熔体中的碱金属/碱土金属

铝熔体中的碱金属、碱土金属，主要来自铝电解过程的碱金属及碱土金属元素，如 Na、Li、Ca 等[14]，也有来自铝合金用熔剂，铝合金用熔剂一般由碱金属及碱土金属的氯化物及氟化物组成，其主要成分是 KCl、NaCl、NaF、CaF、Na_3AlF_6、Na_2SiF_6 等，使用熔剂之后会在熔体中残留上述碱金属、碱土金属。

以碱金属钠为例，钠在铝中几乎不溶解，最大固溶度小于 0.0025%，在 Al-Mg 合金中，镁含量超 2%时，镁夺取硅，析出游离钠，Na 元素凝固过程中存于晶界；塑性变形过程中，由于其熔点低，重新恢复游离态，从而形成裂纹源；随着变形量的增加，裂纹汇集形成开裂，也就是所谓的“钠脆”现象[15,16]。

铝合金中的钙会与铝形成新相 $CaAl_4$ 和 $CaAl_2$，这些新相的形成促使铝合金中的强化相减少[17]。例如，当铝合金中存在 $CaAl_4$ 相时，强化相 θ 相（$CuAl_2$）将会减少，并且经固溶时效处理后的铝合金硬度也降低。从微观结构看，$CaAl_4$ 相是一种体心四方结构，由于其点阵常数及 Cu 原子半径的大小接近，θ 相中的 Cu 能够置换出 $CaAl_4$ 中的 Al 而形成新的化合物相，从而使强化相减少。当 Ca 含量达到 1.2%时，Cu 原子置换出 $CaAl_2$ 中的两个铝原子而形成新的化合物相。新化合物不溶入铝基体，不能发生沉淀强化。铝合金中的钙会使得铸态硬度降低，并且当钙含量增大时，铝合金热处理后的硬度也降低。另外，当铝熔体中的有害杂质元素 Ca 较多时，将会使铝合金熔液的流动性变差，容易吸气和发生微观针孔或疏松，严重时产生偏析性硬脆化合物，将使铸件废品率明显上升，并会降低铝合金的热处理强化效果。

根据现有报道[18]，能够做到除去铝熔体中碱金属的方法为在保温炉内使用氯气、含氯精炼剂（如六氯乙烷、四氯化碳等）或含氟化物精炼剂，对熔体进行精炼处理。然而，在使用氯气、氯化物或者氟化物的过程中，会有浮出铝熔体的氯气气体，以及与碱金属反应后生成的氯气、氟化氢，受热气化的六氯乙烷、四氯化碳气体产生，会严重损害炉子内衬，缩短炉子使用寿命；其次，会对生产操作人员产生职业病危害。

碱金属/碱土金属的一种环保高效的方式是通过置换反应实现，其基本原理是根据金属活性顺序，利用碱金属/碱土金属化学特性活泼的特点，加入阳离子相对不活泼的其他金属盐，后经其他物理方法予以去除。以含镁合金中 Na 的去除为例，一般通过 $MgCl_2$ 与单质 Na 的置换反应实现去除，基本反应式如式（4）所示。

$$MgCl_2 + 2Na \xlongequal{} 2NaCl + Mg \tag{4}$$

目前，高性能合金向大规格方向发展，铸坯的尺寸要求也逐渐增大，铝合金熔体中残存的气、杂、渣及碱金属/碱土金属在铸坯加工变形及服役过程中的危害将进一步凸显。

3.2 国内铝合金熔体熔剂净化技术现状及存在问题

3.2.1 熔剂净化工艺应用存在问题

相对于国外发达国家的先进铝加工企业，我国铝加工起步晚，基础较差，在熔剂净化层面的认识距离先进铝企还有相当差距。虽然近年来通过各方努力也取得了一些成绩，但仍然存在不少问题，阻碍了我国铝加工的发展。下文简述我国目前在铝合金熔体熔剂净化存在的主要问题及认识偏差。

3.2.1.1 用量大

按国内现行熔剂产品标准所生产的熔剂在使用中的用量通常为 2kg/t 铝，这几乎是国外同类产品用量的 400%。精炼剂的化学组成是卤素盐居多，其相对于铝熔体属于异质夹杂，在熔体净化完成后要静置一段时间使其上浮或沉降，进而与铝液分离。大量的精炼剂的加入使得这个过程需要大量的时间，显然对熔炼车间的生产造成不利影响，且即使静置时间足够也无法做到全部分离，残留的精炼剂将恶化铸坯的性能。

3.2.1.2 熔剂成分复杂

目前，许多熔剂生产厂家没能充分理解熔剂工作的基本原理，简单照搬别家的生产工艺，而为了实现熔剂的某一特殊功能需求，往往在熔剂中加入各种化合物，通过各种化学反应实现该功能需求。如市售大部分精炼剂为达到铝液和铝渣的分离，大比例添加发热剂，而市售的熔剂发热剂组分无外乎氟盐、硝酸盐等。以 Na_3AlF_6、Na_2SiF_6 为例，Na_3AlF_6 在铝熔体中产生下列反应：

$$4Al_2O_3 + 2Na_3AlF_6 = 3Na_2O \cdot Al_2O_3 + 4AlF_3 \text{(放热反应)} \tag{5}$$

Na_3AlF_6 的特点是熔点相对较高、吸湿性小，分解产物使固态氧化铝和铝熔体之间的界面润湿性降低，容易与铝分离，促进渣的干燥。但过多的氟化物会发生激烈的放热反应，产生大量的有毒气体。Na_3AlF_6 可以吸附溶解 Al_2O_3，并且可以提高与铝熔体接触的表面张力，促使和铝熔体分离。

反应生成的 AlF_3 可以去除铝熔体中的碱土元素，如 Ca、Na 等，反应式如下：

$$AlF_3 + 3Na = Al + 3NaF \tag{6}$$

$$2AlF_3 + 3Ca = 2Al + 3CaF_2 \tag{7}$$

Na_2SiF_6 在铝熔体中发生如下分解反应：

$$Na_2SiF_6 \longrightarrow SiF_4 + 2NaF \tag{8}$$

反应生成的 NaF 能侵蚀 Al_2O_3-Al 界面上的金属本体，使氧化膜机械脱离，溶入熔剂中，从而起净化作用，并且释放微量的 Na 起变质作用，生成的 SiF_4 挥发成气体，起部分除气作用。

Na_2SiF_6 与 Al_2O_3 产生下列反应：

$$3Na_2SiF_6 + 2Al_2O_3 = 2Na_3AlF_6 + 3SiO_2 + 2AlF_3 \text{(放热反应)} \tag{9}$$

生成的 Na_3AlF_6 有吸附 Al_2O_3 的作用，也能和 SiO_2 结合成块状渣，极易扒去。

从前述化学方程式可发现，发热剂在精炼过程中发生反应，散发热量，实现渣铝分离的同时也会造成熔体的局部过热，增大铝液烧损，进而发展成二次夹杂；此外，其精炼产物对环境、对操作工人的毒副作用大。同时，复杂化学成分熔剂的投入，直接导致难以准确把握熔体净化的基本规律，进而无法保证铸坯质量。

3.2.1.3 通过出渣量来评价铝液净化效果

熔体净化产生的铝渣包含真实的夹杂物、精炼剂反应产物及未完全反应的精炼剂，通过铝渣的量来评价铝液的净化效果是不可取的。

3.2.2 熔剂净化的国内外研究现状

我国研究人员进行了添加有机化合物，使其在熔体中受热分解而放出气泡，通过浮游法精炼原理达到除杂排气作用的研究；还有研究报道，在精炼剂中引入稀土化合与碳酸盐为精炼剂的附加组元，从而研制新型复合精炼剂。结果表明：该精炼剂中的稀土化合物可与熔体反应生成稀土单质，稀土单质能置换吸附出杂质氢成络合物 REH_2 或 REH_3，达到除气的作用，又可与氧化铝反应置换出铝，从而降低铝熔体中氧化物夹杂的数量，改变 Al_2O_3 夹杂的尺寸，此外，某些稀土、稀土化合物还可作为铝合金形核质点，起到晶粒细化和变质的作用[19-21]。不可否认，我国科研工作者的研究成果对我国铝加工的技术进步起到了一定的促进作用，但是不少研究仅仅停留在实验室阶段，距离市场的大范围应用尚存不小差距。

国内外有关铝加工企业、科研院所针对熔剂开展了不少研究，研制和使用的熔剂种类繁多。如 Toguri J M 和 Silny A 等人分别对熔剂、熔体中氧化夹杂和铝液三者的界面张力展开深入探讨，研究发现，当熔体与氧化夹杂的界面能越大、熔剂与氧化夹杂界面能越小、熔剂与熔体界面能越大时铝液中氧化夹杂越容易被吸附，精炼性越强；Utigard T A 等人研究了以 KCl-NaCl 为基体和以 $KCl-MgCl_2$ 为基体的精炼剂[22]，结果表明此类二元卤素盐组成的精炼剂对熔体具有可覆盖作用，可以减少熔体氧化。此外，研究还发现，此类熔剂掺入一定的氟化物（如冰晶石）时，熔剂的活性大大增强，使铝液与熔剂分离性好。

3.3 熔剂及熔剂净化的发展趋势

随着铝合金加工技术的进步以及铝合金熔剂净化技术的发展，在熔剂制备及其使用性能要求方面也呈现了一些新的特点，不仅对熔剂的净化效果提出了更高要求，而且对熔剂自身的品质也提出了新的见解。

3.3.1 熔剂组分简单化

当前铝熔体净化处理对净化度的要求越来越高，复杂的熔剂成分配置增加了熔剂本身二次污染铝熔体及环境的可能，熔剂成分配置在满足动力学条件下要求尽可能简单，是解决熔剂使用过程本身产生副作用的唯一途径。图 8 所示的 $NaCl-KCl-MgCl_2$ 三元相图，是我们配置熔剂的基础。低镁合金用熔剂采用 NaCl-KCl 基共晶成分熔盐，非硅及高镁合金采用 $KCl-MgCl_2$ 基共晶成分熔盐，要求在此基础上添加其他成分尽可能简单。

该类化合物形成的共晶物液态下对铝熔体夹杂物有较好的润湿作用，能够润湿夹杂物，后根据密度差实现去除。但是，精炼剂通常为提高精炼效率，往往向其中添加其他化合物，如硝酸盐、硫化物、氟化物、稀土化合物等。石墨和硝酸盐在精炼过程中主要的自身反应是热分解反应，会有 NO_x、CO_2、CO、O_2 等多种气体产生，其除气除渣效果很差。氟化物一般有 NaF、AlF_3、CaF_2、MgF_2、KF、Na_3AlF_6 及 Na_2SiF_6 等，而 NaF 和 AlF_3 系统的氟化物是最经济的附加剂。虽然有时也采用纯 AlF_3，但由于其本身的氧化反应使熔剂变稠、黏度大，一般控制 NaF/AlF_3（克分子比）小于 3。所以，采用工业冰晶石（Na_3AlF_6）是有利的，因冰晶石的 NaF/AlF_3 克分子比≈2，可造成整体熔剂易熔易流动，加速反应物的扩散过程，有利于排杂净化的进行。

在 NaCl-KCl、$KCl-MgCl_2$ 为基的熔剂中，添加适量的氟化物，易于除去熔剂-铝液界面的氧化膜，从而使界面处稳定的金属膜易于破裂，促使夹杂物向熔剂-铝液界面迁移过程易于进行。而且，由于氟化物具有降低 γ_{lv} 的作用，W_{sv} 也随之减小，从而可明显改善排杂净化的动力学条件。在精炼剂中添加少量冰晶石，熔融的冰晶石能完全润湿氧化铝，能增强对氧化铝夹杂的吸附能力。但从与铝液的分离性及热力学角度看，氟化物的加入量不宜过多，以免 γ_{lv} 降低过多，研究表明，一般小于 10%为佳。

此外，选择部分精炼剂组分时常要求其具有造气剂的作用。若精炼剂中含有可以造气的组分，将这种熔剂加入铝液后，在分压差的作用下熔体中的氢会扩散进入形成的气泡中，在气泡的上浮过程中氢和夹杂物都会被排出铝液，从而达到除气除杂的目的。六氯乙烷是很好的造气剂，虽然采用六氯乙烷精炼带来的主要问题是环境污染严重，但无可否认采用六氯乙烷精炼在传统的熔剂法中精炼效果比较好。以下列出了几种造气剂的反应机理：

$$3ZnCl_2 + 2Al = 2AlCl_3\uparrow + 3Zn \quad (10)$$

$$3MnCl_2 + 2Al = 2AlCl_3\uparrow + 3Mn \quad (11)$$

$$3TiCl_4 + 4Al = 4AlCl_3\uparrow + 3Ti \quad (12)$$

$$3C_2Cl_6 + 2Al = 3C_2Cl_4\uparrow + 2AlCl_3\uparrow \quad (13)$$

$$2CCl_4 = C_2Cl_4\uparrow + 2Cl_2\uparrow \quad (14)$$

稀土元素具有很高的化学活性，在铝液中加入稀土化合物后，熔体中弥散的细小夹杂和游离的氢离子会通过稀土的化学还原和固氢作用被有效除去，氧化铝夹杂的尺寸也会变小，同时还可能给铝合金带来晶粒细化和变质的作用，具有较好的净化效果。此外，因为稀土氯化物、碳酸盐、硝酸盐含有结晶水，使用时会产生氧化物夹杂和氢污染熔体，而采用稀土氟化物时不含结晶水，故不会对熔体产生污染。

综上可知，其他化合物的添加虽然一定程度上对铝熔体的净化起到一定的积极作用，但是不可忽视的是，使熔剂的熔点低于铝熔体熔炼温度也是必要条件，而添加有其他化合物的混合物熔剂的熔点难以精确把握，如此将会导致部分添加物不能熔融而是以固体状态存在于液态熔剂中，使液态熔剂黏度加大，降低净化作用。此外，其他化合物的加入无疑将带来其他的化学反应，进而增大熔体的二次造渣，显然与熔体净化的初衷背道而驰。

因此，熔剂成分的简单化是目前熔剂制备的发展趋势之一，应力求通过最简单的物理动力学特性实现高效净化，而非化学层面的热力学反应。

3.3.2　熔剂精炼高效化

熔剂配置所用熔盐本身均为非金属盐类，是铝熔体净化排渣的对象，为避免熔剂本身的二次增渣，必须尽量减少熔剂的用量，这就要求提高熔剂净化的效率，并在熔剂作用完成后所有组分易于从铝熔体中脱离。如前文所述，按国内现行熔剂产品标准生产的熔剂在使用中的用量通常为 2kg/t 铝，这几乎是国外同类产品用量的 400%，过量的熔剂使用量说明了熔剂工作效率的低下。提高熔剂效率的基本手段是基于相图分析计算基础上的精确配置，准确把握铝熔体中的渣气相互作用机制，并充分考虑熔剂对 Na、Li、Ca 碱金属去除的作用机理。

高效率的熔剂对于铝熔体净化对象的目标必须集中，排渣目标主要为铝熔体中细小弥散的渣，排渣除气中侧重排渣，碱金属及碱土金属取出目标集中在 Na、Li、Ca。过度分散的净化对象目标将妨碍熔剂的工作效率，铝熔体中大尺寸的渣杂对铝熔体的含气量并无影响，且容易用扒渣、过滤等物理手段去除，不必作为熔剂配置时考虑的去除对象；除 Na、Li、Ca 以外的其他碱金属及碱土金属在铝熔体中出现的概率很小，在通常情况下的熔剂配置亦不必加以考虑。

高效的熔剂净化有利于生产效率的提升及生产成本的控制，也一直是业内关注的焦点，而随着市场竞争的日趋激烈，高效的精炼熔剂无疑会受到铝加工企业的青睐。

3.3.3　去除碱金属和碱土金属成为熔剂的基本功能要求

一般认为，微量的碱金属即能对非硅及高镁合金产生较大的影响，Na 和 Ca 将导致热加工裂纹，而 Ca 和 Li 将影响铝材焊接性能。目前我们最为熟知的是所谓“钠脆”现象，因为钠在铝中几乎不溶解，最大固溶度为0.0025%；熔点低，为97.80℃。合金中存在钠时，凝固过程中钠被吸附在枝晶表面或界面。热加工时，晶界上的钠形成液态吸附层，产生脆性开裂。当有硅存在时，形成NaAlSi化合物，无游离硅的存在，不产生“钠脆”。但如果硅镁同时存在，镁会夺取硅，析出游离的钠，产生“钠脆”。镁夺取硅的反应式如下：

$$NaAlSi + 2Mg \longrightarrow Mg_2Si + Na(游离) + Al(基体) \tag{15}$$

上述反应在镁含量超过2%时就会发生。目前关于碱金属对于铝合金加工过程的影响仍缺乏系统而深入的研究，美国能源部已在2003年就此内容专门立项，主要针对的就是Na、Li、Ca这三种碱金属，试图建立其在铝熔体中影响的热力学模型及其去除技术的数据库，目标在于2020年前全面完成并全面实施这一技术。原铝中碱金属出现最多的是Na、Li、Ca这三种元素，Na主要来自铝的电解质，Li来自电解铝厂为提高电流效率而加入的氟化锂盐类，而Ca则来自电解用氧化铝本身。有研究表明电解原液中Na和Li的含量更高，而重熔或再生铝中Ca的含量更高。

由于可持续发展的需要，再生铝的使用量越来越大，以及电解铝厂为降低能耗和生产成本，使得铝原料中碱金属的问题越来越突出，同时市场对于2系、3系、5系及7系的合金需求呈增长趋势，目前铝熔体中碱金属Na、Li、Ca的去除已成为铝熔体净化处理中与排渣和除氢并列的三大问题，因此也是当前熔剂配置需要加以考虑的重要原则。

3.3.4 熔剂的环保要求

随着技术的发展以及环境保护的意识不断加强，铝合金熔体净化用熔剂的低排放要求也日益严峻。国内外科研工作者加强了熔剂净化对环境影响的研究，不仅考察熔剂净化效果，更重要的是考察熔剂对环境的污染程度（有害气体排放量）等指标，进行环境负荷的比较评估[23]。下文简述熔剂抗结剂对环境的影响和熔剂中氟对环境的影响。

3.3.4.1 抗结剂

传统的氯盐在提炼、保存过程中为防止结块，往往通过添加一定比例的抗结块剂（NaCl的抗结块剂为亚铁氰化钾，KCl的抗结块剂为脂肪胺、芳香胺等有机物）。NaCl中的抗结块剂在300℃以下时不会发生分解，但是在铝合金熔炼的高温环境下（730℃）会分解，具体反应式为：

$$K_4[Fe(CN)_6] \longrightarrow 4KCN + FeC_2 + N_2 \tag{16}$$

按照NaCl中亚铁氰化钾10ppm的浓度计算，1t熔剂中含12000mg KCN剧毒物，而200mg KCN即可致命；KCl的抗结块剂中有机物分解是产生刺激性气味的主体。在精炼剂研制过程中，应采用物理、化学方法将氯盐中的抗结块剂予以去除，从源头上降低熔炼操作对工人的影响和对环境的破坏。

3.3.4.2 氟污染

以冰晶石和其他氟盐为熔剂的含氟熔剂在熔炼过程中会发生化学反应产生氟化氢等氟盐废气，从而对环境、操作工人带来危害。

A 氟化物对环境的危害[24]

氟化物对环境的影响主要体现在植被上，各种植物的叶片、根系都能吸收氟。一般来说，氟化物在植物体内的积累分布规律是叶>茎>根。由于叶中的氟化物极少向外输送，因而其积累量与叶龄呈正相关；从不同叶位看，氟化物的分布特点是基部>顶部>中上部。不同植物对氟的吸收累积有明显差异。如茶树，叶片中氟的生物积累效率非常高，为土壤可溶性氟的 1000 倍，为土壤总氟的 2～7 倍；97%的氟积累在叶片中，而在其他部位只有 3%。

B　氟化物对人体的危害

对牙齿的危害：侯铁舟等报道，氟化物可能通过抑制 CyclinD1 和 PCNA 的正常表达而抑制牙胚细胞的增殖分化，进而影响随后的基质合成分泌，引起牙胚发育矿化缺陷，空气氟污染和饮用含氟量高的茶水是人群氟斑牙高发的原因。氟化物还能抑制体外培养的人牙胚内釉上皮细胞中 Smad 1 和 Smad 5 表达，提示氟可能通过抑制 Smad 1 和 Smad 5 分子干扰上皮和间充质之间骨形成蛋白（BMP）正常的信号传导，进而使釉质的分化发育受到影响，这可能是氟斑牙发生的细胞内机制之一。

对呼吸系统的危害：氟化氢对上呼吸道黏膜及皮肤有强烈的刺激及腐蚀作用，吸入高含量氟化氢可引起支气管炎和肺炎，影响糖代谢，使细胞和组织能量供应不足。在一次中毒死亡事故中，死者直接接触高含量氟化氢液体和气体，通过呼吸道及皮肤进入体内，发生急性肺水肿、呼吸窘迫、呼吸衰竭致死。吸入氟化物可以引起急性呼吸衰竭，而细胞毒性可能主要作用于肺泡巨噬细胞。

对神经系统的危害：氟骨症患者有 10%合并神经损伤，氟可通过血脑屏障进入脑组织，在脑组织中蓄积，对脑组织产生毒性作用。长期过量摄入氟可引起动物大脑皮质和皮质下区脱髓鞘变化，这可能是高氟区儿童智力水平下降，病区人群一系列神经系统病变的原因之一。地方性氟中毒患者可表现记忆力减退、情绪不稳定、头痛、共济失调等中枢神经系统障碍，这些症状提示，氟中毒对中枢神经系统可有直接毒性作用。

此外，常规熔剂的有效成分中含有较多的 C_2Cl_6 和 Na_2SiF_6 等，Na_2SiF_6 在高温时会分解释放出 SiF_4 有毒气体，C_2Cl_6 虽除气效果良好，但是由于会释放出 Cl_2 有毒气体，毒性大，对人体、对环境及设备都会造成严重伤害，且氯气是破坏大气臭氧层最根本祸首。同时，此类熔剂在使用过程中往往容易造成烟雾，对现场作业人员不利。因此，采用常规熔剂处理工艺，不仅净化效果有限，而且对环境污染严重[25]。

近年来有的工厂采用以硝酸盐为主的无毒精炼剂，在铝熔体中无毒精炼剂发生下列反应：$4NaNO_3+5C = 2Na_2CO_3+2N_2\uparrow+3CO_2\uparrow$。$N_2$ 和 CO_2 都不溶于铝液，在上浮时起精炼作用。精炼剂中 Na_3AlF_6、Na_2SlF_6 既起精炼作用，也起缓冲作用。N_2 和 CO_2 等没有刺激性，改善了劳动条件。但是，硝酸盐在熔体中反应会放出大量热量，容易引起熔体局部过热，增大熔体烧损，进而增大熔体夹杂含量。

由此可见，发展环境友好型熔剂是必然趋势。

4　铝熔体纯净度评价

熔炼过程中或铸造前对铝熔体进行炉前质量检验，是保证得到高质量铝熔体及合格铸件的重要步骤，对即将进行铸造加工的铝熔体进行快速、准确的熔体质量评定，是铝合金熔铸行业一直以来追求的目标。目前，熔体质量检验主要包括含氢量的测定和非金属夹杂物的检验。

4.1　熔体氢含量的测定

目前国内外已有的测氢方法很多，分类方法也有多种。比如，按分析对象不同，可分为以合金熔体及凝固件为分析对象的检测方法和以氢气为分析对象的检测方法两大类。其中，以合金为分析对象的检测方法包括液面观察法、断口分析法、低倍组织检测法、密度测量法和电测法（包括浓差电池法和质子导电陶瓷法）等。在以氢气为分析对象的方法中，依据氢气提取方式的不同，可分为负压提取法和载气携带法两种。属于负压提取法的有真空热抽取法、第一气泡法、直接压力法、直接抽取法、哈培尔测氢法和浸入探头法等。目前，并无有关测氢方法的业内统一分类，一种检测方法往往有几种不同的称谓，下文简述集中测氢方法。

4.1.1 减压凝固测量密度法

目前，操作较简单的氢含量评价方法为减压凝固测量密度法[26]。该方法的测试装置如图 2 所示，该法是使少量铝合金熔液在一定真空度中凝固，通过研究凝固合金的密度测量，验证铝合金含气量的方法。

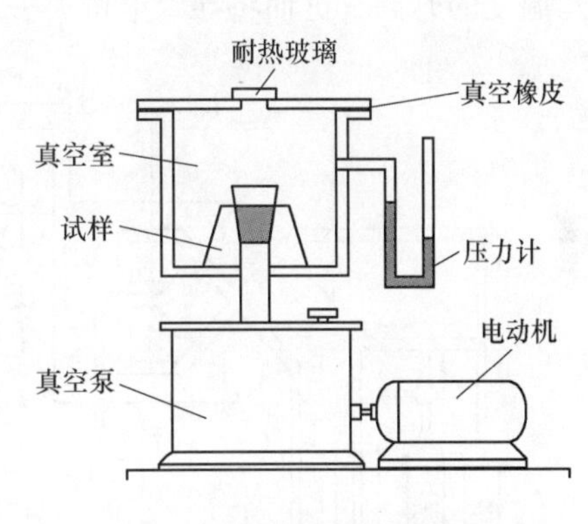

图 2 减压凝固测气装置

密度测量法最初是由 Rosenthal[27] 提出的，他们还研制成一种比重计。该装置系在一圆筒中放有两种互不相溶的液体，一轻（酒精）一重（汞），试样浸入后浮在汞表面上，从两种液体出现的相对位移计算出试样的密度。此法测试时间不超过 30s，重复性为 $\pm 0.02 g/cm^3$。除此之外，也可测试试样在空气中的重量及一种液体（蒸馏水或酒精）中的重量，代入公式求出密度。然后根据式（17）求得含气量：

$$\frac{\text{气体体积}(\mathrm{cm}^3)}{100\mathrm{g}\ \text{金属}}(STP) = \frac{P_2}{T} \cdot \frac{T_1}{T} \cdot 100\left(\frac{1}{\rho} - \frac{1}{\rho_0}\right) \tag{17}$$

式中 P_2——实验时的压力加液态金属静压力；

ρ——测得试样的密度；

ρ_0——金属的标准密度；

T_1——273K；

T——合金的固相线温度。

虽然这两种关于合金凝固件密度的检测方法可以得到熔体的含氢量数值，且不受大气湿度影响，测试装置也并不十分复杂，在生产中也得到了广泛的应用。但是研究发现，气泡析出与该铝合金中氢的溶解度、试样凝固速度和测定温度等因素有关，因此对不同铝合金的分析判断标准不可能是一样的。此外，气泡在夹杂物间形核长大所需要克服的表面能较小，更易于气泡形成。因此，此法测定的是铝合金熔体含氢量与夹杂物含量的综合作用结果，不是只与绝对含氢量有关。

4.1.2 氮载气熔融法

虽然真空测压法在很多方面都存在较明显的优势，但是在高温环境下进行真空测量，保持高密闭性是有一定难度的。为了克服这一致命缺点，Degreve 等提出了氮载气熔融法，此法是一种可在低密闭要求下进行快速、定量测定固态铝中含氢量的方法[28]。该法的原理是在熔化定量的固态铝合金时通入氮气流，释放出来的氢被氮气流带入经事先标定的导热测试仪（色谱分析仪）中，由于氢气与氮气的导热率不同，所以含氢量的变化会改变导热率，因此可根据导热率的变化值求出含氢量。标定仪器时需向系统内充入已知量的氢气，根据循环气体中氢的实际含量来校正仪器。快速氮载气熔融法的工业用设备如图 3 所示。除校正用氢气瓶外，氮气瓶为系统提供气源，高频电炉对流经的混合气体进行加热，导热池安装传感元件及单向止回阀防止气体倒流，导热池输出信号经放大后送入单片机，真空泵及各级气阀均由预定程序控制。

热导测试仪的热导池示意图如图 4 所示，它由惠斯通电桥四壁上的两对灯丝电阻组成，参比灯丝保持在恒定的气体环境中。一旦流过测试灯丝的 H_2 含量增加，将引起测量灯丝温度的升高，进而将导致电桥失去平衡。

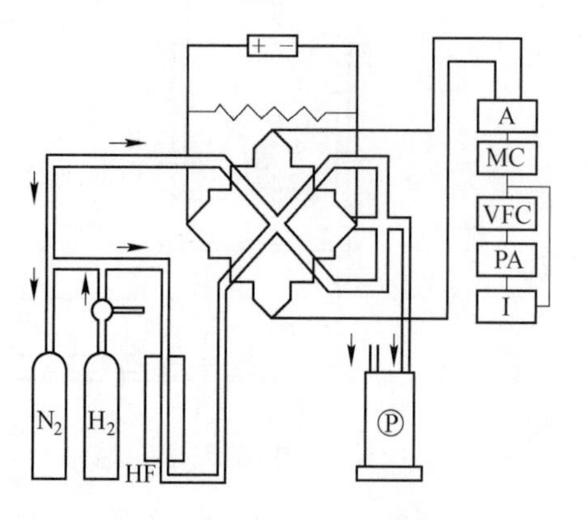

图 3　氮载气熔融法原理图

HF—高频电炉；A—放大器；MC—质量补偿器；VFC—电压频率连接器；PA—真空泵

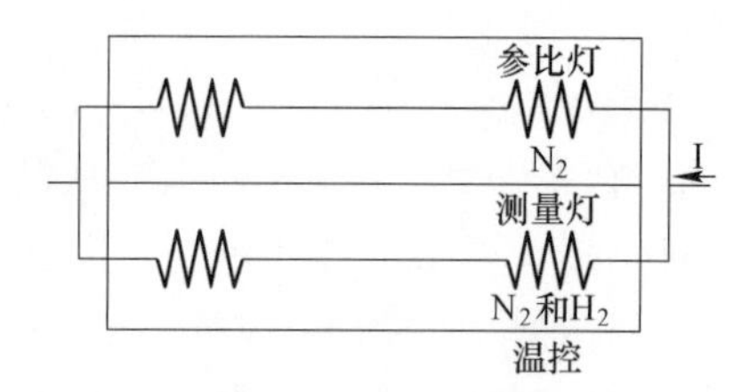

图 4　热导池示意图

该法的主要优点是速度快，每次测量只需 15min，且具有分析结果较准确、自动化程度较高等优点。但缺点是如遇到铝合金中的 Mg、Zn 等挥发性元素时，对测量结果会有较大影响；试样的前期准备时间较长，只能应用于实验室；另外此法运行费用也较高。

4.1.3　循环气体法

由于氮载气熔融法属于固态测氢方法，为了测定合金熔体含氢量，Ransley 等人[29]于 20 世纪 50 年代中期研究了循环气体法，又称 Telegas 法，这是迄今为止开发应用最为成熟的测氢方法之一。它是将少量氩气或氮气连续循环地通过铝液，经一段时间后，使气泡内的氢分压达到动态平衡，通过热导分析仪测出铝液中的平衡氢分压，根据 Sievert 定律计算铝液中的含氢量，其装置构成如图 5 所示。

循环气体法测试精确度较高，分析结果与真空热抽取法吻合得很好，而且测试时间较短，一般只需要 5~10min。因此，可用于检查除气效果、生产各阶段中铝合金熔体含氢量的变化等。目前较常用的有美国铝业公司研制的 Telegas 型测氢仪和加拿大铝业公司研制的 Alscan 两种仪器，其工作原理相似，都是由气体循环系统、探头和数据显示部分组成。尤其是 Alscan 测氢仪常作为国际上公认的高精度熔体含氢量检测装置，其误差约为 0.02mL/100g。国内较有代表性的熔体含氢量检测装置当属西南铝厂研制的 ELH-Ⅳ型铝熔体快速测氢仪，目前已有一定应用。该法测试过程中尚存在一些问题：(1) 测试所需的

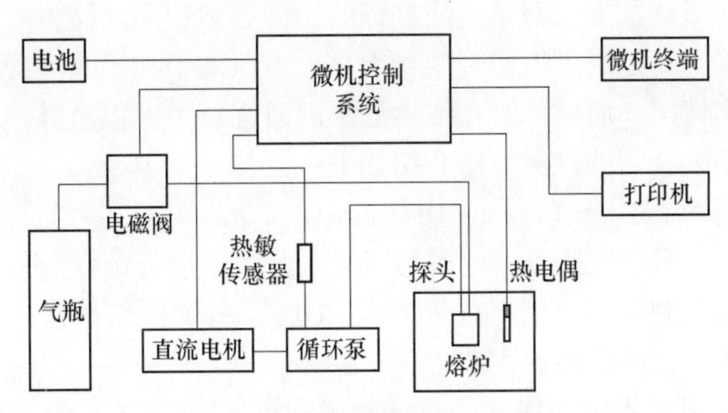

图 5 Telegas 测氢装置示意图

平衡受氢传质系数影响，对低氢铝液测试时间略长，偏差略大；（2）惰性气体气泡会破坏铝液氧化膜引入空气；（3）惰性气体的输入导致了局部含氢量的下降，使得实测结果与真实含氢量存在一定的误差；（4）探头易热脆。虽然后来人们找到了一些解决办法，在一定程度上解决了循环气体法存在的问题，比如通过一个氢气添加装置缩短仪器的调整时间，采用人造石墨或烧结后的 Al_2O_3 制成的探头大幅提高耐热时间。但是每次氢的加入量很难精确控制，而且，当系统压力与熔体氢分压接近时，是熔体氢分压达到动态平衡最缓慢的时间段，因此此法也没有从根本上解决上述问题。

随着铸铝业生产技术的不断发展，测氢技术也在不断地改进。测氢技术在从经验判断走向仪器化测量，从成品件质量检测走向辅助在线生产控制等方面都取得了长足的进步。目前应用较为广泛的测试方法有直接压力法、哈培尔测氢法、循环气体法和浓差电池法。仪器方面，国外研制较为代表性的有美国的 Telegas Ⅱ、加拿大加铝的 ALSCAN、英国的 HYSCAN、德国的 E. Fromm 和日本的 NOTORP 测氢仪，国内具有竞争力的有华中理工大学研制的铝液直接压力测氢装置、西南铝加工厂研制的 ELH 系列测氢仪、华中科技大学的铝液快速定量测氢仪等，这些仪器都在国内工厂获得了不同程度的应用。但是，不可否认的是目前已有的铝液含氢量测定方法，在测试速度和测试成本等方面尚存不足，仍有较大改进空间。

4.2 熔体夹渣含量的测定

近年来，科研工作者和工程技术人员对铝合金熔体净化工艺以及相应的设备进行了不断的改进和完善，使铝熔体中的夹杂物含量不断地降低，但同时却缺乏一种有效、合理的夹杂物检测手段准确地测定熔体中夹杂物的含量，全面评估各种净化工艺的优劣。如何确定铝液中夹杂物的含量，在浇注前如何能简单、直接、快速、准确地测定铝液中夹杂物的浓度，一直以来是国内外学者研究的热点之一，铝合金中夹杂物的检测主要包括鉴定其化学成分，观察其形态、大小、分布情况及测定其含量等。由于熔体中夹杂物含量少且局部偏析，铝液成分不均匀等因素导致检测结果稳定性差、分散性大、取样代表性差，很难评价整个熔体中夹杂物的状况，只能作相对的定性分析。

目前国内外现有的铝液夹杂物的检测方法有许多种，主要分为离线检测和在线检测[30]。离线检测的主要方法有金相法、过滤法、化学分析法、电子束溶化法、离心分离加热法、超声法等；在线检测方法主要有 LiMCA 法、LiMCA Ⅱ法等[31]。目前国内对离线检测法的研究较多，但这些方法都是离线进行的，即必须到生产岗位取样，然后在实验室处理样品并进行检验，再把结果返回到生产中去，难以用于现场在线检测，不能准确反映铝液中夹杂物的真实情况。而国外对在线检测法的研究较多，但是其产品价格较贵，成本较高。现将几种常用夹杂物的检测方法介绍如下：

加拿大铝业公司的PoDFA（Porous Disc Filtration Analysis）系统[32]，也是用于测定铝液洁净度的质量控制工具。它是唯一的既可对夹杂物性质进行定性分析也可对夹杂物浓度进行定量分析的质量控制工具。生产者可根据PODFA的测定结果正式决定铝液是否可用于一些对夹杂物要求严格的产品的生产中。

Qualiflash是一种评价铝液洁净度的过滤技术[33]。当铝液进入一个底部有过滤器的温控罩内时，氧化物会阻塞模压陶瓷的过滤器。过滤的金属被保留在有10个刻度的锭模中。可根据铝液停止流动时锭模中铝的数量来确定铝液洁净度。Qualiflash是一种便携式仪器，可用于炉前分析，一次测试仅需20s的时间。

利用过滤法测夹杂物含量的一种典型设备是加拿大Bomem Inc公司开发的prefil foot-printer[34]。其测试结果是过滤出去的金属质量与时间的关系曲线。把该曲线的斜率，与给定的合金、生产工艺或阶段的标准铝液夹杂水平相对比即可确定夹杂含量。斜率越大，夹杂含量越少。

断口检查法通过敲击断口来估计夹杂物数量，可实现在线检测，但其结果较分散，准确性不高，只可作定性的参考。一些学者认为断口检查法主要适用于一些铝合金、锌合金的炉前检验，一般不适用于纯铝和合金元素加入量极少的合金。

在线检测夹杂物的方法中，主要是Bomen公司开发的LiMCA法、LiMCA Ⅱ法。

LiMCA法基于电敏感区工作原理，如图6所示，在电敏感区两个浸于金属液中的电极间通有恒定电流，两个电极被一个绝缘试样管所分开。管壁开有一个小孔允许铝液出入。当绝缘性的夹杂通过这个敏感区小孔时，由于电阻改变而产生电压脉冲信号（图6）。LiMCA法测定悬浮的绝缘粒子的密度并能实时进行尺寸为20~300μm夹杂物的体积分布的分析。而LiMCA Ⅱ在其基础之上进行改进，适用于工艺开发、过程控制和质量控制，它能在1min内测出熔体的洁净度。电敏感区法具有检测灵敏度高、检测结果准确、检测速度快、操作和维修简便、结构合理等优点，对在线快速检测方法的研究和开发具有指导意义。

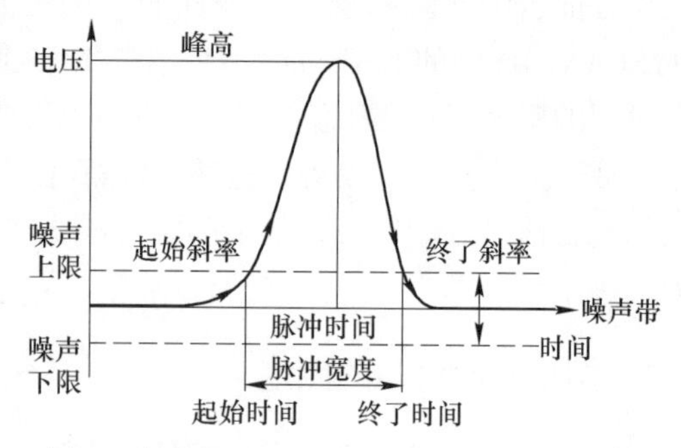

图6　夹杂粒子通过小孔时产生的脉冲电压

4.3　熔体碱金属/碱土金属控制要求

铝电解生产的主要原材料包括氧化铝、电解质、氟化盐、冰晶石等，使得电解铝液中难免含有大量的钠、镁、锂、钙等碱金属和碱土金属，以及非金属夹杂物（主要有氯化铝、电解质、氟化盐等），目前多数铝电解企业生产的电解铝液中碱金属含量高达40~80ppm，目前采用现有技术处理后的碱金属含量仍然>20ppm，而重熔用铝锭中钠含量一般在8~15ppm，个别达到23ppm。铝合金材料的高性能要求也对碱金属/碱土金属含量做出了规定，如高镁铝合金中要求控制碱金属含量，尤其是 Na 元素，一般控制在 5ppm 以下，严格时控制在 2ppm 以下。

有效降低熔铸前的铝熔体碱金属含量，是生产高品质的铝合金铸锭以满足高精尖铝合金加工性能要求和提升我国铝加工产品附加值、实现产品结构优化升级的基本保证。因此，铝合金熔体碱金属/碱土金属含量的控制是铝合金熔体质量控制的基本指标之一。

5 熔剂品质评价

2005 年，全国有色金属标准化技术委员会制定了 YS/T 491—2005《变形铝及铝合金用熔剂》中华人民共和国有色金属行业标准，对熔剂的牌号进行了统一和规范，并规定了变形铝及铝合金用熔剂的要求、试验方法、检验规则、标志、包装、运输、贮存及合同等内容，该标准适用于变形铝及铝合金熔铸用覆盖剂、精炼剂、清炉剂及造渣剂。

然而，现行的熔剂产品国家行业标准中并没有针对熔剂品质的检验标准。近年来，相关单位在该方面展开了具有开创性的研究工作，并取得了较好的效果，如郑州西盛铝业公司根据熔剂的制备和使用性能要求制定了自身的企业标准《冰晶石及铝合金熔剂化学分析方法》，该方法对冰晶石及铝锶合金熔剂化学分析方法铝合金熔剂试样的制备与贮存，以及冰晶石及铝合金熔剂水分的测定、氟含量的蒸馏-硝酸钍滴定法测定、铝含量的 EDTA 滴定法测定、钾含量的四苯硼钾重量法测定、钾和钠含量的火焰光度法测定、氯离子含量的汞量法测定、硫酸根含量的硫酸钡重量法测定、磷酸根含量的磷钼蓝分光光度法测定、氯化钾中 KCl 含量的测定、氯化钠中 NaCl 含量的测定等进行了详尽描述，并在此基础上补充了萤石中碳酸钙和氟化钙的测定、钙和镁含量的 EDTA 滴定法测定、高氯酸不溶物含量的重量法测定、硅含量的硅钼蓝分光光度法测定，形成了《变形铝及铝合金用熔剂化学分析方法》。

时下，生产铝合金熔剂的厂家甚多，多数厂家不具备熔剂生产和使用的基本知识，简单照搬别的生产厂家的生产方法和模式，未能掌握铝合金熔剂的关键技术，生产过程控制不过关，生产的熔剂质量得不到保证，而行业又缺乏对熔剂品质的统一认识，造成市场混乱，严重阻碍了我国铝加工技术的进步与发展。因此，应尽快制定行业标准对铝合金熔剂的成分和品质进行规范。

下文基于国内行业熔剂品质的基本认识，并结合铝合金熔剂发展趋势，围绕熔剂品质的成分简单性评价、高效性评价、碱金属/碱土金属去除率评价以及环保品质评价做相关论述。

5.1 成分简单性评价

目前，铝合金熔剂主要分为两大体系：NaCl-KCl 体系和 $KCl-MgCl_2$ 体系，前者含 Na，等摩尔的 NaCl-KCl 在 665℃形成低熔点共晶，有较强润湿 Al_2O_3 的作用，一般用于对 Na 元素不敏感的合金，是大多数熔剂的基础；后者作为无 Na 型熔剂，是含 Mg 高的铝合金熔剂的基础，$KCl-MgCl_2$ 可在 424~465℃时形成低熔点共晶。

通常为增大渣铝分离效果、改善熔剂的表面张力从而提高熔剂净化能力，需在熔剂基础上添加 Na_3AlF_6 或 K_3AlF_6、CaF 等附加剂。这些附加物的加入一般分为机械混合与重熔混合，而重熔混合熔剂成分的均匀性远远要优于机械混合且能获得低熔点共晶物，但成本也相应高出不少，一般用于高性能熔剂的制备。重熔混合法的基本前提是掌握混合物的热力学性质，进而保证熔剂的熔点，一般要求熔剂熔解温度必须低于铝熔炼时熔体温度 50℃以上，依靠熔融态熔剂来实现对杂质的吸附和熔解除渣能力，若熔点不能满足要求就需要添加发热剂促进熔剂快速升温，如此将复杂化熔剂的成分。

3. 5. 1 节表明熔剂成分的简单化是目前熔剂制备的发展趋势之一，应通过最简单的物理动力学特性实现高效净化。因此，评价熔剂品质首先要考察熔剂成分简单性。

5. 2　高效性的评价

众所周知，通过载体将熔剂导入到铝液内部，可实现熔体净化功能，熔剂充分作用熔体后需静置一段时间，使其浮至铝液表面，再将其出去。然而，任何熔剂都不能保证绝对的脱出熔体，熔剂的用量越多，则残留的熔剂相对更多。工业上要求尽可能减小熔体中残留熔剂量，而高效熔剂即是实现相对较少的熔剂加入量完成高效熔体净化目的的有效途径。因此，高效性是评价熔剂品质的一个重要方面。以既定熔体质量为目标，相同工艺条件熔剂的使用量越少表明该熔剂品质越高。

5. 3　碱金属/碱土金属去除率的评价

如 4. 3 节所述，铝合金材料的高要求对铝熔体碱金属/碱土金属含量提出了严格要求。因此，需将熔剂对碱金属/碱土金属的去除率作为熔剂品质评价的基本指标。在相同工艺下，以单位熔剂的碱金属/碱土金属去除率为评价准则。

5. 4　熔剂环保要求的评价

随着环保要求和环境意识的不断增强，将熔剂对环境的影响纳入熔剂品质评价符合我国“绿色制造”的发展路线。熔剂在使用过程中有无气味、烟雾，排放物是否对环境带来不利影响、危害操作工人身体健康、损害设备，是否会带来重金属污染等都将是熔剂品质评价的基础指标。

6　熔剂对铝及铝合金熔体的物理净化

通过以上对熔剂净化铝及铝合金熔体的研究，我们发现，通常情况下由于熔剂的成分都是铝及铝合金的非有效成分，因此熔剂对铝及铝合金熔体的净化过程就不可避免地涉及熔剂对铝及铝合金熔体的二次污染和二次烧损的问题。要确保铝及铝合金的净化效果，就必须避免熔剂在净化铝及铝合金熔体过程中发生化学反应，也即避免熔剂的化学净化。熔剂在净化铝及铝合金熔体的过程中只发生熔剂与铝及铝合金熔体及其净化相互之间的润湿性与扩散条件等物理变化，我们称之为熔剂对铝及铝合金熔体的物理净化。

6. 1　熔剂除渣的动力学条件

熔剂净化对熔体夹杂物的溶解、化合与吸附过程均是以熔剂在熔体中成液相为基本前提，即要求熔剂在净化过程中处于熔融状态，而非固相。因此，熔剂配制需考虑的首要因素便是使熔剂熔点低于铝熔体液相线的熔点。在正常大气压下，铝的熔点是 660℃左右，而加入了合金元素组成的铝合金熔体的液相温度也随合金成分组成发生变化，大多在660℃以上。表1所示为常用熔剂的化学组分及各自的物理性质，从表中可以看出常用熔剂成分的单相熔点大多高于铝合金熔体的液相线温度，意味着如以单相形式作为熔剂，制备的熔剂在净化过程中将无法以液态形式作用夹杂物，熔剂净化的动力学过程都无法实现。

表1 常用熔剂的化学组分及各自的物理性质

成分	相对分子质量/g·mol^{-1}	密度/g·cm^{-3}	熔点/℃	沸点/℃
LiCl	43.39	2.068	605	1325
NaCl	58.44	2.165	801	1413
KCl	74.56	1.984	770	1500
$CaCl_2$	110.99	2.15	782	1600
$MgCl_2$	95.22	2.32	714	1412
$AlCl_3$	133.34	2.44	190	177.8
$BaCl_2$	208.25	3.92	963	1560
LiF	25.94	2.635	845	1676
NaF	41.99	2.558	993	1695
KF	58.1	2.48	858	1505
CaF_2	78.08	3.18	1423	2500
MgF_2	62.31	3.18	1261	2239
AlF_3	83.98	2.882	—	1291
Na_3AlF_6	209.94	2.9	1010	—
$LiNO_3$	68.94	2.38	264	600
$NaNO_3$	84.99	2.261	307	380
KNO_3	101.11	2.109	339	400
Li_2SO_4	109.94	2.221	859	high
Na_2SO_4	142.04	—	897	—
K_2SO_4	174.27	2.66	1069	1689
$CaSO_4$	136.14	2.61	1450	high
$MgSO_4$	120.37	2.66	—	1124
Li_2CO_3	73.89	2.11	723	1310
Na_2CO_3	105.99	2.532	851	high
K_2CO_3	138.21	2.42	894	high
$MgCO_3$	84.32	2.96	—	350
$CaCO_3$	100.09	2.71	1339	850

熔剂在铝熔体表面或铝熔体内部与固态的夹渣相遇时，将改变夹渣颗粒的物理性质，铝熔体表面及内部的夹渣随熔剂一起与铝熔体分离而被去除。其界面间的润湿关系如图7所示。在铝熔体表面，悬浮的渣被熔剂去除取决于熔剂、铝熔体及空气三者界面间的相互

表面张力关系；而夹渣在铝熔体内部，被熔剂去除则取决于熔剂、铝熔体及固态夹渣三者界面间的相互表面张力关系。

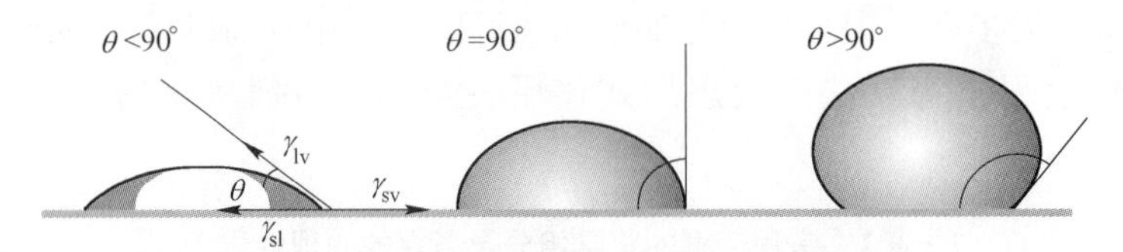

图 7　熔剂、夹渣与铝熔体界面润湿示意图

在图 7 中以 γ_{sl}、γ_{sv}、γ_{lv} 分别代表在铝熔体表面熔剂与铝熔体间、铝熔体与气体间以及熔剂与气体间的表面张力，或分别代表在铝熔体内部熔剂与固态夹渣间、夹渣与铝熔体间以及熔剂与铝熔体间的表面张力，θ 代表熔剂的润湿角度，在图中的表面张力间到达平衡时存在下述关系：

$$\gamma_{sl} = \gamma_{sv} - \gamma_{lv}\cos\theta \tag{18}$$

$$\cos\theta = (\gamma_{sv} - \gamma_{sl})/\gamma_{lv} \tag{19}$$

熔剂作用在铝熔体表面时，当 $\gamma_{sv}<\gamma_{sl}$，$\cos\theta<0$，$\theta>90°$，熔剂将吸附熔体表面的浮渣，起到除渣的作用，同时 γ_{lv} 越小，θ 角越大，除渣的效果则越好，按此原则配置的熔剂称为造渣剂；而当熔剂作用在铝熔体内部时，同样条件下去除铝熔体内部夹渣的效果越好，按此原则配置的熔剂我们称为精炼剂。而当熔剂作用在铝熔体表面时出现相反的情况，即 $\gamma_{sv}>\gamma_{sl}$，$\cos\theta>0$，$\theta<90°$，熔剂在铝熔体表面的铺展性增大，起到覆盖的作用；同时 γ_{lv} 越大，θ 角越小，熔剂覆盖的效果就越好，按此原则配置的熔剂我们称为覆盖剂。

综上可知，如何通过熔剂的成分设计，实现熔剂的低熔点物理属性、为精炼过程营造熔剂低熔点环境是制备熔剂的基本问题之一。

熔剂净化的工作原理是通过吸附、溶解铝熔体中的氧化夹杂及吸附在其上的氢，根据密度差上浮至铝液表面达到净化目的。熔剂排杂净化过程是一个复杂的多相过程，受许多因素的制约，其中最重要的是净化的热力学和动力学条件。

熔剂净化除渣的动力学特征可用下式表示：

$$\Delta G = \gamma_{lv}\cos\theta \tag{20}$$

$$W_{sv} = \gamma_{lv}(1 + \cos\theta) \tag{21}$$

$$\frac{dc}{d\tau} \propto \omega = \exp\left(-\frac{W_{sv}}{RT}\right) \tag{22}$$

式中　ΔG——夹杂-铝液-熔剂体系自由能的变化值；

γ_{lv}——铝液（v）-熔剂（l）的相间张力；

W_{sv}——夹杂（s）与铝液（v）间的黏附功；

θ——铝液与夹杂间的润湿角（一般大于 90°）；

$dc/d\tau$——夹杂由铝液进入熔剂中的迁移速度；

ω——夹杂离开铝液-熔剂界面出现的几率。

由式（20）可见，净化热力学条件（ΔG）主要受到熔剂表面性能 γ_{lv} 和 θ 的影响。当 γ_{lv} 越大时，$\cos\theta\to1$，则 ΔG 越负，越容易形成有利于排杂的热力学条件。由式（21）和式（22）可见，W_{sv} 是影响熔剂排杂净化动力学条件的主要因素；若 W_{sv} 增大，则夹杂向熔剂的迁移速度（$dc/d\tau$）随之减慢。因此，使 W_{sv} 的值减小，有利于动力学条件的改善。这就需要从增大 θ 和减小 γ_{lv} 两方面考虑。但若过多降低 γ_{lv} 则易使熔剂与铝液的分离性变差，也不利于排杂热力学条件的改善。故主要应着眼于减小铝液与夹杂的润湿度（θ）。同时，夹杂从铝液向铝液-熔剂界面迁移的过程中，还受到界面上出现的动力学上稳定的金属液膜的影响，只有在界面上没有氧化夹杂物堆积或氧化膜覆盖时，金属液膜才易于破裂，夹杂向铝液-熔剂界面迁移，进而转入熔剂中的过程才容易进行。

如前所述，精炼剂的基本组元主要采用助熔卤素盐，助熔卤素盐不仅在降低复合熔剂黏度和熔点方面具有较好的效果，还能在高温下与非金属夹杂物接触时对其产生润湿和吸附作用。界面能降低时，熔剂会产生吸附熔体中的非金属夹杂物需要的驱动力。熔剂吸附夹杂后，熔剂-夹杂界面会替代原先的金属-熔剂和金属-夹杂界面，如图 7 所示。在吸附过程中，自由焓变量即界面自由能变化为

$$\Delta G = \gamma_{sl}S - \gamma_{sv}S - \gamma_{lv}S \tag{23}$$

熔剂或气泡吸附夹杂的热力学条件为：

$$\Delta G = (\gamma_{sl} - \gamma_{sv} - \gamma_{lv})S < 0 \tag{24}$$

即

$$\gamma_{sl} - \gamma_{sv} - \gamma_{lv} < 0$$

式中，S 为熔剂与夹杂界面的面积；γ_{lv} 为金属与熔剂间界面张力；γ_{sv} 为金属与夹杂间的界面张力；γ_{sl} 为熔剂与夹杂间的界面张力。

根据力平衡条件，界面张力与接触角的关系为 $\cos\theta$，判断熔剂对夹杂的吸附能力可以通过比较接触角 θ 的大小实现。通常当 $\theta<90°$ 时，熔剂能吸附或润湿夹杂；当 $\theta>90°$ 时，熔剂对夹杂的吸附或者润湿能力较弱。因此，降低 γ_{lv}、γ_{sl}，增大 γ_{sv}，有助于吸附过程，加速金属与夹杂的分离。

可见，虽然熔剂排杂的过程有自动进行的趋势（ΔG 小于零），但要实现这一过程，还必须克服动力学条件的限制，即金属液膜的阻碍作用和 W_{sv} 黏附功。因此必须综合考虑影响熔剂净化热力学和动力学两方面的因素，合理地设计和选择熔剂。同时还应考虑其经济性，使熔剂的组成最为经济、易得。最后，也要考虑到熔剂组元的无毒无污染性。

6.2 熔剂配制的热力学基础

目前，应用于铝合金熔体净化熔剂的化学成分多以氯盐、氟盐、硝酸盐、硫酸盐、碳酸盐以及冰晶石为主（见表 1），其中以 NaCl、KCl 和 $MgCl_2$ 最为常见。前文论述了熔剂配制的基本原则是使所得熔剂的熔点低于铝合金熔体的液相线温度，而基于热力学的相图计算可为熔剂的成分设计提供理论参考。图 8 所示是 NaCl-KCl-$MgCl_2$ 三元相图、NaCl-KCl 二元相图、KCl-$MgCl_2$ 二元相图，是熔剂配制应用最为广泛的热力学依据。

在含镁铝合金的熔体处理过程中，一种 $MgCl_2$ 和 KCl 混合物作为熔剂的基体也经常被用到，$MgCl_2$ 和 KCl 的二元相图如图 9 所示，可形成低至 423℃ 的共晶化合物，适应低温熔炼。此外，一定比例的混合物也可对熔体夹杂物起到润湿和吸附的作用，且其形成的共晶混合物的熔点更低，对熔体净化处理的温度要求更低。

生产中广泛应用的 NaCl 和 KCl 混合物作为熔剂的基体，对 Al_2O_3 夹杂或氧化膜具有一定的浸润能力，它们与 Al_2O_3 的浸润角仅二十几度（740℃ 时为 26.9°），熔剂甚至在全

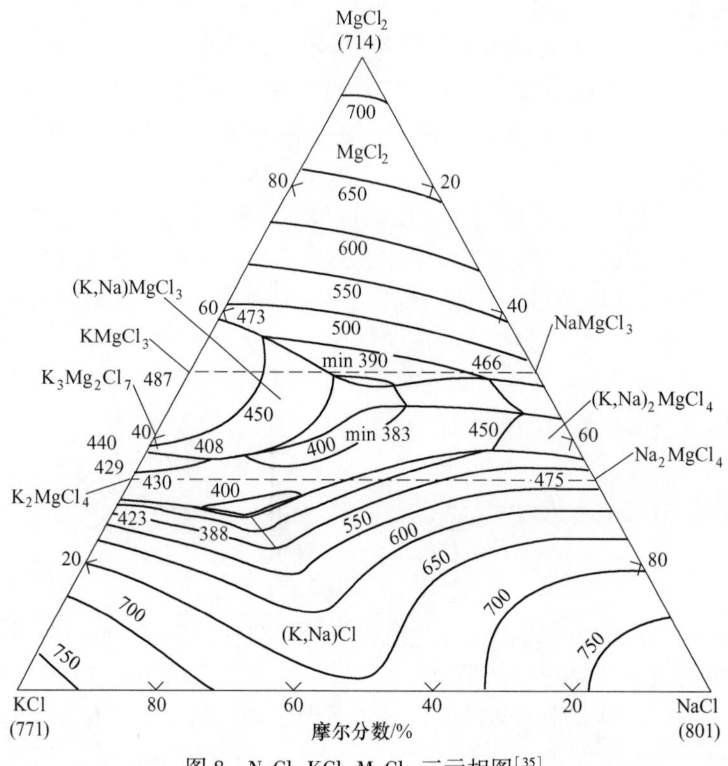

图8 $NaCl-KCl-MgCl_2$ 三元相图[35]

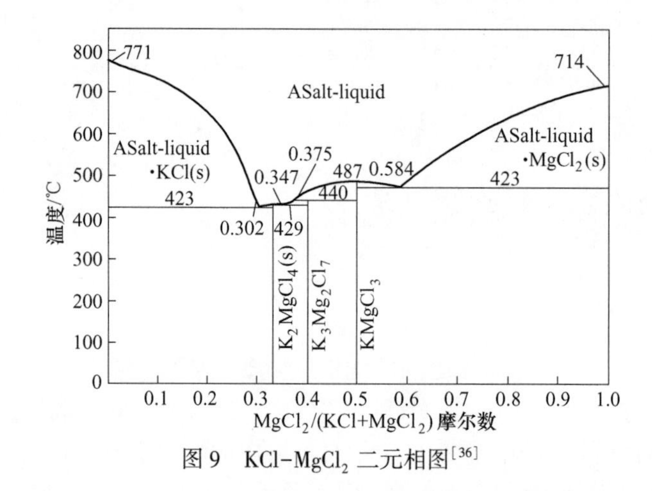

图9 $KCl-MgCl_2$ 二元相图[36]

部熔化以前就开始沿着 Al_2O_3 薄膜表面流动。在熔炼温度下 NaCl 和 KCl 的比重约为 1.55 和 1.5，明显小于铝熔体的比重，故能很好地铺展在铝熔体表面，起覆盖保护的作用。而当它们与铝熔体表面上的氧化膜接触时，能渗入到氧化膜内的小孔和裂纹中，在氯盐毛细管压力的作用下，氧化膜被挤碎成细小颗粒，并被吸附、悬浮于熔融盐层中。而且这些碱金属或碱土金属的氯盐，化学性质十分稳定，不与铝发生化学反应，特别是二元共晶成分的 NaCl（45%）和 KCl（55%），共晶温度仅 650℃，NaCl 和 KCl 的二元相图如图 10 所示，但该混合物对氧化膜破碎吸附的过程进行很缓慢。

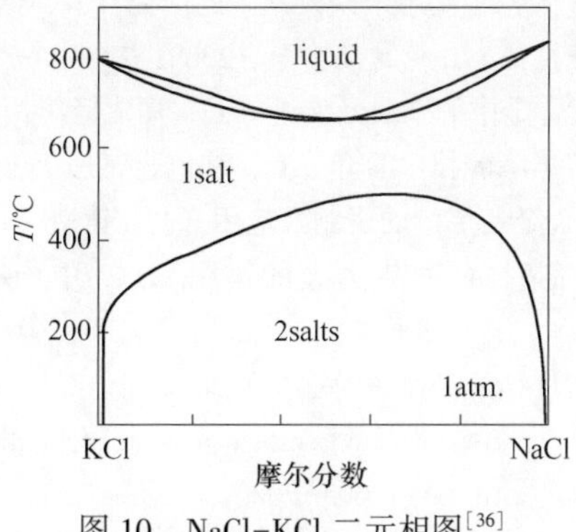

图 10　NaCl-KCl 二元相图[36]

7　结语

随着对铝及铝合金熔体净化处理要求的不断提高，熔剂化学净化的缺陷日益凸显，已经不能满足高性能铝及铝合金以及环境保护要求的需要。解决这一问题的有效办法，是通过满足熔剂的配置的热力学条件和熔剂对铝及铝合金熔体净化过程动力学条件，实现熔剂的物理净化。熔剂的物理净化的优点已经在大量的相关研究与生产实践中得到有效的验证，成为提高铝及铝合金熔体净化处理水平的关键。我们有必要建立熔剂对铝及铝合金熔体的物理净化的基本原则，并为铝及铝合金熔体净化用熔剂的相关标准及规范的修订提供基本依据。

参考文献

[1] 石宝东，潘复生，陈先华，等．铝合金熔体净化工艺的研究进展［J］. 材料导报，2009，23（7）：45-48.

[2] 倪红军，孙宝德．JDN-Ⅰ熔剂对铝熔体除氢净化效果的研究［J］. 轻合金加工技术，2001，29（9）：13-15.

[3] 闫红涛，肖刚．铝熔体中的氢的研究［J］. 铝加工，2006（5）：9-12.

[4] 张忠华，边秀房．铝的熔体结构与氢含量［J］. 金属学报，2000，36（1）：33-36.

[5] Hardwick D A，高亢之．2000 系铝合金的氢脆［J］. 轻合金加工技术，1983（2）：23，43-48.

[6] 唐登毅．1600 系和 3000 系铝合金深冲开裂原因探讨［J］. 铝加工，2005（6）：50-51.

[7] 唐明君，吉泽升，吕新宇．5×××系铝合金的研究进展［J］. 轻合金加工技术，2004，32（7）：1-7.

[8] 李娜，王宁．拉环用 5182 铝合金扁铸锭热轧裂边分析［J］. 有色金属加工，2012，41（6）：18-20.

[9] 刘宏亮，疏达，王俊，等．超高强铝合金中杂质元素的研究现状［J］. 材料导报，2011，25（5）：84-88.

[10] 佘欢，疏达，储威，等．Fe 和 Si 杂质元素对 7×××系高强航空铝合金组织及性能的影响［J］. 材料工程，2013（6）：92-98.

[11] 赵维．铝合金中夹杂物研究［D］. 南宁：广西大学，2008.

[12] 郝志刚，李春生，李海仙，等．铝熔体中氢和夹杂物的存在形态［J］. 轻合金加工技术，2006，34（6）：8-10.

[13] 周策，崔建忠．夹杂物对 6063 铝合金力学性能的影响［J］. 材料与冶金学报，2013（1）：72-76.

[14] Ghyslain Dub/E/，US，1984.

[15] 叶章良，张闯，曹汉权．PS版铝板基组织条纹缺陷的研究 [J]．铝加工，2009 (3)：4.

[16] 王滨滨．高镁铝合金的钠脆性 [J]．黑龙江冶金，2009，29 (3)：12-14.

[17] 林易晨．ICP-AES法测定铝合金中的杂质元素钙 [J]．福建轻纺，2005 (11)：129-130.

[18] 黄其．常用的几种铝合金熔体除碱技术简介 [J]．有色金属加工，2016，45 (4)．

[19] 陈渭臣，张昌寿．JGJ-1铝合金精炼剂的研制及应用 [J]．铸造，1993 (7)：26-30.

[20] 倪红军，孙宝德．稀土熔剂对A356铝合金的作用 [J]．中国有色金属学报，2001，11 (4)：547-552.

[21] 陈发勤．铝合金新型复合熔体精炼剂制备及应用研究 [D]．南昌：南昌大学，2011.

[22] Utigard T，Toguri J M. Surface segregation and surface tension of Liquid Mixtures [J]. Metallurgical and Materials Transactions B，1987，18 (4)：695-702.

[23] 傅高升，胡星晔，陈鸿玲．净化熔剂对A356铝合金处理效果的环境负荷评估 [J]．特种铸造及有色合金，2008 (s1)．

[24] 王茜，石瑛，张猛，等．氟化物的危害及植物去氟作用研究进展 [J]．现代农业科技，2012 (7)：271-273.

[25] 颜文煅，傅高升，陈鸿玲．熔炼温度与静置时间对A356铝合金净化效果的影响 [J]．铸造技术，2012，33 (10)：1179-1182.

[26] 张显飞，赵忠兴，金光，等．减压凝固试样密度法在铝液质量检测中的应用研究 [J]．特种铸造及有色合金，2005，25 (5)：265-267.

[27] Shin S R，Lee Z H，Cho G S，et al. Hydrogen Gas Pick-up Mechanism of Al-alloy Melt during Lost Foam Casting [J]. Journal of Materials Science，2004，39 (5)：1563-1569.

[28] 陈文绣，陈文，李素娟．氮载气熔融法测定铝锂合金中氢 [J]．冶金分析，1994 (2)：6-8.

[29] Gee R，Fray D J. Instantaneous Determination of hydrogen content in Molten Aluminum and its Alloys [J]. Metallurgical and Materials Transactions B，1978，9 (3)：427-430.

[30] 肖罡，许征兵，曾建民．纯铝中夹杂物检测方法的对比分析 [J]．铸造技术，2011，32 (8)：1105-1108.

[31] Mei Li，Roderick I L Guthrie. Liquid Metal Clealiness Analyzer (LiMCA) in Molten Aluminum [J]. ISIJ International，2001，41 (2)：101-110.

[32] Carmen Stanică，Petru Moldovan. Aluminum Melt Cleanliness Performance Evaluation Using PoDFA (Porous Disk Filtration Apparatus) Technology [J]. Upb Scientific Bulletin，2009，71 (4)．

[33] Samuel F H，Ouellet P，Simard A. Measurements of Oxide Films in Al- (6-17) wt%Si Foundry Alloys Using the Qualiflash Filtration Technique [J]. International Journal of Cast Metals Research，1999，12 (1)：49-65.

[34] Cao X，Jahazi M. Estimation of Resistance of Filter Media Used for Prefil Footprinter Tests of Liquid Aluminium Alloys [J]. Materials Science and Technology，2005，21 (10)：1192-1198.

[35] Schlechter M. The preparation of UO_2 by electrolysis of UO_2Cl_2 in Molten NaCl-KCl-$MgCl_2$ Eutectic [J]. 1963，10 (2)：145-146.

[36] Grjotheim Kai，Jan Lützow Holm，Mikal Rфtnes，et al. The Phase Diagrams of the Systems NaCl-$MgCl_2$ and KCl-$MgCl_2$ [J]. Acta Chemica Scandinavica，1972，26：3802-3803.

7N01 铝合金 ϕ784mm 圆铸锭铸造技术研究

刘兆伟，谭　琳，周　龙，穆　桐

（辽宁忠旺集团有限公司，辽宁辽阳　111003）

摘　要：研究了 7N01 铝合金 ϕ784mm 圆铸锭的熔铸工艺，通过改变合金的铸造速度、冷却水流量等工艺参数获得优质 7N01 铝合金 ϕ784mm 圆铸锭。结果表明，当铸造温度为 720℃、铸造速度为 20mm/min、水流量为 1.7m³/min，铸棒均匀化处理制度为 350℃×4h+480℃×12h，同时将 ϕ784 铝合金圆铸锭结晶器改装成热顶铸造和电磁铸造相结合获得的 7N01 铝合金 ϕ784mm 圆铸锭表面质量最好，高倍组织均匀细小，晶粒度达到一级且铸锭内部成分均匀，无成分偏析。

关键词：7N01 铝合金；ϕ784mm 圆铸锭；铸造速度；冷却水流量

Research on the Casting Technology of ϕ784mm Round Ingots of 7N01 Aluminum Alloy

Liu Zhaowei, Tan Lin, Zhou Long, Mu Tong

(Liaoning Zhongwang Group Co., Ltd., Liaoyang 111003)

Abstract: The casting process of ϕ784mm round ingot for 7N01 aluminum alloy was studied. High quality 7N01 aluminum alloy ϕ784mm round ingot was obtained by changing the casting speed, cooling rate and other process parameters. The results show that when the casting temperature is 720℃, the casting speed is 20mm/min and the water flow rate is 1.7m³/min, the homogenization treatment of the casting rod is 350℃×4h+480℃×12h, the round ingot of ϕ784 aluminum alloy is crystallized 7N01 aluminum alloy mm round ingot obtained by the combination of hot top casting and electromagnetic casting has the best surface quality, uniform and fine high-magnification structure, the grain size reaches grade 1 and the ingot has uniform internal composition and no component segregation.

Key words: 7N01 aluminum alloy; ϕ784mm round ingot; casting speed; cooling water flow rate

1　引言

7N01 铝合金属于 Al-Zn-Mg 系中高强铝合金，具有良好的焊接性能和挤压成型性能，能够挤压出各种各样形状复杂的薄壁型材，被广泛地应用于航空航天、轨道交通等诸多领域[1-3]。随着轨道车辆技术的发展，高铁和地铁等轨道列车的车体、底座、门框、端面梁以及车架枕梁等都已采用 7N01 铝合金型材代替原来的钢构件[4]。7N01 铝合金 ϕ784mm 圆铸锭可以为大型、整体、复杂的铝合金挤压型材生产提供保障，降低生产成本和能源消耗，加速国内超大型铝合金型材的发展步伐。

2 试验内容

2.1 主要设备和工艺流程

7N01 铝合金 ϕ784mm 圆铸锭生产设备主要有熔炼炉、保温炉、铸造平台、均质炉等。主要工艺流程如图 1 所示。

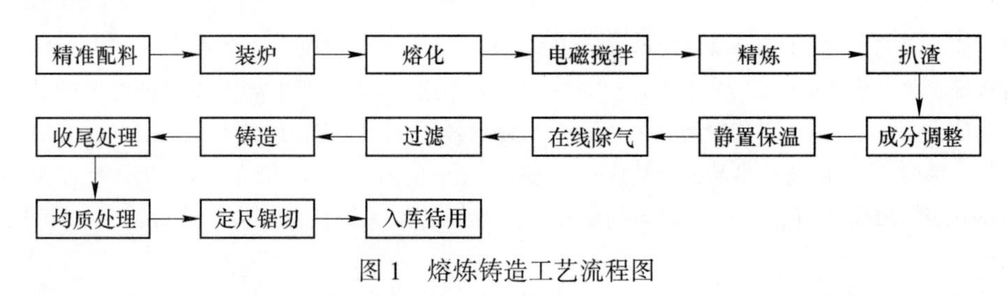

图 1 熔炼铸造工艺流程图

2.2 合金成分控制

7N01 铝合金 ϕ784mm 圆铸锭成分如表 1 所示，Zn、Mg 是合金主要强化元素，会形成 $Al_2Mg_3Zn_3$（T 相）。热处理后合金强度会得到提高，焊接性能更加优秀，是一种中强可焊型铝合金，可满足轨道车辆发展对材料的要求[5]。

表 1 7N01 铝合金化学成分表 （wt%）

合金元素	Si	Fe	Cu	Mn	Mg	Cr	Zn
含量	0.3	0.35	0.2	0.2~0.7	1.0~2.0	0.3	4.0~5.0

2.3 试验工艺方案

根据表 1 的化学成分进行配料，配好后分批次投入炉中，熔炼温度为 720±10℃。铝液采用电磁搅拌器进行搅拌，使熔化的合金元素分布更加均匀。使用无钠精炼剂对铝液进行精炼处理，精炼结束后再次进行电磁搅拌，搅拌结束后除去铝液表面渣滓，然后保温 20min 后取样对成分进行分析，严格地控制合金成分，使其符合成分要求，成分合格后保温静置一段时间准备铸造。

铸造前在结晶器底部铺满纯铝铝屑作为假底，然后放少量铝液进入结晶器，当碎铝屑呈现半凝固状态时开始铸造，采用该技术可有效控制底部裂纹的产生，得到的铸棒表面质量良好。当停止供流时铸棒进行回火，可提高浇注口的塑性，降低应力，防止铸锭浇口部位产生裂纹。

铸造开始时，向铝液中加入 Al-Ti-B 丝，利用氩气采用三转子除气技术对熔液进行除气处理，将铝液中的氢及细小杂质带到表面，从而降低铝液中的含氢量，每个石墨转子的转速控制在 310r/min，除气结束后采用陶瓷过滤+管式过滤技术。具体铸造工艺参数见表 2。

表 2 铸造工艺参数

炉次	铸造温度/℃	铸造速度/$mm \cdot min^{-1}$	冷却水流量/$m^3 \cdot min^{-1}$	铸造设备	均匀化制度
1	720	24	1.6	传统	480℃×12h
2	720	20	1.6	传统	480℃×12h
3	720	20	1.7	传统	480℃×12h
4	720	20	1.7	新型工装	350℃×4h+480℃×12h

3 试验结果及分析

3.1 铸锭表面质量

7N01 铝合金 ϕ784mm 圆铸锭铸棒采用热顶铸造的方式进行生产，铸造温度定为 720℃。当铸造速度为 24mm/min，冷却水流量为 1.6m³/min，获得的 7N01 铝合金 ϕ784mm 圆铸锭表面有裂纹产生，见图 2(a)，经分析可知铸造裂纹是由于铸造速度过快产生的；为了消除铸造裂纹，调整铸造工艺，保持铸造温度不变，降低铸造速度为 20mm/min，冷却水流量保持在 1.6m³/min，发现铸棒表面无裂纹产生，见图 2(b)；当保持铸造温度和速度不变，提高冷却水流量至 1.7m³/min，采用传统铸造工装和热顶铸造及电磁铸造相结合的新型铸造工装得到铸棒表面质量均良好，无裂纹等缺陷出现，如图 2(c)、(d) 所示。

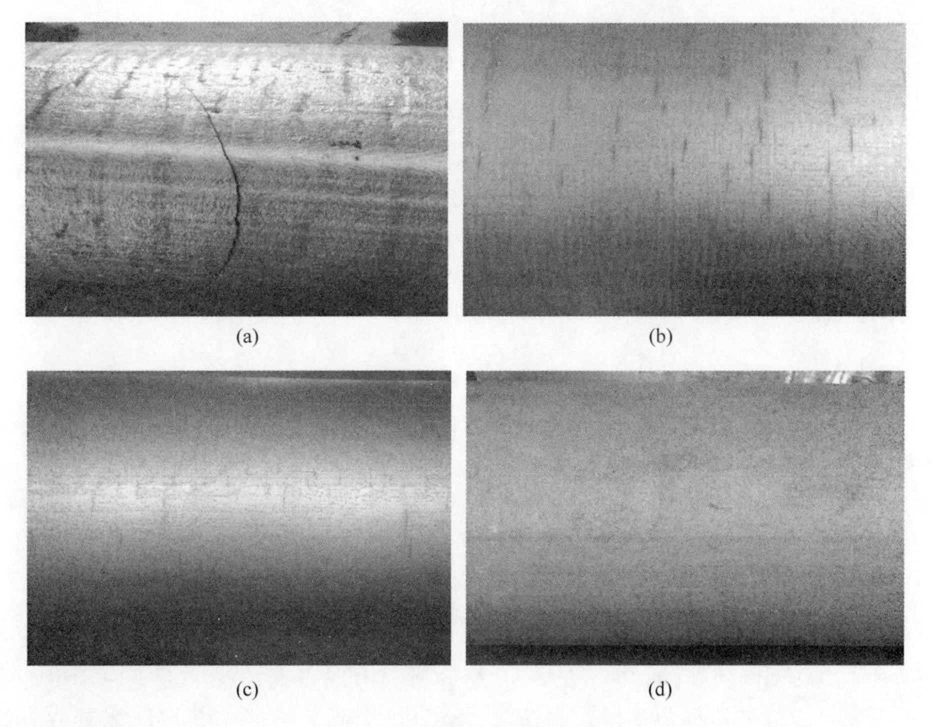

(a) (b) (c) (d)

图 2 铸锭的表面质量

3.2 低倍晶粒度

由于 1 号铸棒表面出现裂纹，所以不对其进行后续组织分析。将 2～3 号铸棒进行 480℃×12h 均匀化处理，对上述铸棒分别取样进行低倍组织观察。可知，2 号铸棒晶粒尺寸较大，晶粒度达到 3 级，如图 3(a) 所示。调整铸造速度后，3 号铸棒低倍组织晶粒尺寸明显减小，晶粒度达到 2 级，如图 3(b) 所示。采用新型工装，即将 ϕ784mm 铝合金圆铸锭结晶器改装成热顶铸造和电磁铸造相结合，同时调整均匀化工艺，采用 350℃×4h+480℃×12h 双级均匀化制度，4 号铸棒低倍组织晶粒度达到 1 级，如图 3(c) 所示。

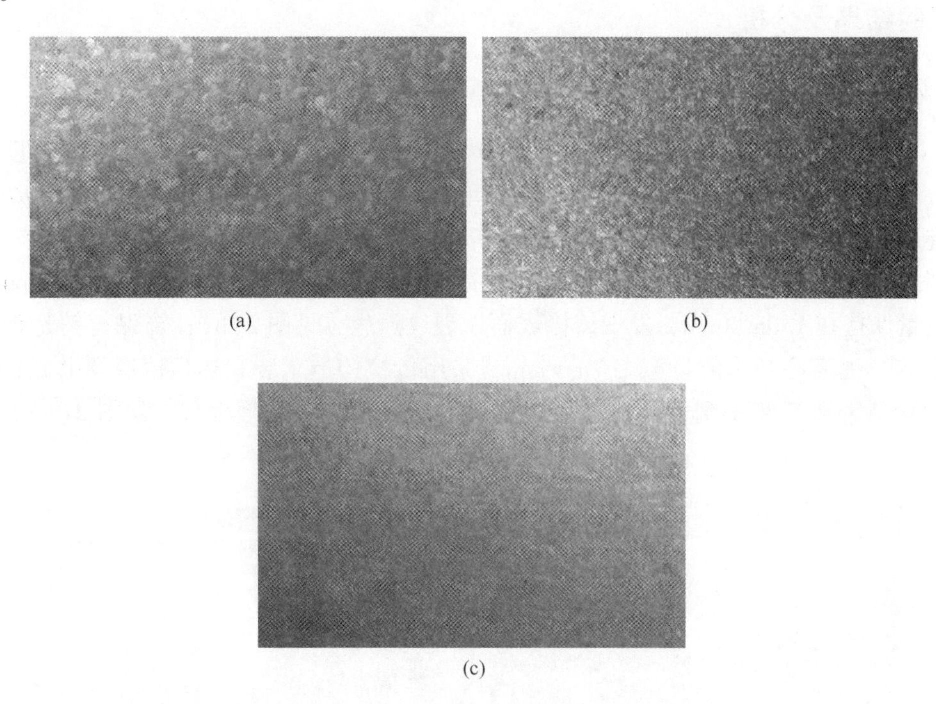

(a)　　(b)

(c)

图 3　铸棒低倍组织

3.3 高倍组织

对铸棒边部、$R/2$、心部处取样进行高倍组织观察，其高倍组织形貌如图 4 所示。可知，2 号铸棒存在心部与边部晶粒大小不一的情况，且晶粒粗大，见图 4(a)；3 号铸棒心部与边部晶粒大小较为均匀，但晶粒依然粗大，见图 4(b)；4 号铸棒心部与边部晶粒大小较为均匀，且晶粒细小，见图 4(c)。

3.4 化学成分

对铸锭边部、$R/2$、心部进行成分检测，其结果见表 3～表 5。可知，2 号铸锭心部与边部成分不均匀，出现偏析现象，见表 3。经分析，出现以上情况可能是由于冷却强度不够造成的。3 号成分偏析现象消除，见表 4。经分析，调整铸造工艺只能改善成分偏析现象，而无法有效地解决晶粒粗大现象。经调整铸造工装以及铸棒均匀化制度，使得 4 号铸

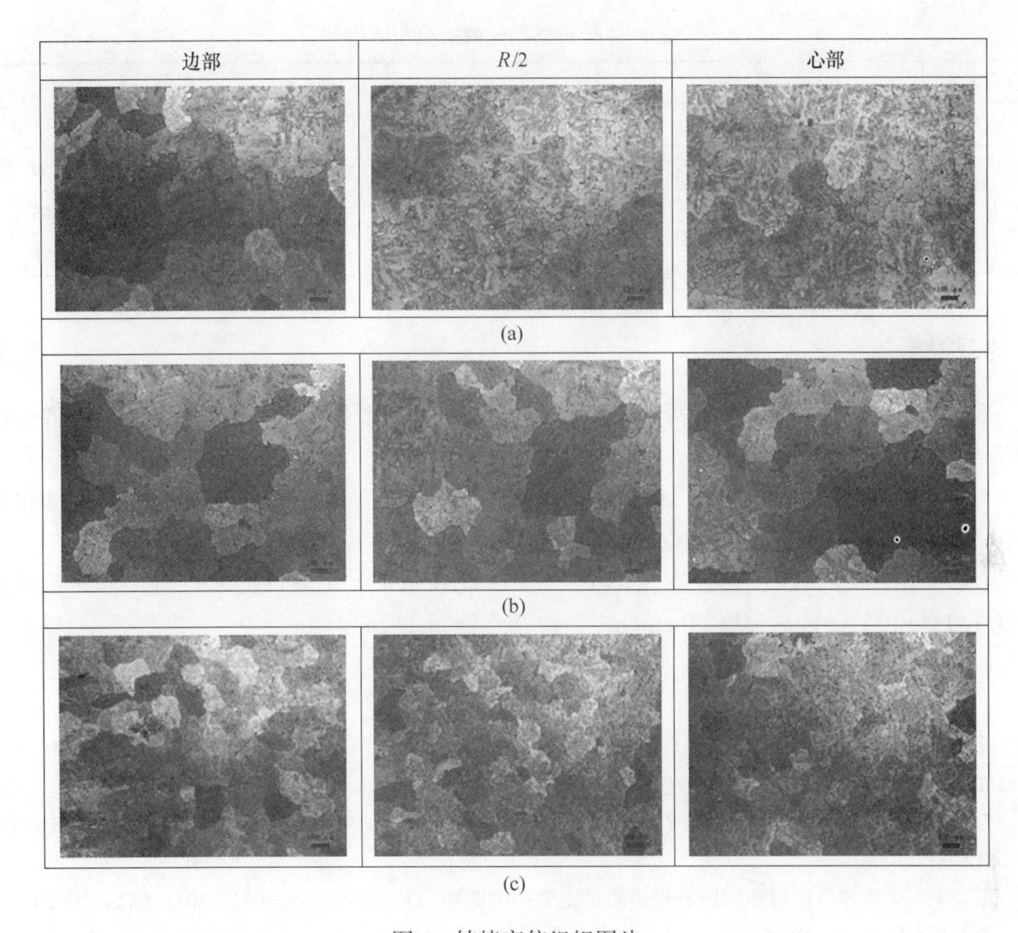

图 4 铸棒高倍组织图片

棒无成分偏析现象，见表 5。由此可得，采用热顶铸造和电磁铸造相结合配合双级均匀化制度可以细化晶粒，还可有效消除成分偏析。

表 3 2 号铸棒成分偏析检测结果 （wt%）

合金元素	Si	Fe	Cu	Mn	Mg	Cr	Zn
含量	0. 3	0. 35	0. 2	0. 2~0. 7	1. 0~2. 0	0. 3	4. 0~5. 0
边部	0. 09	0. 08	0. 11	0. 41	1. 12	0. 21	4. 74
R/2	0. 09	0. 07	0. 11	0. 48	1. 10	0. 21	4. 58
心部	0. 09	0. 07	0. 11	0. 41	1. 08	0. 21	4. 55

表 4 3 号铸棒成分偏析检测结果 （wt%）

合金元素	Si	Fe	Cu	Mn	Mg	Cr	Zn
含量	0. 3	0. 35	0. 2	0. 2~0. 7	1. 0~2. 0	0. 3	4. 0~5. 0
边部	0. 09	0. 08	0. 12	0. 44	1. 10	0. 20	4. 55
R/2	0. 10	0. 07	0. 12	0. 45	1. 10	0. 21	4. 54
心部	0. 09	0. 07	0. 12	0. 45	1. 10	0. 20	4. 55

表 5 4 号铸棒成分偏析检测结果 (wt%)

合金元素	Si	Fe	Cu	Mn	Mg	Cr	Zn
含量	0.3	0.35	0.2	0.2~0.7	1.0~2.0	0.3	4.0~5.0
边部	0.08	0.07	0.10	0.45	1.11	0.21	4.59
$R/2$	0.09	0.07	0.11	0.46	1.11	0.22	4.58
心部	0.08	0.07	0.10	0.44	1.12	0.21	4.58

4 实验结论

（1）将 ϕ784mm 铝合金圆铸锭结晶器改装成热顶铸造和电磁铸造相结合，能有效提高铸锭表面和内部质量。

（2）采用双级均匀化制度 350℃×4h+480℃×12h，可以更好地消除铸造应力、细化晶粒、改善合金成分偏析。

（3）通过改善实验工艺发现，7N01 铝合金 ϕ784mm 圆铸锭较优的铸造工艺为：铸造温度 720℃±10℃，铸造速度 20mm/min，冷却水流量 1.7m^3/min。

参考文献

[1] 邓波，钟毅，起华荣，等．7N01 铝合金高速反向挤压实验研究［J］．云南冶金，2006，35（4）：50-52.
[2] 刘君城，金龙兵，何振波，等．7N01 铝合金热压缩流变行为研究［J］．稀有金属，2011，35（6）：812-817.
[3] 王登文，史爱萍．铝材在铁路及城市轨道交通中的应用［J］．中国金属通报，2011（5）：20-21.
[4] 梁美婵，何家金．轨道车辆专用大断面铝合金异型材的生产［J］．有色金属工程，2013，3（3）：18-20.
[5] 邬沛卿．热处理制度对铝合金性能的影响［D］．长沙：中南大学，2014.

铝合金热传导（散热器）挤压材的生产技术

李伟萍[1]，冯扬明[1]，黎家行[1]，刘静安[2]

（1. 广东伟业铝厂集团有限公司，广东佛山 523000；
2. 重庆西南铝业集团有限公司，重庆 401326）

摘 要：本文简略地介绍了铝及铝合金热传导（散热器等）挤压材的特点、分类及生产材料的选用，并详细分析了其生产技术与工艺要点。

关键词：铝及铝合金热传导挤压材；生产技术；工艺要点

1 铝及铝合金热传导（散热器）挤压材的分类

铝合金具有良好的导电-导热性、塑性非常好，可在冷热状态下压力加工成板、带、条、箔材、管、棒、型线材等各种热传导材料。这里主要讨论铝及铝合金型材和管材热传导材料的分类。

铝合金热传输挤压材的种类很多，分类方法也很多。各种分类方法都是相对的，是相互交叉的，一切分类方法可能是另一种分类方法的细分或延伸：

（1）按传热方式可分为散热片、取暖片、冷却器化油器、蒸发器等热传导挤压材。

（2）按合金状态可分为1×××F、O、H；3×××F、O、H；4×××F、O、H；5×××F、O、H；6×××F、O、H、T等热传导挤压材。

（3）按表面处理可分为不进行表面处理的、进行表面处理的。后类又可分为普通表面处理的（如氧化着色、电泳涂装、喷涂等）和特殊表面处理的热传导挤压材。

（4）按品种可分为管材、带翅片管材、内外螺旋翅片管材、大径薄壁管材、普通实心型材、异形型材和空心型材等。

（5）按形状可分为管状、翅片管状、带内外螺旋管状、放射状、单面梳状、树枝形、鱼骨形、异形等散热器型材和管材，见图1。

（6）按用途可分为：

1）汽车用空调器、蒸发器、冷凝器、水箱、散热器等铝合金热传导挤压型材、圆管和口琴管材等；

2）大型建筑物、飞机场、体育馆、宾馆和文化娱乐场所、会议厅等大型集中空调器用大型散热器型材或异形管材；

3）飞机、轨道车辆、船舶等大型交通运输工具用空调散热器型材或异形管材；

4）冷藏箱、冰箱、冰库等制冷装置用散热器型材；

5）取暖器、采热器等散热片型材或管材；

6）电子电气、家用电器计算机等用散热器小型型材或管材；

7）精密机械、精密仪器、医疗器械等用微型散热器型材或管材；

8）其他特殊用途散热器型材或管材。

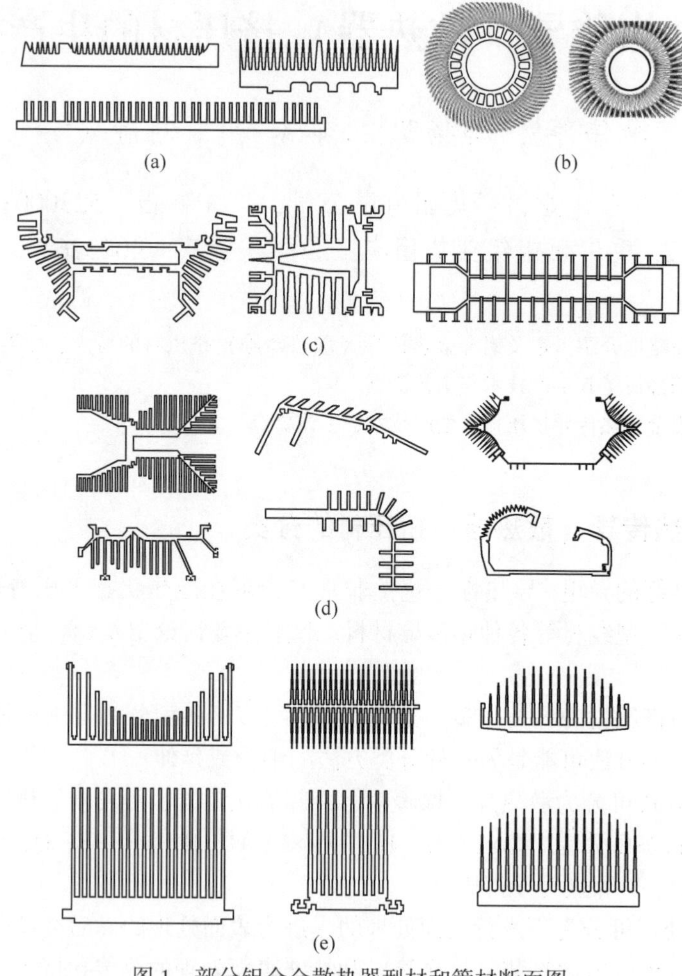

图1 部分铝合金散热器型材和管材断面图

（a）实心；（b）太阳花；（c）空心；（d）异形；（e）梳状

2 铝合金热传输用挤压材的生产技术

2.1 热传输挤压材常用铝合金材料

热传输挤压材应选用塑性好、流动性强、强度适中、焊接性能优良、耐蚀性能高、热传导性能好的铝合金。目前最常用的有1×××系纯铝，如1035、1050、1070、1100、1145等；6×××系铝合金，如6063、6463、6101、6005、6061等；5×××系合金，如5005、5052等；4×××系铝合金，如4043、4045等以及7×××系铝合金中的7005、7N01、7072等。常见的热传输用铝合金的化学成分见表1。

表 1　常用热传输材料的铝合金化学成分　（wt%）

No.	合金牌号	Si	Fe	Cu	Mn	Mg	Cr	Zn		Ti	Zr	其他		Al
												单个	合计	
1	1035	0.35	0.60	0.10	0.05	0.05	0.01	0.10		0.03		0.03	0.10	99.35
2	1050	0.25	0.40	0.05	0.05	0.05		0.05	V0.05	0.03		0.03		99.50
3	1070	0.20	0.25	0.04	0.03	0.03	0.01	0.04	V0.05	0.03		0.03	0.15	99.70
4	1100	Si+Fe	0.95	0.05~0.20	0.05	0.05		0.01				0.05		99.0
5	1145	Si+Fe	0.55	0.05	0.05	0.05		0.05	V0.05	0.03		0.03	0.10	99.45
6	3A21	0.60	0.70	0.20	0~1.6	0.05		0.10		0.15		0.05	0.15	余量
7	3003	0.60	0.7	0.05~0.20	1.0~1.5	0.05		0.10				0.05	0.15	余量
8	3203	0.50	0.6	0.10	0.9~1.5	0.30	0.10	0.20	Ti+Zr0.10			0.05	0.15	余量
9	5005	0.30	0.7	0.20	0.20	0.5~1.1	0.10	0.25				0.05	0.15	余量
10	5052	0.25	0.4	0.10	0.10	2.2~2.8	0.15	0.10				0.05	0.10	余量
11	4043	4.5~6.0	0.8	0.30	0.05	0.05		0.10		0.20		0.05	0.15	余量
12	4045	4.5~6.0	0.6	0.6	0.30	0.15	0.10			0.20		0.05	0.15	余量
13	6063	0.2~0.6	0.35	0.10	0.10	0.4~5.0	0.10	0.10		0.10		0.05	0.15	余量
14	6063A	0.3~0.6	0.15~0.35	0.10	0.15	0.60~0.9	0.05	0.15		0.10		0.05	0.15	余量
15	6101	0.3~0.7	0.50	0.10	0.03	0.35~0.8	0.03	0.10	B0.06			0.03	0.10	余量
16	6005	0.6~0.9	0.35	0.10	0.10	0.4~0.6	0.10	0.10		0.10		0.05	0.15	余量
17	6061	0.4~0.8	0.7	0.15~0.40	0.15	0.8~1.2	0.04~0.15	0.25		0.15		0.05	0.15	余量
18	7005	0.35	0.40	0.10	0.2~0.7	1.0~1.8	0.06~0.020	4.0~5.0		0.01~0.06	0.08~0.20	0.05	0.15	余量
19	7N01	0.30	0.30	0.10				0.9~1.3	Ti+Zr0.45			0.03		余量
20	7072	Si+Fe	0.70	0.10	0.10	0.10		0.8~1.3				0.05	0.10	余量

2.2 铝合金散热器型材的生产要点与关键技术

铝合金因质轻美观、良好的导热性和易加工成复杂的形状，被广泛地用于散热器材上。铝合金散热器型材主要有三种类型：扁宽形、梳子形或鱼刺形；圆形或椭圆形外面散热片呈放射状；树枝形。如图2所示。它们的共同特点是：散热片之间距离短，相邻两散热片之间形成一个槽形，其深宽比很大；壁厚差大，一般散热片薄，而其根部的底板厚度大。因此给散热型材的模具设计、制造和挤压生产带来很大的难度。

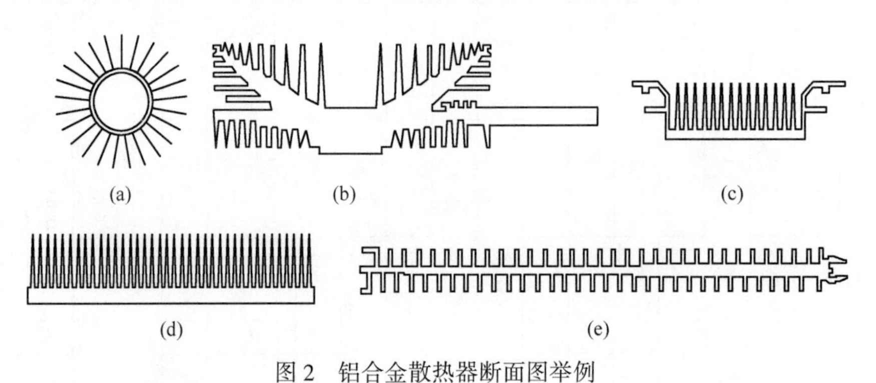

图2 铝合金散热器断面图举例

（a）放射形；（b）树枝形；（c）异形；（d）梳形；（e）鱼骨形

散热型材有一部分尺寸较小、形状对称的产品比较容易生产，大部分散热型材是扁宽形，外形尺寸较大，有的不对称，散热片之间的槽形深宽比很大，其生产难度较大。需要从铸锭、模具、挤压工艺几个方面严加控制，才能顺利生产出散热器型材。挤压散热器用的合金必须具有良好的可挤压性和导热性，一般采用1035、1050和6063等合金。目前普遍使用较多的是6063合金，因为它除了有良好的可挤压性、导热性外，还有良好的力学性能。

铝合金散热器型材生产的关键技术是优质铸锭的制备、模具的材质和设计及制造、减少挤压力及挤压工艺的优化等。

2.3 铝合金散热器挤压型材对铸锭品质的要求

铸锭的合金成分要严格控制杂质含量，保证合金成分的纯洁度。对于6063合金要控制Fe、Mg、Si的含量。Fe的含量应小于0.2%，Mg、Si的含量一般都控制在国家标准的下限，Mg含量为0.45%~0.55%，Si的含量0.25%~0.35%。铸锭要经过充分的均匀化处理，使铸锭的组织、性能和化学成分均匀，铸锭的表面要光滑，不允许有偏析瘤或粘有泥砂。铸锭的端面要平整，不能切成台阶状或切斜度太大（切斜度应在3mm以内）。因为台阶状或切斜度太大，用平面模挤压散热型材时，如果没有设计导流模，铸锭直接碰到模具，由于铸锭端面不平，出现有的地方先接触模具，产生应力集中，易把模具的齿形挤断，或造成初料的先后不一，容易产生堵模或挤压成型不好等问题。

2.4 铝合金散热器挤压型材对模具质量的要求

因为散热器型材的模具都有许多细长的齿，要承受很大的挤压力，每个齿都要有高的强度和韧性，如果彼此之间的性能有很大的差异，就容易使强度或韧性差的那些齿断裂。因此模具钢材的质量必须可靠，最好使用质量可靠的厂家生产的H13钢材，或选用优质的进口钢材。模具的热处理十分重要，要用真空炉加热淬火，最好采用高压液氮淬火，可以保证淬火后模具的各部分性能均匀。淬火后要采取三次回火，使模具的硬度保证在HRC 48~52的前提下，具有足够的韧性。这是防止模具断齿的重要条件。

散热器型材要能顺利挤压成功，关键是模具的设计要合理，制造要精确。一般尽量避免铸锭直接挤压到模具工作带上。对于扁宽的梳形散热器型材，可设计一个中间较小、两边较大的导流模，使金属往两边流，减少模具工作带上的挤压力，而且使其压力分布均匀。由于散热器型材断面的壁厚差大，设计模具工作带时要相应保持它们的差别，即壁厚大的地方工作带要特别加大，可以大到20~30mm，到齿尖的位置要突破常规，把工作带减到最小。总之要保证金属在各处流动的均匀性。对于扁宽形散热器，为保证模具有一定的刚度，模具的厚度要适当增加。厚度增加量约30%~60%。模具的制作也要十分精细，空刀要做到上下、左右、中间保证对称，齿与齿之间的加工误差要小于0.05mm，加工误差大容易产生偏齿，即散热片的厚度不均匀，甚至会产生断齿的现象。

对于设计比较成熟的断面，用嵌镶合金钢模具也是一个较好的方法，因为合金钢模具具有较好的刚性和耐磨性，不易产生变形，有利于散热器型材的成形。

2.5 铝合金散热器型材挤压工艺的特点分析

2.5.1 尽量降低挤压力

为了防止模具断齿应尽量减小挤压力，而挤压力与铸锭的长度、合金变形抗力的大小、铸锭的状态、变形程度的大小等因素有关。因此挤压散热器型材的铸棒不宜太长，约为正常挤压铸锭长度的0.6~0.85倍。特别是在试模和挤压第一根铸棒时，为确保能顺利生产出合格的产品，最好用更短的铸棒，即正常铸棒长度0.4~0.6倍的铸棒来试模。

对于形状复杂的散热器型材断面，除了缩短铸棒的长度外，还可考虑用纯铝短铸棒做一次试挤压，试挤成功后再用正常铸锭进行挤压生产。

铸锭均匀化退火不仅可以使组织和性能均匀，而且可以提高挤压性能和降低挤压力。因此，要求铸锭必须均匀化退火。至于变形程度的影响，由于散热器型材的断面积一般都比较大，挤压系数一般在40以内，因此其影响较小。

2.5.2 优化挤压工艺

散热器型材生产的关键是挤压模具的第一次试模，有条件的话，可以先在电脑上做模拟试验，看模具设计的工作带是否合理，然后在挤压机上试模。第一次试模十分重要，操作员操作主柱塞前进上压时应在低于5MPa的低压力下慢速前进，最好有人用电筒光线照看模具出口处，等挤压模具的每一个散热片都均匀挤出模孔后，才能逐渐加压加速进行挤压。试模后继续挤压时，应注意控制好挤压速度，做到平稳操作。生产散热器型材时应注意模具的温度，要使模具温度与铸锭温度相近。若温差太大，由于上压时挤压速度慢，会使金属温度不均匀，导致断面金属流动不均匀的现象。表2为常用的铝合金散热器型材挤压工艺参数。

表 2　铝合金散热器型材挤压工艺参数

合金	铸锭温度/℃	挤压筒温度/℃	模具温度/℃	挤压系数 λ	挤压速度/m · min^{-1}
1035 1A30	400～470	400～460	400～460	20～60	15～50
6063	500～520	400～450	480～500	15～40	10～50

3　小结

（1）铝合金热传导型材和管材是一种用途十分广泛的特殊精密挤压材，品种多，技术含量高，生产难度大。

（2）可用于生产热传导的铝合金材料很多，可根据不同用途和要求选用，从综合性能和降低成本来看，以 3003 和 6003 合金用得较多。

（3）生产热传导铝合金型材和管材的技术难度大，关键技术主要有优化合金成分，优质的铸锭和工模具，优化挤压工艺。

参 考 文 献

[1] 肖亚庆，谢水生，刘静安，等．铝加工技术实用手册［M］．北京：冶金工业出版社，2005.
[2] 李建湘，刘静安，杨志兵．铝合金特种管、型材生产技术［M］．北京：冶金工业出版社，2008.
[3] 谢水生，刘静安，王国军，等．铝及铝合金产品生产技术与装备［M］．长沙：中南大学出版社，2005.

高性能铝模板生产工艺研究

彭光强，杨舜明，张源硕，王 岗，聂锐滔

（广亚铝业有限公司，广东佛山 528237）

摘 要：随着建筑行业的发展，铝模板作为新型的模板系统以其突出的经济效益得到了广泛应用，建筑商对其性能的要求也越来越高。本文主要研究了高性能铝模板的生产工艺，发现合金成分、淬火工艺、时效工艺的优化是获得高强高硬铝模板的关键。通过适当提高 Cu 含量，使用风冷+水冷的淬火方式和（180±5）℃，8h 的时效工艺，成功批量性生产出硬度 HW 16~16.5、抗拉强度≥315MPa、屈服强度≥290MPa 的高性能铝模板。

关键词：铝模板；6061；淬火工艺；时效工艺；性能

Study on Production Process of High Performance Aluminum Fromwork

Peng Guangqiang, Yang Shunming, Zhang Yuanshuo, Wang Gang, Nie Ruitao

(GuangYa Aluminum Co., Ltd., Foshan, 528237)

Abstract: With the development of the construction industry, aluminum formwork as a new type of formwork system has been widely used with its outstanding economic benefit, and builders are increasingly demanding its performance. This paper mainly studies the production process of high performance aluminum formworks, and finds that the optimization of alloy composition, quenching process and aging process is the key to obtain high strength and high hardness aluminum formworks. The content of Cu is appropriately increased, the air cooling+water quenching method and aging process of 180±5℃, 8h are applied to successfully mass produce high-performance aluminum formworks with hardness of HW16~16.5, tensile strength of ≥315MPa and yield strength of ≥290MPa.

Key words: aluminum formwork; 6061; quenching process; aging process; properties

1 引言

作为一种新型模板系统，铝模板以其重量轻、强度高、板幅面大、拼缝少的特点受到建筑行业的青睐。其自 20 世纪 60 年代诞生以来，已经有 56 年的发展应用历史，在美国、加拿大等发达国家，以及像墨西哥、巴西、马来西亚、韩国、印度等新兴工业国家的建筑中均得到广泛的应用。在中国，万科、中建等大型建筑商也在使用铝模板系统，特别是高层建筑的施工，极大地推动了铝模板行业在中国的发展壮大[1,2]。

与传统的木、钢模板相比，铝模板具有明显的优势[3,4]：（1）施工周期短；（2）重复使用次数多，平均使用成本低；（3）施工方便、效率高；（4）稳定性好、承载力高；（5）应用范围广；（6）拼缝少，精度高，拆模后混凝土表面效果好；（7）现场施工垃圾少，支撑体系简洁；（8）标准、通用性强；（9）回收价值高；（10）低碳减排；（11）支撑系统方便。

基于模板突出的经济效益特点，作者对其进行了生产工艺优化，生产出硬度、抗拉强度在行业内领先的高性能铝模板以满足用户越来越高的要求。

2 铝模板的生产工艺

2.1 熔铸工艺

该铝模板使用6061合金作为材质，在其内控范围内适当提高了Cu含量以提高材料强度。其化学成分控制见表1。

表1 ××公司所生产铝模板的化学成分 （%）

成分	Si	Fe	Cu	Mn	Mg	Zn	Ti	Cr	Al
国标	0.4~0.8	≤0.70	0.15~0.4	≤0.15	0.8~1.2	≤0.25	≤0.15	0.04~0.35	余量
控制范围	0.62~0.67	≤0.35	0.21~0.24	0.10~0.15	0.95~1.0	≤0.05	0.02~0.05	0.05~0.1	余量

按照生产6061合金的内控标准进行投料，熔炼温度控制在720~750℃，确保所有原料完全熔化。

精炼温度为720~750℃，采用99.995%以上的高纯氮气和精炼剂进行2次精炼，精炼时间25~40min，每次在熔体表面撒上打渣剂将浮渣扒干净，保证炉内熔体的清洁。

炉前分析成分合格后，静止25~35min再进行浇铸。

使用铝钛硼线细化剂对晶粒进行细化，采用优质的60ppi过滤板，将铝液的表面浮渣过滤干净，保证铸棒质量。

铸造工艺参数根据不同的棒径而定，对于ϕ320的棒径，铸造速度为55~70mm/min，铸造温度为720~750℃，冷却水压为0.10~0.20MPa。

2.2 挤压工艺

铝模板生产的挤压工艺流程为：铝棒、模具、挤压筒加热—挤压—在线淬火—拉伸矫直—半成品锯切—装框检验—人工时效—性能测试—入库。

挤压工艺对铝模板强度、硬度性能影响很大。淬火过程和时效过程的优化是生产高性能铝模板的重要环节。挤压工艺参数见表2。

表2 ××公司所生产铝模板的挤压工艺参数

合金	铝棒温度/℃	模具温度/℃	挤压筒温度/℃	出口温度/℃	淬后温度/℃	挤压速度/m · min^{-1}	冷却方式
6061-T6	460~480	460	440	520~540	≤180	11~12	风冷+水冷

对于时效过程，采用优化后的时效工艺参数进行时效，即时效温度为（180±5）℃，保温时间为8h。时效后对材料进行硬度、拉伸强度的测试。其中，硬度测试使用韦氏硬度计进行，拉伸强度测试使用万能试验机进行。

2.3 合金元素的影响

2.3.1 Si和Mg的影响

Si和Mg是6061合金的主要组成元素，其结合形成的强化相Mg_2Si对后续铝模板的时效后的力学性能影响很大。根据Si和Mg的比例不同，形成的强化相数量和分布不同。对于6061合金，当成分处于α(Al)-Mg_2Si-Si三相区间内时，具有最大的抗拉强度。增加Mg_2Si的含量，能够提高铝模板的抗拉强度，但会降低其伸长率；当Mg_2Si含量固定时，Si含量增加，抗拉强度增加，伸长率变化不大；当Si含量为定值时，增加Mg含量，也会提高抗拉强度。我们根据国标范围，经过多次试验确定了铝模板的内控标准。

2.3.2 Cu的影响

少量的Cu可以提高铝模板的强度，减少人工时效后力学性能的下降。但考虑到成本问题，Cu不宜添加过多。

2.3.3 Ti的影响

Ti是晶粒细化剂，可以避免铸造时形成热裂纹，减少铸锭中的柱状晶组织，细化铸锭的晶粒度，减少挤压产品的各向异性。

2.3.4 Mn的影响

Mn也可以作为强化基体相，提高产品的韧性，但在铝模板生产中Mn含量一般控制在0.15%以内，因为过多的Mn会减少Si的强化效果，形成晶内偏析，产生粗晶组织，降低铸锭的挤压性能。

2.3.5 Fe的影响

Fe是铝模板中的杂质元素，会损害铝模板的综合性能，应尽量减少Fe的含量。

3 淬火工艺的影响

淬火工艺对铝模板硬度、拉伸强度影响非常大，刘露露[5]、商宝川[6]等人对6061合金的TTP曲线进行了详细的研究：

（1）6061合金TTP曲线“鼻尖”温度约为360℃，高温区（≥450℃）淬火敏感性很低；中温区（250~450℃）淬火敏感性较高，低温区（≤250℃）淬火敏感性介于二者之间。

（2）6061合金在450℃以上和250℃以下（即非淬火敏感区）冷却时，可以适当放慢冷却速度，以尽可能地减小淬火后的热应力；而在250~450℃的淬火敏感温度区间需要加快冷却速度，减少冷却过程中粗大相的析出及长大。

（3）6061合金的硬度随着淬火速率增大而增大，当在淬火敏感温度区间220~455℃冷却速率大于16.2℃/s时，合金硬度能达到最大硬度值的95%以上。

我们使用风冷+水冷的方式进行在线淬火，成功将TTP曲线的理论应用在实际生产中。其运用优良的在线淬火设备进行淬火，使型材距离出料口12m处，温度降至180℃。距离出料口4~12m的区域，使用水冷淬火，使得型材在250~450℃之间的温度敏感区域快速冷却，避免了型材高温时的剧烈变形。

对比单纯使用风冷的淬火方式，风冷+水冷的淬火方式对铝模板的强度和硬度提高贡献巨大。在相同的工艺条件下，使用风冷+水冷淬火得到的铝模板硬度对比纯风冷淬火得到的约高 HW 2，这是因为水冷的冷却速度比风冷的大很多，大量过饱和固溶体得到保留。同时，当淬后硬度相同时，风冷+水冷淬火得到的模板抗拉强度对比纯风冷淬火得到的约高 20MPa，这是因为风冷淬火的淬透性差，表层硬度高，中间壁厚位置硬度低，影响整体的抗拉强度。在其他铝业公司普遍使用纯风冷淬火生产铝模板的情况下，作者使用的风冷+水冷淬火方式具有明显的优越性。

4　时效工艺的影响

铝模板经过挤压在线淬火之后，得到了以 Mg_2Si 为溶质的过饱和固溶体，但此时的硬度和强度均达不到要求，必须进行时效热处理使过饱和固溶体分解成细小的强化相弥散分布在基体中，以显著提高铝模板的综合力学性能。

合理的时效工艺保证了铝模板的高硬度和高强度，考虑生产效率、生产成本以及高性能的合理配比，作者经过反复试验确定了时效温度为（180±5）℃，保温时间为 8h 的时效工艺能够得到性价比最高的高性能模板。时效工艺优化后得到的铝模板硬度为 HW 16～16.5，抗拉强度为≥315MPa，屈服强度≥290MPa。

5　结论

合理控制熔铸工艺和挤压工艺对保证高性能铝模板的质量意义重大。通过优化合金成分搭配、淬火工艺和时效工艺，生产的铝模板硬度提高到 HW 16～16.5，抗拉强度和屈服强度分别≥315MPa 和≥290MPa。

6061 合金的主要强化相是 Mg_2Si，通过合理搭配 Mg 和 Si 的含量可以提高 6061 铝模板的强度，其他合金元素如 Cu、Ti、Mn 的少量添加也利于提高材料的综合力学性能，但对于杂质元素 Fe 则必须按照厂内的标准严格控制。

通过使用风冷+水冷的方式对型材进行淬火，使型材在 250～450℃之间的温度敏感区域快速冷却，同时优化后续的时效工艺制度，在（180±5）℃保温 8h，以获得高抗拉强度、高硬度的铝模板。

参 考 文 献

[1] 赵富胜，周迎光，王云飞，等．以铝节木之——建筑铝模板的现状与发展［J］．有色金属加工，2016，45（2）：8-12.
[2] 郭少伟．超高层建筑铝模板施工技术研究及应用［J］．技术应用，2016（12）：238.
[3] 孙波．建筑铝模板应用前景技术浅析［J］．技术应用，2016（8）：198.
[4] 张晓德．探析铝模板技术在房建施工中的应用［J］．江西建材，2018（2）：162-163.
[5] 刘露露，潘学著，高萌，等．6061 铝合金 TTP 曲线的研究［J］．金属热处理，2012，37（4）：20-23.
[6] 商宝川，尹志民，段佳琦，等．6061 挤压态铝合金的 TTP 曲线及其应用［J］．热加工工艺，2011，40（14）：17-19.

高效散热铝型材的挤压模具设计与制造

余海波，邢　阳，满士国，谢兰文

（广东高登铝业有限公司，广东肇庆　526241）

摘　要：本文通过对高效散热铝型材的外形结构要求进行分析，阐述了挤压模具设计原理和制造加工工艺。

关键词：高效；散热铝型材；挤压模具；分流模

Design and Manufacture of Extrusion Die for High Efficiency Heat Dissipating Aluminium Profile

Yu Haibo，Xing Yang，Man Shiguo，Xie Lanwen

(Guangdong Golden Aluminum Co.，Ltd.，Zhaoqing 526241)

Abstract：In this paper, the design principle and manufacturing process of extrusion die are expounded by analyzing the shape and structure requirements of high efficient heat dissipation aluminium profiles.

Key words：high efficiency；heat dissipating aluminium profile；extrusion die；diverting die

1　引言

铝合金具有质轻、强度高、散热性能好，易加工成型等一系列优点，被广泛应用于工业、建筑和电子产品等领域。特别是带高倍齿的散热器尤为突出其导热性能，主要以铝合金挤压成型为主[1]。但高倍数齿散热器因齿长且密，对挤压模具设计人员、模具钢的材质及加工工艺提出非常高的要求，任何一项做不到位都会影响模具的质量。这时模具设计尤为重要，加工工艺必须合理优化为辅。本文以实际生产来论述高倍数密齿带管散热器铝型材模具设计及优良的加工工艺的关键点，供相关技术人员参考。

2　散热器结构分析

高效散热铝合金型材截面如图 1 所示，其有以下特点：

（1）散热铝型材为挤压空心型材且带高倍数密齿。

（2）散热器空心部分带螺丝孔需要装配，精度要求高，尺寸公差±0.1。

（3）散热器齿密集，要求不可有变形，且齿部分与根部壁厚落差较大。

（4）散热器整个外形长度超过 200mm 难度系数较高，要求不容许出现变形，公差为 ±0.2。

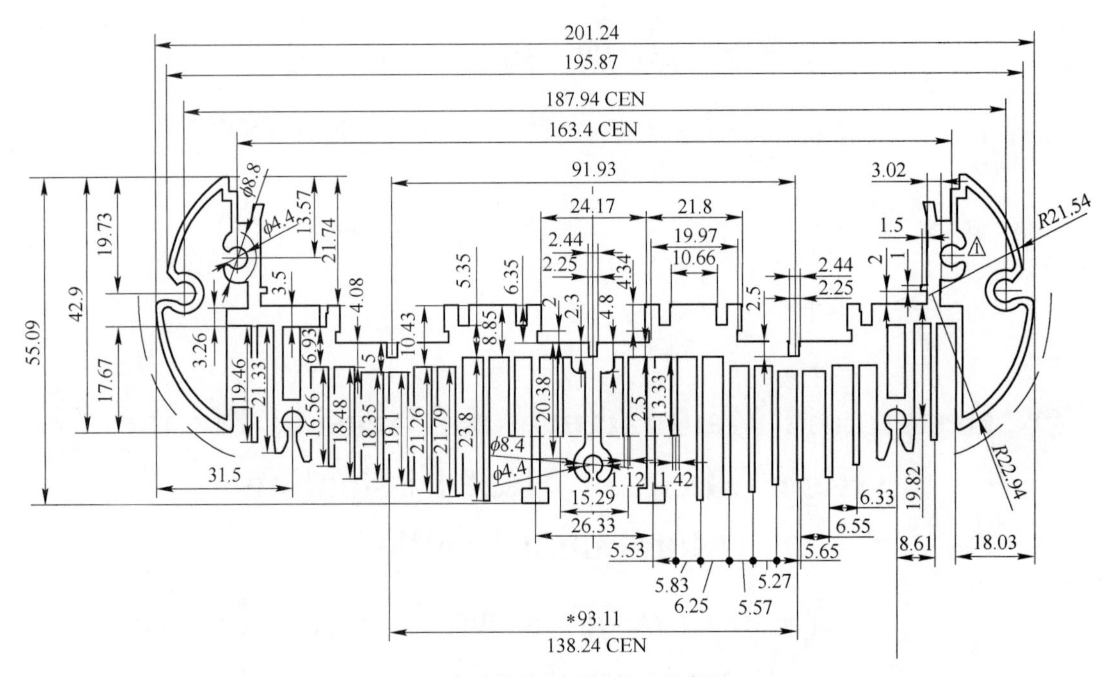

图 1　高效散热铝型材截面示意图

3　散热器挤压模具设计

从结构断面分析可以看出，散热器型材及截面外形长度为 201.24mm，高度为 55.09mm，设计有 23 个 19~23mm 高的齿，两齿间距为 5.5mm，在每个齿的两侧布有高 0.3mm、间距 1.0mm 的齿牙。根据散热器型材悬臂处舌比公式为：（23.8/4.83=5.1>3），各齿均存在着危险断面。特别是该截面底部壁厚较大，最薄 3.5mm，最厚处达 8.85mm，而齿最薄处的壁厚仅为 1.4mm，截面壁厚相差悬殊，更增大了危险断面的断裂系数。并且还有 4 个小的空心位，空心位还带有螺丝孔。此散热器型材的难点处较多，空心部位与实心处壁厚落差较大，齿部分还带有空心部分，齿倍数较高且密。截面大小不同，会导致铝料通过模具各个横截面的流量与流速不尽相同。铝料受到相同挤压力的情况下，铝料会出现大部分流向横截面较大的地方，而横截面较小的面积会出现铝料较少，甚至会出现缺料现象，并且横截面积较大部分流速会比横截面积较小的部分流速快，实心部分流速比空心部分流速快，齿部的流速比根部实心部分慢，设计时必须考虑解决流量与流速不等的问题。

3.1　模具结构的布局

由于此为空心型材带齿散热器，故模具应为分流模结构，分上模与下模组合模具。分析散热器结构、外形长度、米重和机台吨位，最终选择 2000t 机台 ϕ205mm 挤压筒内径，进料孔直径控制在 ϕ190mm。考虑到模具强度，必须合理分配上下模具的厚度，采用下模与上模厚度比例分配系数为0.6：0.4。为保证散热器挤压后各个部分尺寸达到要求，散热器的缩水会比正常要大些，这里产品设计缩水按1.0127，考虑到空心部分和齿部分的金属流量与流速必须均衡，设计为8个进料孔。空心部分摩擦力较大，设计孔时加大两侧流量；中心部位实心处底部壁厚较厚摩擦力会较小出料易快，采用两个分流孔减少流量；齿部分考虑到其强度及摩擦力大出料会慢，也采用两个分流孔分流，但是要比底部实心处两个孔进料流量大些。考虑到整体金属流量与流速的平衡，保证型材密度、空心部分的壁厚和整体外形的尺寸达到要求，下模焊合室深10mm，上模中间上下两桥沉桥5mm即作为上焊合室用；考虑到两侧空心部位又带螺丝孔流速会偏慢，采取两侧沉桥12mm。模具结构示意图如图2所示，模具结构加工后效果如图3所示。

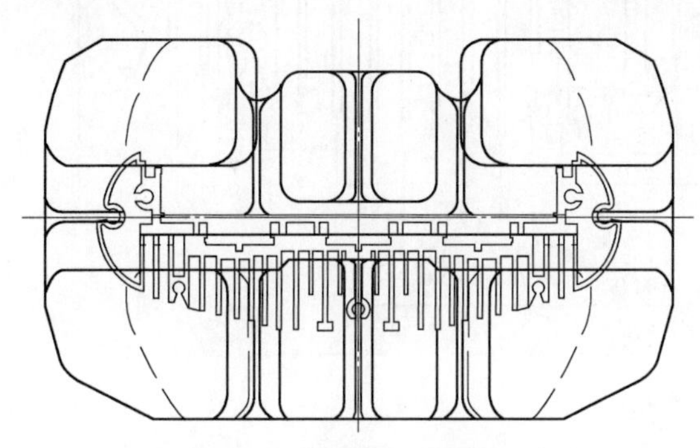

图2 模具结构示意图

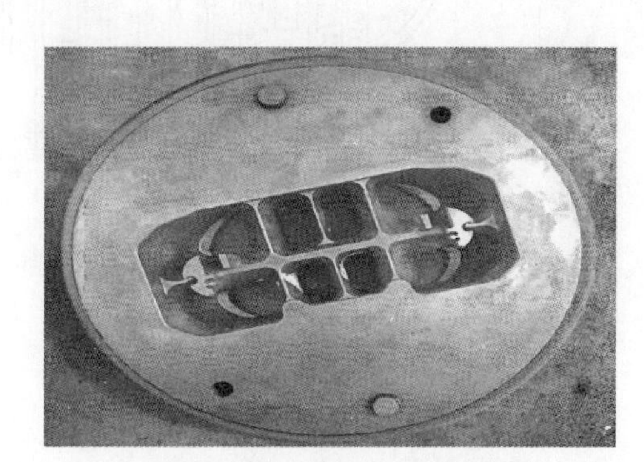

图3 模具结构加工后效果图

3.2 挤压模具型孔尺寸

3.2.1 模芯尺寸

因空心部位小要求精度高，外形尺寸201.24mm尺寸公差为±0.2。要求CNC粗加工留0.05mm，精加工到位，电火花机电流放电为3A。

3.2.2 下模型孔尺寸

考虑到流速的整体平衡，在几处厚处加栏基。下模采用慢走丝加工到位。下模型孔尺寸、下模焊合室、模割电极放电空刀尺寸和下模出料避空位分别如图4~图7所示。

3.2.3 模具工作带设计

进料口布局起到铝料的流量均衡性，而工作带起到流速的调节作用。流速不均会严重影响型材的成型度、壁厚的偏差及表面不良等情况，考虑到空心部分和齿部摩擦力大易慢，在工作带上设计为短工作带。配合进料孔的流量利用工作带长短平衡流速，在挤压时让其出料两者配合能达到一致性。其下模工作带如图8所示。

4 挤压模具加工工艺

4.1 上模与下模的加工工艺

用UG建3D模型，CNC五轴高精度的设备粗精加工可以有效保证模芯精度、进料孔及下模焊合室的精度，粗精加工工艺孔，慢走丝以基准面为水平面，工艺孔为中心分中加

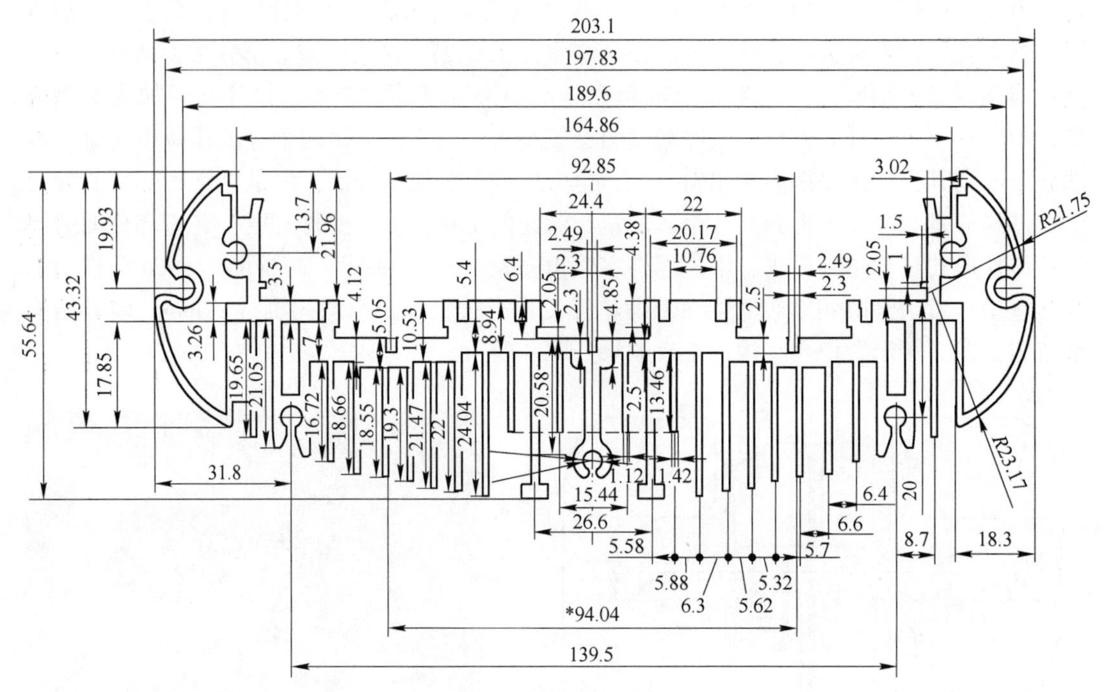

图 4　下模型孔尺寸图

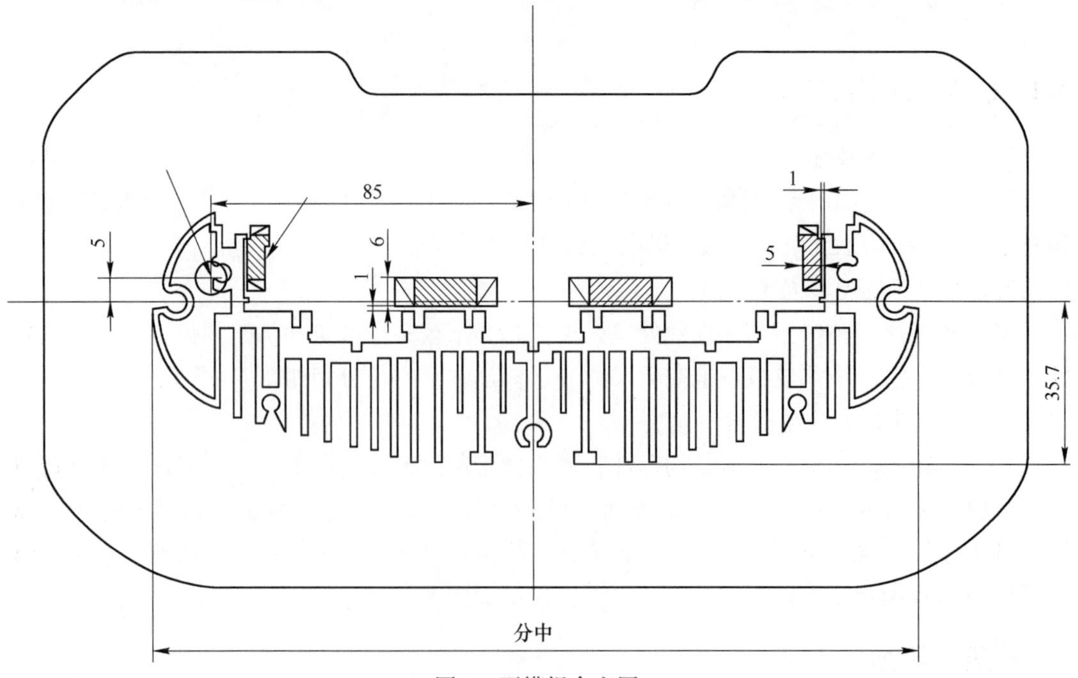

图 5　下模焊合室图

工，保证上下模同芯加工误差小于 0. 05mm。CNC 数控设备可很好地解决因手工铣床加工出现精度不高易偏差等缺点，下模采用慢走丝加工割一修一，可以有效保证加工精度、垂直度，减少抛光工作量。高精度设备与工艺的优化安排，可以减少分流模因模芯粗精配造

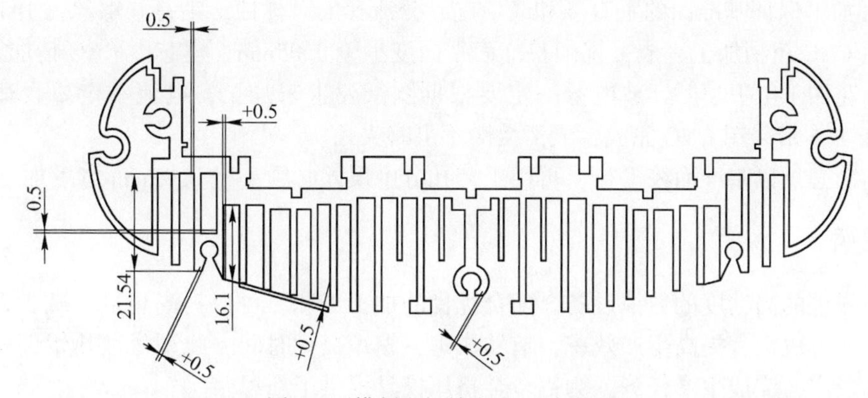

图 6　下模割电极放电空刀尺寸图

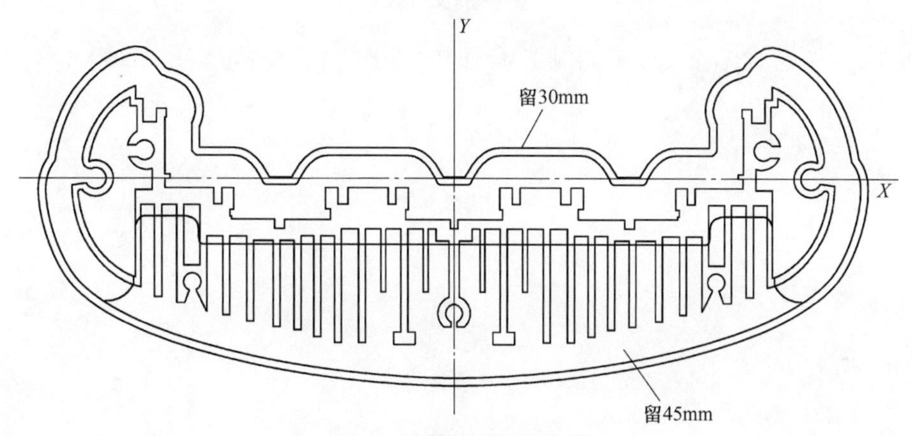

图 7　下模出料避空位图

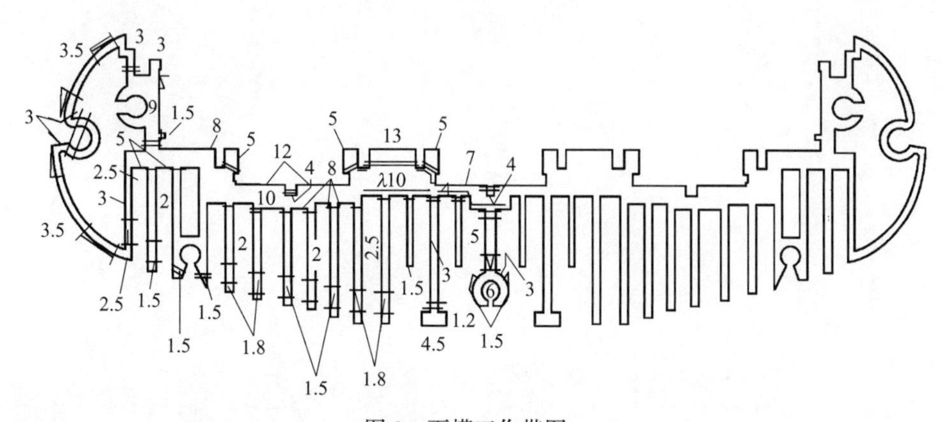

图 8　下模工作带图

成时间浪费，有效提高效率，还可提高模具的精度。上模与下模独立加工完毕后交验收区装配检验合格后出货。

4.2　工艺安排

CNC 粗精车必须同心加工。

CNC 加工保证基准面的垂直度和光洁度、分流孔的对称性，销钉和螺丝孔上下模必须一致，由 CNC 粗精加工完成，铣削基准面平面度小于 0.05mm，模芯由 CNC 精加工到位。

电火花加工上下模时，放电量一定要根据图纸要求来加工，电流一定要合适控制在 3A。电极工作带采用 CNC 完成，光滑接顺不可有尖角。

线切割必须以基准面校平行，再用工艺孔分中误差必须小于 0.03mm 方可加工。

5 结束语

采用先进的高精度的数控设备，配合优良的加工工艺。可以提高精度、减少误差、壁厚均匀；还可以大大提高生产效率，节约成本，缩短交货时间。此型号散热铝型材挤压模具已成功量产，完成生产任务，为铝合金挤压模具提供了新思路。

参 考 文 献

[1] 王祝堂，田荣璋．铝合金及其加工手册［M］．2 版．长沙：中南大学出版社，2005.

工艺技术：轧制

高精度高表观质量大型冷轧铝板带生产控制技术

李谋渭，等

（北京科技大学机械工程学院，北京　100083）

摘　要：影响铝板带精度和表观质量的因素较多，本文简要介绍“高精度高表观质量大型冷轧铝板带生产”的几项重要控制技术：板形仪及板形控制系统的研发、自动厚度控制系统、板形板厚控制系统智能化、铝箔表面振痕控制技术和铝板带表面划痕损伤控制技术。

关键词：冷轧；铝带；板形仪；板形控制；板厚控制；智能化；振动；划痕；润滑

The Control Technology of High Accuracy and High Surface Quality Large Size Aluminium Strip Cold Rolling Production

Li Mouwei，et al

（Mechanical Engineering School，USTB，Beijing 100083）

Abstract：More factors that influence the high accuracy and high surface quality aluminium strip，some important control technologies of “high accuracy and high surface quality large size aluminium strip cold rolling production” are introduced briefly in this paper：Research and development of shapemeter and shape contral system；automatic gauge control system；strip shape and gauge intelligence control system；The control technology of vibration mark on the aluminium foil surface and the control technology of the scratch damage on the aluminium strip surface.

Key words：cold rolling；aluminium strip；shape meter；shape control；gauge control；intelligence；vibration；scratch；lubrication

1　引言

随着我国经济向高端发展，航空航天、轨道交通、建筑装饰、包装、印刷、家电等行业对铝板带的高精高表观质量要求越来越高，清水箔、涂层板、高级电子箔、空调箔、铝罐料等市场竞争加剧，有力地推动了高精高表观质量铝板带生产控制技术的发展。

2　板形仪及板形控制系统的研发

2.1　概况

板形是板带高精度最重要的指标之一，板形仪是控制系统最关键的部分。从 20 世纪 70 年代至今，世界板形仪一直处于优先发展中。

板形仪分非接触式板形仪和接触式板形仪。非接触式板形仪主要有法国钢铁研究院（IRSID）的“激光板形仪”，德国西门子公司的 SI-FLAT 板形仪，日本钢管公司的涡流测距式板形仪，日本川崎公司的喷水型平直度检测仪和日本三菱电气公司的磁性吸引式板形仪。接触式板形仪主要有瑞典 ABB 公司的分段辊压磁式板形仪，英国 Davy 公司（目前改为 VAI UK 与 Broner 合资新公司）的空气轴承辊式板形仪和德国钢铁工艺研究所（BFI）的整辊压电式板形仪。

目前我国铝板带冷轧机上的板形仪大部分是进口的接触辊式板形仪。我国燕山大学、东北大学、西安建筑科技大学和北京科技大学都在积极从事这方面技术的研究，争取早日实现国产化，提高我国的板形质量，我国 650 多家铝板带箔厂[1]还有许多没有板形仪。

2.2　空气传感辊式板形仪的研发

1998 年北京科技大学与太原铝材厂签订了“关于板形辊技术开发协议”，同年年底完成了板形辊关键部件的开发，并成功应用在太原铝材厂铝板带轧机上。2001 年作者团队又与深圳华益铝厂和昂飞技术公司合作进行“1400mm 铝带箔轧机板形仪及智能板形板厚综合控制系统的开发”，2003 年，空气传感辊式板形仪及板形板厚控制系统在华益铝厂 1400mm 铝带箔轧机上投产初步成功，精调后铝带箔板形精度可达到 7～8I。

1400mm 铝带箔轧机板形控制系统由板形辊及支座、板形辊包角调整装置、板形仪信号检测装置和板形仪三级过滤供气及控制系统组成。板形仪为分段空气支撑传感的辊式板形仪，其芯轴固定不转，辊环旋转。辊环外径 164mm，共 17 组辊环，两辊端有空气止推装置，辊环间有气体吹出，避免外面脏污进入板形辊。辊包角可调，以适应不同范围的张力，如图 1 所示。

图 1　空气传感辊式板形仪

通过气体薄膜计算软件的开发研究，从辊环的承载能力、静刚度和动刚度，证明小孔节流板形仪比环面节流板形仪更优越，并确定小孔节流气体压力传感器的最佳测点应为辊环的中部[2]。

由于外载张力的变化是在一定范围内，引发的芯轴挠度也不同，通过板形仪芯轴反挠度的研究，确定了芯轴最优的反挠度补偿，使板形辊结构更小更轻、辊环转动更灵活、测量更准确[3]。

板形仪研发的大难点是板形辊的材料、加工和热处理，关键加工部分的精度都在1μm以内。与进口板形辊相比，我们的板形辊更不容易生锈，更易于保存。

铝带箔采用空气传感辊式板形仪的优点主要是：

（1）辊环转动惯量小，外径仅为164mm，比一般ABB、BFI板形辊辊径300mm以上小得多，不易磨损擦伤铝板带，使用寿命长，仅1~2年检查一次；

（2）压力信号通过固定芯轴向外传出，简单可靠，比ABB、BFI板形辊用辊端钢针或光电耦合装置简单可靠得多；

（3）辊环由空气支撑，摩擦很小，转动灵活，工作包角可以做得很小，一般在1°~16°，而ABB、BFI辊包角较大，一般在4°以上，包角小有利于空气传感辊式板形仪承受更大的张力；

（4）气体压力流量可调，有利辊环侧隙排气调节；

（5）压力信号分辨率为0.06N，比其他辊式板形仪高；

（6）价格比进口设备低得多，一般约为进口的1/2、1/3。

空气传感辊式板形仪的主要不足是承载能力不如ABB、BFI辊，在承载能力允许下，采用空气传感辊式板形仪是值得考虑的。

2.3 板形控制系统

板形控制技术仍然是当今板带箔轧制高难度的热门技术，除板形仪外，板形控制系统和控制数学模型至今仍在不断发展，VC、HC、CVC、PC、DSR等机型都主要围绕板形控制展开，喷射梁技术在铝带箔轧机板形控制中的作用越来越为大家所认识。传统的倾辊、弯辊主要控制一次和二次板形，喷射梁通过控制辊的热凸度消除板的高次板形起了关键的作用。

深圳华益铝厂1400mm铝带箔轧机板形控制系统如图2所示[4]。

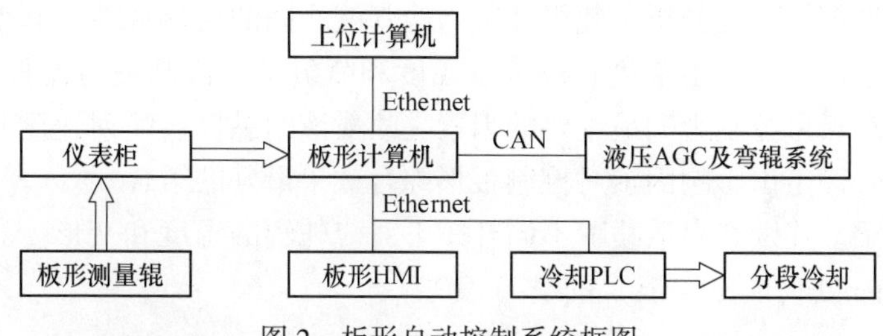

图2 板形自动控制系统框图

板形控制系统包括板形测量辊气体压差传感器仪表柜、板形计算机、控制分段冷却的冷却PLC、液压AGC及弯辊系统控制和板形HMI，并与轧线的上位机连接。上位机主要完成板形模型设定、目标板形计算、实时板形和目标板形显示、记录及统计和模型自学习。

喷射梁结构及控制目前有较大的发展，我国澳飞公司开发的喷射梁很有特色，把电磁阀内置于喷射梁内，直接控制喷嘴开闭，工作安全、可靠，使用寿命长，如图 3 所示。喷嘴间最小节距已达 26mm，控制喷嘴开闭的电磁阀响应较快，从电信号到形成流量开启时间为 20ms，关闭时间为 50ms，与进口喷射梁水平相当。

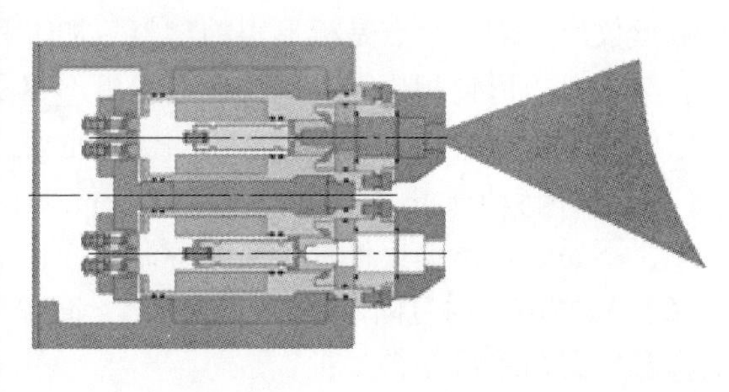

图 3　喷射梁与电磁阀

目前，板形控制系统一般都实现板形板厚综合控制，并正在向数学模型深化、在线质量判断和智能化方面发展。

2.4　板形控制数学模型

2.4.1　板形目标曲线

板形目标曲线是板形控制的主要模型之一，是板形控制的目标。我国引进的板形控制模型，往往由外方提供若干条板形目标曲线或是曲线的图形合成法，需要我们自己开发或修正引进的曲线，因此，我们必须了解板形目标曲线的制定原理、影响因素和修正方法，如温度不均、板形辊在不同张力下的变形，卷取机卷筒的变形和它上面铝卷的形貌等。作者曾把华益铝厂铝带箔轧机由自己的板形系统生产的十多卷铝卷与某进口著名板形系统生产的铝卷一起作涂层试验，结果比进口的好，铝卷全涂上，而进口的有几卷没涂上，分析其原因，是板形目标曲线修改得好，导致离线板形比进口的好。

2.4.2　铝带箔轧机分段冷却系统控制模型

作者用离散数值模拟法分析了轧机轧辊与冷却液之间的换热特性[5]和变形，采用正交实验法模拟分析了冷却液喷射速度、温度、黏度和喷射角对冷却液对流换热特性的影响，确定出分段喷射对板形控制影响最主要的因素是喷射液的黏度、喷射速度和温度，通过冷却效率实验正交表确定出影响因素对控制板形综合效果最好的组合[6]。

通过对喷射梁上连续和离散喷嘴不同开闭下对应轧辊的温度和变形，获得了消除离铝板边部 80~100mm 处（非 1/4 浪）的“奇浪”。

3　自动厚度控制系统

3.1　概况

铝板带自动厚度控制（AGC）技术已发展了几十年，大致经历三个阶段：第一代

AGC 具有测厚测速功能，位置伺服系统为机械凸轮装置，控制精度约 5%；第二代 AGC 除测厚测速外，还建立了一套控制数学模型，由电液伺服阀快速反馈控制，控制精度约 3%；第三代 AGC 广泛采用计算机控制，并进一步向智能化发展，系统功能、速度、精度大大提高。目前控制精度约 1%或更精。

国内外板带 AGC 发展较快，有位置 AGC、压力 AGC、张力 AGC、速度 AGC、多级 AGC 和流量 AGC 等。国外代表性的 AGC 控制系统有德国 Achenbach 公司开发的 OPTIROLL i2 系统，英国 Davy 公司开发的 SYSTEM 2 系统，奥钢联 VAI 开发的 VANTAGE 系统。

3.2 流量 AGC 系统

在可逆轧机上，作者团队与澳飞公司合作开发了流量 AGC[7]。为使进入轧机入口测厚仪测头的带材与工作辊压下调节相一致，提出了“厚差信息离散化”的概念，并应用于带材入口厚差前馈传送环节中。在流量 AGC 监控修正环节中，采用“小步长变速积分”法，并结合基于决策控制的动态头尾补偿，实现对流量 AGC 控制偏差的快速修正，提高 AGC 精度。

在单机架铝箔轧机上，开发多级控制 AGC，可更好地处理小辊缝、负辊缝的问题。

针对大滞后控制系统，采用传统 Smith 控制容易受到模型参数变化影响而效果不佳，作者构造了模糊控制决策器并结合“小步长变速积分调节”，改善了滞后控制系统。为抑制轧辊偏心等周期性振动信号的干扰，利用基于重复控制的积分分离型 PID 控制器。

4 板形板厚控制系统智能化

新一代人工智能技术与先进制造技术深度融合形成的新一代智能制造是中国制造业转型升级的强烈要求，是“中国制造 2025”的主攻方向，是新一轮工业革命的核心驱动力。在铝板带制造业中，智能制造有三种基本形式：一是数字化制造，包括数字化设计、建模、仿真、优化、信息处理等；二是数字化网络化制造；三是新一代智能制造。我国铝板带工作者为此做了很多努力和贡献，20 多年来，作者团队在智能化方面的工作主要有：基于神经网络的铝箔轧制力模型研究，1350 铝箔轧机基于专家经验的工艺参数预设定和二次优化设定，基于改进遗传算法的冷连轧机辊型配置优化[8]，张力 AGC 模糊控制系统，基于模糊控制的 Smith 预估计控制系统，板形缺陷的模糊模式识别，基于改进遗传算法的分段冷却智能控制，数据库系统设计，数据分析与数据挖掘，轧制参数多智能体（Multi-Agent）协同优化[9]等，并分别用于 1350mm 铝箔轧机、1400mm 铝带箔轧机等轧机上。Agent 计算被誉为“软件开发的又一重大突破”，它提供了一种分布并行的设计方法，可以降低软件费用，更快解决问题。其核心思想是“首先构造能表现出一定智能行为的计算实体，然后通过实体间的组合来完成复杂的外部任务”。2000 年作者团队在平整线轧制参数优化中，为了解决各参数在优化中相互影响的问题，把每个参数作为一个 Agent 处理，并进行多智能体协同优化，取得了较好的结果，板形偏差从 15.3I 降为 11.5I，目前，正向深度学习和新一代智能化发展。

空气传感辊式板形仪 AFC 系统和厚度 AGC 系统经澳飞公司进一步发展，现已应用到多条铝板带轧线上，如南方铝业（中国）有限公司的 FMC1850 铝箔精轧机 AGC、AFC 系统，招商铝业公司的 1400 铝带箔冷轧机 AGC、AFC 系统，三源铝业冷轧机组 AGC、AFC 系统，江苏常铝业公司 1550 冷轧机 AGC、AFC 系统等 8 套空气传感辊式板形仪，还有 7 套 AGC、AFC 系统和 4 套空气传感辊式板形仪出口到印尼的 PT. ALUMINDO LMI 公司。印尼公司验收比较严格，结果见表 1。

表 1　印尼公司对 AGC、AFC 系统验收结果

<table>
<tr><th colspan="3">平面度校核</th><th colspan="2" rowspan="2">AGC 系统</th><th colspan="2" rowspan="2">AFC 系统</th></tr>
<tr><th>DS</th><th>Middle</th><th>NDS</th></tr>
<tr><td rowspan="4">3</td><td rowspan="4">1</td><td rowspan="4">2</td><td>1%</td><td>35.7%</td><td>±6I</td><td>98.1%</td></tr>
<tr><td>2%</td><td>65.4%</td><td>±8I</td><td>98.7%</td></tr>
<tr><td>3%</td><td>86.6%</td><td>±10I</td><td>99.3%</td></tr>
<tr><td>4%</td><td>95.3%</td><td>±12I</td><td>99.7%</td></tr>
</table>

5　铝箔振痕消除技术

在 1350mm 铝箔轧机上发现了铝箔表面有明暗相间的横向条纹（振痕），并有明显的周期性，影响产品表面质量。作者团队与东北轻合金公司合作，进行轧机振动测试和频谱分析，发现轧机轧制时，轧辊产生高频振动，频率在 720Hz 左右，其周期与铝箔表面振痕的周期相一致。通过辊缝动力学分析和轧机振动与轧制润滑液性能关系计算，发现存在耦合现象。因此，现场采取适当降低添加剂含量和将工作辊磨粗一点的方法，消除了轧机振动和铝箔振痕[10]。

6　铝板带表面划痕损伤控制技术

亚洲铝业（中国）有限公司引进的 2450mm 六辊 CVC 轧制生产线投产后板带表面划痕损伤比较严重，为提高市场竞争力，与北京科技大学组成联合攻关团队，在肇庆高新区科技局支持下，对“防划痕损伤控制技术”进行攻关。

由于高表观质量铝板带生产是一个来料、工艺、装备、操作和管理的综合控制系统，必须多因素进行考虑，采用“多因素综合治理和重点攻关”的方法进行解决。

6.1　展平机多参数优化及高精光硬辊面与润滑组合控制技术

展平机是保证高精度高表观质量铝板带生产最关键的装备之一，它一方面可保证板带轧制的稳定性，防止开卷机与主轧机之间板带的窜动、划伤；另一方面，它可控制轧制液在板面上的流动，还可能与弯辊等正确配合，减少板带横向厚差和保证板形平直。

通过对展平机各辊及其轴承所受的压力、摩擦力和板带所受的张力、压力、摩擦力、弹塑性弯曲力的综合建模，可建立上辊压下引发开卷张力至轧机入口处张力的变化关系，并实现展平机的有效目标控制[11]。

展平辊对铝板产生的机械划伤主要原因是展平辊与铝板不同步，为此，一方面，改造进口的展平辊及其轴承结构，加强润滑和提高安装精度；另一方面实现高精度光硬镀铬辊面与板带面喷射微润滑组合控制，防止铝板划伤。

6.2 轧机辊系偏心稳定性控制技术

辊系的稳定性对保证高精度与高表观质量的大型铝板带生产十分重要，如果辊系不稳定，板形、厚差都无法保证，轧制区的黏着、白点和划伤必然出现。六辊 CVC 轧机的辊系稳定靠工作辊与中间辊和支撑辊的偏心以及侧支力来实现。由于原进口的六辊铝板轧机辊系偏心模型有问题，轧制时容易辊系不稳定，产生板面划痕损伤。为此，我们建立新的工作辊系偏心 e 的新模型并计算侧支力，改正原进口轧机的设定。如原进口轧机工作辊偏心设定为 $e=24.5$mm，生产中辊系不稳定，现改为 $e=18.1$mm，辊系变得稳定，划痕损伤大大减少。

6.3 基于冷轧油膜有边界影响的系统热弹流润滑的油膜动力学模型控制技术

轧制区的润滑冷却向来是轧制工艺领域最重要的关键技术，它不仅决定轧制能否进行，也是节能环保、提高板的表观质量的关键环节。特别是对于铝板带，轧制区在高压高应力下，不仅由于固体表面能处于不稳定状态，容易产生分子间的相互作用，造成表面的物理吸附形成黏结层，而且由于铝本身的面心立方结构，对铁原子的黏结力大，容易造成原子的电子层结构发生变化而产生化学吸附，产生合金结构的黏结层。所以控制润滑油及其添加剂的量，形成具有“隔蔽”效应的润滑油膜十分重要。由于轧辊表面的微凸体对塑性变形铝的强烈机械互锁作用及微凹面的存油作用，所以必须把润滑油膜与辊面的粗糙度形成一个统一的系统来进行控制。

由于铝带轧制过程中含有塑性变形和变形热，而温度对润滑油黏度影响十分敏感，通过把轧制变形理论和热弹流润滑理论相结合，并进行热弹塑性边界润滑分析，这是本研究的特点之一。由于铝带轧制线接触压力区的宽度远小于接触区半径，因此，本研究属于有限宽线接触热弹塑性边界润滑情况。

6.3.1 大型铝板带冷轧油膜有边界影响的热弹流润滑模型

本模型的特点有两方面：一是以热弹流润滑作为模型的理论基础，另一是考虑了轧铝过程中的变形热和轧辊温度以边界影响形式对冷轧油膜形成的影响。

模型的基本方程包括热弹流润滑的 Reynolds 方程、辊弹性变形方程、润滑油的黏度和密度方程、能量方程、热界面方程、运动方程和载荷平衡方程等七个方面。通过油膜入口、出口及与轧辊和铝板的边界条件热交换[12]，进行热弹流润滑方程组的求解。

6.3.2 大型铝板带冷轧油膜动力学控制模型与防黏结划伤技术

为把轧制区冷却润滑数学模型变为控制模型，采用分模块联立交换法，并进行无量纲处理。为解决大量解析法引发的困难，采用差分离散解。

通过模型，建立了最小油膜厚度与轧制速度、轧制油黏度和轧制压力的关系，以实现最小油膜厚度的关键控制，如图 4 所示[12]。

从图中可以看出，最小油膜厚度随轧制速度的增加而增大；随轧制油黏度的增加而增大；随轧制力的增加而减少，因此，我们可以用控制轧制力、轧制速度和轧制油黏度来控制油膜最小厚度，以防止油膜的破裂。

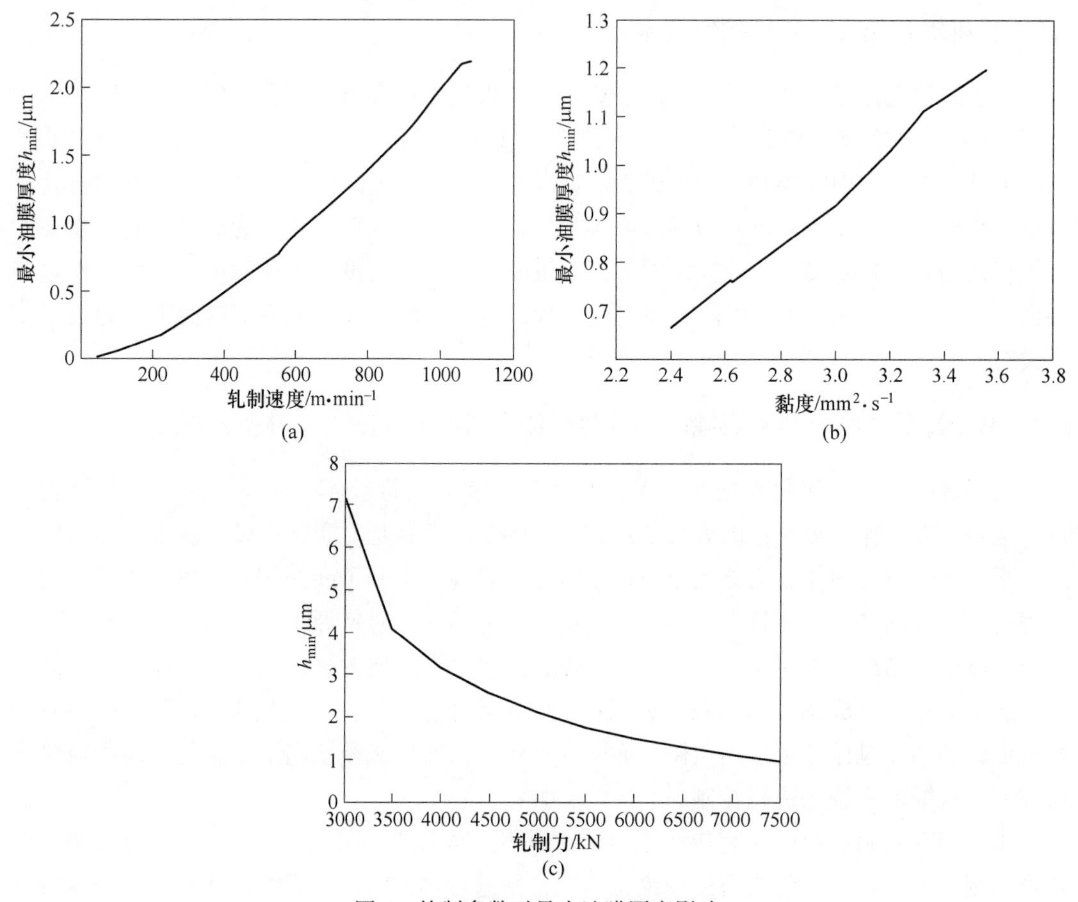

图4 轧制参数对最小油膜厚度影响

(a) 轧制速度对最小油膜厚度影响；(b) 轧制油黏度对最小油膜厚度影响；(c) 轧制力对最小油膜厚度的影响

6.4 主机列加减速低频振动控制技术

主机列加减速低频振动是2450mm六辊CVC轧机自投产以来一直困扰生产的大难题，多年不能得到解决，它既影响铝板带的质量，又影响铝板带的产量和装备。

振动大约发生在轧制生产的加减速阶段，相应变频电机的调频频率约为3~9Hz，此时，伴随有隆隆的机械振动声。

为解决振动问题，对主传动系统进行了测试分析，发现主传动系统存在概率很大、频率在2~3Hz之间的扭矩变动信号，信号以“拍”的形式出现。这种振动不同于以往的轧机扭振（基频在10~15Hz）和垂振（基频在几十、上百Hz），也不是3倍频或5倍频振动。

通过主机列有限元仿真分析，发现在2Hz和3Hz之间存在有轧机工作辊的水平振动基频[13]。

通过对主传动IEGT变频电控系统测试分析，发现电控系统的振荡存在周期性，无论在最高转速1200r/min的3%或9%处，都存在周期为0.4s的振荡波形[13]，由振荡周期和频率关系可知，电控系统存在频率为2.5Hz的基频振荡，即机电大系统中存在了机电耦合振动。

由此，对电控系统进行参数优化，现主机列系统的振动已大大减少，振动的轰轰声基本消除。

6.5 冷轧卷取机旋转稳定性控制技术

卷取机的旋转稳定对六辊 CVC 机组的质量和产量影响重大。卷取机旋转不稳定主要表现在卷筒的摆动量和卷取张力波动量较大。通过测试，发现卷取机卷筒端部水平摆动在不带铝卷时为 0.65mm，在带铝卷时为 0.75mm；卷筒端部垂直摆动在不带铝卷时为 0.65mm，在带铝卷时为 0.8mm，张力波动最大值为 19.3%，比常规卷取机偏大很多[14]。为此，对卷取机端部支撑机构进行改造，减少支撑铰链间隙，并对卷取机电控系统进行优化。

6.6 结果

通过“多因素综合治理和重点攻关”，2450mm 六辊 CVC 机组的铝板带质量和产量已大大提高，划痕损伤率已从 2012 年 2 月的 35.2%降至 2013 年 7 月的 0.7%，铝罐料、铝板带已远销美国等国外对铝板带质量要求极高的国家，经济效益和社会效益较大。

参考文献

[1] 赵宗超. 铝板带箔生产现状及工艺技术探析 [J]. 科技创新与应用，2018 (10).

[2] 边新孝. 空气轴承式板形仪关键技术研究 [D]. 北京：北京科技大学，2005：66-67.

[3] 王向丽. 分段辊测张式板形仪关键技术研究 [D]. 北京：北京科技大学，2010：97-106.

[4] 彭开香，童朝南，董洁，等. 1400mm 铝板带冷轧机板形控制系统 [J]. 冶金自动化，2004 (4)：32-35.

[5] 尹凤福，李谋渭，张大志，等. 1400F 轧机工作辊与冷却液之间的换热特性 [J]. 中国有色金属学报，2003，13 (1)：51-55.

[6] 尹凤福. 铝带箔轧机分段冷却系统智能化控制模型的研究 [D]. 北京：北京科技大学，2002：115-116.

[7] 张磊. 有色金属冷轧机厚度控制技术研究 [D]. 北京：北京科技大学，2007：157-158.

[8] 张大志. 以板形板厚为目标的冷连轧轧机及其轧制参数智能化 [D]. 北京：北京科技大学，1999：132-134.

[9] 安振刚. 冷轧平整机参数多智能体协同优化模型研究 [D]. 北京：北京科技大学，2001：126-127.

[10] 李谋渭，林鹤. 4 辊冷轧机第五倍频程颤振 [C]. 2001 中国钢铁年会论文集 (下). 北京：冶金工业出版社，2001：317-323.

[11] 梁萌. 2450 冷轧铝合金带材展平机研究及工艺优化 [D]. 北京：北京科技大学，2013：24-25，38-39，45-46.

[12] 王权. 热弹塑性边界润滑及在铝带冷轧中的应用 [D]. 北京：北京科技大学，2013：14-21，47-51，59-60.

[13] 孟令起. 六辊宽带铝冷轧机主传动系统振动研究 [D]. 北京：北京科技大学，2003：11-13，20-24.

[14] 孙学文. 冷轧铝带卷取机张力波动及振动研究 [D]. 北京：北京科技大学，2003：48-51.

铝质易拉二片罐罐底开裂成因分析及改善措施

赵晓红

（山东南山铝业股份有限公司，山东龙口　265701）

摘　要：通过分析罐料和制罐的生产流程，利用扫描电镜对罐底开裂样罐进行检测分析，用EDS进行元素能谱分析，确定了罐底开裂产生的原因，提出了预防罐底开裂的措施。

关键词：3104 铝罐料；铝质易拉罐；罐底开裂；预防措施

Cause Analysis and Improvement Measures of Cracking in the Bottom of Aluminium Two-piece-can

Zhao Xiaohong

(Shandong Nanshan Aluminum Co., Ltd., Longkou 265701)

Abstract: Based on the analysis of tank material and production process, scaning electron microscope (SEM) is used to detect and analyze the cracked sample tank bottom, EDS is used to analyze the element energy spectrum, the couses of cracked tank bottom are determined, and the measures to prevent cracked tank bottom are put forward.

Key words: 3104 aluminum can; aluminum can; can bottom cracking; preventive measures

1　引言

随着铝质二片易拉罐在啤酒、饮料、高温罐（如王老吉和加多宝）、功能性饮料（如红牛和乐虎）等的广泛应用，二片罐的用途越来越广泛。国内铝板带生产企业上也纷纷生产 3104H19 罐料铝板带用于生产铝质易拉二片罐。

对于包装液体的二片罐来说，罐底开裂是不允许出现的缺陷。制罐过程中罐底开裂罐的产生，直接或间接给制罐厂、灌装厂和铝板带加工企业造成巨大的经济损失。罐底开裂影响因素很多，本文通过分析罐底开裂样品罐，并结合铝罐料的生产过程和制罐厂的生产过程等方面来分析罐底开裂的原因。

罐料的生产主要工艺流程：熔铸→热轧→冷轧→切边涂油→包装。

易拉罐的生产要经过 40 多道工序，主要工序包括开卷→落料冲杯→再拉伸→变薄拉深→清洗→罐外印刷→烘干→内喷涂→烘干→缩颈翻边（罐底再成型）→光检→堆垛→包装。

利用扫描电镜，针对罐底开裂样品进行了检测与分析，确定了3种类型的罐底开裂缺陷的原因，并根据缺陷形成原因提出了预防改进措施。

2 试验材料与检测仪器

试验材料为3个3104罐底开裂样品罐。

收到样品罐后，切下带有罐底开裂缺陷的部分，用硫酸清去除罐表面涂层，利用SEM-JEOL JSM-5900LV型扫描电镜在背散射模式下进行检测分析，并用能谱分析来确定大致的化学成分（表1）。

表1 3104合金主要元素化学成分 (wt%)

Si	Fe	Cu	Mn	Mg	Zn	Ga	V	Ti	其他单个	其他总计	Al
≤0.6	≤0.8	0.05~0.25	0.8~1.4	0.8~1.3	≤0.25	0.05	0.05	≤0.10	0.05	0.15	余量

3 试验结果与分析

3.1 夹渣引起的罐底开裂

图1所示为样品A宏观照片。

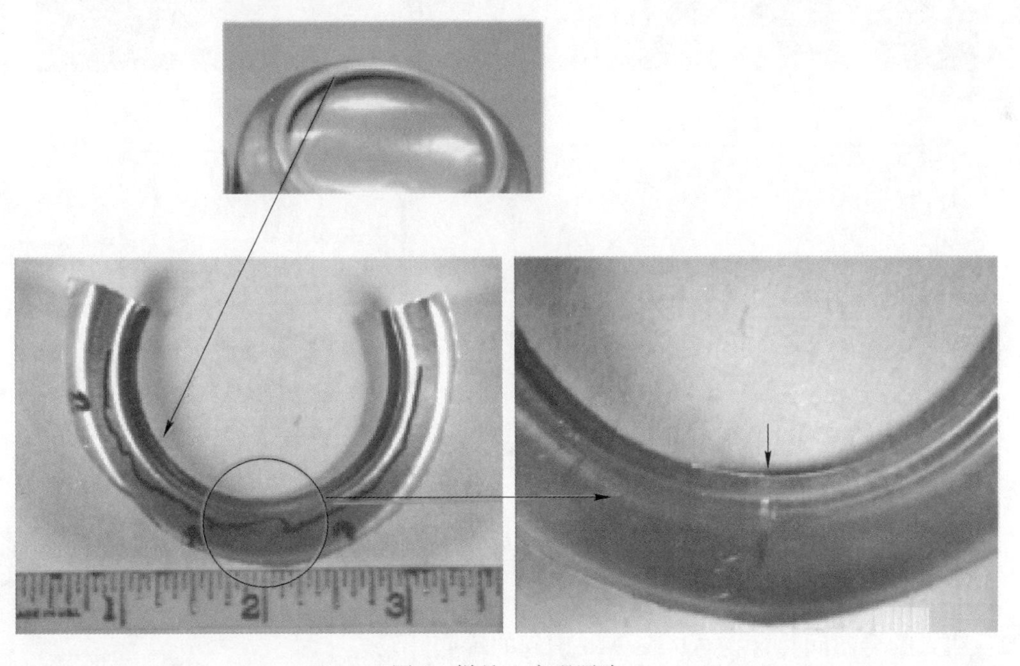

图1 样品A宏观照片

图2是底裂样品A的SEM和EDS能谱分析。图2显示了样品罐底开裂面的SEM图像，图像中深灰色物质为Al和Mg的氧化物，也即尖晶石，由许多小颗粒组成，EDS能谱分析如图2中左面的能谱分析图，其中的C元素来源于残留涂层。黑色为残留的涂层。右

边能谱为铝基体，铝基体呈浅灰色。尖晶石为夹渣物，会缩减铝基体的有效作用面积，即破坏了铝基体的连续性，从而减低了材料的力学性能，造成罐底开裂。

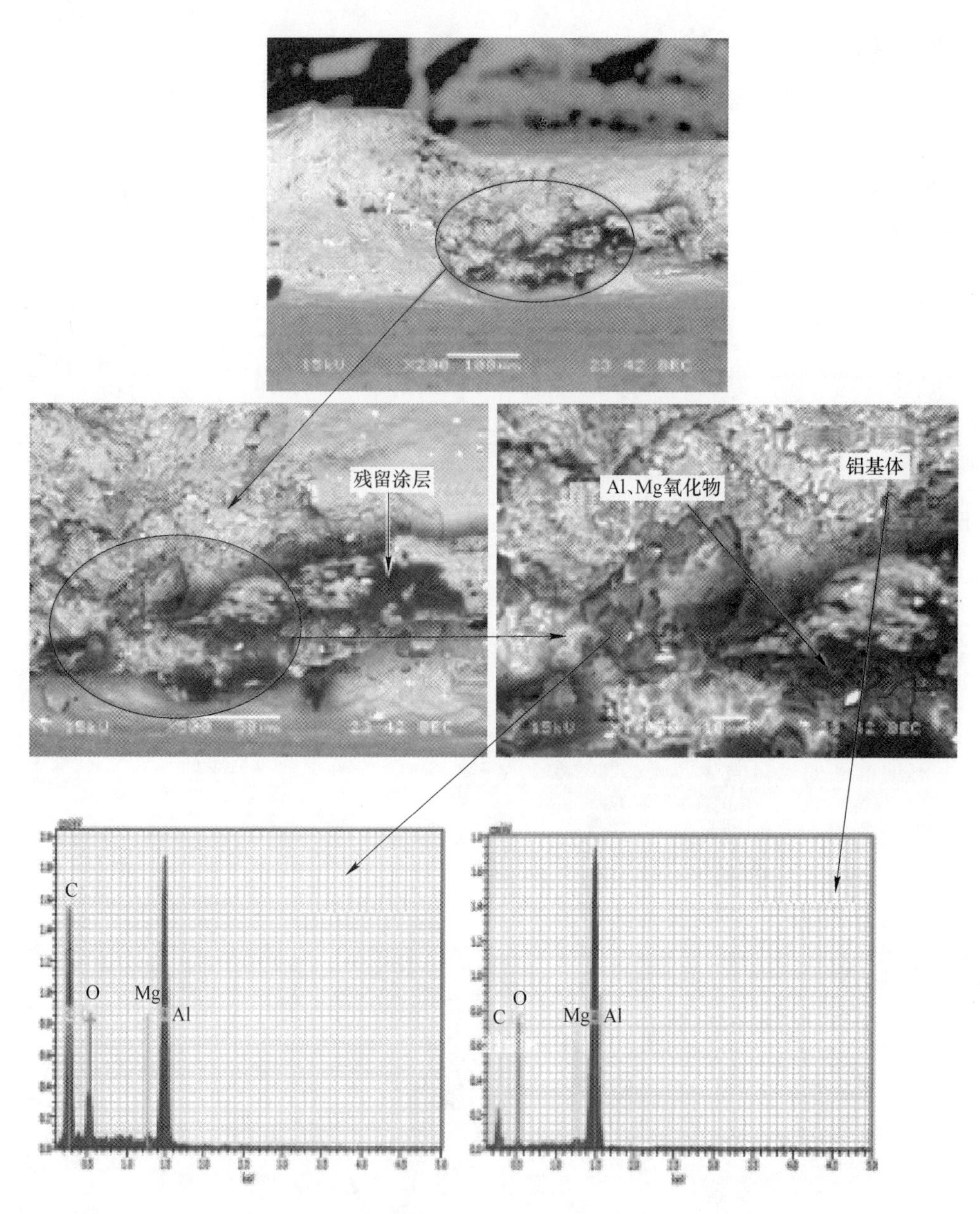

图 2　样品 A 罐底开裂位置 SEM 及 EDS 能谱分析

3.2　粗大的金属间化合物 Al/Fe/Mn 引起的罐底开裂

图 3 所示为底裂样品 A 的宏观形貌。图 4 为罐底开裂样品 A 表面形貌放大图，图 5 为罐底开裂样品异物成分 EDS 分析。图 4 显示有个别较大的 Al/Fe/Mn 金属间化合物粒子尺寸达到 35μm。在罐料铝板带中，正常金属间化合物尺寸为不大于 20μm。图 6 为铝基体 EDS 能谱分析供对比。

图3　罐底开裂样品宏观图片

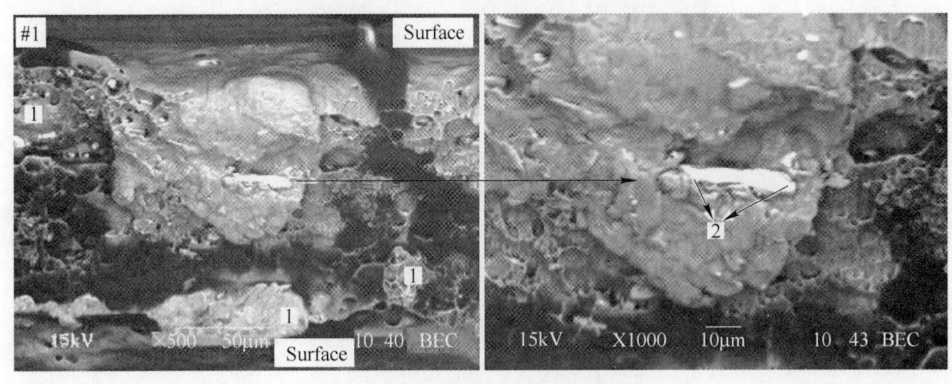

图4　罐底开裂样品异物放大图

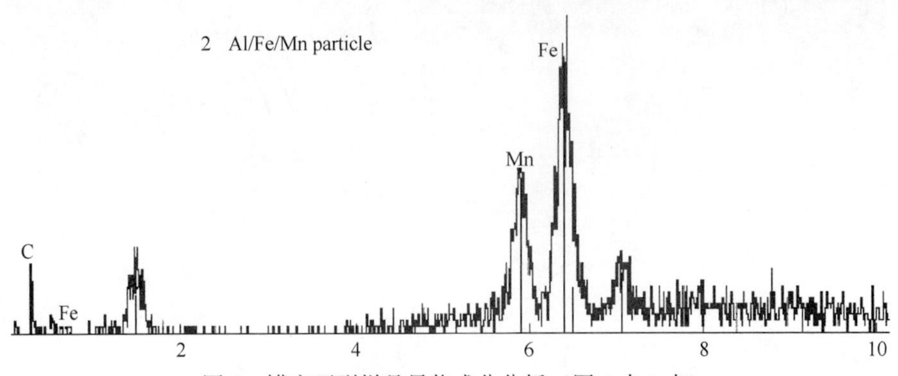

图5　罐底开裂样品异物成分分析（图4中2点）

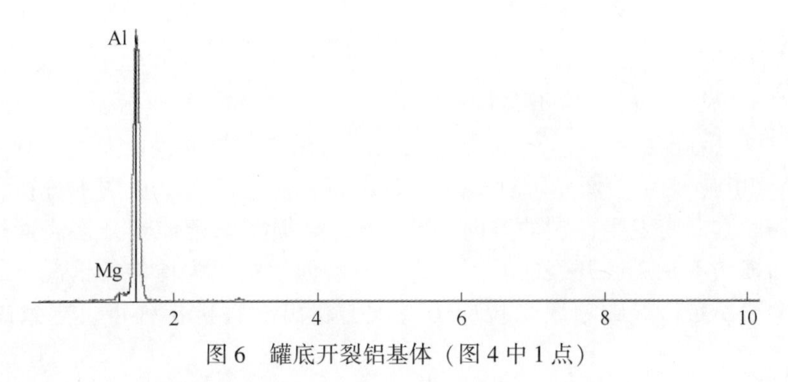

图6　罐底开裂铝基体（图4中1点）

部分长条状的 Al/Fe/Mn 粗大化合物硬而脆，严重破坏了组织的均匀性。粗大的化合物在罐底成型过程中，由于尺寸较大的金属间化合物质点（本例中尺寸超过 35μm）的存在，破坏了金属基体的连续性，造成局部应力集中，降低了材料的力学性能，导致罐底开裂缺陷的产生。

化学成分不当以及均热温度偏低，保温时间过短是造成粗大化合物的原因。大的 Al/Fe/Mn 化合物没有完全转变为较为圆润的粒度较小的 α 相 Al12(FeMn)3Si 弥散相，α 相的大小一般为 2μm 左右，α 相由于粒子较小且弥散分布在铝基体中，不会造成罐底开裂。

3.3　润滑不足导致的罐底开裂

图 7 所示为底裂样品的宏观形貌。

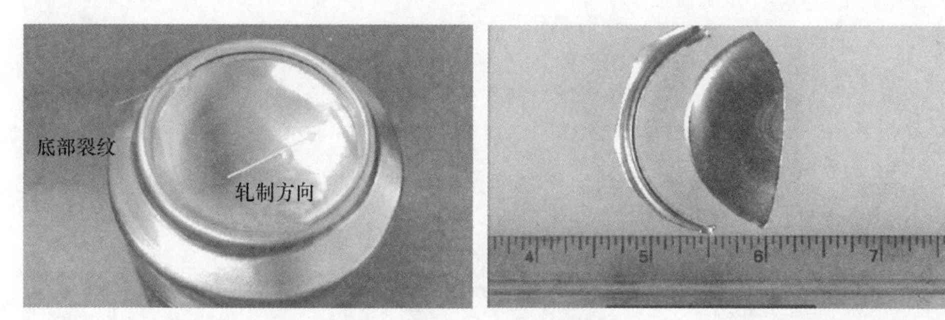

图 7　底裂样品的宏观形貌

罐底部区域形状及开裂位置放大简图如图 8 所示。

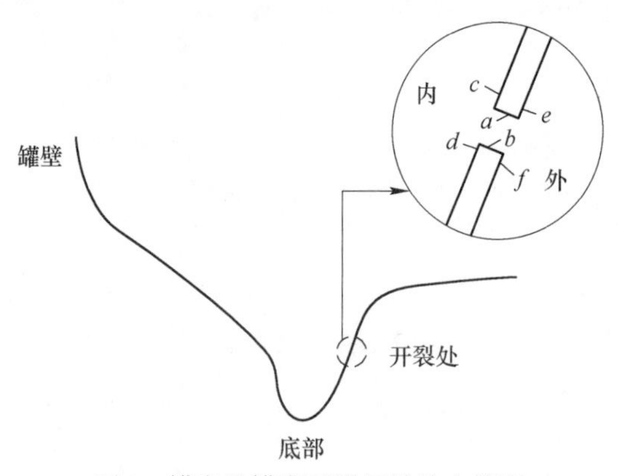

图 8　罐底及罐底开裂区域放大简图

对图 8 中 a、b、c、d、e、f 开裂位置区域进行放大，如图 9 所示。

从图 9 中可以看出，a、b、c、d 点放大之后均无夹杂异物，也无工模具对表面损伤的痕迹。e 点和 f 点 SEM 图像显示有工模具对表面损伤的痕迹。从图中分析，工模具导致的表面损伤的方向与发生开裂的方向呈现 90°，且损伤未延伸到开裂表面边缘，工模具导致的表面损伤不是罐底开裂的原因。整个开裂面组织较为均匀的情况下，很有可能为拉伸工序润滑不足，导致罐底受拉应力过大，超出材料抗拉强度，导致罐底开裂的发生。

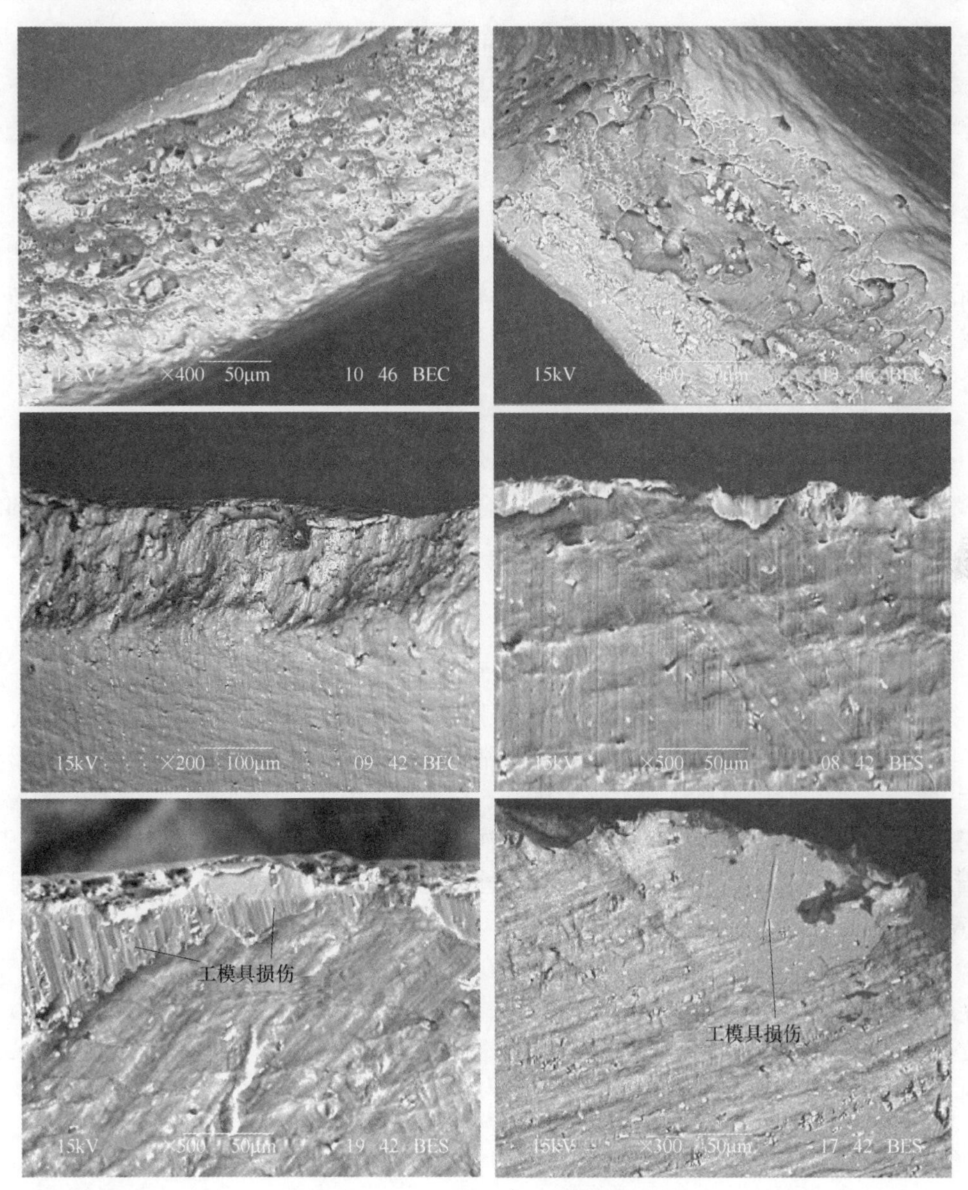

图 9　*a*、*b*、*c*、*d*、*e*、*f* 开裂位置 SEM

润滑不足有比较多的方面。制罐厂方面的因素有润滑液浓度偏低，杂油含量偏低，温度偏高或者偏低导致润滑能力降低，减薄拉伸工序的润滑不足，导致罐底受到的整体拉应力增加，从而形成罐底开裂。制罐厂应控制拉伸冷却液的温度、浓度、pH 值、杂油浓度等指标在要求的范围内。铝板带厂方面的因素有预涂油量偏少也会造成罐底开裂现象。

铝材厂应严格控制铝材表面预涂油均匀。

4　改善措施

4.1　减少 Al-Mg 氧化物

保温炉静置时间要充足，静置熔体除渣的过程是利用金属熔体与非金属夹渣的存在密度差，在一定过热条件下，使夹渣在力的作用下沉降或上浮，从而实现非金属夹渣和金属液分离。静置时间与熔体的黏度、密度及夹渣的形状等因素有关。夹渣颗粒越大，下沉速度越快。熔体静置时间一般控制在20~45min。静置过程应关好炉门，防止冷空气进入炉内，减少炉气中水分含量，且避免搅动铝液表面，尽量不要破坏铝液表面的氧化膜。3104合金中Mg含量为0.8%~1.3%，铝液表面氧化膜为疏松多孔的MgO熔入Al_2O_3的固溶体，即尖晶石组成。后续的过滤装置的参数如过滤速度和通过量要合理设置。铸造前流槽中的液面应保持平稳，尽量不扰动液面，防止熔体表层的氧化物破碎卷入合金熔体进入铸锭中形成氧化夹渣。

4.2　消除粗大Fe/Mn/Al金属间化合物

化学成分严格按照工艺要求执行，热轧均匀化制度制定合理并执行到位，防止粗大的金属间化合物产生，或促使粗大的金属间化合物转变为细小的α相——$Al_{12}(FeMn)_3Si$。否则粗大的金属间会成为罐底局部应力集中点，破坏铝基体连续性，导致罐底开裂的发生。

4.3　确保润滑足够

润滑有两个方面，一方面是铝材预涂油润滑，另一方面是制罐厂润滑。

预涂油的均匀性以及预涂油量偏少也会造成罐底开裂现象。要定期清理涂油机上下刀梁和喷嘴缝隙，用塞尺清理干净；涂油室经常清理，避免不够清洁造成放电现象，影响油雾化效果；对静电涂油机机体涂油室、内壁、接油槽内壁进行清理时，应设置专门的回路系统，防止清洗剂进入循环油箱中污染预涂油；确保计量泵正常工作。合适设置上下刀梁电压，优化油品雾化效果，提高预涂油均匀性；定期对过滤滤芯进行清理更换，确保油品清洁度。

目前迫于严峻的市场形势，各制罐厂都在降低成本，这其中包括降低润滑成本。制罐拉伸过程中润滑不足，会造成罐底受力过大，超过材料极限，也会造成罐底开裂。为了确保拉伸过程中的润滑，制罐厂应控制拉伸冷却液的温度、浓度、pH值等指标在要求的范围内。

5　结论

通过铝板带厂控制夹渣、控制粗大金属间化合物的产生、控制表面预涂油均匀性，以及制罐厂对润滑指标的严格控制，制罐过程中罐底开裂缺陷已经逐渐呈现下降趋势。

高端PCB电子箔表面清洗工艺控制及改善

王昭浪[1]，李高林[2]，周晓梅[1]

（1. 江苏鼎胜新能源材料股份有限公司，江苏镇江 212000；
2. 常州常发制冷科技有限公司，江苏常州 213000）

摘 要：印制电路板的设计工艺流程主要包含原理图设计、生成PCB、制板、打孔、焊接、测试等关键工序。其中与铝箔相关比较紧密的环节为打孔，PCB板在打孔时需要铺在上面一层铝箔作为固定支撑，主要作用就是防止孔偏，同时起到散热、去钻嘴沟里的粉尘等作用，因此对铝箔板型及表面洁净等质量要求严格。随着PCB电路板应用不断进步，对铝箔的要求随之增高。为了适应产品质量要求，目前生产的PCB电子箔经过拉完矫直来矫正板型，同时增加清洗工序，铝箔板面达因值从原来的32提高到≥56，满足了高端PCB电子箔的使用要求。

关键词：PCB电子箔；拉矫；清洗

High-end PCB Electronic Foil Surface Cleaning Process Control and Improvement

Wang Zhaolang[1], Li Gaolin[2], Zhou Xiaomei[1]

(1. Jiangsu Dingsheng New Materials Joint-stock Co., Ltd., Zhenjiang 212000;
2. Changzhou Changfa Refrigeration Technology Co., Ltd., Changzhou 213000)

Abstract: The design process of PCB mainly includes schematic design, generating PCB, making boards, punching, welding, testing and other key processes. One of the more closely related links to aluminum foil is punching. The PCB board needs to be laid on the upper layer of aluminum foil as a fixed support when drilling. The main role is to prevent hole deviation, and at the same time play the role of heat dissipation, to drill the mouth ditch dust. Therefore, the quality requirements of aluminum foil and surface cleaning are strict. With the progress of PCB circuit board application, the requirement for aluminum foil is increasing. In order to meet the quality requirements of the product. At present, the production of PCB foil has been straightened to straighten the plate and increase the cleaning process. The surfacedyne value of aluminum foil is increased from 32 to 56, which meets the requirements of high end PCB electronic foil.

Key words: PCB Electronic foil; withdrawal and straightening; clean

1 引言

近十几年来，我国印制电路板（Printed Circuit Board，简称PCB）制造行业发展迅速，总产值、总产量双双位居世界第一。由于电子产品日新月异，价格战改变了供应链的结构，中国兼具产业分布、成本和市场优势，已经成为全球最重要的印制电路板生产基地。印制电路板从单层发展到双面板、多层板和挠性板，并不断地向高精度、高密度和高可靠性方向发展。不断缩小体积、减少成本、提高性能，使得印制电路板在未来电子产品的发展过程中仍然保持强大的生命力[1]。未来印制电路板生产制造技术发展趋势是在性能上向高密度、高精度、细孔径、细导线、小间距、高可靠、多层化、高速传输、轻量、薄型方向发展[2,3]。集成电路板在加工过程中的打孔环节显得尤为重要，直接影响到电路板元器件的焊接、线路的稳定性等关键指标。铝箔表面如果存在油斑及铝粉等情况会影响打孔时的加工性、打孔钻头的使用寿命[4-6]。高端 PCB 电子箔使用及铝箔表面油斑如图 1 和图 2 所示。本试验方案围绕我司高端 PCB 电子铝箔 1060 合金在成产过程中遇到的瓶颈问题进行研究分析，最终生产出符合客户表面质量要求的高端 PCB 电子铝箔产品。

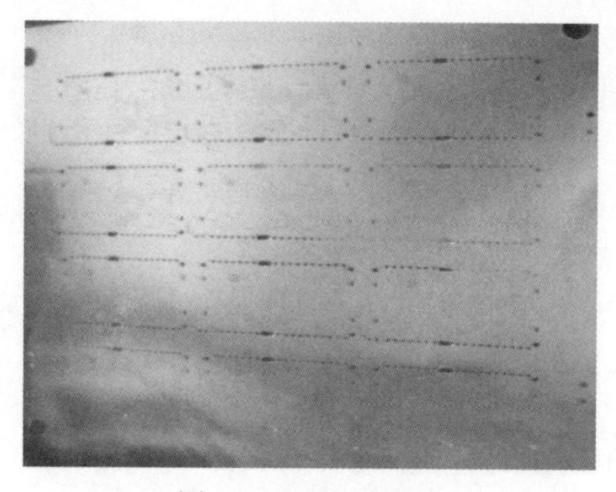

图 1　PCB 电子铝箔

图 2　PCB 电子箔表面油斑

2　高端 PCB 电子箔生产工艺

开坯粗轧（6.8→1.0～1.5）—中间冷却（板卷温度<50℃）—中轧（1.0～1.5→0.5～0.6）—切边（0.5～0.6）—精轧（成品厚度）—拉矫弯矫直脱脂清洗—分切—包装。

3　拉完矫直清洗工艺

高端 PCB 电路板一般集成化程度高，加工精密化程度高，在打孔加工过程中铝箔表面存在波浪、划伤或者油斑等不良时，就会出现偏孔、钻头折断等情况，严重影响电路板质量，增加成本，我司在生产高端 PCB 电子箔时增加了拉弯矫直清洗工艺，为了保证铝箔在拉弯矫直过程中不被划伤，在生产时采用密闭卫生化环境，同时每生产一卷对各个辊路进行一次擦拭，大大降低了擦伤拉矫的发生。因此，如何确保去除铝箔表面油污等附着物成为关键控制点。

试验用脱脂剂是含有 Na^+的碱性溶液（表 1），适宜工作温度为 20℃以上。脱脂温度过低时，脱脂剂活性较弱，与铝箔表面油污等反应缓慢，影响铝箔表面清洗效果；当温度 >40℃时，脱脂剂活性较强，能与铝箔表面油污激烈反应[9]，清洗效果较好，但如果脱脂液浓度过高或者脱脂时间过长会导致铝箔表面腐蚀，导致产品报废，脱脂剂脱脂反应机理如下：

$$2Al + 2NaOH + 2H_2O \rightleftharpoons 2NaAlO_2 + 3H_2\uparrow$$

$$Al_2O_3 + 2NaOH \rightleftharpoons 2NaAlO_2 + H_2O$$

$$NaAlO_2 + 2H_2O \rightleftharpoons NaOH + Al(OH)_3\downarrow$$

表 1 使用脱脂剂描述

项目	内　容
主要成分	分散剂，酒石酸钠，九水偏硅酸钠，阴离子表面活性剂，聚醚类非离子表面活性剂
清洗方式	喷淋式
初配浓度	2.5%
脱脂温度	70~80℃

生产过程中脱脂槽体温度控制方式为蒸汽加热，生产控制在 70~80℃，清洗温度控制在 40~60℃。生产线速度 80~120m/s，脱脂处理时间约 3~5s，干燥箱为电加热，拉弯矫脱脂设备参数见表 2。

表 2 脱脂设备参数

项目	槽体容积量/t	工作方式	加热方式	喷淋箱长度/m	线速度/m · min^{-1}	处理时间/s
脱脂 1	4	喷淋	蒸汽加热	4	80~120	2~3
脱脂 2	2	喷淋	蒸汽加热	2	80~120	1~1.5
水洗 1	2	喷淋	蒸汽加热	2	80~120	1~1.5
水洗 2	2	喷淋	蒸汽加热	2	80~120	1~1.5
烘干	—	—	电加热	4	80~120	2~3

当脱脂槽温度不变时，脱脂液浓度与脱脂时间对铝箔表面的影响如图 3 所示。

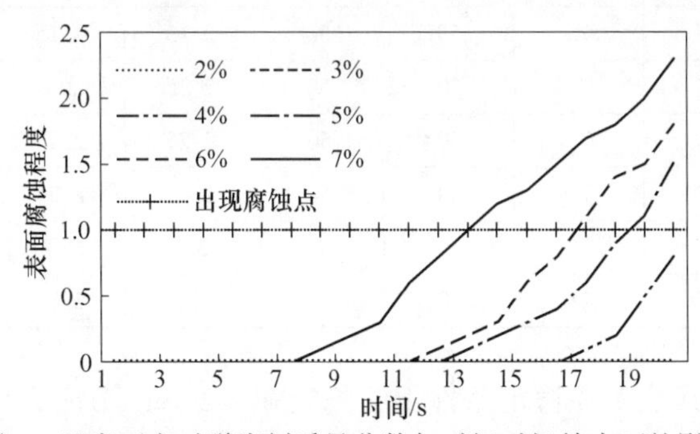

图 3 温度不变时脱脂剂质量分数与时间对铝箔表面的影响

当温度范围稳定在 70~80℃时，由图 3 可知，脱脂处理时间 15~18s 时，脱脂液控制在 5%以下可避免腐蚀点产生，为确保脱脂效果且避免造成铝箔表面腐蚀情况，脱脂液质量分数控制在 2%~5%较为合适，本试验控制初配质量分数为 2.5%。过程监控脱脂液游离碱浓度。

4 分析与讨论

为保证拉弯矫直后铝箔板型，目前开发的高端 PCB 电子箔拉矫速度为 80m/min。在此速度条件下，测试脱脂剂清洗效果，清洗过程中测试监脱脂槽液游离碱浓度的变化情况，调整滴加泵给液参数以补加适量的脱脂剂，维持适当脱脂液游离碱浓度，减少脱脂液波动对清洗效果造成的影响，测试结果见表 3。

表 3　试验方案验证测试结果

时间	速度 /m · min^{-1}	槽体温度/℃				游离碱/ng · L^{-1}		达因值	备注
		脱脂 1	脱脂 2	水洗 1	水洗 2	脱脂 1	脱脂 2		
10：50	80	71	70	45	16	0	0	32	清洗前
11：00	80	71	71	45	46	0	0	44	未添加脱脂剂
11：30	80	72	73	45	48	2. 4	2. 5	56	按照 2. 5%配槽
12：00	80	72	74	46	48	2. 3	2. 35	56	
12：30	80	72	75	47	49	2. 1	2. 2	56	
13：00	80	73	75	48	50	2	2. 15	56	
13：30	80	75	75	49	50	2	2	56	
14：00	80	75	75	50	50	1. 9	1. 85	中间 56 边缘 48	
14：30	80	75	75	50	50	1. 85	1. 8	中间 54 边缘 48	开始补充脱脂剂：1. 5kg/h
15：00	80	75	75	50	50	2. 2	2. 15	56	达因值 OK
15：30	80	75	75	50	50	2. 25	2. 35	56	
16：00	80	76	75	50	50	2. 2	2. 25	56	
16：30	80	75	75	50	50	2. 25	2. 2	56	
17：00	80	75	75	50	50	2. 1	2. 15	56	
15：30	80	75	75	50	50	2. 15	2. 15	56	
18：00	80	75	75	50	50	2. 25	2. 1	56	
18：30	80	75	75	50	50	2. 25	2. 15	56	
19：00	80	75	75	50	50	2. 25	2. 25	56	
19：30	80	75	75	50	50	2. 2	2. 2	56	
20：00	80	75	75	50	50	2. 1	2. 15	56	

验证数据显示，其他条件稳定条件下，稳定在≥2. 0ng/L 时，清洗以后的 PCB 电子铝箔表面达因值可稳定控制在 56 以上，经过生产验证，该产品经过工艺改善以后，生产的高端 PCB 电子铝箔可达到 56 以上，满足客户的使用要求，目前处于稳定供货状态。

5　结论

（1）通过拉弯矫直清洗环节添加脱脂剂清洗可明显改善铝箔表面洁净度，达因值≥56，脱脂液初配浓度 2. 5%，维持游离碱度≥2. 0ng/L。

（2）生产出的铝箔表面达因值≥56 时，可满足现代高端 PCB 电子铝箔的使用要求。

参考文献

[1] 望军，蒋显全，杨锦．印刷电路板用硬质合金微钻的发展现状与展望［J］. 功能材料，2014，4（45）：23-25.

[2] 陈海斌，付连宇，罗春峰．PCB 用微钻技术的趋势研究［J］. 孔化与电镀，2008（8）：34-37.

[3] 汤宏群，王成勇，王冰．电路板复合材料高速钻削刀具的磨损［J］. 材料热处理技术，2010，39（10）：90-94.

[4] 程小波，蒲强，刘玉斌，等．一种高精密微孔 PCB 钻孔用垫板性能分析及应用［C］. 第十届全国印制电路学术年会论文集，2016：359-362.

[5] 王成勇，黄立新，郑李娟，等．印刷电路板超细微孔钻削加工及其关键技术［J］. 工具技术，2010，44：3-10.

工艺技术：热处理

不同热处理工艺对 5182 铝合金组织和性能的影响

叶　青[1]，梁美婵[2]，何家金[1]，吴朋飞[1]，满士国[1]，刘思德[3]

（1. 广东高登铝业有限公司，广东肇庆　526241；
2. 广东伟业铝厂集团有限公司，广东佛山　528225；
3. 福建奋安铝业有限公司，福建福清　350300）

摘　要：采用光学显微镜、扫描电镜对 5182 铝合金微观组织进行观察和分析，并结合性能测试，研究了不同退火温度和保温时间对 5182 铝合金力学性能和成形性能的影响。结果表明：在退火温度为 300~450℃下，随着退火温度的升高，合金晶粒尺寸逐渐增大，在 450℃时，晶粒发生了异常长大，此时晶粒的尺寸远远大于 400℃以下的合金晶粒尺寸。随着退火温度的升高，合金的力学性能呈现下降的趋势，但在退火温度为 350℃时，合金的成形性能达到最优。在相同的退火温度、退火时间 0. 5~8h 下，随着退火时间的增加，合金的组织没有发生改变，晶粒尺寸没有长大的趋势，合金的性能基本上保持不变。综合实验结果来看，5182 铝合金较佳的退火工艺为保温时间 350℃，退火时间为 1~2h。

关键词：热处理工艺；力学性能；组织演变；5182 合金

Effect of Different Heat-treatment Technique on Microstructure and Properties of 5182 Aluminum Alloy

Ye Qing[1], Liang Meichan[2], He Jiajin[1], Wu Pengfei[1], Man Shiguo[1], Liu Side[3]

(1. Guangdong Golden Aluminum Co. , Ltd. , Zhaoqing 526241;
2. Guangdong Weiye Aluminium Factory Co. , Ltd. , Foshan 528225;
3. Fujian Fenan Aluminum Co. , Ltd. , Fuqing 350300)

Abstract: The microstructures of 5182 aluminum alloy were observed and analyzed by optical microscope and scanning electron microscope. The effects of annealing temperature and holding time on the mechanical properties and forming properties of 5182 aluminum alloy were studied. The results show that the grain size of the alloy increases gradually with the increase of annealing temperature at the annealing temperature of 300~450℃. At 450℃, the abnormal grain growth occurs. At this time, the grain size of the alloy is much larger than that of the alloy below 400. With the increase of annealing temperature, the mechanical properties of the alloy show a downward trend, but when annealing temperature is 350℃, the forming properties of the alloy reach the optimum. At the same annealing temperature and time of 0.5~8h, with the increase of annealing time, the structure of the alloy did not change, the grain size did not grow, and the properties of the alloy basically remained unchanged. According to the comprehensive experimental results, the better annealing process for 5182 aluminium alloy is 350℃ and 1~2h.

Key words: heat-treatment technique; mechanical property; microstructure evolution; 5182 alloy

1 引言

随着工业对经济性、安全性和节能减排的要求不断提高，汽车轻量化已经成为汽车行业的主要发展方向[1-4]。铝合金因其具有较高的强度，良好的耐蚀性、导热性和加工性能，且密度仅为钢的1/3，对汽车的轻量化作用显著，而被越来越广泛应用于汽车领域[5-8]。5182铝合金Mg含量较高，在同类合金中拥有更高的强度，同时合金的加工硬化性能好，成形过程中不会产生局部变形失稳，故而用来替代汽车车身板一贯使用的钢铁材料成为可能，因此对铝合金的加工工艺的研究显得十分必要[9,10]。本文研究了退火工艺对5182铝合金组织及其性能的影响，探讨了不同退火温度和退火时间对合金的组织和成形性能的影响规律，得出了5182铝合金较佳的退火工艺。

2 实验材料和方法

本实验所用材料为5182铝合金，实测成分见表1。实验设置退火温度分别为300℃、350℃、400℃、450℃，保温时间分别为0.5h、1h、2h、3h、4h、8h，进行正交实验，研究退火温度和退火时间对5182铝合金挤压型材组织和性能的影响。

表1 5182铝合金成分 (wt%)

元素	Mg	Mn	Fe	Si	Cu	Zn	Al
含量	4.56	0.21	0.18	0.06	0.12	0.16	余量

3 实验结果与分析

3.1 退火温度对5182铝合金组织和性能的影响

图1为相同保温时间不同退火温度下5182铝合金的组织形貌。从图1可以看出，随着退火温度的升高，合金组织的晶粒逐渐增大。用Image-Pro Plus软件对各试样晶粒尺寸的大小分布进行统计，得到如图2所示的不同退火温度下5182铝合金晶粒尺寸的大小分布图，由图1结合图2可知，在300℃时，组织的晶粒很小，晶粒的平均尺寸只有12μm左右，大部分晶粒没有长大，随着温度升高至400℃时，可以明显看到部分晶粒长大，晶粒的平均尺寸已有20μm左右。温度达到450℃时，晶粒的平均尺寸已接近30μm，部分晶粒产生了二次长大，二次长大的晶粒吞噬了周边的大量的小晶粒，最终形成了部分异常长大晶粒。

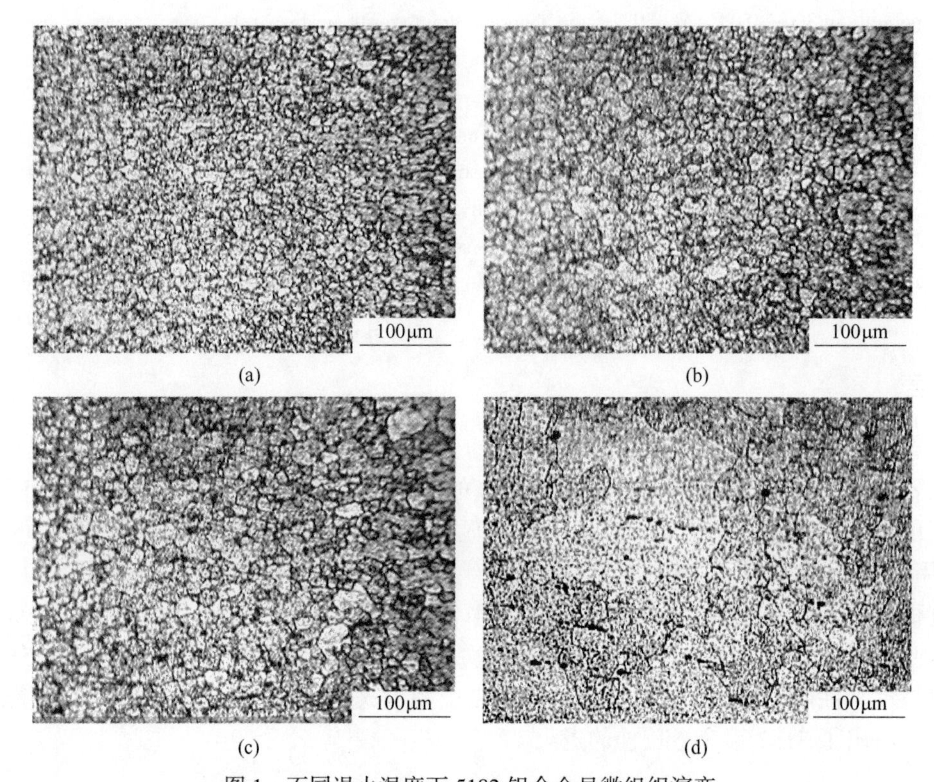

图 1　不同退火温度下 5182 铝合金显微组织演变

（a）退火温度 300℃；（b）退火温度 350℃；（c）退火温度 400℃；（d）退火温度 450℃

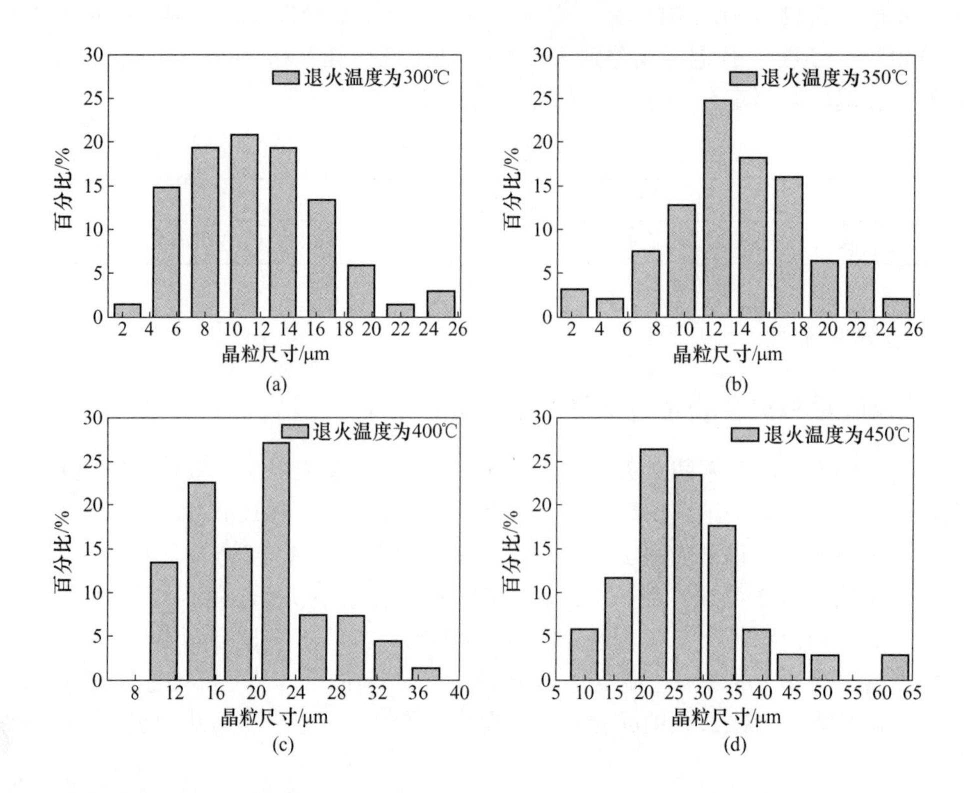

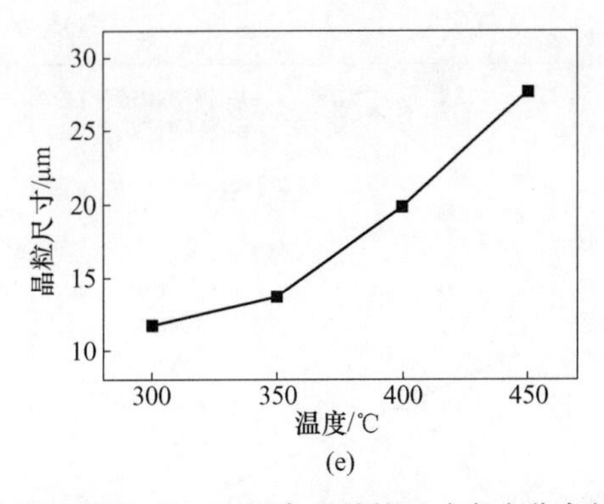

图 2　退火温度对 5182 铝合金晶粒尺寸大小分布的影响

（a）退火温度 300℃；（b）退火温度 350℃；（c）退火温度 400℃；（d）退火温度 450℃；（e）平均晶粒尺寸

表 2 为不同退火温度、保温时间为 1h 时 5182 铝合金的各项性能指标。图 3 为根据表 2 中数据做出的不同退火温度下的 5182 铝合金各项性能指标对比图。从图 3(a) 可以看出，在相同保温时间下，合金的强度随着温度的升高而降低，在 300℃和 350℃时，合金的强度、延伸率在 0°、45°和 90°方向上均保持较高水平；从图 3(b) 可以看出，合金的 $\bar{r}$ 值随着温度的升高变化不大；合金的 Δr 值在 300℃和 350℃时变化不大，此后随着温度的升高而增大；合金的 $\bar{n}$ 值在 300~400℃时变化不大，此后随着温度的升高而减小。从图 3（c）中可以看出，合金的 *LDR* 值在以 400℃为分界点呈现出先减小后增大的趋势，合金的 *IE* 值在 350℃达到一个峰值。对比以上所有性能可以看出退火温度在 350℃时合金的综合性能较优。

表 2　不同退火温度下 5182 铝合金各项性能指标

5182 铝合金	抗拉强度/MPa			屈服强度/MPa			延伸率/%			$\bar{n}$	$\bar{r}$	Δr	*IE*	*LDR*
	0°	45°	90°	0°	45°	90°	0°	45°	90°					
300	293.6	283.6	285.1	140.5	139.2	143.7	22.5	28.2	27.3	0.36	0.71	-0.13	9.3	2.034
350	289.0	278.7	279.6	139.1	133.3	136.6	24.2	26.0	25.6	0.36	0.67	-0.11	9.8	2.020
400	267.6	270.1	277.1	118.2	121.3	128.1	19.6	24.0	25.7	0.37	0.63	-0.12	9.4	2.005
450	258.8	261.4	259.4	101.7	100.7	101.5	24.5	24.7	24.4	0.39	0.69	-0.37	8.5	2.028

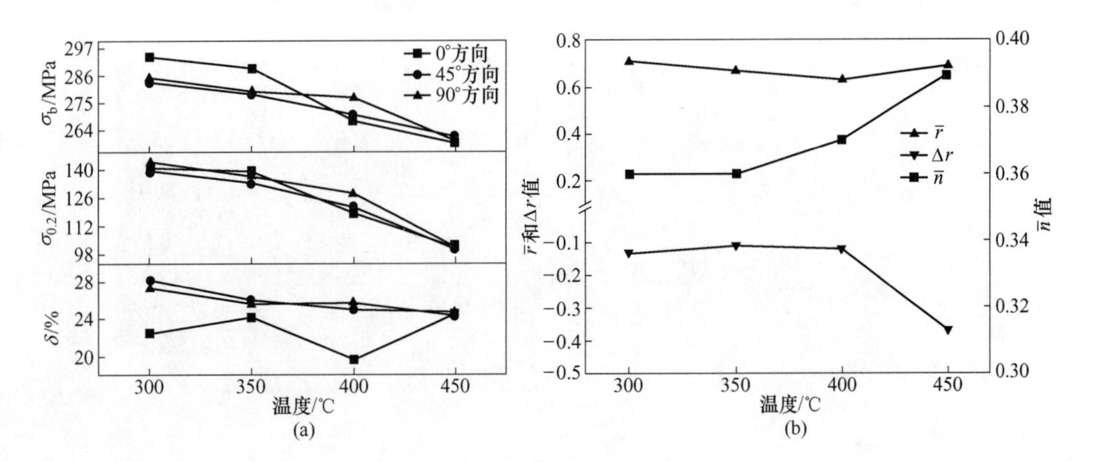

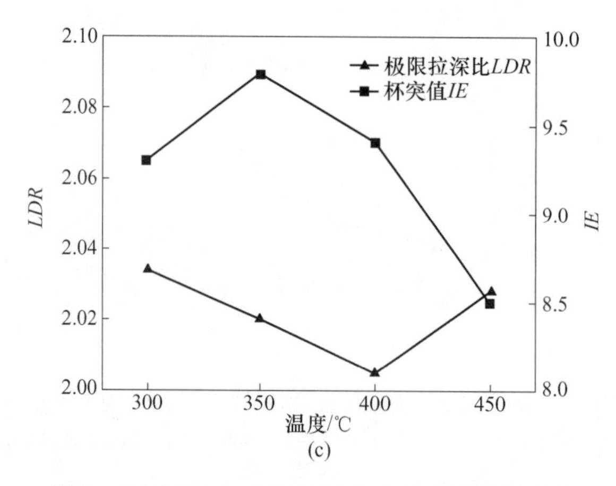

(c)

图3　不同退火温度下5182铝合金各项性能对比

(a) 力学性能；(b) $\bar{n}$、$\bar{r}$和Δr值；(c) 杯突值和极限拉深比

3.2　退火时间对5182铝合金组织和性能的影响

图4为相同退火温度不同退火时间下5182铝合金的组织演变。由图4可以看出，在相同的退火温度350℃下，经过0.5~8h不同的退火时间处理的5182铝合金的晶粒呈等轴状，尺寸均匀且随退火时间的增加无明显变化，组织没有发生长大现象，由此判断合金均已发生完全再结晶，退火时间的增加对5182铝合金的组织没有太大影响[11,12]。

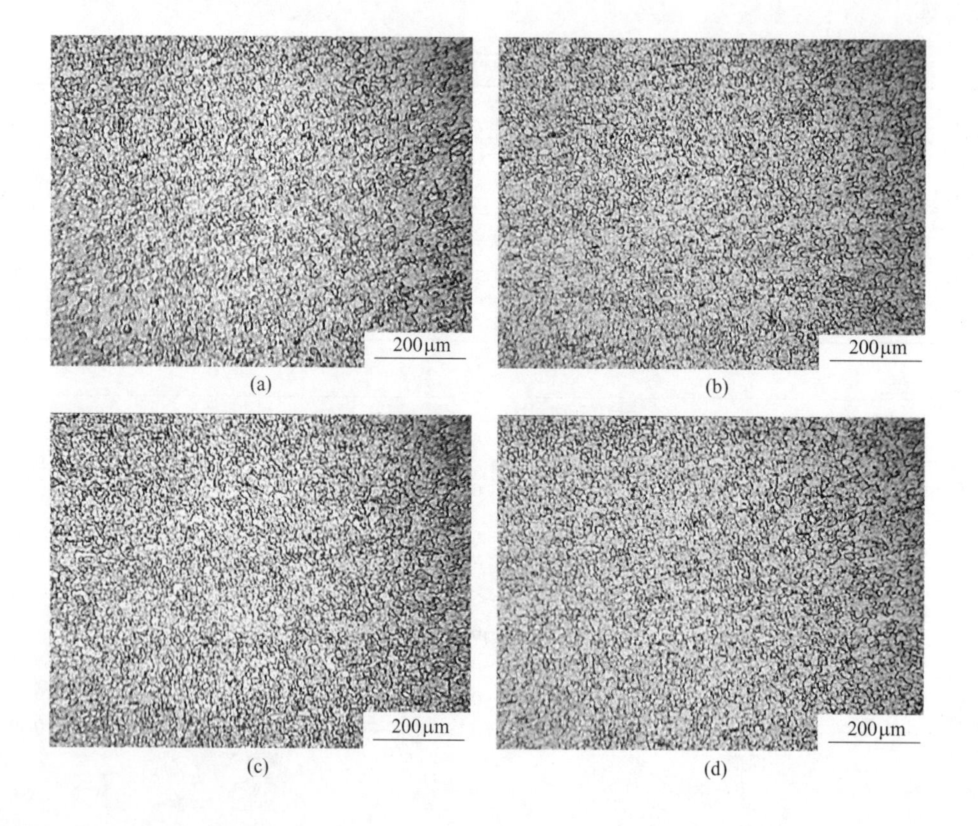

(a)　(b)　(c)　(d)

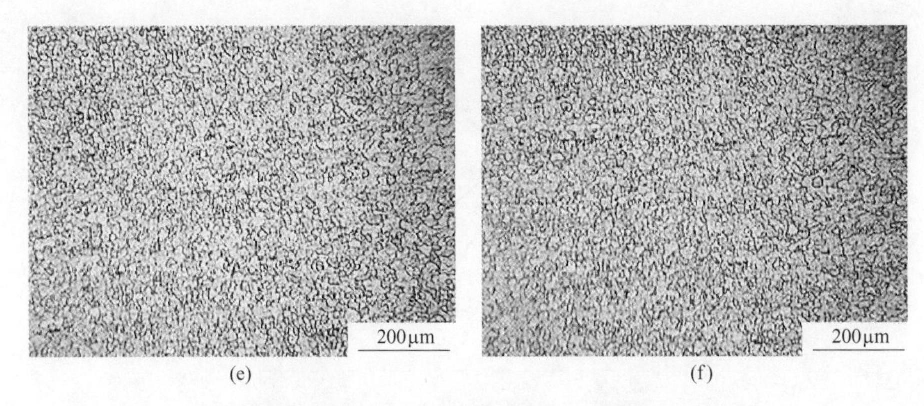

图4　不同退火时间下5182铝合金的组织演变
（a）退火时间0.5h；（b）退火时间1h；（c）退火时间2h；
（d）退火时间3h；（e）退火时间4h；（f）退火时间8h

表3为保温温度为350℃不同退火时间下的5182铝合金各项性能指标。图5为根据表3中数据做出的相同退火温度不同退火时间下的5182铝合金各项性能指标对比。从图5可以看出，在相同退火温度不同的退火时间下，5182铝合金的各项力学性能基本上变化不大，合金的*LDR*值在退火时间为1h时达到峰值，合金的*IE*值在退火时间为2h达到峰值。但考虑到实际生产中要求尽量节省能耗，降低生产成本，所以在保证达到合金性能要求的前提下，在选择合金的退火时间上尽量缩短退火时间以降低其成本。

表3　不同退火时间下的5182铝合金各项性能指标

5182铝合金	抗拉强度/MPa			屈服强度/MPa			延伸率/%			$\bar{n}$	$\bar{r}$	Δr	*IE*	*LDR*
	0°	45°	90°	0°	45°	90°	0°	45°	90°					
0.5h	286.60	276.00	278.59	137.81	133.10	133.73	20.0	24.5	23.7	0.37	0.68	−0.15	9.0	2.024
1h	288.35	276.66	281.56	137.42	134.46	136.65	22.6	23.3	25.6	0.38	0.73	−0.12	9.7	2.042
2h	288.93	277.47	278.29	135.78	132.41	133.29	23.3	27.4	25.1	0.38	0.71	−0.10	9.8	2.035
3h	289.27	277.82	279.41	136.95	130.55	134.42	23.3	25.9	25.4	0.38	0.69	−0.07	9.2	2.028
4h	286.26	273.37	275.50	133.40	127.84	129.63	25.9	26.5	24.6	0.38	0.70	−0.12	9.3	2.031
8h	289.58	275.28	280.59	139.36	127.97	133.31	22.9	28.5	26.9	0.37	0.69	−0.10	9.5	2.027

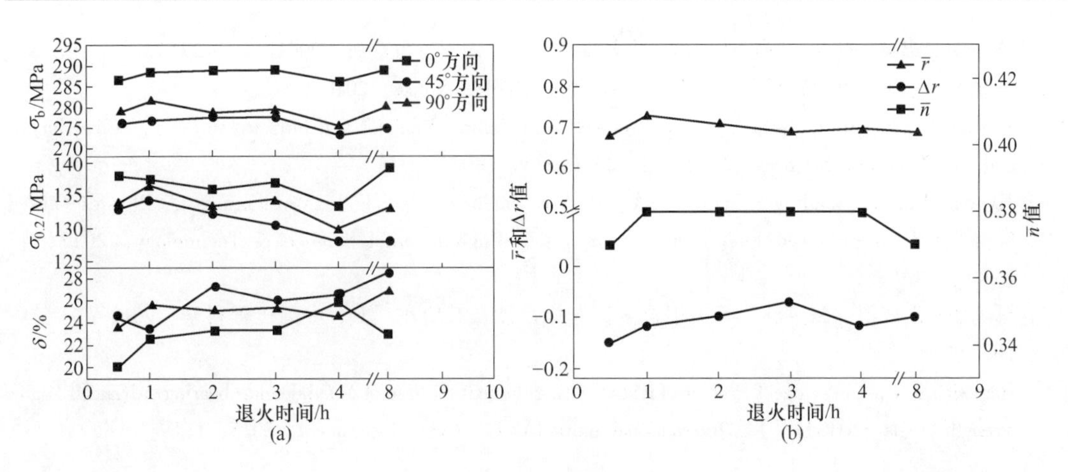

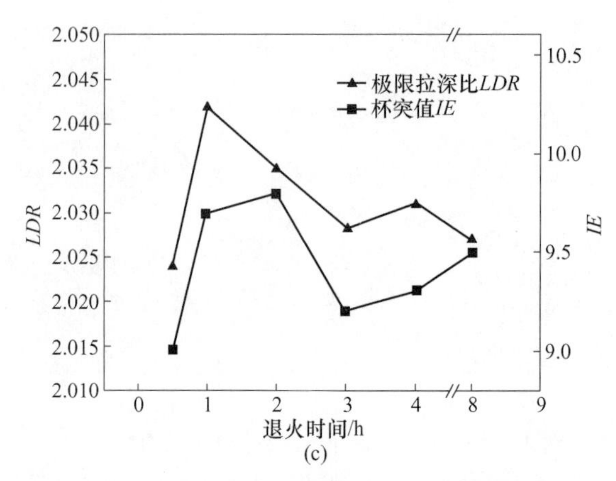

图 5　不同退火时间下 5182 铝合金各项性能对比

（a）力学性能；（b）$\bar{n}$、$\bar{r}$ 和 Δr 值；（c）杯突值和极限拉深比

综合 3. 1 节和 3. 2 节的实验结果来看，5182 铝合金板材性能达到较佳状态的退火工艺为保温时间 350℃，退火时间为 1～2h。

4　结论

（1）退火温度对 5182 铝合金组织和性能有显著的影响。在退火温度为 300～450℃下，随着退火温度的升高，合金晶粒尺寸逐渐增大，在 450℃时，晶粒发生了异常长大，此时晶粒的尺寸远远大于 400℃以下的合金晶粒尺寸。随着退火温度的升高，合金的力学性能呈现下降的趋势，但在退火温度为 350℃时，合金的成形性能达到最优。

（2）退火时间对 5182 铝合金的组织和性能影响不大。在相同的退火温度、退火时间 0. 5～8h 下，随着退火时间的增加，合金的组织没有发生改变，晶粒尺寸没有长大的趋势。在不同的退火时间下，合金的性能基本上保持不变，说明在一定退火时间后，退火时间的增加对合金的组织性能没有改变。

（3）结合实际生产应用，确定退火温度 350℃，退火时间为 1～2h 为 5182 铝合金型材较佳的退火工艺。

参 考 文 献

[1] 刘静安 . 铝材在交通运输工业中的开发与应用 [J]. 四川有色金属，2001（2）：27-32.

[2] 李晓敏 . 中国铝型材市场及未来发展趋势 [J]. 四川有色金属，2010（4）：1-5.

[3] Zangani D，Fuggini C. Towards a New Perspective in Railway Vehicles and Infrastructure [J]. Procedia Social and Behavioral Sciences，2012，48：2351-2360.

[4] Hyung Chul K，Wallington T J. Life Cycle Assessment of Vehicle Lightweighting：A Physics-based Model of Mass-induced Fuel Consumption [J]. Environmental Science & Technology，2013，47（24）：14358.

[5] 马鸣图，游江海，路洪洲，等 . 铝合金汽车板性能及其应用 [J]. 中国工程科学，2010（9）：4-20，33.

[6] Hardwick A P，Outteridge T. Vehicle Lightweighting through the Use of Molybdenum-bearing Advanced High-strength Steels（AHSS）[J]. International Journal of Life Cycle Assessment，2015：1-8.

[7] 路洪洲，王智文，陈一龙，等．汽车轻量化评价［J］．汽车工程学报，2015（1）：1-8.
[8] Sever N K，Balachanderan M，Billur E. Forming of Aluminum Alloy Sheets for Automotive Applications ［R］. Center for Precision Forming，2012.
[9] 金滨辉．汽车车身用5182铝合金板组织与性能研究［D］．北京：北京有色金属研究总院，2013.
[10] Chen Tijun，Guo Haiyang，Li Xiangwei，et al. Microstructure and Crystal Growth Direction of Al-Mg Alloy ［J］. China Foundry，2015（2）：129-135.
[11] 刘星兴．微合金化及热处理对车身用6016铝合金组织与性能的影响［D］．长沙：中南大学，2013.
[12] 曹零勇．汽车用新型6×××系铝合金快速时效响应机理及工艺优化［D］．北京：北京科技大学，2014.

冷变形程度及稳定化热处理对 5050 铝合金硬度和耐蚀性的影响

刘 畅[1]，刘煌萍[1]，刘静安[2]

（1. 广东广铝铝型材有限公司，广东广州 510450；
2. 西南铝业（集团）有限责任公司，重庆 401326）

摘 要：5050 是镁含量小于 3%的铝合金，其强化的主要手段为固溶强化和加工硬化。本文在挤压条件相同时将 5050 铝合金挤压成型材，再进行不同程度的冷变形拉伸加工和稳定化热处理，其硬度和耐腐蚀性能发生变化。当挤压条件相同时，单相合金的剥落腐蚀敏感性倾向随镁含量和冷变形量的增加而增大；对于含杂质相较多的合金，冷变形量在 2%左右，采取 345℃×30min 的稳定化退火处理，合金可获得更高的硬度和更好的耐蚀性。

关键词：5050 铝合金；稳定化热处理；冷变形；耐蚀性；硬度

Effect of Cold Deformation Degree and Stabilized Heat Treatment System on Hardness and Corrosion Resistance of 5050 Aluminum Alloy

Liu Chang[1], Liu Huangping[1], Liu Jingan[2]

(1. Guangdong Aluminium Extrusion Co., Ltd., Guangzhou 510450;
2. Chongqing Southwest Aluminum Group Co., Ltd., Chongqing 401326)

Abstract: 5050 is belonging to aluminum alloy which magnesium content is less than 3%, and can be strengthened mainly by solid solution strengthening and strain hardening. 5050 alloy profile was extruded under the same conditions, and then the cold deformation processing (tension) and the stabilized heat treatment was carried out to different degrees, the hardness and corrosion resistance of the alloy were changed. Under the same extrusion conditions, the peeling corrosion sensitivity of single phase alloy increases with the increase of magnesium content and cold deformation. In addition, the cold deformation of the alloy with impurity is about 2%, and the stabilized annealing system of 345℃×30min is adopted to obtain the best mechanical properties and corrosion resistance.

Key words: 5050 Aluminum alloy; stabilized heat treatment; cold deformation; corrosion resistance; hardness

1 引言

5×××合金具有比强度高、抗疲劳性能优异、可焊性强、耐蚀性高的性能，与铝锰系合金并称为防锈铝合金。阳极氧化、微弧氧化处理后该合金表面美观，电弧焊性能良好，被广泛用于海事用途，如船舶，以及汽车、飞机焊接件、地铁轻轨；需严格防火的压力容器，如液体罐车、冷藏车、冷藏集装箱，制冷装置、电视塔、钻探设备、交通运输设备、导弹零件、装甲等[1,2]。本文通过研究合金成分、冷变形拉伸加工和稳定化处理工艺参数对其硬度和耐蚀性的影响，以优化其生产工艺，提高材料性能。

2 试验材料、工艺及方法

挤压试验在1800t挤压机上进行，挤压产品为框架结构用工业型材，壁厚2.1mm，铝棒加热温度420~460℃，挤压速度1~4m/min，挤压过程采用风机冷却，型材中断后长度6m。待型材冷却至室温2h后进行不同程度的冷变形拉伸加工和稳定化热处理。切取头中尾试样，测定其韦氏硬度和剥落腐蚀性能。5050铝合金铸锭化学成分见表1。

表1 5050铝合金铸锭化学成分 （wt%）

牌号	Mg	Si	Fe	Cu	Mn	Cr	Ti	V	Zn
标准要求	1.1~1.8	≤0.40	≤0.7	≤0.20	≤0.10	≤0.10	—	—	≤0.25
1号合金	1.20	0.335	0.152	0.0599	0.0182	0.091	0.035	0.0145	—
2号合金	1.47	0.16	0.183	0.0426	0.0157	0.070	0.029	—	—
3号合金	1.24	0.18	0.164	0.0487	0.0164	0.089	0.026	—	—

3 试验结果与分析

3.1 合金元素含量对其硬度和耐蚀性的影响

根据Al-Mg二元相图，在共晶温度449℃下，镁在铝中的溶解度为17.4%，且溶解度随温度下降，溶解度迅速减小，室温下溶解度小于1.9%，约为1.4%。由于镁和铝的化合物Mg_5Al_8相析出很慢，即使在退火状态，也易得到过饱和固溶体。对于铝镁合金，添加微量的锰、铬、锆细化晶粒，可抑制杂质相的沿晶析出和促进其在晶内外的均匀分布，增加合金固溶强化效果，对改善合金耐腐蚀性能，提高合金强度有良好的效果[3,4]。

取上述3种不同成分的挤压坯料进行1.45%的冷加工和250℃×2h的热处理，硬度测试和剥落腐蚀试验检测结果见表2。

表2 不同合金的硬度和剥落腐蚀试验结果

取样位置	硬度HW			剥落腐蚀试验结果		
	1号合金	2号合金	3号合金	1号合金	2号合金	3号合金
头部	9.2	9.7	8.2	PB	N	PA
中部	10.3	10.5	8.7	N	N	N
尾部	9.7	9.1	7.6	PA	PA	N

从表2中可以看出，在同一变形加工量和热处理制度下，硅含量高时，合金的表面硬度较高，耐蚀性下降。这是由于少量的硅可改善铝镁合金的流动性，当硅含量超过0.2%

时，与基体中的镁形成粗大的难以溶解的 Mg_2Si 相和杂质硅在晶界呈链状析出，表面硬度和强度增加，但点蚀倾向严重造成耐蚀性下降。因此 1 号合金的表面硬度较 3 号合金高，但耐蚀性比 3 号合金低。

在同一冷变形加工量和热处理制度下，随着镁含量的增加，基体中的第二相 Mg_5Al_8 相也在增加，合金的表面硬度也在增加，但对合金耐蚀性并无明显影响。这是由于镁含量在低于3%时，且合金中杂质元素含量控制较小情况下，只形成少量弥散的第二相 Mg_5Al_8，在任何热处理状态和冷加工状态均无应力腐蚀倾向，而在铝镁合金中，应力腐蚀、剥落腐蚀和晶间腐蚀具有很好的一致性，所以镁含量的增加对低镁合金的耐蚀性影响不大。因此 3 号合金的表面硬度较 2 号合金低，但两者耐蚀性差别不大。

3.2 冷变形加工量对其表面硬度和耐蚀性的影响

一般情况下，随着冷加工量的增大，铝镁合金内应力越大，合金的应力腐蚀和剥落腐蚀敏感性增加。

取上述 3 种不同成分的挤压坯料进行不同程度的冷加工后，在 250℃保温 2h 热处理制度，硬度测试见图 1～图 3，其中横坐标 1、2、3、4 分别代表冷加工量 0.86%、1.45%、1.71%和 2.33%，剥落腐蚀试验检测结果见表 3。

表 3 不同冷变形程度合金的表面硬度和剥落腐蚀试验结果

试 样	冷加工量/%	取样部位	剥落腐蚀试验结果
1 号合金	0.86	头/中/尾	PC/PB/PC
	1.45	头/中/尾	PB/N/PA
	1.71	头/中/尾	PA/N/PA
	2.33	头/中/尾	N/N/N
2 号合金	0.86	头/中/尾	N/N/N
	1.45	头/中/尾	N/N/PA
	1.71	头/中/尾	PA/N/N
	2.33	头/中/尾	PA/PA/N
3 号合金	0.86	头/中/尾	N/N/N
	1.45	头/中/尾	PA/N/N
	1.71	头/中/尾	PA/PA/N
	2.33	头/中/尾	PA/PA/N

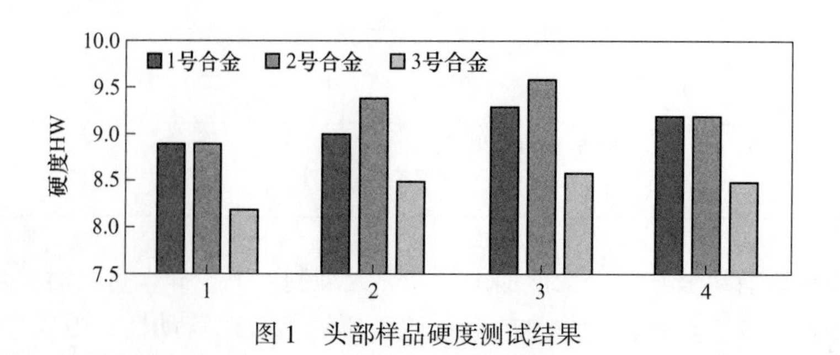

图 1 头部样品硬度测试结果

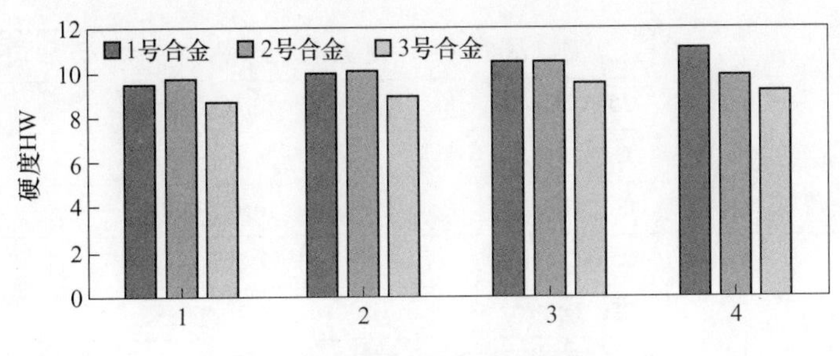

图2 中部样品硬度测试结果

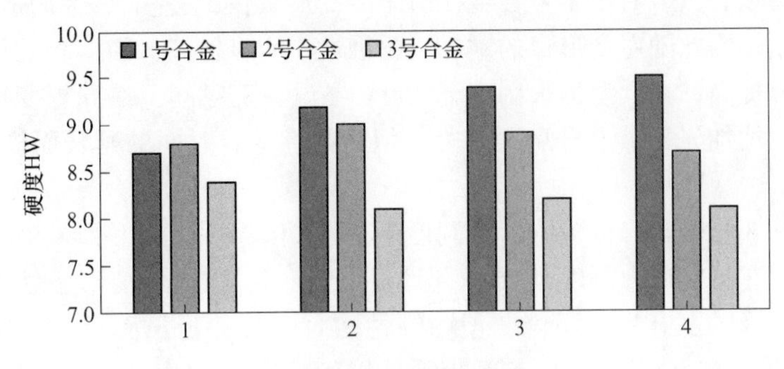

图3 尾部样品硬度测试结果

由图1和表3可以看出，在同一稳定化热处理制度下，2号合金和3号合金随着变形量的增加，剥落腐蚀敏感性有轻微增加的倾向，合金表面硬度也是先升高后出现轻微下降的现象。因为合金组织结构内能升高，易于形核，再结晶温度也开始降低，在后续热处理中容易发生二次再结晶，也容易形成粗大的晶粒组织。而对于含有杂质相合金的1号合金，在一定的热处理条件下，当晶间析出构成链状时便有晶间腐蚀、应力腐蚀和剥落腐蚀倾向，在热处理前对过饱和的固溶体施以2%左右的冷变形量，可破坏链状结构，在随后退火时可大大减轻腐蚀倾向，且可显著提高合金的表面硬度。

3.3 不同稳定化热处理制度对其表面硬度和耐蚀性的影响

铝镁合金在镁含量较低的情况下，通常在退火和冷作状态下使用，但冷加工使合金储存较大的内应力，因此冷加工后还要进行稳定化处理。退火工艺对腐蚀性能影响很大。

取上述3种典型合金在1.45%的冷变形加工量条件下采取不同的热处理制度，硬度测试和剥落腐蚀试验检测结果见表4。

表4 不同稳定化热处理制度下的硬度和剥落腐蚀试验结果

试 样	稳定化热处理制度	硬度测试结果平均值HW	剥落腐蚀试验结果
1号合金	250℃×1h	10.1	PB/PC/PC
	250℃×2h	9.6	PB/PA/PA
	345℃×30min	10.9	PA/N/PA

续表 4

试　样	稳定化热处理制度	硬度测试结果平均值 HW	剥落腐蚀试验结果
2 号合金	250℃×1h	10.0	PC/PB/PC
	250℃×2h	9.7	N/N/PA
	345℃×30min	10.6	PA/PB/N
3 号合金	250℃×1h	9.5	PB/N/PA
	250℃×2h	8.7	PA/N/N
	345℃×30min	9.6	PA/PA/N

由表 4 中可以看出，对于 1 号合金，由于冷变形量在 2%左右，晶间链状结构被破坏，腐蚀通道被打断，因此随着变形量的增加，耐蚀性能明显提高，固溶相的析出也使得合金的表面硬度明显提高；在低温退火制度下 250℃保温一定时间，在同等变形条件下，硬度随着保温时间的增加先轻微上升后再下降，但耐蚀性随着时间的延长而提高，在 2h 达到顶峰。

对于 2 号和 3 号合金，在传统退火制度下 345℃保温 30min 下，未出现明显的点蚀及剥落腐蚀现象；在低温退火制度下 250℃保温一定时间，在同等变形条件下，硬度随着保温时间的增加先轻微上升后再下降，但耐蚀性随着时间的延长而提高，在 2h 达到顶峰。这是由于铝镁合金在低温退火状态下，既可以消除合金的内应力，又可以保持较高的硬度。

4　结论

（1）随着镁含量的增加，基体中的固溶相 Mg_5Al_8 增加，在随后的冷变形加工及稳定化退火热处理中，合金的硬度也随之增加，合金的耐蚀性并无明显的差别；少量的硅可增加金属的流动性，减少合金的热裂行为，当硅含量超过 0.2%时，硬度增加，而耐蚀性下降；微量的锰、铬、锆可细化晶粒，提高合金的硬度和耐蚀性。

（2）随着冷变形程度的增加，在经过后续的稳定化退火热处理后，单相合金的硬度明显增加后有轻微下降，剥落腐蚀敏感性也有轻微增大的倾向；而相对于含杂质相较多的多相合金，经稳定化热处理后，其硬度明显提高，冷变形量在 2%左右时耐蚀性能最优。

（3）对于单相合金，采取 345℃×30min 稳定化退火热处理制度均能达到比较优异的综合性能；对于含杂质相较多的合金，采取 345℃×30min 稳定化热处理制度可使合金获得最优异的力学性能和耐蚀性。

参 考 文 献

[1] 王祝堂，田荣璋，李松瑞，等．铝合金及其加工手册［M］. 长沙：中南大学出版社，2000：33-34.
[2] 刘静安，谢水生．铝合金材料及其应用［M］. 北京：冶金工业出版社，2012.
[3] 吴锡坤．铝型材加工实用技术手册［M］. 长沙：中南大学出版社，2010.
[4] 谢水生，刘静安，徐骏，等．简明铝合金加工手册［M］. 北京：冶金工业出版社，2016.

环境效应是我国民用铝材表面处理技术创新的基础

朱祖芳

（北京有色金属研究总院，北京 100088）

摘　要：作者经过对近10年的国外铝表面处理污染物排放规定和工艺措施以及我国企业环境效应的调研，对于国内各地区主要企业执行标准的情况及各类型企业现场的调查访问，结合作者从事工艺与添加剂研发的工作实践提出环境管理的建议。同时在国内外工艺路线环境效应的对比中，结合我国工艺进步、品质提升、效率提高和环境友好之间的关系，本文进一步提出工艺改革的意见。还提出一些尚待思考佐证甚至存在某些困惑的意见，主要是镍的排放限值、固体废弃物处理和锡盐着色添加剂污染问题，供业内同行考虑。

1 引言

我国建筑铝型材的生产规模和产品品质，当之无愧已经位于世界大国与强国，尤其是表面处理的工艺、品质和装备与国际先进水平的接轨程度，远高于熔铸、模具和挤压。我国具有世界各国先进的各种类型的工艺路线、先进装备和产品品质，尽管我国在地域与企业之间还存在不平衡，但是我国的阳极氧化、阳极氧化+电泳涂漆、无铬前处理+粉末喷涂等都有国际先进水平的企业。我国相应的技术标准和品质规范也已经与国际先进标准全面接轨。比较而言，建筑以外的装饰与保护用铝合金表面处理技术，如汽车内外装饰件和电子产品外装等还在发展之中，大有强化和深化之必要。

查阅近年国际铝表面技术会议的报告，回忆这些年的国际交往的印象，尤其来自日、德、意的技术信息，似乎觉得国内外铝的表面处理领域没有重大的工艺技术革新。诚然在局部场合，例如涂层前的无铬化学转化处理技术、阳极氧化膜无镍封孔工艺、阳极氧化薄膜作为涂层前处理步骤、消光电泳漆以及一些新涂料如氟碳粉末等新产品，都反映出我国铝表面处理技术的发展与进步，而且是与国际先进水平同步发展的。同时，与此相关的新检测方法也有改进变化，例如涂层丝状腐蚀检测方法、汽车企业提出的各种监测指标等。但这些局部变化并没有动摇多年存在的铝合金工业化的表面处理的技术格局，即阳极氧化、阳极氧化+阳极电泳涂装、钝化膜+静电喷涂、电镀和化学镀等工艺路线。微弧氧化和抑弧氧化可以说是带有开创性的新氧化技术，赋予比普通阳极氧化膜硬度更高、耐磨损性和耐腐蚀性更好的新的性能，而且在阳极氧化理论方面有所突破。遗憾的是在普通民用工业场合，微弧氧化并未得到预期的推广与发展程度。微弧氧化工艺在日本和欧美并未得到广泛认可。微弧氧化的发生与发展启示我们，只有经过实践和时间的市场考验的新技术，才可能将这些局部的更新上升到创新的高度。

尽管如此，值得注意的是，上述技术的局部更新或多或少都与环境效应发生了联系，或者是由于环境问题引起的变革。而且引起对于环境友好/工艺改革/品质提升/效益提高之间的关注，其中某一方面强调过度恐有失衡之虞。铝建筑型材表面处理发展初期强调成本与效益，由于相对忽视了环境友好，形成了环境短板。而环境问题的起点首先涉及铝表面处理的水或大气污染物的排放问题，我国目前有《污水综合排放标准》(GB 8978—1996）和《大气污染物综合排放标准》(GB 16297—1996）可供执行，但是这些标准发布距今已超过20年，而且排放限值明显偏松。当然也有一些相关行业的排放限值可供参照，为此广东省地方标准要求执行更为严格的其他行业的排放标准，如《电镀水污染物排放标准》(DB 44/1597—2015)，《表面涂装（汽车制造业）VOC排放标准》(DB 44/816—2010）及《锅炉大气污染物排放标准》(GB 13231—2014）等其他行业的标准。尽管如此，总面临着行业针对性及操作性方面的困扰。太湖流域鉴于上海供水的要求，对于水污染物排放也比较严格，大致相当于广东地方标准的水平。

2017年环境保护部已经下达制定《铝型材行业污染物排放标准》，确定由环境保护部华南环境科学研究所主持，中国有色金属加工协会、清华大学等四单位协作，要求在2019年完成。并在2017年12月北京会议通过开题审查，主持单位的开题报告表明，主持单位对铝型材行业的工艺和污染情况、国内外相应标准等已经进行了周密调查和现场监测，这是十分必要的基础性工作。在此基础上我们相信将会颁发环境效益更高、针对性操作性更强、促进铝型材行业健康发展的具有中国特点的新的标准。铝表面处理是铝型材生产的不可缺少的工艺环节，水污染排放物可能主要来自表面处理工艺，为了执行新的排放标准，铝材表面处理的工艺路线、环境装备，甚至产品构成都可能有所变化和突破。

中国铝型材行业的体量极大，2016年的产量已经远超1000多万吨的庞大规模。铝型材表面处理工艺涉及阳极氧化、化学钝化、电泳涂装、静电喷粉和静电喷漆等诸多化学和电化学工艺。铝型材企业的环境（尤其是水）的污染困扰，常与表面处理工艺路线及其操作实践有密切关系。作者在2010年广东有色金属协会的年会上发表了《从环境的新视角对于我国铝型材表面处理工艺的再思考》[1]，首次从环境保护的角度，回顾和审视了目前我国的铝型材表面处理工艺路线和操作规范，包括添加剂的成分和使用，提出了一些工艺设想和技术建议。后又在2013广东会议发表了《铝合金阳极氧化工艺之环境问题》，进一步深化分析我国铝材表面处理工艺的环境问题，不仅需要行之有效的环境保护的治理措施，更应该检查探讨表面处理的污染源头，从工艺、装备和操作的工艺路线的内因和源头入手，彻底提升环境生态效应。直至2016年，作者在中国有色金属加工协会年会发表《环境友好对铝表面处理技术创新的挑战》，提出环境友好要与工艺革新和产品质量综合考虑。本文参照欧洲Rohs（有害物质管制）和日本PRTR（污染物排放和转移登记）的思路，从污染排放物达标与长期对生存环境负责相结合的观点出发，在环境友好的基础上，参照国内外表面技术发展，提出工艺改造意见，并且提出处理好环境/工艺/品质/效率之间关系，寻找最佳点，促进技术发展品质提升的思路。

2 国内外铝表面处理生产的水污染物排放标准的限值比较

发达国家都已经有了控制污染物排放的法规，美国、欧盟和日本在20世纪50~70年代，逐步建立和完善各项有关环境的标准或法规。铝表面处理污染物排放限值可以按照统一的国家标准执行，如日本的《水污染防治法》和《大气污染防治法》，铝表面处理行业进行具体化操作。也可以有更为细致的按行业的法规，如美国标准的分类比较细，美国铝表面处理的水污染可以按照《金属表面精整业（Metal Finishing）污染源类别（法规号40 CFR PART 433)》执行。美国的NSPS（新污染源限制标准）规定数十个行业的大气污染物排放限值，还有一项《有害大气污染物排放标准》可以执行。欧盟强调REACH规则，从地球环境整体考虑，欧洲铝表面处理协会（ESTAL）对于铝表面处理环境起到很大作用，欧洲各国的标准或规范与欧盟规定基本一致。例如德国铝表面处理生产按照《废水法令》的“附录40 金属表面精整，金属加工”专项执行，意大利按照D. Lgs 152/2006 P. Ⅲ，Sez. Ⅱ Tit. Ⅲ All. 5中表5执行（Dr. Strazii提供）。

表1为我国国家标准及广东和太湖流域地方执行标准与意大利和日本的标准限值的比较。日本和意大利是我国早期引进阳极氧化工艺、装备及相应添加剂的主要国家，意大利是我国引进静电喷涂技术的主要国家，此处选择日、意两国的铝表面处理标准的水污染物排放限值，与我国相关的国家标准或地方标准的限值进行比较，希望有助于了解国内外水污染物排放限值的历史和现实情况。

表1 各标准中水污染物排放标准的限值比较 （mg/L）

项目名称	日本/意大利限值	GB 8978—1996限值	DB 44/1597—2015限值	GB 21900—2008限值	太湖流域执行标准
镉及其化合物	0.1/0.02	0.1	0.01	0.05	0.01
氰化物	1/0.5	0.5	0.2	0.3	—
总磷	—/10	0.5	0.5	1.0	0.5
有机磷化物	1/—	—	—	—	—
铅及其化合物	0.1/0.2	1.0	0.1	0.1	—
总铬	2/2	—	0.5	1.0	0.5
六价铬化合物	0.5/0.2	0.5	0.1	0.2	0.1
总镍	—/2	—	0.1	—	0.1
羰基镍	0.001/—	—	—	—	—
总锌	5.0/0.5	—	1.0	1.0	1.0
砷及其化合物	0.1/—	0.5	—	—	—
汞，烷基汞，汞化合物	0.005/—	0.05	0.005	0.01	0.005
硒及其化合物	0.1/0.03	0.1	—	—	—
硼及化合物（非海域）	10/2	—	—	—	—
硼及化合物（海域）	230/—	—	—	—	—
氟及化合物（非海域）	8/6	10	10（企业总排口）	10	—
氟及化合物（海域）	15/—			—	—

续表1

项目名称	日本/意大利限值	GB 8978—1996限值	DB 44/1597—2015限值	GB 21900—2008限值	太湖流域执行标准
氨氮（总氮）	—/(20)	15	(8)	(15)	(15)
苯	0.1	0.1	—		
多氯联苯	0.003	0.2（氯苯）	—	—	—
三氯乙烯	0.3	0.3	—	—	—
四氯乙烯	0.1	0.1	—	—	—
二氯甲烷	0.2	0.30	—	—	—
四氯化碳	0.02	0.03	—	—	—
1，2-二氯乙烷	0.04	—	—	—	—
1，2-二氯乙烯	0.2	—	—	—	—
顺式1，2-二氯乙烯	0.4	—	—	—	—
1，1，1-三氯乙烯	3	—	—	—	—
1，1，2-三氯乙烯	0.06	—	—	—	—
1，3-二氯丙烯	0.02	—	—	—	—
pH值（非海域）	5.8~8.6	6~9	6~9	6~9	6~9
pH值（海域）	5.0~9.0				
生物耗氧量（BOD）	160（白天平均120）/40	30	—	—	—
化学耗氧量（COD）	160（白天平均120）/160	100	50	80	50
悬浮物质量（SS）	200（白天平均150）/80	30	30	50	30

注：1. 日本及意大利的水污染排放物限值选自日本及意大利相关标准，由日本及意大利企业提供。

2. 意大利水污染物排放标准分水及废水两项，此处选择水的限值，未经处理的废水限值更高。

3. 我国各地执行的标准数据由广东坚美、广亚及浙江栋梁等企业提供。四川三星和山东华建也提供了当地执行的相关标准的信息，后者虽未列入，在此一并表示感谢。

日本标准将水排放标准分成有害物（如Cd、Cr、As、Ni等）水排放标准及生活环境（如pH值、COD、BOD、SS等）水排放标准两大类。由于我国标准未作此类区分，从表1统一收录未作区分。从表1的污染物项目与限值可知，日本的项目规定比较细比较全，许多有机化合物在我国地方标准中没有规定，我国国标GB 8978的限值尽管宽松，但是项目还比较齐全。比较我国各地区目前执行的水污染排放物限值，广东省地方排放标准《电镀水污染物排放标准》(DB 44/1597—2015）最严格，国标《电镀污染物排放标准》(GB 21900—2008）次之，国标《污水综合排放标准》(GB 8978—1996）最为宽松。介乎其中的还有国标《城镇污水处理厂污染物排放标准》(GB 18918—2002)。从调查访问中得知，广东地区的大厂执行水污染排放物限值比较严格认真。令人奇怪的是日、意两国对于镍的排放都比较宽松，作者与他们进行了面对面交流并阅读有关资料，专业讨论镍的排放问题，本文将具体介绍这方面的情况。

关于大气污染物的排放，美国、欧盟和日本都具有国家统一或相关金属表面精整业的规定可以遵循。我国原有的《大气污染物综合排放标准》(GB 16297—1996) 也相对陈旧亟须更新。本文不准备对大气污染排放物的限制列表比较。

表1表明：(1) 日本的检测项目较多分类较细，如规定有机磷、硼和氟及其化合物分海域或非海域，COD、BOD和SS分白天平均或全日限值等。(2) 在可以相互直接比较的相同的水污染物排放项目的限值，我国在广东或太湖流域执行的标准实际比日本意大利更为严格。(3) 日本还有水质环境标准（健康项目），基本上比水污染物排放限值提高一个数量级或更多（表1未纳入）。(4) 在锡盐电解着色中使用的有机还原剂是有害的，如萘酚、苯酚和硫酸联胺等，我国标准与日本（日本有一处提及硫酸联胺，可能与添加剂成分有关）、意大利都没有明确做出规定。(5) 我国目前执行的水污染排放物限值中，许多有机化合物没有列入，而日本标准比较详细。考虑到虽然工艺过程不产生这些有机化合物，但是某些特殊情况可能使用如清洗等，似乎我国标准也有规范之必要。(6) 日本未对水污染排放物的镍做出规定，但是规定了羰基镍不得超过0.001，大气污染排放物镍不得高于0.1mg/L。磷的规定又明确规定划出有机磷。(7) 我国地方标准规定的限值尽管严格但项目明显偏少，意大利和日本的限值项目很多，前者有31项，后者有害物质为28项非有害健康为15项。(8) 我国地方标准的限值尽管严格，但是检测项目偏少。作者认为分为两类项目的思路可以考虑，有些项目毒性不明难于明确限制，但是仍然可以考虑加以监控。

3 铝表面处理主要水污染物的国内外排放限值的比较及其工艺源头

铝表面处理是铝材生产环节中不可缺少的环节和内容，是提升铝材使用寿命、扩大铝材应用范围和增加铝材市场价值的后续工艺。而且在某种意义上，表面处理工艺可能是铝型材企业废水污染物的主要来源，例如六价铬化合物来自喷涂前处理的铬酸盐处理工艺，其余铬的来源数量较少，可能与使用不锈钢内衬或电极有关。目前国外明确规定有害重金属元素是铬、镉、汞、铅四个重金属元素，镉和汞一般不会出现铝材表面处理工艺中，而铅在早期作为内衬或电极使用，可能溶液中会有少量溶解的铅。尽管镍、锰、铜、锆和硒都是重金属，实际上环境保护也有排放控制措施，据称意大利正在研究是否应该将镍列入有害重金属范围（据Strazzi），而目前我国已经将镍/铬同等处理。

为了清晰地对比我国企业与国外企业实际排放的主要水污染物限值的情况，表2列出水污染排放物的典型的9项检验项目，对比我国三家企业与美日意的排放规定，并简单联系污染排放物的主要工艺源头。数据表明，几乎所有列出的检验项目，广东和太湖流域某些企业执行的限制均比国外严格。但是在水排放污染物中，日本未规定镍的限值，美国为3.98mg/L意大利为2(4)，我国均为0.1。关于镍的情况与日本沟通后，日本提供了2006年完成的由独立行政法人产业技术综合研究所化学物质风险管理研究中心撰写、长达287页分11章的研究和调查的报告《镍的详细环境风险评估》(有可能并非公开出版的内部报告)。报告证明大气中镍化合物吸入肺部有发炎或致癌的风险，为此在日本标准中规定大气污染物的镍化合物限值为0.1mg/L，但是没有规定水排放污染物的限值。表2列出表面处理主要污染物的工艺来源，尽管并不完整，只是提醒我们研究污染的工艺来源不仅有利于切断污染源头，而且可以在工艺与环境之间寻找平衡，更有利于引导环境友好、工艺创新和产品质量，有助于提升技术水平。

表 2　我国三个铝型材表面处理企业的水排放污染物限值与美日意的比较

序号	检验项目 /mg · L^{-1}	坚美/广亚/栋梁执行的水污染物排放限值	美（M）日（R）意（Y）的排放限值	主 要 来 源
1	总铬	0.5/1.0/0.5(车间排放口)	M2.77/R2/Y2(4)①	涂前铬化处理等
2	六价铬	0.1/0.1/0.1(车间排放口)	—/R0.5/Y0.2(0.2)	铬酸盐处理
3	总镍	0.1/0.1/0.1(车间排放口)	M3.98/—/Y2(4)②	镍盐着色封孔
4	总锌	1.0/1.0/1.0(车间排放口)	—/R2/Y0.5(1)	铝合金
5	总铜	0.3/0.5/—(车间排放口)	—/R3/Y0.1(0.4)	铝合金、铜盐着色等
6	总磷	1.0/3.0/—(总排放口)	—/R16/Y10(10)	化学抛光等
7	氟及化合物	10/10/—(总排放口)	—/R8/Y6(12)	化学处理、冷封孔等
8	总氮	15/20/—	—/R120/—	去灰、抛光等
9	COD	80/100/—(总排放口)	—/R160/Y160(500)	前处理成分，喷涂清洗水等多方面

①意大利标准中有水和（排放污水）之别，加括号者系污水；

②日本水污染物限值未列镍，在大气污染物中规定限值为 0.1mg/L。

表 2 中的数据表明：(1) 六价铬主要来自涂层前的铬酸处理，六价铬的危害已经明确并不存疑虑，总铬量中除六价铬以外还有三价铬，有些国家容许使用三价铬的化合物，即所谓无六价铬化学转化处理包括三价铬，目前有不用三价铬的趋势，那么总铬与六价铬将视为一体。(2) 中外都没有明确规定单锡盐或镍锡混合盐添加剂中的有机物还原剂和络合剂等（除了日本提及硫酸联胺），尽管 COD 及 BOD 控制涉及还原性有机化合物，但是不全面的也是不够的，没有对还原剂的有害程度做出区别。(3) 目前我国对于镍的控制已经十分严格，添加剂企业宣传单锡盐是最环保的电解着色系统，事实上并非如此。为此又兴起转向单锡盐电解着色趋势，没有注意到硫酸亚锡电解着色中有机添加剂的危害。(4) 水中磷和氮主要来自化学抛光或电化学抛光，氟及其化合物来自冷封孔及化学预处理添加剂(如脱脂)，关键是大部分化学处理的成分尤其是添加剂的成分，表面处理从业者并不知晓，为此带来检测项目的缺失和寻找工艺源头的困难。(5) 我国对于镍的排放限制似乎已经提到铬的高度，而阳极氧化工艺中立式自动化的电解着色和高品质常温封孔均需要镍盐，关键在于水溶性镍盐的毒害程度应该明确，废除使用镍盐使人担心是否影响铝表面处理生产的品质保证。(6) 铜、锰、锌、硒等金属元素可能来自某些电解着色体系或铝合金的成分溶解，尽管没有列入有害物，但是必要的环境措施还是要有的。

4　有关环境友好的铝表面处理工艺改革创新的建议

欧盟 25 国在 2006 年全面实施 RoHS（有害物质管制）指令，这是针对电子电器业的有害物质处理或最终废弃物不对环境产生有害影响而出台的指令，其他行业具有相同或类似有害物也可以执行。2007 年又出台实施 REACH（化学品登记、评价、认可及管制）规则，规定欧盟的生产商或进出口商，有义务要将有害性/危险性评价信息向 ECHA（欧洲化学物质厅）登记申报，方可进入市场。RoHS 指令和 LEACH 规则的核心不仅涉及污染排放物的限值，还要关注产品的流向和污染，为此产品的服役寿命及回收原则也成为关注的目标。

欧洲 RoHS 指令规定的对象有害物质为：(1) 铅 (Pb)；(2) 汞 (Hg)；(3) 镉 (Cd)；(4) 六价铬 (Cr^{6+})；(5) 聚溴化联二苯类 (PBBs)；(6) 聚溴化联苯醚类 (PBDEs)。

其中六价铬是目前铝材涂层前处理尚在使用的有毒重金属，这是没有疑问的。但是并没有规定三价铬和镍，根据意大利和德国专家称，由于吸入硫酸镍或氧化镍有害，皮肤接触有过敏的记载，欧洲正在考查镍及其化合物的问题。

日本执行的 PRTR（污染物排放和转移登记）中有关铝表面处理的主要对象物质有二甲苯、铬与三价铬化合物、六价铬、二氯乙烷、水溶性铜盐、三乙烯胺、三氯乙烯、甲苯、三乙胺、镍、镍化合物、氟化氢及其化合物、硼及其化合物、锰及其化合物等。日本在铝阳极氧化工厂中，作为一般的排水基准的监控管理项目有 pH 值、SS（悬浮物）、COD、BOD、铅、磷、氟、硼、硝酸性氮及亚硝酸性氮等。请读者注意在日本水污染物排放限值中依然没有列入镍及其化合物，而 PRTR 中却规定镍化合物为表面处理工艺的主要对象物质。经与日本专家菊池先生交流，他的解释是日本研究表明大气吸入对肺部有害（规定大气排放物中镍化合物要低于 0.1mg/L），所以这里专指大气中的吸入镍或镍的化合物。

从上述有关的国外法规以及本文对于国内外的分析，彻底治理铝表面处理污染的关键必须从工艺源头着手，改变甚至关停确有证据的污染源头是必然的，希望在环境/工艺/品质/效益诸方面找到最佳点，既解决或降低水的污染排放物，又促进铝表面处理技术的创新发展。为此提出以下七项工艺改革创新的建议：

(1) 必须坚持已经实施或已有共识的为了环境友好而关停的不良工艺。我国越来越重视工艺路线的环境效应，应该继续进行为了环境的工艺改革措施。为此应该坚持：1) 彻底废除涂层前六价铬的铬酸盐化学转化处理工艺，阳极氧化前的为去除积压条纹氟化氢铵浸渍工艺，以杜绝六价铬和氟离子造成环境的大范围严重的铬和氟的污染。2) 由于 Ni-Sn 混合盐电解着色的废水无法同时氧化有机还原剂又还原 Ni 离子，难于实施废水的无害化处理；而单镍盐或单锡盐的废水处理比较方便可行。为此，继续限制和逐步淘汰目前广泛采用的 Ni-Sn 混合盐电解着色工艺，使环境保护的处理方法简单可靠是十分必要的。3) 清理和弃用铝型材三酸化学抛光处理，杜绝氮和磷的污染源头。三酸化学抛光引起二氧化氮、硝酸气体的严重大气污染，机械抛光加无硝酸化学光亮化处理不失为一种替代方法。这是三项刻不容缓的必须限期清理而且没有争议的改革内容。

(2) 筛查单锡盐添加剂使用的有机还原剂的毒性程度，选择使用无毒或低毒的有机还原剂及络合剂。30 年前作者首次研发硫酸亚锡电解着色时，已经注意到防止亚锡氧化的有机物添加剂具有不同程度的毒性，当时鉴于性能与成本等原因，更由于并不细致了解添加各类有机化合物的环境效应，始终留下一块环境效应的心病。30 年来我国研发生产电解着色添加剂队伍已经无可比拟地壮大，已经有条件进行系统调查、研究硫酸亚锡电解着色的有机添加物的毒性，提高环境友好的可靠程度。建议 Sn 盐（目前包括 Ni-Sn 混合盐）着色的添加剂生产部门研究开发硫酸亚锡着色溶液的新成分，努力寻找无毒或低毒有机还原剂（如抗坏血酸等）和络合剂，替代目前有毒化学品，从改变添加剂成分降低或消除对于环境的污染。相应的标准或规范考虑调研并规范一系列有机还原剂（如苯酚或萘酚类等）的品种和浓度的有害程度，引导添加剂企业研发低毒高效电解着色添加剂，在环境友好的前提下协调成本/效益/品质应该是添加剂生产企业技术创新，步入国际先进水平的必由之路。水污染排放物中的金属离子容易检测，而有机化合物较难分辨和限定，因此有害有机物的源头把关只能由添加剂生产企业负责。

（3）镍和镍化合物是普遍关心的问题，因为源于日本的自动化立式线的电解着色和欧洲的冷封孔均使用镍盐，也都是镍离子排放物的源头，但是某些工艺停用镍盐有技术和市场的困扰。如上所述，日本只关注大气中镍盐并且限值定为 0.1mg/L，水污染物排放未规定镍，但是饮用水早期似有 0.01mg/L 的规定。而意大利的限值为自然水低于 2mg/L，污水低于 4mg/L，美国的限值低于 3.98mg/L。作者在准备本报告的过程中，正好有机会直面日本菊池先生（铝制品协会原专务）、意大利 Dr. Strazzi（原 Cisart 和 Itatecno 公司）和 Ms. Irene（Globus 公司）和德国的 Alufinish 的表面处理专家，并获得有关资料。其中日本在 2006 年发表的调查研究报告[6]，全面评估了镍及各种化合物的环境风险、生态风险和健康风险，报告系日本产业综合研究所化学物质风险评估管理中心发表的，分 11 章长达 287 页，总结欧美对于镍及其化合物危害性的评价，还系统研究和实验验证水及大气中镍的危害程度，并推定各种化合物的暴露浓度。作者没有全部阅读此报告，仅仅看了 4 页"结论"。报告结论大致如下：大气中吸入镍化合物发生肺泡蛋白沉积症，有癌变之危险，通过白鼠试验的 LOAEC（最小风险剂量），影响肺与鼻子发炎为 0.5mgNi/m^3，致癌风险为 0.38mgNi/m^3。而通过白鼠反复口服 $NiSO_4(H_2O)_6$ 导出的对生殖毒性和死胎的 NOAEL（无可见有害作用水平）是 2.2mgNi/(kg · d)。也许随后的日本标准中只规定大气中低于 0.1mg/L 与这些试验结果有关。生活实践经验似乎告知我们，尽管不锈钢含有大量金属镍，而食品、饮料和人们长期使用并未发现不妥之处。菊池先生认为既然大量研究并没有证实水中镍化合物的严重危害，无须规定明确的限值（并不表示无需关心处理——作者注）。作者此前对镍的危害并无研究调查之经验，只能原本转达，供同行参考，希望同行关注。

（4）碱腐蚀造成大量固体铝渣，必须与其他有害的固体废弃物分别处置，既有利于环境效应，又可以大幅降低工作量和操作成本。目前使用的长寿命碱浸蚀工艺源自欧洲，尽管解决了槽液结块，却无法避免含水量高达 60%的大量固体废渣。由于我国铝型材生产体量极大，固体废渣数量惊人。好在基本上属于无害的固体废渣，其成分与含量以碱浸蚀产物铝酸钠和偏铝酸钠（可按 $Al(OH)_3$ 计）以及添加的葡萄糖酸钠和硫代硫酸钠，因为无害而可以直接设厂回收。但是，碱腐蚀废渣必须与其他有害固体废弃物分开，不可与其他工艺产生的固体有害物质混装废弃，也不应该与其他可能有害的固体废弃物同等对待，这是非常重要并必须直面的原则。如果从根本上改变长寿命添加剂工艺，规划采用"碱回收系统"以消除如此大量固体废渣的困境。碱回收体系并非新工艺，在国外尤其日本已使用多年，因此技术本身没有任何困扰，只需要投资设备并配合严格管理，我国企业已有成功使用的实例。采用没有添加剂的碱回收系统可以直接回收固体 $Al(OH)_3$ 待用及循环利用 NaOH，这是既环保又经济的科学措施。近年来国内企业有些新的工艺尝试，目前虽不完善和彻底，但是应该加以总结，或许可以引入膜技术使之达到工业化。此外，在某些工艺选择上可以考虑改变碱浸蚀处理为酸浸蚀路线，同样可以达到减少固体废渣之目的。

（5）鼓励热封孔及研发无 Ni 冷（或中温）封孔，消除 Ni 和 F 的困扰。在特殊品质（如高温或拉应力的耐开裂性或铝卷材阳极氧化封孔）要求时，应该提倡使用沸水封孔，杜绝污染源。鉴于热-水合（沸水）封孔工艺的能耗大、水质要求很高，为此在常规工艺下鼓励研发无镍无氟常温封孔技术，这是当前一项非常重要并值得推广的方向。目前欧洲推出“高性能无 Ni 冷封孔”是基于 Zr/F 络合盐体系的冷封孔工艺，据报道该工艺的封孔品质（特别在碱性环境，如 pH 值为 12.5 及 13.7 的溶液中）已经超过热封孔和含 Ni 冷封孔。据称这种无 Ni 冷封孔（如德国的 Sur Tec 350，意大利的 Super seal 2S）的性能，更适合在汽车方面的应用。

（6）涂层前无铬预处理工艺尚需在服役现场考查其长期使用寿命，尤其是发生丝状腐蚀的程度。我国已经有几个体系的无铬处理方法，无机化合物有锆（钛）/氟体系，但是存在转化处理的前处理或蚀刻要求高，转化膜无色难于判别，裸膜耐盐雾腐蚀性差等缺点。而有机化合物（有机硅烷或其他如单宁酸等有机酸）可以得到接近于铬化膜的裸膜耐腐蚀水平，而且已研发成功有色膜，但是又担心其时效性能衰减问题。因此目前国内外基本上都趋于无机与有机成分的复合型的预处理，应该是更有前景的开发方向。市场上无铬处理工艺即使已经通过实验室的快速检定，还需要继续通过室外耐候性和现场服役的考验，方能达到真正可靠的放心使用的程度。还有尽管欧洲 Qualano 规范已经将阳极氧化纳入无铬预处理工艺，以期杜绝涂层下丝状腐蚀的困扰，从经济和技术的可信度和可行性的考量，我们宜密切关注欧洲动向，目前以静观其变无须紧跟为上策。有条件者可以择时探索阳极氧化+静电喷涂的工艺连续性，技术可靠性以及经济效果和性能水平。

（7）各种工艺过程中应减少或避免挥发性有机化合物（VOCs）的大气污染，工艺途径不仅需管控液相喷涂的 VOCs 溶剂的污染，还包括喷粉或电泳漆固化过程中的挥发性有机物的污染。喷粉是环保型的表面处理工艺，由于涂层前铝表面钝化处理涉及六价铬的污染，还由于有机物单体固化聚合过程中形成 VOCs，以及涂料含固化剂如 TGIC 等的毒性问题，为此粉末涂料的品质尤为重要。涂料中挥发性成分增加暴露在固化炉的白灰污染日趋严重，不仅影响环境，由于粉末涂层的孔隙率增加、致密度降低，引起涂层保护性能的下降，从而影响铝型材的使用寿命。为此规范粉末涂料品质就是一项有现实意义的刻不容缓的工作。

参考文献

[1] 朱祖芳. 从环境的新视角对于我国铝型材表面处理工艺的再思考［C］. 2010 年广东会议主题报告，2010.

[2] 朱祖芳. 铝合金阳极氧化工艺选择之环境问题［C］. 2013 广东会议主题报告，2013.

[3] 朱祖芳. 环境友好对铝表面处理技术创新的挑战［C］. 2016 中国有色金属加工协会年会，2016.

[4] Simon Meirsschaut. Update of European Legislation Relative to Surface Treatment of Aluminium and its Impact on the Finishing Industry［C］. 2015-Al 2000 Congress，2015.

[5] 日本轻金属制品协会. アルミニウム表面处理の理论と实务［M］. 4 版. 东京，2007.

[6] 日本产业综合研究所化学物质风险评估管理中心. 镍的详细（环境）风险评估［R］. 2006.

致谢

作者与日本菊池哲先生在北京、意大利 Dr. Strazzi 和 Globus 公司工程师 Irene 在常州分别就环境问题深入技术交流，德国 Alufinish 提供了资料，在此一并表示感谢。

简析铝型材阳极氧化电解着色废水的处理工艺

刘国良

（广东新合铝业新兴有限公司，广东云浮　527400）

摘　要：简述铝型材阳极氧化电解着色过程中产生的综合废水，以及介绍了使用化学处理法和物理处理法相结合，即“酸碱中和+PAM絮凝沉淀法”处理综合废水的工艺流程。

关键词：综合废水；酸碱中和；絮凝沉淀

1　引言

我国国民经济的持续稳定的发展和高新技术不断创新，促进了我国铝冶炼和铝型材加工行业的快速发展。铝及铝型材也为越来越多的人们所关注。在铝型材生产过程中为使铝型材具有美观性和耐腐蚀性等性能，往往对铝型材进行表面处理。目前，铝型材的表面处理方法有很多种，如阳极氧化电解着色、电泳涂漆、粉末喷涂和氟碳喷漆[1]。通过表面处理后的铝型材表面不仅可以拥有美丽而鲜艳的色彩，而且耐磨性、耐腐蚀性等性能都有很大提高。使用这些表面处理方法的过程中会产生一定量的酸性或碱性废水。

酸碱废水的腐蚀性较强，需经处理后才可进行排放。处理酸碱废水的基本原则：浓度较高的酸碱废水，应优先考虑对其进行回收利用；浓度较低的酸碱废水，可采取中和处理。对于中和处理，应优先选择以废治废的原则，即酸、碱废水相互中和。若达不到中和条件时，可采用中和试剂进行处理。

2　废水处理技术分类

废水处理方法可依据所使用的方法对其进行分类。主要是分为物理、化学和生物处理法这三类处理方法[2]。

2.1　物理处理法

物理处理法是通过物理作用对废水中不易溶解且呈悬浮状态的污染物进行分离、回收的废水处理法，在处理过程中废水中的污染物的化学性质不发生改变。通常采用的物理方法有沉淀、过滤、离心、气浮、蒸发结晶、反渗透等方法。将废水中的沉淀悬浮物、胶体物和油类等污染物分离出来，从而使废水得到初步净化。

2.2　化学处理法

化学处理法是通过化学反应改变废水中污染物的化学性质或物理性质，使它从溶解、胶体或悬浮状态转化为沉淀，或从固态转变为气态，进而从废水中去除污染物的处理方法。通常采用方法有中和、混凝、氧化还原、萃取、离子交换以及电渗透等方法。

2.3 生物处理法

生物处理法是通过微生物的代谢作用，使废水溶液、胶体以及微细悬浮状态的有机、有毒物等污染物质转化为稳定、无害的物质的废水处理方法。生物处理法为需氧和厌氧两种处理方法。

本文主要介绍利用化学处理法中的酸碱中和以及物理处理法中的PAM絮凝沉淀法，对铝型材阳极氧化着色的废水进行处理的工艺。

3 阳极氧化电解着色废水的成分

铝型材的阳极氧化电解着色一般需经过脱脂、碱蚀、中和、阳极氧化、电解着色和封孔等一系列工序。而阳极氧化电解着色概括起来主要有两种废水废液。其中一种是在各工序生产之后使用充分水洗以将附着在铝型材表面上的药液洗净的洗涤废水；另一种是由于药液的老化和杂质的积累的处理液。氧化车间各工序废水废液的主要成分[3]见表1。

表1 氧化车间各工序废水废液的主要成分

工序	阳离子	阴离子	其他
脱脂	Al^{3+}、H^{+}、	SO_4^{2-}、F^{-}	表面活性剂、油脂
碱蚀	Al^{3+}、Na^{+}	OH^{-}	表面活性剂
中和	Al^{3+}、Cu^{2+}、Fe^{3+}、Mg^{+}、H^{+}	SO_4^{2-}、NO_3^{-}	
阳极氧化	Al^{3+}、H^{+}	SO_4^{2-}	
电解着色	Al^{3+}、Ni^{2+}、Sn^{2+}、H^{+}	SO_4^{2-}	添加剂
封孔	Ni^{2+}、Al^{3+}、NH_4^{+}	F^{-}	有机物

将酸性废水和碱性废水进行中和反应，控制pH值在7~8范围内，其中的阳离子如Al^{3+}、Sn^{2+}、Mg^{2+}、Ni^{2+}等生成氢氧化物沉淀：

$$2NaAlO_2 + H_2SO_4 + H_2O \longrightarrow Na_2SO_4 + 2Al(OH)_3\downarrow$$

$$NiSO_4 + 2NaOH \longrightarrow Ni(OH)_2\downarrow + Na_2SO_4$$

$$MgSO_4 + 2NaOH \longrightarrow Mg(OH)_2\downarrow + Na_2SO_4$$

$$SnSO_4 + 2NaOH \longrightarrow Sn(OH)_2\downarrow + Na_2SO_4$$

$$Fe_2(SO_4)_3 + 6NaOH \longrightarrow 3Na_2SO_4 + 2Fe(OH)_3\downarrow$$

$$Al_2(SO_4)_3 + 6NaOH \longrightarrow 3Na_2SO_4 + 2Al(OH)_3\downarrow$$

经中和反应后，反应生成的沉淀物有$Al(OH)_3$、$Fe(OH)_3$、$Sn(OH)_2$、$Mg(OH)_2$和$Ni(OH)_2$，溶液中则有Na_2SO_4，其中泥渣中以$Al(OH)_3$为主要组分。

4 废水处理的工艺流程

铝型材阳极氧化电解着色所产生的废水处理工艺流程如图1所示。

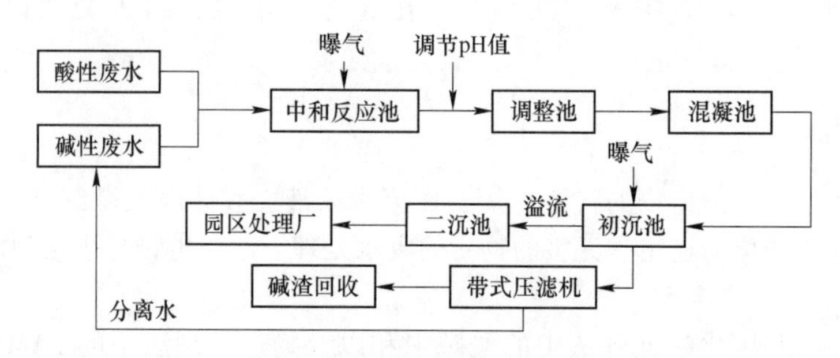

图 1 综合废水处理流程图

铝型材阳极氧化电解着色过程中产生的酸性废水进入酸性集水池，碱性废水进入碱性集水池，集水池内设有空气搅拌装置，以均衡水质。废水经均衡水质后进入反应池，调节酸碱废水集水池的调节阀控制反应池内的 pH 值至 7~8 之间，若 pH 值不在 7~8 之间则向废水中添加石灰或烧碱进行调节，再用泵抽送至调整池进行均质，均质后再抽至混凝池中，然后加入聚丙烯酰胺（PAM）吸附废水中的悬浮颗粒，使细颗粒形成比较大的絮状沉淀（也叫矾花）。反应后使用泵将废水抽入沉淀池中。废水中的金属离子与碱反应形成氢氧化物后，又在絮凝剂的作用下，形成较大颗粒矾花，在重力作用下沉降，沉淀池上半部清液可直接外排，排放口水质达到广东省地方排放标准 DB 44/26—2001 第二时段一级排放标准。

5 工艺原理

5.1 中和反应池

由于废水中存在大量的 Al^{3+}，所以反应池的主要机理就是使废水中的 Al^{3+} 与 OH^- 充分反应生成难溶的 $Al(OH)_3$ 沉淀。而铝在溶液中呈两性状态。当 pH<3 时，Al^{3+} 主要存在形态为 $[Al(H_2O)_6]^{3+}$；当 pH=7 时，Al^{3+} 的主要存在形态为 $Al(OH)_3$；当 pH>8.5 时，Al^{3+} 主要存在形态为 AlO_2^-。所以，在废水处理过程中调节 pH 时必须将 pH 值控制在 7~8 的范围，以使铝能以氢氧化铝的形态充分沉淀。

5.2 混凝池

中和沉淀法处理后的氢氧化物沉淀，由于带有相同的正电荷，所以沉淀之间不产生正、负电荷的吸引力，从而保持着胶电状态。因此，即使静置一段时间金属氢氧化物沉淀之间也不会聚集。同时金属氢氧化物沉淀水分多、比重小，所以金属氢氧化物的沉降速度一般较为缓慢。因此在进行沉淀处理时，为了加速沉淀的沉降速度，往往需投加絮凝剂。絮凝剂的作用是中和沉淀物的表面电荷。金属氢氧化物一般为阳离子，所以使用阴离子型絮凝剂对金属氢氧化物的电荷进行中和。投加絮凝剂后，沉淀中的阳离子细颗粒不断向絮凝剂中的阴离子进行聚集变大，所以絮凝后沉淀的沉降速度增大。

5.3 沉淀池

沉淀池是把凝聚的氢氧化物泥渣从水中有效分离的装置。它是利用沉淀的沉降速度大于水流向上的浮力，再将固液进行分离从而达到净化水质的作用。用同一速度沉降时，沉淀除去率由流速和沉淀池面积 Q/A 决定（Q 为流速，A 为沉淀池面积），Q/A 越小，固液分离效果越好[4]。在初沉池中在重力的作用下可以去除水中的悬浮物和其他固体杂质，在二沉池为了进一步去除水中的泥渣。

5.4 污泥处理

处理污泥是为了减少污泥中的水分，便于后续的处理以及运输。可根据脱水方法的不同分为机械脱水和自然脱水两种。自然脱水就是利用阳光将污泥晒干，这种方法的优点是运转费用低，但脱水效率低，占地面积大而且受天气影响因素大。机械脱水分为真空吸滤法、压滤法和离心法，这种方法的优点为脱水率高，占地面积小；但运转费用高。由于铝型材污泥结构疏松，且所需处理的废渣较多，而带式压滤机具有能够连续工作，且废渣处理量大的优点，所以选择带式压滤机的处理污泥效果最好。

6 处理效果

新合铝业新兴有限公司采用“酸碱中和+PAM 絮凝沉淀法”工艺处理综合废水项目工程运行多年来，处理效果理想，且经监测出水水质达到广东省地方标准《水污染物排放限值》(DB 44/26—2001）第二时段一级标准，结果如表 2 所示。达标后的废水再排放至园区污水处理厂进行深度处理。

表 2 处理效果的测试数据

测试项目	处理前的测试结果	处理后的测试结果	实际去除率	标准限值
pH 值	9.86	7.22	—	6~9
悬浮物	4555mg/L	47mg/L	98.9%	60mg/L
化学需氧量 COD_{Cr}	152mg/L	53mg/L	65.1%	90mg/L
氨氮	34.0mg/L	3.44mg/L	89.9%	10mg/L

7 结果与展望

采用“酸碱中和+PAM 絮凝沉淀法”处理阳极氧化生产过程中所产生的废水的处理效果较为理想。不仅有效地去除了废水中的污染物，经处理后的水质也能达到广东省地方标准《水污染物排放限值》(DB 44/26—2001）第二时段一级标准的要求。同时，与其他方法相比，这种工艺较为成熟，操作简单、管理方便，污染物去除率高；且经处理后的水质在满足环保要求的同时，部分净化水可以循环利用，减少企业的用水量和排放量。现存在的问题是废水处理所产生的废渣中含有较多的氢氧化物，这种废渣数量较多，目前大多数铝型材厂家都还没有找到一种比较合适的方法处理这种废渣，通常的做法是将废渣交由第三方进行填埋。这不仅浪费资源，侵占有限的土地资源，且污染环境。其中废渣中主要为 $Al(OH)_3$，若能将其提纯出来并将其开发利用，将会具有广泛的用途。

参 考 文 献

[1] 罗苏，吴锡坤．铝型材加工实用技术手册［M］．湖南：中南大学出版社，2006.

[2] 钟江涛，林介成．工业废水的处理方法探讨［J］．北方环境，2012，24（2）：138-140.

[3] 薛文林，孟宵春．铝合金氧化着色废水废液的回收处理［J］．中国物资再生，1992（7）：9-11.

[4] 张玉先．沉淀池沉淀去除率计算和表面负荷率确定的新方法［J］．中国给水排水，1995，11（4）：19-22.

无铬前处理对木纹型材附着力的影响

毕　朗[1]，张洪亮[2]，李　强[2]

（1. 山东临朐鹏博化工有限公司，山东潍坊　262600；
2. 山东华建铝业集团有限公司，山东潍坊　262600）

摘　要：本文研究了不同前处理工艺对木纹型材的附着力影响，不同前处理及喷涂膜厚对半透明热转印木纹底粉色差的影响。

关键词：无铬钝化；铬化处理；木纹转印；色差；膜厚

Effect of Chromium-free Pretreatment on Adhesion of Wood Profile

Bi Lang[1], Zhang Hongliang[2], Li Qiang[2]

(1. Shandong Linqu Pengbo Chemical Co., Ltd., Weifang 262600;
2. Shandong Huajian Aluminum Group Co., Ltd., Weifang 262600)

Abstract: This paper studied the influence of different pretreatment processes on the adhesion of wood grain profiles, and the influence of different pretreatment and spray film thickness on the color difference of translucent heat transfer wood grain base.

Key words: chromium-free passivation; chromium treatment; wood grain transfer; color difference; film thickness

1　引言

随着人们生活质量水平的不断提高，全铝木纹仿真家装铝型材门窗的需求越来越大，对其品质要求越来越严格。透明粉及半透粉木纹底粉热转印处理后的木纹型材因其具备逼真的天然木材纹理、光泽靓丽、颜色鲜艳、纹理清晰等特点得到了广大客户的青睐。

本文研究了不同前处理工艺及喷涂膜厚对半透明热转印木纹底粉色差的影响，并对透明粉木纹底粉涂层进行了耐盐雾腐蚀性能、耐高压水煮、耐盐酸性、耐溶剂性等一系列性能实验。

2　实验方案

准备 144 块材质状态为 6063-T5，长度 20cm 左右的实验料头，其中 72 块经铬化处理，另 72 块无铬钝化处理。选取 12 种常规木纹半透底粉，分别在经铬化处理（6 块）和无铬钝化处理（6 块）的料头上喷涂不同膜厚的涂层，经 200℃固化 10min 后制成木纹底粉样板。

无铬处理为山东华建铝业集团一分厂鹏博化工无铬钝化；铬化处理为山东华建铝业集团二分厂铬化钝化。

分别对每块木纹底粉料头检测膜厚、光泽度、色相值，并做数据记录。选取铬化、无铬前处理对应的 12 种底粉料头分别做耐盐雾实验、耐盐酸、耐溶剂、耐高压沸水性实验，检验涂层性能。

3　不同前处理工艺对半透明热转印木纹底粉色差的影响

喷涂前处理工艺分为铬化处理及无铬钝化处理，传统的铬化前处理是在铝合金基材表面形成金黄色的非晶铬酸盐化学转化膜，铬化膜层颜色由浅黄色至金黄色。因为铬化处理后形成的铬化膜颜色深浅不一，从而造成喷涂半透木纹底粉后有色差。因为铬化前处理中六价铬属致癌物质，是严重的污染物，近年来无铬钝化技术发展迅速并日臻成熟，目前越来越多的铝型材生产厂家采用了无铬钝化技术代替传统铬化前处理工艺。因无铬钝化工艺采用锆钛体系或硅烷体系为成膜物质，形成的无铬钝化膜层为无色透明，不覆盖原始基材表面金属光泽，钝化膜层不存在色差问题，所以对喷涂的半透明木纹底粉色差影响不大。

3.1　铬化及无铬钝化前处理后喷涂的木纹底粉色差对比

用铬化及无铬钝化前处理后喷涂的木纹底粉料头图如图 1 所示，通过实验料头对比来看，铬化和无铬钝化前处理的半透木纹粉存在明显差异，尤其是 8 号、9 号、14 号实验粉。

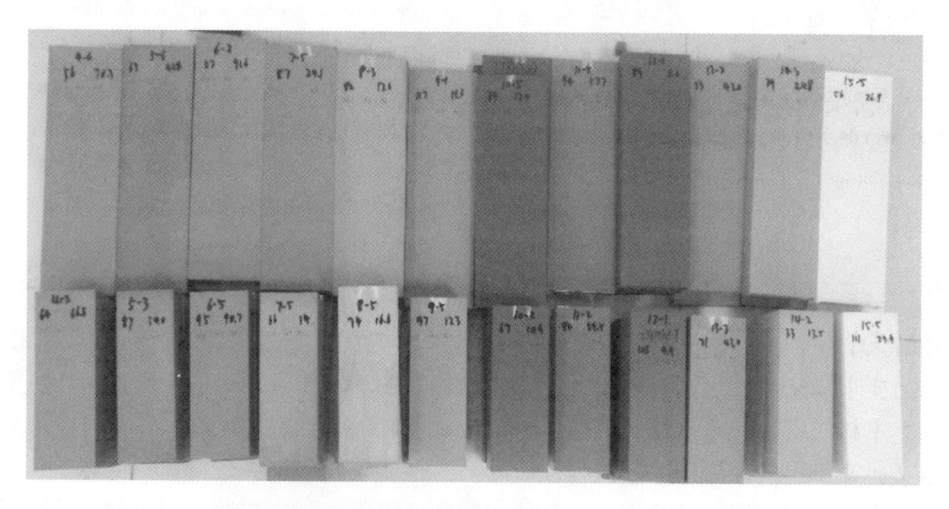

图 1　不同前处理工艺制备的不同半透木纹底粉料头

3.2　色差较大典型半透木纹底粉分析

以 8 号实验样粉为例，TY10716MD 低光刨花木纹半透底粉分别经无铬及铬化处理，无铬前处理后喷涂料头 8-2 号样与有铬前处理后喷涂料头 8-4 号样在自然光下 0.5m 观察，目视色差明显（图2）。根据 GB/T 11186.3-89《涂膜颜色的测量方法 第三部分 色差计算》中规定的方法计算色差值 $\Delta E=\sqrt{(65.4-57.6)^2+(12.1-5.8)^2+(62.6-36.9)^2}=27.6$。色差值偏差较大，从图 2 可以看出，因无铬钝化膜为无色透明膜（图 3），对喷涂半透明底粉后的颜色影响不大，喷涂后的料头涂层为黄色的原木纹底粉本色，而基材经铬化处理后形成的铬化膜层为金黄色（图 3），再喷涂半透明的黄色木纹底粉后，形成的木纹底粉涂层颜色为暗黄色，目视与无铬钝化后喷涂的木纹底粉色差明显，色差值最大为 27.6。将此两块料头分别用同一种木纹纸热转印后制成的木纹料头图如图 4 所示。可以看出，因木纹底粉色差的巨大差异，转印后的木纹纹理也表现出了明显的目视色差，无铬前处理的木纹料底色偏亮偏黄，铬化前处理的木纹料底色偏暗。

图 2 不同前处理喷涂 TY10716MD 木纹底粉色差对比（左：无铬；右：铬化）

图 3 无铬钝化膜与铬化膜颜色对比（左：无铬；右：铬化）

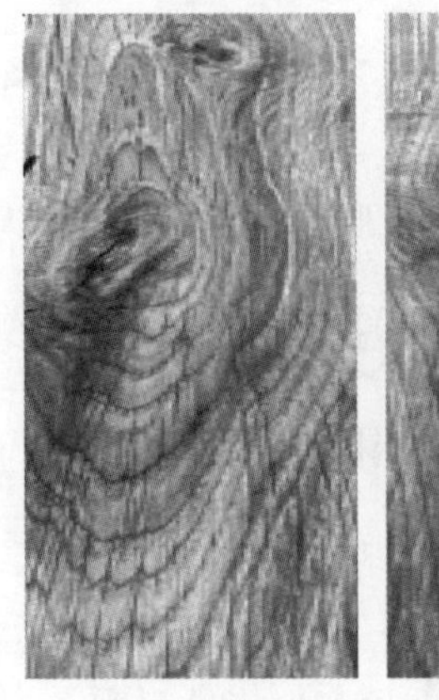

图 4 不同前处理喷涂同种木纹底粉后转印同种木纹纸色差对比（左：无铬；右：铬化）

4 不同膜厚对半透明热转印木纹底粉色差的影响

以 8 号实验粉为例，同为无铬钝化前处理的料头，分别喷涂同种 TY10716MD 木纹底粉，其中 8-2 号样膜厚 112μm，8-3 号样膜厚 115μm，8-5 号样膜厚 74μm，从图 5 可以看出，8-2 号与 8-3 号样膜厚相近，目视色差不明显，计算色差 $\Delta E=\sqrt{(65.4-64.9)^2+(12.1-12.2)^2+(62.6-63.2)^2}=0.8$，合格。8-2 号与 8-5 号样膜厚差距较大，喷涂木纹底粉目视色差明显，$\Delta E=\sqrt{(65.4-67.4)^2+(12.1-8.7)^2+(62.6-59.9)^2}=4.8$，不合格。

以 5 号实验粉为例，同为铬化前处理的料头，分别喷涂同种 TY11284D 木纹底粉，其中 5-4 号样膜厚 70μm，5-5 号样膜厚 45μm，5-6 号样膜厚 63μm，从图 6 可以看出，5-4

号与 5-6 号样膜厚相近，目视色差不明显。5-5 号样因膜厚偏低出现的明显的色差，涂层表面颜色分布不均，类似局部露底的现象，计算 5-5 号与 5-4 号样色差值 $\Delta E=\sqrt{(54.5-48.3)^2+(12.5-13.9)^2+(25.8-26.4)^2}=6.5$，不合格。

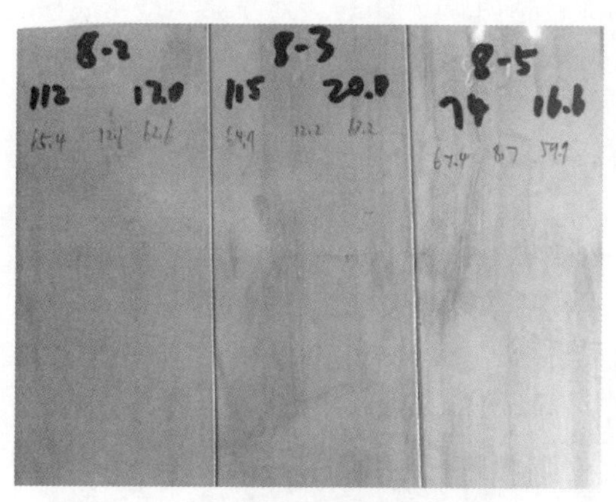

图 5　无铬前处理喷涂不同膜厚 TY10716MD 木纹底粉色差对比

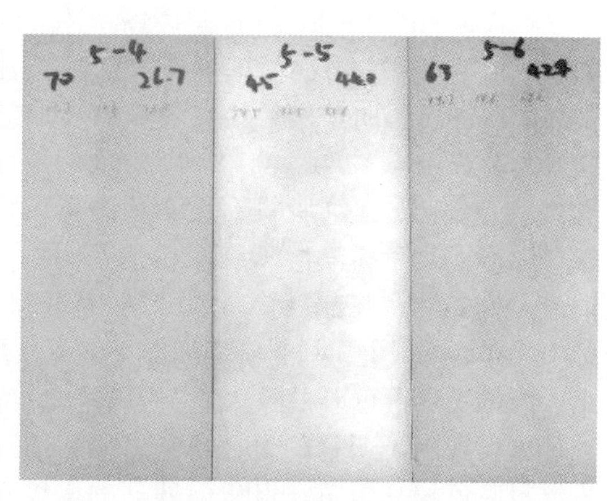

图 6　铬化前处理喷涂不同膜厚 TY11284D 刨花木纹底粉色差对比

由此可以看出，不管是无铬或者铬化前处理，喷涂半透木纹底粉膜厚的差异会导致明显的色差，因为半透粉遮盖率差，膜厚太低会出现涂层表面颜色分布不均现象，生产时建议喷涂半透木纹底粉膜厚在 60~90μm 为宜。

5　半透木纹底粉性能试验结果

5.1　半透木纹底粉附着力性能

干、湿附着性及耐沸水性按 GB/T 5237.4—2017《铝合金建筑型材　第 4 部分：粉末喷涂型材》规定的实验方法及判定方法，其中耐沸水性是将试样料头置于压力为 0.1MPa 的高压锅中水煮 1h 后，取出评定附着力等级。

实验结果表明，所有分别经无铬及铬化处理的 12 种半透木纹底粉涂层附着力均为 0 级，耐沸水实验后膜层表面均无脱落、起皱现象，部分实验后的料头图如图 7 所示。

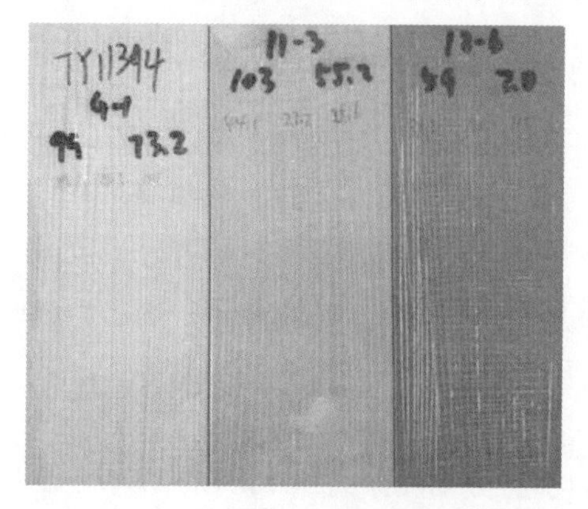

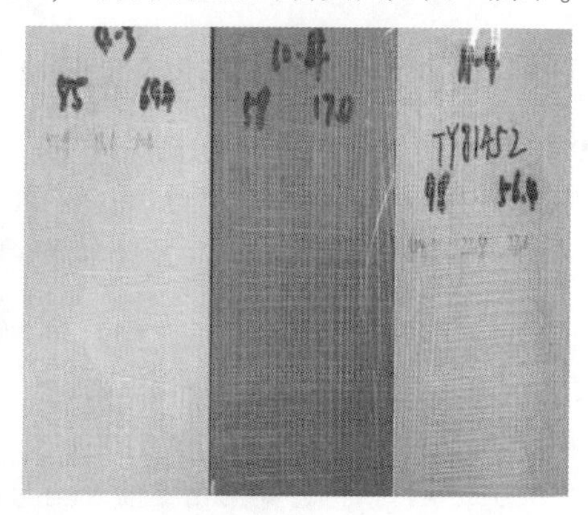

图 7　半透木纹底粉耐沸水性实验结果（左：无铬；右：铬化）

5.2 半透木纹底粉耐盐酸性

耐盐酸性实验按 GB/T 5237.4—2017《铝合金建筑型材　第 4 部分：粉末喷涂型材》的规定，在试样表面滴上 10 滴（1+9）盐酸试液，用表面皿盖住，在 18~27℃的环境下放置 15min 后，用自来水洗净、晾干。

实验结果表明所有分别经无铬及铬化处理的 12 种半透木纹底粉涂层经耐盐酸实验后膜层表面均无气泡和其他明显变化，部分实验后的料头图如图 8 所示。

5.3 半透木纹底粉耐溶剂性

耐溶剂性实验按 GB/T 8013.3—2007《铝及铝合金阳极氧化膜与有机聚合物膜　第 3 部分：有机聚合物喷涂膜》的规定擦拭法，将饱蘸二甲苯溶剂的棉条在试样表面上沿同一直线路径，以每秒 1 次往返的速率，来回擦拭涂层 30 次。将试样用自来水冲洗干净，抹干，在室温下放置 2h 后观察涂层表面。

实验结果表明所有分别经无铬及铬化处理的 12 种半透木纹底粉涂层经耐溶剂实验后膜层表面均无发暗现象，用指甲划膜层未出现划破现象，部分实验后的料头图如图 9 所示。

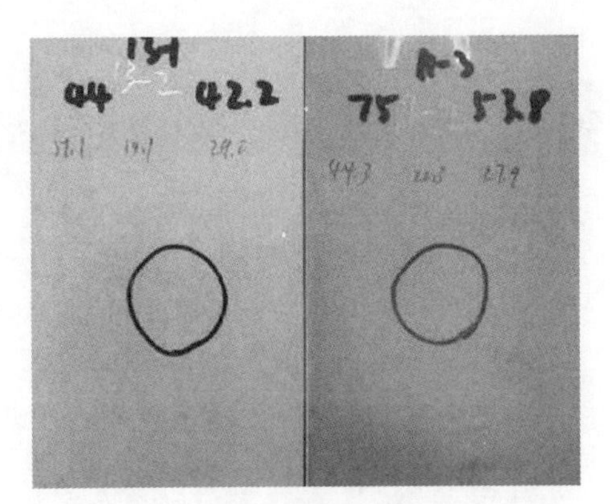

图 8　半透木纹底粉耐盐酸性实验结果

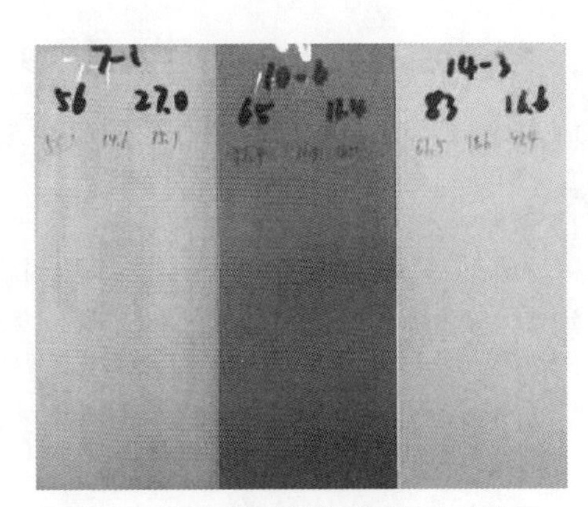

图 9　半透木纹底粉耐溶剂性实验结果

5.4 半透木纹底粉耐盐雾腐蚀性

耐盐雾腐蚀性实验按 GB/T 5237.4—2017《铝合金建筑型材　第 4 部分：粉末喷涂型材》的规定，在试样上沿对角线划两条深至基材的交叉线，划线宽度为 1mm，线宽不贯穿试样对角，线段各端点与相应对角成等距离，然后按 GB/T 10125 规定进行乙酸盐雾试验 1000h。

实验结果表明，所有分别经无铬及铬化处理的 12 种半透木纹底粉涂层经耐盐雾腐蚀实验后，划线两侧膜下单边渗透腐蚀宽度均未超过 4mm，划线两侧 4mm 以外部分的膜层均未气泡、脱落及其他明显变化，部分实验后的料头图如图 10 所示。

以上性能试验结果表明，无铬及铬化前处理喷涂的半透木纹底粉涂层性能均能符合 GB/T 5237.4—2017《铝合金建筑型材第 4 部分：粉末喷涂型材》规定的膜层性能要求。

图 10　半透木纹底粉耐盐雾腐蚀性实验

6　结论

（1）无铬及铬化前处理因钝化膜层颜色的差异导致喷涂半透明木纹底粉后出现色差。

（2）铬化前处理工艺因形成的铬化膜层颜色深浅导致半透明木纹底粉色差。

（3）木纹底粉喷涂膜厚差异导致出现色差。

（4）型材基材表面线纹亮带引起铬化膜色差导致喷涂半透明木纹底粉后出现色差。

参 考 文 献

[1] 福建省闽发铝业股份有限公司，等．GB/T 5237.4—2017 铝合金建筑型材　第 4 部分：粉末喷涂型材［S］．北京：中国标准出版社，2017.

[2] 国家有色金属质量监督检验中心，等．GB/T 8013.3—2007 铝及铝合金阳极氧化膜与有机聚合物膜　第 3 部分：有机聚合物喷涂膜［S］．北京：中国标准出版社，2007.

[3] 蒋干正，等．浅谈 PU 木纹铝型材生产色差的原因及解决方案［C］. 2017 第 8 届广东铝加工技术（国际）研讨会论文集，2017：424-426.

[4] 王胜宏，等．粉末喷涂热转印木纹型材的工艺与应用［C］. 2017 第 8 届广东铝加工技术（国际）研讨会论文集，2017：388-398.

工艺技术：其他

铝合金锻压过程中温度、变形速率、变形程度的变化与控制

刘静安[1]，刘 煜[1]，卞进良[2]

（1. 西南铝业（集团）有限责任公司，重庆 401326；
2. 无锡元基精密机械有限公司，江苏无锡 214000）

摘 要：本文讨论了各种铝合金在锻压过程中的应力-应变条件和温度-速度条件，并根据不同合金的相图、塑性图、变形抗力图和加工再结晶图等，分析并控制其最佳锻压温度、变形速度和变形程度范围的原则和方法。

关键词：铝合金锻压生产；锻压温度；锻造变形程度；锻造变形速率；变化与控制

1 铝合金锻压过程的温度变化及合理控制[1]

铝合金的可锻性主要和合金锻造时的相组成有关。为了使合金在锻造时尽可能具有单相状态，以便提高工艺塑性和减小变形抗力，首先必须根据合金相图适当选择锻造温度范围。

对于合金化程度低的变形铝合金，如5A02、3A21等，当锻造加热温度为470～500℃时，强化相或过剩相一般均溶入固溶体，合金基本上呈单相固溶体状态，在300～350℃以下温度，会从固溶体中沉淀出少量强化相，但合金塑性无显著变化。所以，这类合金在300～500℃温度范围内锻造，其工艺塑性并无显著变化。

但是，对于合金化程度高的变形铝合金，例如7A04等，由于其绝大多数是过饱和的固溶体，随着锻造温度下降，便要从固溶体中析出强化相，使合金的显微组织呈明显的多相状态，使合金的工艺塑性明显降低。根据合金相组成随温度的变化来看，7A04合金最高塑性的温度范围应为400～500℃。而在300℃左右时，合金中则有较多的S相、T相和其他相，导致合金的塑性降低；在高于450℃温度，由于合金中原子振动振幅增大，晶界以及原子之间的结合削弱，合金的塑性又明显降低，所以，7A04合金的最合适的锻造温度范围应为400～450℃。

根据合金相组成随温度的变化规律确定的锻造温度范围，必须通过各种合金的塑性图、变形抗力图和加工再结晶图加以准确化。

图1是三种不同铝合金的塑性图。由图可见，防锈铝3A21合金在300～500℃范围内具有很高的塑性，而且在应变速率增大，由静变形改为动变形时，这种合金的塑性变化不大。因此，这种合金无论是在液压机上或锤上锻造，其变形量均可达到80%以上。锻铝

2A50 在 350～500℃范围内具有较高的塑性，锤上锻造变形量可达 50%～65%，液压机上锻造则可达 80%以上，而超硬铝 7A04 在锤上锻造时，高塑性的温度范围应为 350～400℃，允许的变形量不得超过 58%，而在液压机上锻造时，锻造温度范围应为 350～450℃，允许的变形量为 65%～85%。

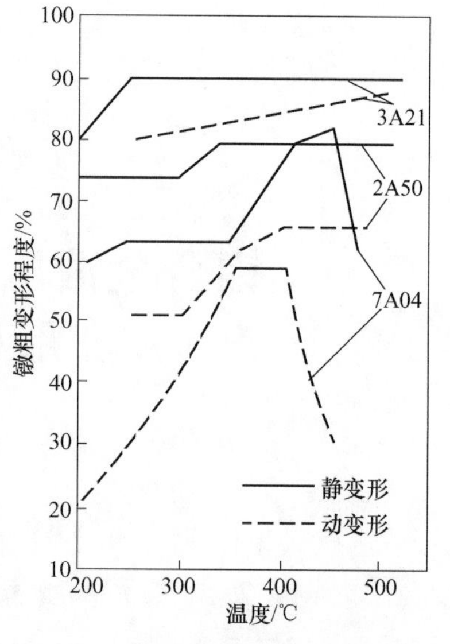

图 1　三种不同铝合金的塑性图

上述三种铝合金及其他一系列铝合金工艺塑性研究表明，大多数铝合金在 300～500℃的温度范围内都具有足够高的工艺塑性。

图 2 为 3A21、2A50 和 7A04 三种合金在不同温度下的流动应力曲线。由此图可见，流动应力的数值主要与合金的种类及锻造温度有关，受变形程度的影响较小。

随着温度从 500～450℃降低到 350℃，3A21 合金的变形抗力从 40MPa 增大到 100MPa，也即增大 1.5 倍；2A50 和 7A04 则相应从 60～90MPa 增加到 120～160MPa 和从 100～120MPa 增加至 160～180MPa，也几乎增加了 1 倍。这说明：随着温度下降，铝合金的变形抗力剧烈增大。所以，铝合金，特别是合金化程度高的铝合金不应在过低的温度下终锻。这也是超硬铝的终锻温度比防锈铝的高，锻造温度范围窄的原因之一。

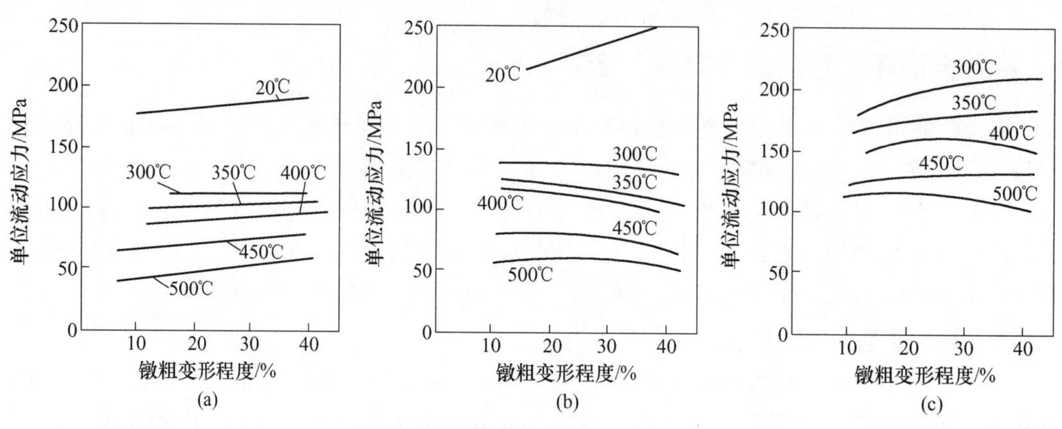

图 2　三种铝合金的流动应力曲线

（a）3A21 合金；（b）2A05 合金；（c）7A04 合金

另外，从图 2 还可看出，3A21 在 300℃、2A50 在 350℃终锻时，随变形程度增大，合金的流动应力曲线基本保持水平，这说明再结晶软化速度已达到或超过了加工硬化速度，因而，这两种合金按塑性图所选定的终锻温度，可以保证合金处于完全热变形状态。合金化程度高的 7A04 合金则有所不同，在 350℃下流动应力曲线随变形程度增大而略有升高，这说明此种合金在 350℃终锻时有加工硬化现象，即不能保证完全热变形，但这种加工硬化并不严重，因此，按塑性图确定的终锻温度仍可适用。

铝合金合适的锻造温度范围，除了应保证合金具有较高的塑性、较低的变形抗力、足够宽的锻造温度范围，以便于操作之外，还应保证锻件具有较高的力学性能和较细的晶粒组织，对于合金化程度低的防锈铝，在确定其锻造温度范围时，应考虑到加工硬化和再结晶软化这两个因素对锻件力学性能和晶粒长大所产生的综合影响。由于防锈铝的加工硬化不严重，所以加热温度应控制在下限，以免晶粒长大，强度降低。例如，防锈铝的高塑性温度上限可超过 500℃，但在实践中，为了防止晶粒粗大，这类铝合金的始锻温度为 480℃就足够了。如果是多火次锻造，在最后一火锻造变形率不大时，坯料的加热温度尤应偏低，这样，终锻温度也将偏低，从而获得晶粒细小的锻件。

对于合金化程度高的硬铝、超硬铝，终锻温度偏低会使锻件中的某些部分留下加工硬化，在随后淬火加热时再结晶会充分进行，使晶粒长大，性能降低。所以，这类合金的终锻温度宜取高些。在多火次锻造时，对各火次锻造温度的规定，不需要像防锈铝那样严格，因为这类合金锻后还要进行固溶时效处理，锻件的最终力学性能主要受最终热处理参数支配。

7A04 等高强度硬铝合金的锻造温度范围虽然比较窄，但对模锻来说，是足够的；对锻造时间较长的自由锻，可用增加火次的办法来弥补锻造温度范围窄的不足，只要每一火加热后锻造不落入临界变形，便不会使晶粒明显长大及降低高强度铝合金的力学性能。表 1 列出了常用的变形铝合金的锻造温度范围。

表 1　铝合金锻造温度范围（典型）

合　金	锻造温度/℃	合　金	锻造温度/℃
1070A、1060、1050A	470~380	2A50（铸态）	450~350
5A02	480~380	2A50（变形）	480~350
5A03	475~380	2A80	480~380
3A21	480~380	2A14（铸态）	450~350
2A02	450~350	2A14（变形）	470~380
2A11	480~380	7A04（铸态）	430~350
2A12	460~380	7A04（变形）	450~380
6A02	500~380	7A09（铸态）	430~350
2A70	475~380	7A09（变形）	450~380

2　铝合金锻压过程中的变形速率及确定条件

变形速率（$\dot{\varepsilon}$）不等于设备的工作速度。变形速率不仅与滑块的运动速度有关，而且还取决于坯料的尺寸，其关系如下：

$$\dot{\varepsilon} = \frac{V}{H_0} \tag{1}$$

式中，V 为滑块或工具的运动速度，m/s；H_0 为毛坯的原始高度，m。

由式（1）可知，在工具运动速度一定时，毛坯高度越小，变形速率越小；毛坯尺寸相同，工具运动速度越大，变形速率就越大。各种锻压设备上的工具运动速度和合金变形速率的大致范围见表 2。

表 2　各种设备上铝合金的变形速率

设备名称	材料试验机	液压机	曲柄压力机	锻锤	高速锤
工具运动速度/$m \cdot s^{-1}$	≤0.01	0.1~0.3	0.3~0.8	5~10	10~30
变形速率/s^{-1}	0.001~0.03	0.03~0.06	1~5	10~250	200~1000

研究表明，变形速率对铝合金的塑性和变形抗力有一定影响，大多数铝合金随变形速率的增大，在锻造温度范围内的工艺塑性并不发生显著的降低。这是因为变形速率增大所引起的加工硬化速度的增加，没有使它超过铝合金的再结晶速度。但是，一部分合金化程度高的铝合金，随着从静载变形改为动载变形，工艺塑性便要下降，允许的变形程度甚至可以从 80%降低到 40%。这是由于合金化程度高的铝合金，再结晶速度小，在动载变形时，加工硬化显著增大所致。此外，当从静载变形改为动载变形时，铝合金的变形抗力增大 0.5~2 倍。

3　铝合金锻压过程中变形程度的变化与确定

3.1　设备每一工作行程的变形程度

铝合金锻造时，在锻造设备每一工作行程内毛坯的变形程度应取多大，一方面取决于锻件的形状，另一方面则取决于合金的工艺塑性。为了保证合金在锻造过程中不开裂，每一行程的变形程度应根据该合金塑性图与所选择的变形温度、应变速率相当的塑性曲线确定。这样确定下来的变形程度，即为每一行程允许的最大变形程度。

另外，为了保证锻件具有细小的均匀的晶粒组织，在设备每一工作行程内的变形程度，还应大于或小于加工再结晶图上相应温度下的临界变形程度。尤其重要的是要控制终锻温度下的变形程度不落入临界变形。

研究表明：铝合金的临界变形程度大都在 12%~15%以内，所以，终锻温度下的变形程度均应大于 12%~15%。

根据铝合金塑性图确定的每一工作行程的允许变形程度见表 3。

表 3　铝合金每次行程允许变形程度　　(%)

<table>
<tr><th>合　金</th><th>液压机（镦粗）</th><th>锻锤、曲柄压力机（镦粗）</th><th>高速锤（挤压）</th><th>挤压模锻</th></tr>
<tr><td>3A21、5A02、5A03、6A02、2A50</td><td>80~85</td><td>80~85</td><td>85~90</td><td rowspan="2">90</td></tr>
<tr><td>5A05、5A06、2A02、2A70、2A80、2A11</td><td>70</td><td>50~60</td><td>85~90，但 5A05、5A06 为 40~50</td></tr>
<tr><td>7A04、7A09、2A12、2A14</td><td>70</td><td>50</td><td>85~90</td><td>85</td></tr>
</table>

3.2　总变形程度

铝合金铸锭在锻造过程中的总变形程度，不仅决定了锻件的力学性能，而且决定了锻件的纵向和横向力学性能差异大小，即各向异性大小。

对 2A11 铝合金铸锭进行的试验表明：在小变形和中等变形情况下，纵向和横向的强度指标相差不多，但伸长率相差较大（图 3）。当铸锭的总变形程度为 60%~70%，合金力学性能最高，性能的各向异性最小。当变形程度超过60%以后，随变形程度的增加，横向力学性能由于纤维组织的形成而剧烈下降。所以，在锻造过程的各个阶段，必须避免单方向的大压缩变形（超过60%~70%）。但是，对挤压棒材进行压扁时，结果则同铸锭的相反（图4）。

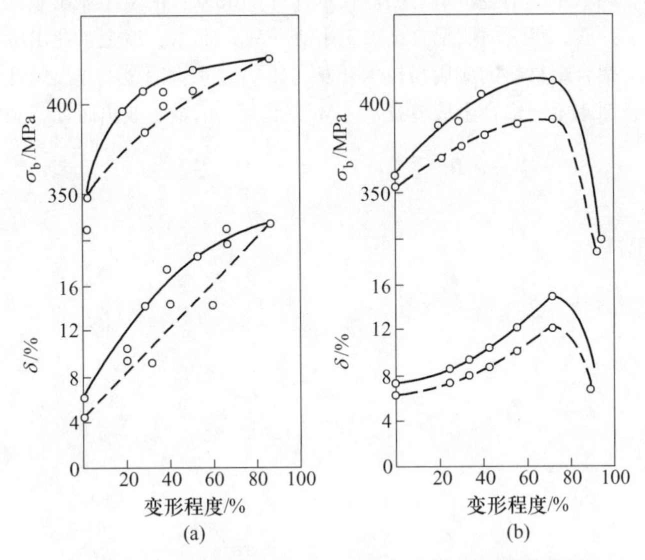

图3 变形程度对2A11合金力学性能的影响

（实线为从铸锭中心切取的试样；虚线为从铸锭外层切取的试样）

（a）纵向；（b）横向

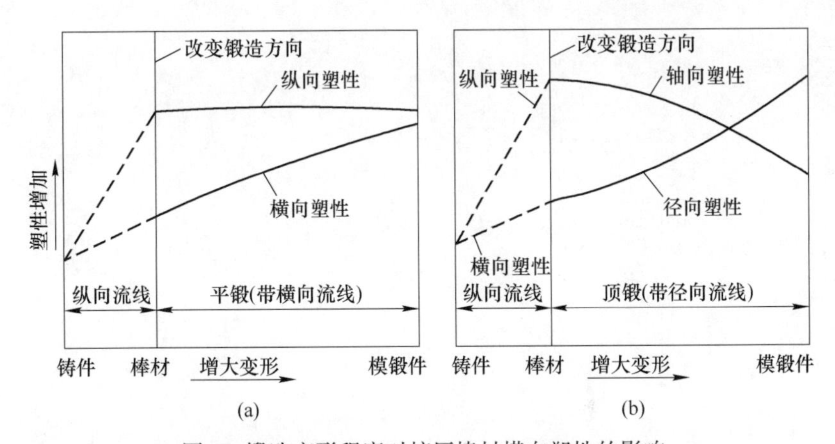

图4 锻造变形程度对挤压棒材横向塑性的影响

（a）棒料平放在模具中（相当于压扁）；（b）坯料立放在模具中（相当于镦粗）

4 小结

锻压温度、变形速率和变形程度是铝合金锻压生产过程中最重要的工艺参数，它们对锻造产品的组织与性能以及锻造过程中的可锻压性、变形抗力、力能消耗及成品率和生产效率都有着十分重要的影响。因此，必须优化工艺、选择最合理工艺参数范围。试验和生产实践证明，合金的相图、塑性图、变形抗力图和再结晶图等是确定铝合金锻压工艺参数的有效工具。当然，生产条件和实践经验也是优化工艺的重要手段。

参考文献

[1] 刘静安，张宏伟，谢水生．铝合金锻造生产技术［M］. 北京：冶金工业出版社，2012.

[2] 谢水生，刘静安，徐骏，等．简明铝合金加工手册［M］. 北京：冶金工业出版社，2016.

[3] 刘静安，谢水生．铝合金材料的应用与技术开发［M］. 北京：冶金工业出版社，2011.

[4] 刘静安，张宏伟，谢水生．铝合金锻造技术［M］. 北京：冶金工业出版社，2012.

高强高精度2024合金拉制棒材性能研究

章　伟

（西北铝业有限责任公司，甘肃定西　748111）

摘　要： 通过冷变形量和热处理工艺方面进行试验，提出造成2024合金拉制棒性能散差大的主要原因是冷变形量的大小，找到减小同批材料性能差别大及强度不合格问题的解决措施。制定合理的生产工艺：先淬火，再冷变形，最后人工时效，淬火温度493℃，保温40min；冷变形量不大于6.0%；时效温度100℃，时间5h，通过显微组织分析得出形变热处理强化是变形与相变既互相影响又互相促进的一种工艺，可保证2024合金拉制棒的抗拉强度、屈服强度和断后伸长率合格，提高产品的成品率。

关键词： 冷变形量；淬火；性能

Study on Properties of High Strength and High Precision Drawing Rods Made of 2024 Alloy

Zhang Wei

(Xibeilv Branch of CHALCO, Dingxi 748111)

Abstract: Cold deformation and heat treatment processes to test, the result of 2024 alloy drawn rods scattered poor performance is mainly due to large amount of cold deformation of the size, reduce the same batch of materials to find the performance difference between large and intensity measures failed to resolve the issue. To develop a reasonable production process: First quenched and then cold deformation, the final artificial aging, quenching temperature 493℃, thermal insulation 40min; Cold deformation no greater than 6.0%; aging temperature 100℃, time 5h, microstructure analysis from the thermomechanical treatment enhanced deformation and phase transformation is not only influence each other and promote each other and a process to ensure that 2024 alloy rods drawn tensile strength, yield strength and elongation of qualified fractured to enhance the product yield.

Key words: cold-work quantity; quenching; performance

1　引言

我公司生产的2024合金拉制棒材，规格为ϕ12.7~50.8mm，尺寸精度要求高（±0.1mm），生产工艺不同于一般的棒材，为保证尺寸精度必须要进行过模拉伸，ϕ40mm以下的棒材冷变形前不需退火，而ϕ40mm以上的棒材冷变形前必须退火，淬火后6h内在辊式矫直机上进行矫直。统计已生产的217批2024合金拉制棒性能值，同一批料抗拉强度或屈服强度差值在40MPa以上的有78批，同批料抗拉强度差值最大的可达160MPa，不合格品占总产量的35.9%，严重影响了该产品的成品率。就此问题笔者主要从冷变形量（在性能试验机上进行冷变形）和热处理制度方面进行了对比试验，以找出该合金性能差异大的主要原因，用以指导生产。

2 化学成分及力学性能

2024合金拉制棒材的技术要求见表1和表2。

表1 2024合金棒材化学成分 (wt%)

Si	Fe	Cu	Mn	Mg	Cr	Ni	Zn	Ti	其他	Al
0.50	0.50	3.8~4.9	0.3~0.9	1.2~1.8	0.1	—	0.25	0.15	0.15	余量

表2 2024合金棒材力学性能

状态	抗拉强度/MPa	屈服强度/MPa	伸长率/%
T351	≥428	≥310	≥10

3 试验方案

3.1 试验设备

CMT5105电子拉力试验机；GY-30坩埚式电阻炉。

3.2 试验过程

方案1：淬火前给予不同的冷变形量

取5284批次2024合金棒材一根（ϕ13.39mm、挤压态），切头、切尾使整根料性能均匀后给予不同的冷变形量，再进行淬火人工时效（热处理工艺：淬火温度493℃，保温40min，时效温度100℃，时间5h），不同冷变形量和性能之间的关系见表3。

表3 不同冷变形量后淬火、人工时效的棒材性能

变形量/%	拉伸前直径/mm	拉伸后直径/mm	抗拉强度/MPa	屈服强度/MPa	伸长率/%
0	13.39	13.39	546	384	16.0
3.6	13.38	13.15	529	382	15.4
5.3	13.40	13.03	477	309	19.4
6.2	13.39	12.97	468	302	17.0
7.3	13.38	12.89	461	293	21.0
9.6	13.40	12.73	430	270	21.6

方案2：淬火后时效之前给予不同的冷变形量

对2024合金棒材淬火40min完成后给予不同的冷变形，再经时效后进行性能测试（热处理工艺：淬火温度493℃，保温40min；时效温度100℃，时间5h），冷变形量和性

能之间的关系见表4。

表4　淬火后给予不同的冷变形量再进行人工时效后的棒材性能

变形量/%	拉伸前直径/mm	拉伸后直径/mm	抗拉强度/MPa	屈服强度/MPa	伸长率/%
0	12.00	12.00	548	380	16.0
1.8	12.00	11.89	542	452	13.0
4.1	12.01	11.76	550	483	11.6
6.1	12.01	11.64	540	498	9.4
7.8	12.02	11.54	553	518	8.8

方案3：淬火时效后给予不同冷变形

对2024棒材淬火、时效后（淬火温度493℃，保温40min，时效温度100℃，时间5h）20min内给予不同的冷变形量，冷变形量和性能之间的关系见表5。

表5　淬火、时效后给予不同冷变形量的棒材性能

变形量/%	拉伸前直径/mm	拉伸后直径/mm	抗拉强度/MPa	屈服强度/MPa	伸长率/%
0.6	10.04	10.01	555	398	16.8
1.4	9.89	9.82	561	424	14.0
3.0	9.92	9.77	570	465	14.2

4　试验结果及分析

表3是2024合金棒材给予不同冷变形量后进行淬火、人工时效后的棒材性能。从表3可看出随着冷变形量的增大，合金的抗拉强度和屈服强度逐渐减小，而断后伸长率逐渐增大，当变形量达到5.3%时，合金的屈服强度很低。试样在NaOH水溶液中浸蚀，再经HNO_3清洗后，目测观察低倍组织，当冷变形量达到6.2%时，棒材端面晶粒度由要求的1级转为2~4级。如图1和图2所示，这说明冷变形量的大小会对材料淬火再结晶晶粒产生影响，冷变形量趋近于材料临界变形时，材料的再结晶晶粒会明显长大。晶粒大，材料强度、屈服强度会降低。而断后伸长率会增大。由于挤压材料的挤压头端和尾端受到挤压速度等因素的影响，其断面尺寸存在较大偏差，在过模拉伸时，造成变形量不均匀，在挤压棒的一根料中有可能局部冷变形量超过5.0%，造成同批材料或同一根料的不同部位性能差异大。所以严格控制原始挤压断面尺寸与冷变形量会减小同批材料之间的机械性能差异。

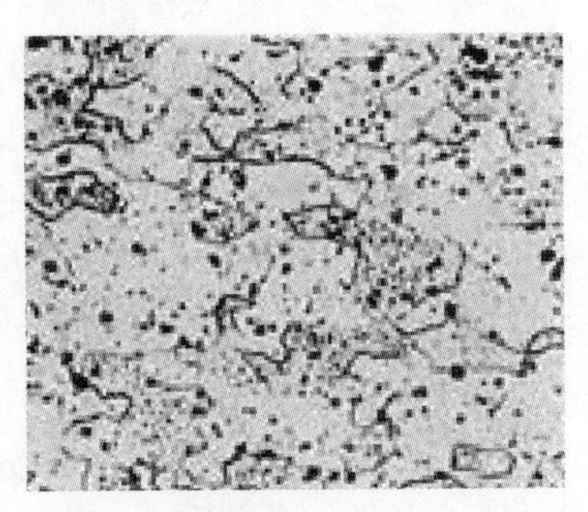

图1　未经冷变形处理的纵向显微组织（×200）、低倍组织（×2）

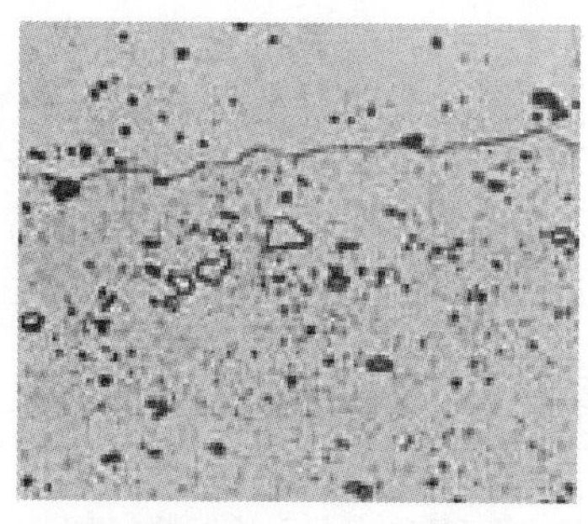

图 2　淬火前冷变形处理的纵向显微组织（×200）、低倍组织（×2）

表 4 是淬火后给予不同的冷变形量，再进行时效的棒材性能。从表 4 可看出，随材料冷变形量的增大，合金会出现加工硬化；淬火后给予一定的变形，会加速时效过程及效果，因此合金的抗拉强度和屈服强度增加，尤其是屈服强度增加更明显，而伸长率逐渐降低。当冷变形量达到 6. 1%时，合金的伸长率为 9. 4%不合格，低倍组织显示晶粒度为 1 级，如图 3 所示。在实际生产中，淬火后进行适量冷变形，对于提高棒材屈服强度问题有较为显著的效果。

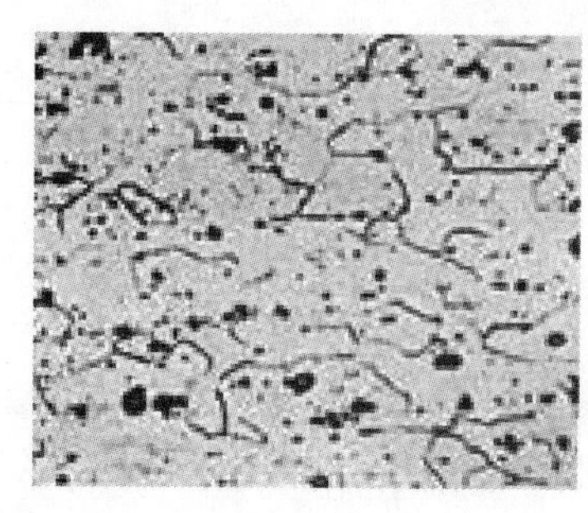

图 3　淬火后时效前冷变形处理的纵向显微组组织（×200）、低倍组织（×2）

表 5 是淬火时效后给予不同冷变形量的棒材性能。随着变形量的增加，合金的抗拉强度和屈服强度增加，断后伸长率降低，生产中为了提高合金的屈服强度也可采用此方法。

5　讨论

2024 合金棒材在挤压态给予不同的冷变形、淬火后给予不同的冷变形、淬火时效后给予不同冷变形都是一种形变热处理。形变热处理是将塑性变形的形变强化与热处理强化相结合，使成形工艺与获得最终性能统一起来的一种综合方法。一定量的冷变形增加了金属中的位错密度并改变了各种晶体缺陷的分布。变形时缺陷密度的变化对新相形核及分布影响很大。变形时导入的位错，可通过滑移、攀移形成二维或三维的位错网络，因此形变后合金有高的位错密度以及由位错网络形成的亚结构（亚晶）。当变形量很大时（超过 5%），在随后的淬火过程中，由于有很大的变形储能，保温时间较长时，很容易发生再结晶，同时亚结构容易长大，形成粗晶，从而使合金的强度降低，断后伸长率提高[1]。

材料淬火后，时效前进行冷变形可使合金的强度提高，这是由于经冷变形再加热到时效温度时，脱溶与回复过程同时发生，脱溶将因冷变形而加速，脱溶相质点将因冷变形而更加弥散。同时淬火已经形成的新相对位错等缺陷的运动起钉扎、阻滞作用，使金属中的缺陷稳定，冷变形获得亚结构，同时使位错密度增加，出现位错缠结，随后出现胞状亚结构，产生更稳定的亚晶。因此淬火后随变形量的增加，合金的抗拉强度和屈服强度增加[1]。

形变热处理强化，不是简单的形变强化与相变强化的叠加，也不是任何变形与热处理的组合，而是变形与相变既互相影响又互相促进的一种工艺[2]，合理的形变强化有利于发挥材料的潜能。另外，2024合金拉制棒的生产还应考虑挤压效应。

6 结论

造成2024合金拉制棒性能散差大的主要原因是冷变形量的大小，为减小同批料性能差别大及强度不合格问题，应采取以下措施：

（1）淬火前的冷变形量一定要控制在5.0%以内，超过5.0%屈服强度不合格。

（2）淬火后或淬火时效后进行一定量的冷变形可明显提高合金的屈服强度，但冷变形量不能超过6.0%，否则断后伸长率不合格。

参考文献

[1] 王祝堂，田荣璋．铝合金及其加工手册［M］．长沙：中南大学出版社，2000：103-105.

[2] 轻金属材料加工手册编写组．轻金属材料加工手册（上册）［M］．北京：冶金工业出版社，1979.

Al-6.6Zn-1.7Mg-0.26Cu 合金搅拌摩擦焊接头的组织与性能

郑若驹[1]，胡　权[1]，刘　磊[2]，周　楠[2]，宋东福[2]

（1. 佛山市三水凤铝铝业有限公司，广东佛山　528133；
2. 广东省材料与加工研究所，广东广州　510651）

摘　要：采用光学显微镜、维氏硬度仪和拉伸试验机，研究了 Al-6.6Zn-1.7Mg-0.26Cu 合金挤压材搅拌摩擦焊接头的显微组织和力学性能。结果表明：搅拌摩擦焊接头的焊缝组织为细小均匀的等轴晶粒，接头的硬度以焊缝为中心呈 W 形状对称分布，焊缝硬度值在 HV107~115，从焊缝中到母材，硬度先下降再上升，回撤侧热影响区的硬度值最低为 HV104，前进侧热影响区的硬度值最低为 HV102。接头的抗拉强度 404.3MPa，屈服强度为 265.9MPa，延伸率为 18.1%，接头的焊接强度系数为 0.96。

关键词：Al-Zn-Mg-Cu 合金；挤压；搅拌摩擦焊

Microstructure and Mechanical Properties of Friction Stir Welded Joint of Al-6.6Zn-1.7Mg-0.26Cu Alloy

Zheng Ruoju[1], Hu Quan[1], Liu Lei[2], Zhou Nan[2], Song Dongfu[2]

(1. Foshan Sanshui Fenglv Aluminum Industry Co., Ltd., Foshan 528133;
2. Guangdong Institute of Materials and Processing, Guangzhou 510651)

Abstract: The microstructure and mechanical properties of friction stir welded joint of as-extruded Al-6.6Zn-1.7Mg-0.26Cu alloy were studied by optical microscope, vivtorinox hardness tester and tensile testing machine. The results show that the microstructure of the friction stir welded joint is fine and uniform equiaxed grains. The hardness value of the welded joint is symmetrically distributed at the center of the welded joint with the shape of W. The hardness value of the weld is between HV107~115. From the weld to the base material, the hardness first descends and then rises. The hardness value of the heat affected zone near the retracting side is lowest to HV104 and the hardness value of the heat affected zone near the forward side is lowest to HV102. The tensile strength of the welded joint is 404.3MPa, the yield strength is 265.9MPa and the elongation is 18.1%. The welding strength coefficient of as-extruded Al-6.6Zn-1.7Mg-0.26Cu alloy is 0.96.

Key words: Al-Zn-Mg-Cu alloy; extrusion; friction stir welding

1 引言

随着世界能源危机和环境污染问题日益严峻，汽车迫切需要减重，以达到节能减排的目的[1]。铝合金具有密度小、耐腐蚀性能好、可回收利用等优点，在汽车上的应用日益扩大，采用高强度铝合金制造汽车结构件是实现汽车轻量化的有效措施[2,3]。安装在汽车前后部位的保险杠是汽车上的重要安全部件，在汽车发生碰撞过程中，可以吸收缓和外界的冲击力，降低碰撞事故对行人的伤害和对车辆的损坏。随着汽车轻量化的发展，汽车保险杠迫切需要采用高强度铝合金来代替传统的钢材[4-6]。为了满足汽车保险杠对高强度铝合金的需求，课题组开发了 Al-6.6Zn-1.7Mg-0.26Cu 合金，该合金具有较高的强度、塑性和优良的挤压加工性能，但该合金的焊接性能尚未进行研究。焊接是铝合金汽车保险杠生产的重要环节[7]，搅拌摩擦焊是一种新型的固相连接技术，具有焊接接头强度高、能耗低、焊接过程无污染等优点[8]。因此，本文采用搅拌摩擦焊技术对 Al-6.6Zn-1.7Mg-0.26Cu 合金挤压材进行焊接，研究了搅拌摩擦焊接头的显微组织和力学性能。

2 实验材料及方法

实验材料为 Al-6.6Zn-1.7Mg-0.26Cu 合金，采用工业纯铝（99.9%，质量百分比，下同）、纯镁（99.9%）、纯锌、铝铜合金和铝钛合金熔炼配制。实验设备为 200kg 铝合金熔化炉和半连续铸造机。在 740℃ 将纯铝、纯镁、纯锌、铝铜合金和铝钛合金加热熔化，经精炼除气除渣后，将铝合金液半连续铸造成直径 100mm 的合金圆棒。经 SPECTROMAX 光电直读光谱仪测定，合金圆棒的化学成分为：Zn 6.6%、Mg 1.7%、Cu 0.26%、Ti 0.03%、Fe 0.09%、Si 0.06%，余量为 Al。

将合金圆棒加热至 450℃ 保温 4h，再继续升温至 510℃ 保温 10h 进行均匀化处理，之后用水雾强制冷至室温。将合金圆棒加热至 475℃ 后在 630t 挤压机上挤压成宽 94.6mm、厚 8.2mm 的板材，挤压速度为 7mm/s，挤压比为 10∶1，然后进行在线水冷淬火。采用搅拌摩擦焊接技术对 Al-6.6Zn-1.7Mg-0.26Cu 合金板材进行焊接，焊接方向平行于板材的挤压方向，焊接前进速度为 80mm/min，搅拌头旋转速度为 1000r/min，图 1 为搅拌摩擦焊搅拌头的运动示意图。

在焊接接头部位取样，试样经磨制、抛光和腐蚀后，在 LEICA-DMI3000M 金相显微镜上进行观察。在 MH-5L 型维氏硬度仪上测试合金焊接接头的硬度，测试载荷为 200g，加载时间为 10s。在 DNS200 型电子拉伸试验机上进行室温拉伸试验，拉伸速率 2mm/min，拉伸试样形状尺寸如图 2 所示。

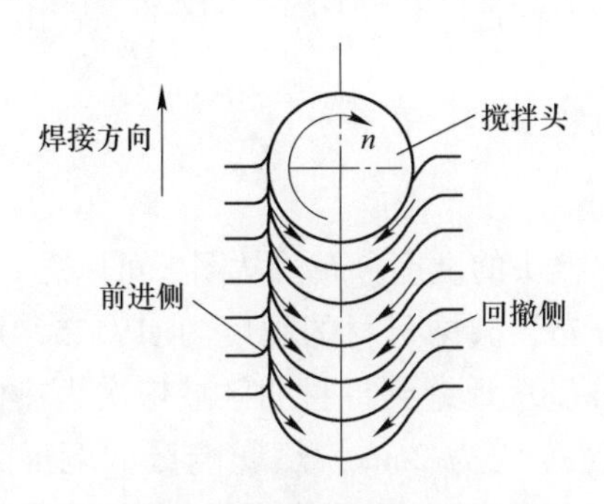

图 1 搅拌摩擦焊搅拌头运动示意图

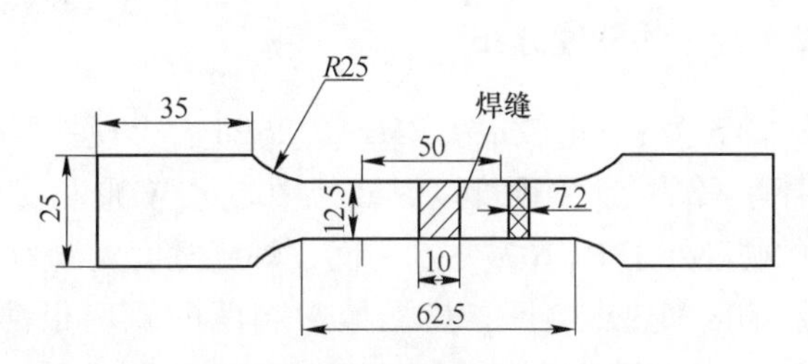

图 2 拉伸试样的形状尺寸（单位：mm）

3　实验结果及分析

3.1　接头的显微组织

图 3 为 Al-6.6Zn-1.7Mg-0.26Cu 合金搅拌摩擦焊接头的低倍显微组织。从图 3 可以看到，搅拌摩擦焊接头的焊缝形貌呈“盆状”，焊缝的低倍显微组织呈“洋葱环”形状[9]。根据图 1 搅拌摩擦焊的前进方向和搅拌头的旋转方向对焊接接头进行分区，焊缝左侧为前进侧，该侧的合金塑性变形方向与焊接前进方向一致；焊缝右侧为回撤区，该侧的合金塑性变形方与焊接前进方向相反。在焊缝内，由于搅拌头旋转产生的空腔作用，使搅拌区内前进侧的合金沿搅拌头的外表面逆时针地被挤压至搅拌头的后方，而在回撤区的合金随搅拌头的外表面顺时针地流向搅拌头的后方，最终导致前进侧焊缝的分界面比较清晰，而回撤侧焊缝的分界面则比较模糊。

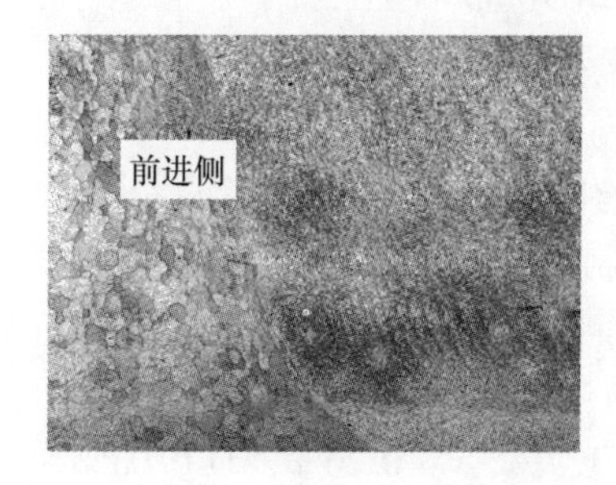

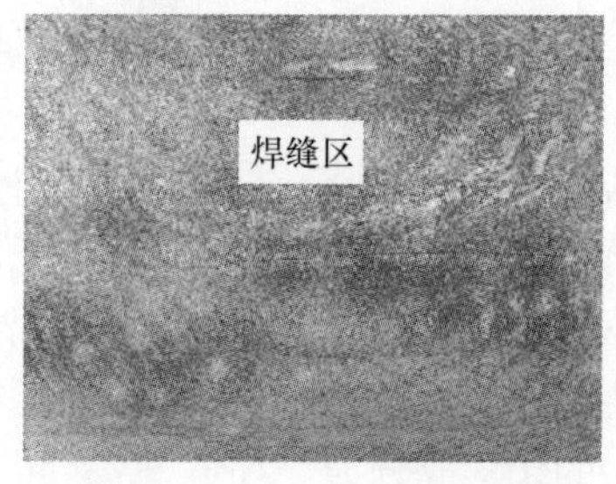

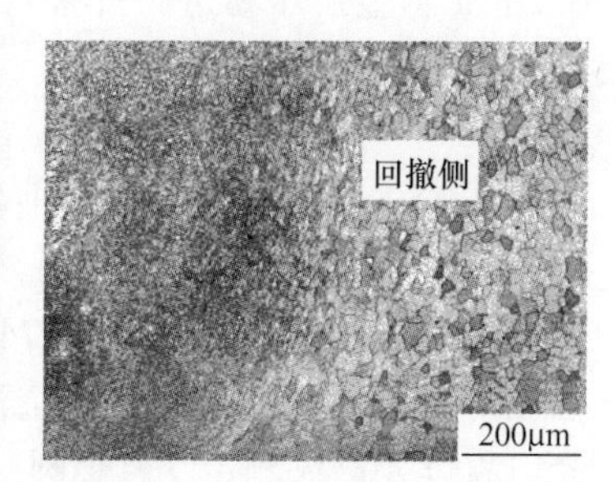

图 3　搅拌摩擦焊接头的低倍显微组织

图 4 为 Al-6.6Zn-1.7Mg-0.26Cu 合金挤压材和搅拌摩擦焊接头的高倍显微组织。从图 4(a) 可以看到，Al-6.6Zn-1.7Mg-0.26Cu 合金挤压材的显微组织为等轴晶粒。从图 4(b) 可以看到，接头的焊缝显微组织为细小均匀的等轴晶粒，这是由于在搅拌摩擦焊过程中，高速旋转的搅拌头使焊缝合金发生剧烈的塑性变形，使晶粒被不断搅拌破碎，同时在搅拌头的高速旋转搅拌摩擦作用使焊缝合金温度上升，位错密度增加，在合金储能达到一定程度时发生再结晶[10]，最终使焊缝形成了细小均匀的等轴晶组织。从图 4(b) 也可以看到，接头的焊缝组织上也存在少量细小的微观空洞。从图 4(b)、(d) 可以看到，接头前进侧和回撤侧的合金只是受到焊接热循环的作用，并没有受到搅拌头的搅拌作用，所以接头前进侧和回撤侧的合金组织与挤压材相似，均为等轴晶组织，但该两个区的晶粒由于受到热影响作用，导致部分晶粒出现了长大粗化现象[10]。

3.2　接头的硬度分布

图 5 为 Al-6.6Zn-1.7Mg-0.26Cu 合金搅拌摩擦焊接头的硬度分布。从图 5 可以看到，搅拌摩擦焊接头的硬度以焊缝为中心呈 W 形状对称分布，其中母材的硬度为 HV125，焊缝的硬度处于 HV107~115 之间，焊缝宽度大概为 8mm。从焊缝到母材的区域依次为热机械影响区和热影响区，热机械影响区的宽度很薄，宽度约为 2mm，热影响区的宽度为 18mm。从焊缝到热机械影响区的硬度逐渐降低，从热影响区到母材的硬度又逐渐升高。

在热机械影响区和热影响区的交界处的硬度值最低，其中回撤侧热影响区的硬度值最低为 HV104，前进侧热影响区的硬度值最低为 HV102。

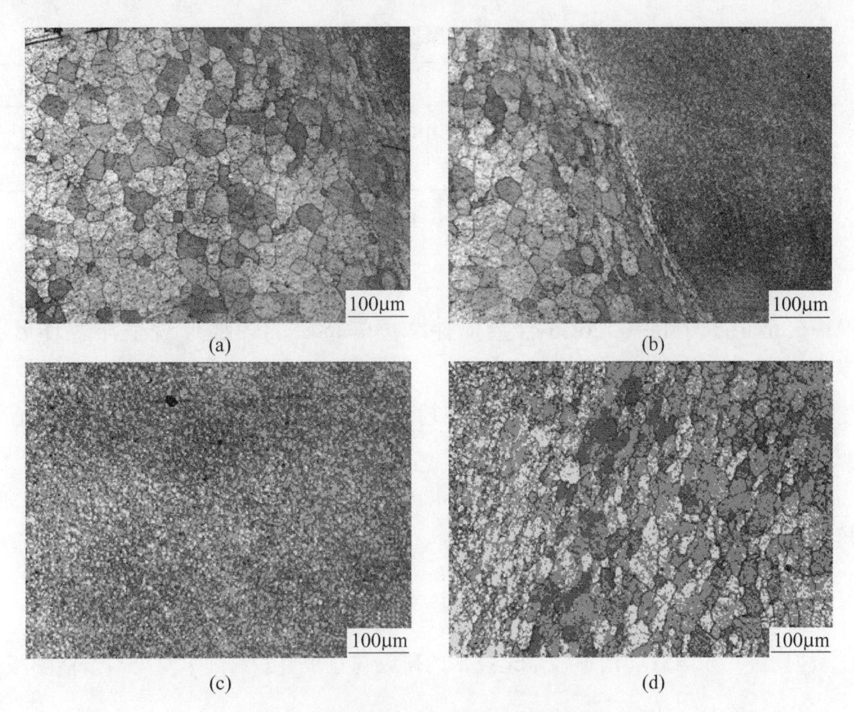

图 4 搅拌摩擦焊接头的高倍显微组织

（a）挤压材；（b）前进侧；（c）焊缝；（d）回撤区

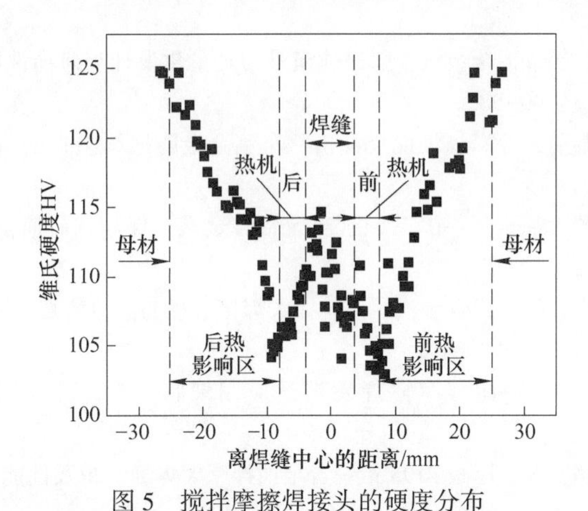

图 5 搅拌摩擦焊接头的硬度分布

3.3 接头的拉伸力学性能

表 1 为 Al-6. 6Zn-1. 7Mg-0. 26Cu 合金挤压材和搅拌摩擦焊接头的拉伸力学性能。从表 1 可知，合金挤压材的抗拉强度为 422. 2MPa，屈服强度为 286. 2MPa，伸长率为 22. 1%。搅拌摩擦焊接头的抗拉强度 404. 3MPa，屈服强度为 265. 9MPa，伸长率为 18. 1%，搅拌摩擦焊接头的抗拉强度为合金挤压材的 95. 8%，屈服强度为合金挤压材的

92.9%，伸长率为合金挤压材的 81.9%，Al-6.6Zn-1.7Mg-0.26Cu 合金搅拌摩擦焊接头的强度系数为 0.96。

表 1　合金挤压材和搅拌摩擦焊接头的拉伸力学性能

性　能	抗拉强度/MPa	屈服强度/MPa	伸长率/%
合金挤压材	422.2	286.2	22.1
搅拌摩擦焊接头	404.3	265.9	18.1

4　结论

（1）Al-6.6Zn-1.7Mg-0.26Cu 合金搅拌摩擦焊接头的焊缝形貌呈洋葱环形状，焊缝显微组织为细小均匀的等轴晶粒。

（2）搅拌摩擦焊接头的硬度呈 W 形状对称分布，从焊缝中到母材，硬度先下降后再上升，焊缝硬度值在 HV107~115。

（3）搅拌摩擦焊接头的抗拉强度 404.3MPa，屈服强度为 265.9MPa，延伸率为 18.1%。接头的焊接强度系数为 0.96。

参 考 文 献

[1] 范子杰，桂良进，苏瑞意．汽车轻量化技术的研究与进展［J］．汽车安全与节能学报，2014，5（1）：1-16.

[2] 钟奇，施毅，刘博．铝合金在汽车轻量化中的应用［J］．新材料产业，2015（2）：23-27.

[3] 刘静安，盛春磊，刘志国，等．铝材在汽车上的开发应用及重点新材料产品研发方向［J］．铝加工，2012（5）：4-16.

[4] 王冠，周佳，刘志文，等．铝合金汽车前碰撞横梁的轻量化设计与碰撞性能分析［J］．中国有色金属学报，2012，22（1）：90-98.

[5] 龙奇敏，周春荣，项胜前，等．高性能抗冲击汽车铝合金防撞梁型材的研制与应用［J］．铝加工，2018（1）：20-24.

[6] 刘海江，张夏，肖丽芳．基于 LS-DYNA 的 7075 铝合金汽车保险杠碰撞仿真分析［J］．机械设计，2011，28（2）：18-22.

[7] 郭鹏程，曹淑芬，易杰，等．铝合金汽车前防撞梁焊接过程的数值仿真与顺序优化［J］．汽车工程，2017，39（8）：915-921.

[8] 杨延廷．绿色焊接技术——搅拌摩擦焊发展及应用现状［J］．科技创新与应用，2014（17）：12-13.

[9] 孙世烜，李延民，李超，等．厚板 2195 铝锂合金搅拌摩擦焊缝组织及性能研究［J］．铝加工，2014（4）：15-18.

[10] 王磊，谢里阳，李兵．铝合金搅拌摩擦焊焊接过程缺陷分析［J］．机械制造，2008，46（2）：5-9.

混粉消光转印粉末涂料用聚酯树脂及其在铝型材涂装中的应用

应明友，余志勤，汤明麟，邵盛君，童徐圆

（浙江传化天松新材料有限公司，浙江平湖 311300）

摘　要：本文介绍了一种混粉消光转印粉末涂料用高、低酸值的两种聚酯树脂的合成方法，用差示扫描量热仪（DSC）分析了聚酯树脂的玻璃化转变温度（TG），采用凝胶色谱法（GPC）分析了聚酯树脂相对分子质量及其分布，高、低酸值的聚酯树脂具有相近的分子量、黏度、玻璃化温度等理化性能。考察了由这两种快、慢组分混粉而成的混粉消光粉末涂料的贮存稳定性、热稳定性和热转印性，同时在铝型材涂装中测试了耐水煮性、耐盐雾性、耐湿热性和耐光（紫外光和氙灯）老化性等耐久使用性能。实验结果表明，制得的混粉消光转印粉末涂料具有良好贮存稳定性、热稳定性和热转印性、耐久使用性能。

关键词：聚酯树脂；混粉消光粉末涂料；转印粉末涂料；铝型材；贮存稳定性

Preparation and Properties of the Polyester Resin for Hear Transfer Matte Dry Blend Systems Powder Coatings in Aluminum Profile Coating

Ying Mingyou, Yu Zhiqin, Tang Minglin, Shao Shengjun, Tong Xuyuan

(Zhejiang Transfar Tiansong New Material Co. , Pinghu 311300)

Abstract: This research introduces the synthesis of two kinds of polyester resins with high and low acid value for powder coatings. The TG of polyester resin is analyzed by DSC, and the relative molecular mass and molecular weight distribution of polyester resin are analyzed by GPC. The polyester resins with high and low acid value have similar relative molecular mass, viscosity and TG. The polyester resins with high and low acid value are respectively prepared for fast curing component and slow curing component of matte dry blend systems powder coatings. The storage stability, thermal stability, heat transfer property, water resistance, salt spray resistance, moisture resistance and durability of powder coatings were tested. The results showed that the powder coatings had good storage stability, heat resistance, heat transfer property and durability.

Key words: polyester resin; matte dry blend systems powder coatings; hear transfer powder coatings; aluminum profile; storage stability

1 引言

聚酯树脂是以多元醇和多元酸为主要原料，经酯化和缩合反应等工序制得的高分子预聚物，广泛应用于涂料、油墨、胶粘剂、包装材料等。热转印是改善涂膜装饰性能和效果的重要技术手段，转印粉末涂料是近几年新兴起来的新技术品种，由于转印粉末涂料具有高效、经济、稳定和图案丰富等优点，成为粉末涂料行业发展的市场热点。转印粉末涂料涂膜的性能主要取决于作为基料的聚酯树脂的性能。转印粉末涂料用聚酯树脂有着更高的技术要求，包括高的反应性、良好的表面装饰性、优秀的基材防护性和优秀的转印性等。因此，聚酯树脂的性能成为制约热转印粉末涂料性能提升的主要因素，聚酯树脂的技术创新成为转印粉末涂料行业的技术难点。

粉末涂料是一种无 VOC 排放、100%固体分的环保型涂料，“漆改粉”即粉末涂料替代有机溶剂型涂料，成为国家涂料领域的发展方针政策，符合 2015 年由国家工业信息化部发布《产业结构调整指导目录》中的鼓励的“环保涂料”产业领域。据中国化工学会涂料涂装专业委员会粉末涂料与涂装分会统计，2016 年全球粉末涂料表观消费量为 240 万吨，中国粉末涂料销售量达到 142 万吨，占全球市场的 59.2%；2016 年全球粉末涂料用聚酯树脂表观消费量为 85 万吨，中国生产销售聚酯树脂达 52.5 万吨，占全球市场的 61.8%，因此，我国是名副其实的粉末涂料生产消费大国。随着粉末涂料的技术进步和性能提升，转印粉末涂料行业的技术水平和性能也大步提升，其应用领域将进一步扩大，可逐步替代油溶性涂料，大幅减少 VOC 排放，减缓环保和安全压力。

铝型材是由铝锭挤压成形加工工艺制成的，具有密度小、质量轻、加工性和可塑性强的特点，可广泛应用在门窗和幕墙的建筑领域和航空航天、轨道交通、散热器等工业领域。目前，铝型材的表面处理大体存在着阳极氧化、电泳涂装、粉末喷涂、氟碳喷涂和仿木纹等方式。静电粉末喷涂由于具有涂装工艺简单、成品率高、能耗低、工作劳动强度低和涂膜性能好等特点，正日益成为铝型材表面处理的主要方式。

粉末涂料从表面光泽可分为高光（80%~100%）、平光（40%~80%）、亚光（5%~40%）和无光（0~5%）。粉末涂料的消光原理是采用原料或助剂破坏涂膜表面的均一性和连续性，使光线照射到涂膜表面时产业漫射和散射，从而达到消光的效果。粉末涂料的消光方法主要有物理消光法和化学消光法：（1）物理消光法。采用无机填料充填法破坏涂膜平整度，得到粗糙表面的效果以降低涂膜光泽，消光水平取决于消光填料的用量，消光填料有消光钡、消光钙、硬脂酸盐、蜡和金属盐复合物金属有机化合物、与体系不容的聚合物等物质。（2）化学消光法。当前制备低光泽粉末涂料主要以化学消光为主，主要方法有：1）加入互不相容的添加剂或热塑性高聚物，破坏原来的均相系统，经烘烤过程后达到降低涂膜表面光泽目的；2）采用两种性能相似而具有不同活性的粉末涂料以适当比例互相混合，利用反应活性或是固化温度的差异，达到涂膜光泽的降低；3）使用两种不同固化速度的固化剂，当一种固化剂首先与树脂组分交联形成固化膜，由于该固化剂用量不足，还不能达到完全固化，而使涂层仍有一定的流动性，所以又进一步与第二种固化剂发生交联作用，当树脂在第二次固化后，涂膜表面收缩成不均匀状态发生消失涂膜。

本文介绍了一种混粉消光转印粉末涂料用两种聚酯树脂的合成方法，用差示扫描量热仪（DSC）分析了聚酯树脂的玻璃化转变温度（TG），采用凝胶色谱法（GPC）分析了聚酯树脂相对分子质量及其分布，制成了快、慢双组分混粉消光转印粉末涂料，按照铝型材的粉末涂装标准，考察了涂料的基础涂膜性能和贮存稳定性、涂膜的耐水煮性、过烤泛黄性、耐温性等性能，同时考察了涂膜的耐候、耐湿热性和耐盐雾性等耐久性能。在铝型材涂装中，综合性能优异并有良好的转印性能。

2 实验部分

2.1 实验材料

新戊二醇：工业级；三羟甲基丙烷：工业级；2-丁基-2-乙基-丙二醇：工业级；1,4-环己烷二甲醇：工业级；对苯二甲酸（PTA）：工业级；间苯二甲酸（IPA）：工业级；己二酸：工业级；偏苯三酸酐（TMA），工业级；酯化催化剂（F4101）：工业级；抗氧剂 AT-215：工业级。

2.2 实验仪器

3L 小型玻璃反应器全套及搅拌电机，自组装；差动热分析仪：CDR-4P，上海天平仪器厂；旋转黏度仪：DV-Ⅱ型，BROOKFIELD 公司；电脑沥青软化点测定仪：DF-4 型，北京华惠达泰试验仪器有限公司；覆层测厚仪：TT210，北京时代之峰科技有限公司；色差仪：color-guide 45/0，BYK Gardner 公司；光泽仪：Micro-tri-gloss，BYK Gardner 公司；平板热转机：E-A04-B，广州永杰热转印材料有限公司；高效液相色谱仪：RID-20A，日本岛津。

2.3 聚酯树脂合成工艺

将原料二元醇、二元酸和其他反应物料按配方量投入反应釜中，充氮气保护，升温到160℃时，开始出酯化水；继续升温至251℃，反应无酯化水时，得到无色透明树脂。加入多元酸封端剂，在245~250℃条件下保温反应60~90min。反应完成后，在240~245℃的真空条件下反应60~120min。降温至210℃，添加助剂，搅拌后出料。制得高、低酸值两种聚酯树脂。

2.4 粉末涂料制备

准确称量聚酯树脂、固化剂、颜填料、助剂，物理混合均匀（表1）。投入螺杆挤出机挤出，冷却，破碎，磨粉，过筛。再将两种粉末按 50∶50 的比例混合均匀成一种粉末涂料，用静电喷枪将粉末均匀喷涂在马口铁上，经 200℃/15min 烘烤固化后取出，冷却成膜。

表1 粉末涂料检测基本配方单

组分名称	高酸值（A）	低酸值（B）
聚酯树脂	540	570
TGIC	60	30
588	10	10
701	10	10

续表 1

组分名称	高酸值（A）	低酸值（B）
安息香	4	4
氧化铁黄	10	10
消光钡	350	350
氧化铁红	12	12
炭黑	2	2
总量	1000	1000

3　测试方法

（1）聚酯树脂酸值、软化点的测定，按相应国家标准的测定方法测定；

（2）熔融黏度的测定，用 DV-Ⅱ型旋转黏度仪测定；

（3）玻璃化温度（T_g）和固化温度的测定，用 CDR-4P 差动热分析仪测定，10℃/min；

（4）涂膜性能的测定，按相应国家标准的测试方法测定；

（5）热转印，选用转印纸张，用附着有油墨一侧将烘烤固化后的涂层样板包裹（视情况纸张进行固定），调整好转印压力，将平板转印机工作温度设置为 200℃，并设置转印时间 120s，待温度到达 200℃并保持恒定，将包裹好的样板放入平板转印机，涂膜一侧朝向加热平板，闭合加热平板，计时器开始计时，时间结束取出样板，待冷却后，撕掉转印纸，观察涂膜表面情况。

4　结果与讨论

4.1　混粉消光转印聚酯树脂理化指标

实验合成的高、低酸值聚酯树脂的理化指标见表 2。

表 2　双组分消光转印聚酯树脂理化指标

项　目	高酸值聚酯（A）	低酸值聚酯（B）
外　观	无色颗粒状	无色颗粒状
色度/号	100	100
酸值/mgKOH · g^{-1}	52.8	25.0
软化点（环球法）/℃	116.5	116.0
玻璃化温度（T_g）/℃	67.7	65.6
旋转黏度（200℃）/mPa · s	5307	5835
数均分子量 M_n	5564	6077
重均分子量 M_w	13353	17623
黏均分子量 M_v	17248	15194
分散系数	3.1	2.9

双组分混粉消光粉末涂料通过将两种性能相似而具有不同活性的粉末涂料以适当比例互相混合，利用他们的反应活性或是固化温度的差异，来达到涂膜光泽降低的目的。粉末涂料的固化活性主要取决于聚酯树脂与固化剂的反应活性。对于某一固定的固化体系来说，涂料的固化活性取决于聚酯树脂的特性，如聚酯树脂的端基官能团种类、端基反应官含量和端基反应官能度以及树脂中含有的固化催化剂种类和含量有关。本文合成的是高、低酸值两种聚酯树脂，制成 TGIC 固化的双组分混粉消光粉末涂料，高酸值聚酯树脂制成的快组分粉末涂料具有较高的反应活性和较快的固化速度，低酸值聚酯树脂制成的慢组分粉末涂料具有较低的反应活性和较慢的固化速度。

4.2 聚酯树脂的单组分及混粉消光的涂膜性能

由实验制备的高、低酸值聚酯树脂与固化剂、颜填料、助剂等混合，制成快、慢组分的单组分粉末涂料以及按 50/50 的混粉消光粉末涂料，它们的涂膜性能见表 3。

表 3 单组分及双组分混粉的涂膜性能

名　称		高酸值组分（A）	低酸值组分（B）	A/B 混粉
固化条件		15min/200℃	15min/200℃	15min/200℃
膜厚/μm		63~67	84~92	60~70
光泽/%	20°	19.3	20.2	6.6
	60°	59.3	59.3	27.6
	85°	86.8	87.7	51.1
DOI		5.4	4.2	2.6
Haze		25.4	23.1	12.6
Rspec		2.9	3.0	1.0
胶化时间/s		46(200℃) 111(180℃)	350(200℃) 166(230℃)	96(200℃)
斜板流动（200℃）/mm		32.5	104.5	55
冲击性（50kg·cm）		正反过	正反过	正反过
耐丙酮擦拭		pass	pass	pass
表面粗糙度		平整光滑	平整光滑	表面平整细腻
涂膜流平		流平一般，橘纹较重	流平好	流平较好
转印性能（12min/175℃）		清晰、不粘纸	清晰、粘纸	清晰、不粘纸

注：A/B 混粉为高酸值快组分 A 粉与低酸值慢组分 B 粉按 50/50 比例混合均匀。

从表 3 的实验结果可以看出，高、低酸值聚酯树脂制成单组分粉末涂料和双组分混粉涂料在正常固化条件下，都可以充分固化。低酸值聚酯树脂制成的慢组分粉末在正常固化条件的充分固化，可以促使双组分混粉时也能充分固化，从而使混粉消光涂料具有良好的转印性能。

4.3 双组分混粉消光涂料的贮存与转印性能

双组分混粉消光粉末涂料是由快、慢两种组分粉末涂料混合而成的一种粉末涂料，由于快组分粉末具有较高的反应活性和较快的固化速度，导致其制成的双组分混粉消光粉末的贮存稳定性差，主要表现为混粉外观结团、固化涂膜光泽变化和转印性能下降。为了考察混粉消光粉末的贮存稳定性，设计了在室温（0 天、60 天、120 天）及高温（0 天、30 天、90 天）两种条件三水平下试验。实验测试见表 4 和表 5。

表 4　双组分混粉消光粉末的贮存稳定性能（室温贮存）

名　　称		A/B 混粉	A/B 混粉	A/B 混粉
贮存时间（室温贮存）		0 天	60 天	120 天
粉末结团等级		0 级	0 级	0 级
膜厚/μm		60~70	65~73	68~78
光泽/%	20°	6.6	6.6	6.6
	60°	27.6	26.7	24.2
	85°	51.1	47.7	45.5
DOI		2.6	4.1	4.0
Haze		12.6	12.1	12.1
Rspec		1.0	1.0	1.1
胶化时间（200℃）/s		96	96	96
斜板流动（200℃）/mm		55	55	55
表面粗糙度		表面平整细腻	无明显变化	无明显变化
涂膜流平		表面流平较好	无明显变化	无明显变化
转印性能（12min/175℃）		清晰、不粘纸	清晰、不粘纸	清晰、不粘纸

表 5　双组分混粉消光粉末的贮存稳定性能（高温恒温贮存）

名　　称		A/B 混粉	A/B 混粉	A/B 混粉
贮存时间（40℃恒慢烘箱贮存）		0 天	30 天	90 天
粉末结团等级		0 级	0 级	0 级
膜厚/μm		60~70	63~71	62~73
光泽/%	20°	6.6	5.2	5.3
	60°	27.6	22.5	18.7
	85°	51.1	34.5	31.1
DOI		2.6	4.6	4.6
Haze		12.6	9.8	9.0
Rspec		1.0	0.8	0.8
胶化时间（200℃）/s		96	88	85
斜板流动（200℃）/mm		55	53	50
表面粗糙度		表面平整细腻	无明显变化	无明显变化
涂膜流平		表面流平较好	无明显变化	无明显变化
转印性能（12min/175℃）		清晰、不粘纸	清晰、不粘纸	轻微粘纸

表4和表5的实验结果表明，制备的双组分混粉涂料在室温时贮存120天或40℃高温恒温贮存30天时，涂料的结团状态、胶化时间、消光光泽、涂膜表面性能变化不太，同时有良好的转印性能，因此制得的双组分混粉涂料贮存稳定性良好。

4.4 混粉消光涂膜的耐水煮性能

为了考察制得混粉消光粉末的耐水煮性能，采用了常压水煮和高压水煮两种条件测试，实验结果见表6。

表6 双组分混粉消光涂膜的耐水煮性能（常压和高压）

名　称	常压水煮	高压水煮
水煮条件	设备：水浴锅 水体：去离子水 水温：(98±2)℃ 水煮时间：2h	设备：水浴压力锅 水体：去离子水 水温：(129±1)℃ 压力：0.17MPa 水煮时间：1h
水煮前60°光泽/%	27.5	27.5
水煮后60°光泽/%	26.9	25.3
保光率/%	98.0	92.0
色差 ΔE	0.98	1.82
水煮后附着力	0级	0级
冲击性（50kg·cm）	正反过	正反过

从表6的实验结果可以看出，混粉消光粉末具有较好的保光性和保色性，同时具有较好湿附着力和机械性能。

4.5 混粉消光涂膜的热稳定性

粉末涂料的热稳定性是一个很重要的固化参数指标，是粉末涂料固化工艺窗口的宽泛性和稳定性的参考指标，为了考察制备的混粉消光粉末的热稳定性，选取了固化温度和固化时间两个影响因素来评定。

从表7的实验结果可以看出，混粉消光粉末过时烘烤和过温烘烤时，涂膜的色差不大，有较宽的固化工艺窗口，涂膜的性能稳定。

表7 混粉消光涂膜的热稳定性

固化条件		60°光泽/%	涂膜表面参数			色差 ΔE
			L or ΔL	A or ΔA	B or ΔB	
15min/200℃		27.6	95.85	-0.84	1.08	
过时烘烤	30min/200℃	27.2	0.27	-0.03	0.07	0.28
	60min/200℃	27.0	0.32	-0.04	0.12	0.34
过温烘烤	30min/210℃	27.3	0.23	-0.10	0.31	0.39
	30min/220℃	26.8	-0.30	-0.10	-0.45	0.55

注：本试验采用白色样板进行测试。

4.6 混粉消光涂膜的耐老化性能

粉末静电喷涂作为铝型材表面处理的主要方式之一，其涂膜的耐老化性能决定了铝型材的使用寿命。为此进行了氙灯和荧光紫外（QUV-B）人工加速老化测试，同时进行耐酸性盐雾和耐湿热测试。

4.6.1 混粉消光涂膜氙灯老化测试

在氙灯人工加速老化测试中，选取了白色和黑色两种样板进行测试，测试结果见表 8 和表 9。

表 8　混粉消光涂膜（白色）的氙灯老化测试

样板	1 号白色			2 号白色		
测试时间	60°光泽/%	保光率/%	色差 ΔE	60°光泽/%	保光率/%	色差 ΔE
100h	26.5	100.00	0.20	27.3	100.00	0.22
200h	26.5	100.00	0.16	27.6	101.10	0.18
300h	26.7	100.75	0.25	27.3	100.00	0.22
400h	27.1	102.26	0.38	27.0	98.90	0.30
500h	27.0	101.89	0.47	27.3	100.00	0.23
600h	26.6	100.38	0.52	27.3	100.00	0.72
700h	27.0	101.89	0.61	27.3	100.00	0.34
800h	26.6	100.38	0.68	27.1	99.27	0.22
900h	26.6	100.38	0.73	27.0	98.90	0.25
1000h	26.6	100.38	0.86	26.8	98.17	0.32
测试条件	（1）光源：Q-LAB XE-3HS 氙灯灯管，0.51W/(m² · nm)@340nm。 （2）辐照：102min，黑板温度（65±3）℃，相对湿度（50±10）%RH。 （3）冷凝：4h，黑板温度（50±3）℃。 （4）喷淋：18min，滤镜：Daylight Q					
测试方法	ISO 1647—2：2013* Paint and vamishes-method of exposure to laboratory light sources Part 2 Xenon-arc lamps					

表 9　混粉消光涂膜（黑色）的氙灯老化测试

样板	1 号黑色			2 号黑色		
测试时间	60°光泽/%	保光率/%	色差 ΔE	60°光泽/%	保光率/%	色差 ΔE
100h	34.0	100.00	1.44	33.0	100.00	1.50
200h	34.0	100.00	1.44	33.1	100.30	1.78
300h	33.8	99.41	1.44	32.9	99.70	1.64
400h	33.1	97.35	1.43	32.3	97.88	1.43
500h	33.3	97.94	1.52	32.2	97.58	1.39
600h	32.1	94.41	1.52	31.6	95.76	1.52
700h	31.5	92.65	1.44	30.7	93.03	1.55

续表 9

样板	1 号黑色			2 号黑色		
测试时间	60°光泽/%	保光率/%	色差 ΔE	60°光泽/%	保光率/%	色差 ΔE
800h	30.2	88.82	1.69	29.4	89.09	1.83
900h	28.8	84.71	1.55	26.4	80.00	1.80
1000h	24.3	71.47	1.30	24.2	73.33	1.83
测试条件	(1) 光源：Q-LAB XE-3HS 氙灯灯管，0.51W/(m^2·nm)@340nm。 (2) 辐照：102min，黑板温度（65±3)℃，相对湿度（50±10)%RH。 (3) 冷凝：4h，黑板温度（50±3)℃。 (4) 喷淋：18min，滤镜：Daylight Q					
测试方法	ISO 1647—2：2013* Paint and vamishes-method of exposure to laboratory light sources Part 2 Xenon-arc lamps					

从表 8 和表 9 的实验结果可以看出，经过 1000h 的氙灯人工加速老化测试后，白色样板的保光率在 98%以上，色差 ΔE 在 1.0 以下，黑色样板的保光率在 71%以上，色差 ΔE 在 2.0 以下，表明涂膜有良好的耐氙灯老化性能。

4.6.2 混粉消光涂膜荧光紫外（QUV-B）老化测试

在氙灯人工加速老化测试中，选取了白色和黑色两种样板进行测试，测试结果见表 10。

表 10 混粉消光涂膜的荧光紫外（QUV-B）老化测试

样板	1 号白色			2 号黑色		
测试时间	60°光泽/%	保光率/%	色差 ΔE	60°光泽/%	保光率/%	色差 ΔE
60h	18.8	88.10	0.21	14.8	91.02	0.41
160h	19.6	92.20	0.31	14.2	88.50	0.20
210h	19.8	93.60	0.36	13.6	84.20	0.29
320h	14.0	65.20	0.48	11.5	71.03	0.56
测试条件	(1) 光源：QUV-B 313nm 荧光紫外灯灯管，0.75W/(m^2·nm)@313nm。 (2) 辐照：4h，黑板温度（50±2)℃。 (3) 冷凝：4h，黑板温度（40±2)℃					
测试方法	ISO 1647—2：2013* Paint and vamishes-method of exposure to laboratory light sources Part 2 QUV-B 313nm lamps					

从表 10 的实验结果可以看出，经过 320h 的氙灯人工加速老化测试后，白色样板的保光率在 65%以上，色差 ΔE 在 0.5 以下，黑色样板的保光率在 71%以上，色差 ΔE 在 1.0 以下，表明涂膜有良好的耐紫外光老化性能。

4.6.3 混粉消光涂膜的耐酸性盐雾和耐湿热测试

在耐酸性盐雾和耐湿热性测试中，选取了白色和黑色两种样板进行测试，测试结果见表 11。

表 11　混粉消光涂膜的耐酸性盐雾和耐湿热测试

测试名称	耐酸性盐雾		耐湿热测试	
样板	白色	黑色	白色	黑色
固化条件	15min/200℃	15min/200℃	15min/200℃	15min/200℃
测试时间	1000h	1000h	1000h	1000h
表面涂膜情况	无起泡、脱落或其他明显变化	无起泡、脱落或其他明显变化	无起泡、脱落或其他明显变化	无起泡、脱落或其他明显变化
渗透腐蚀宽度	≤2mm	≤2mm	0	0
测试条件	按酸性盐雾测试		试验温度 47℃±1℃	
测试方法	按 GB/T 10125 进行乙酸盐雾试验		按 GB/T 1740 的规定进行试验	

从表 11 的实验结果可以看出，经过 1000h 的耐酸性盐雾和耐湿热性测试后，白色和黑色样板均无明显变化，渗透腐蚀宽度小，表明涂膜有良好的耐酸性盐雾和耐湿热性老化性能。

5　结论

（1）本文合成了一种混粉消光转印粉末涂料用高、低酸值的两种聚酯树脂合成的方法，高低酸值的聚酯树脂具有相近的分子量、黏度、玻璃化温度等理化性能。

（2）高酸值聚酯树脂制成的快组分粉末涂料具有较高的反应活性和较快的固化速度，低酸值聚酯树脂制成的慢组分粉末涂料具有较低的反应活性和较慢的固化速度，由这两种快、慢组分混粉而成的混粉消光粉末涂料具有良好的贮存稳定性、热稳定性和热转印性能。

（3）制成的混粉消光转印粉末涂料具有良好的耐水煮性、耐盐雾性、耐湿热性和耐光（紫外光和氙灯）老化性，因而具有良好的耐久使用性能。

参考文献

[1] 吴向平，宁波，徐萍，等 . 2016 年度中国粉末涂料行业报告［C］. 2017 中国粉末涂料与涂装年会，2017：47-58.

[2] Trena Benson. 2016 全球粉末涂料市场报告［C］. 2017 中国粉末涂料与涂装年会，2017：59-60.

[3] 朱祖芳 . 建筑铝型材的表面处理技术现状及发展趋势［J］. 电镀与涂装，2005，25（4）：14-17.

[4] 林锡恩，李勇，陈利，等 . 建筑铝型材涂装分析及粉末涂料研究进展［J］. 涂料技术与文摘，2017，38（2）：51-55.

[5] 许井全 . 铝型材专用热转印粉末涂料［C］. 中国环氧树脂应用技术学会第十三次全国环氧树脂应用技术交流会，2009：336-340.

[6] 汤明麟，应明友 . 超耐候粉末涂料用聚酯树脂的研究［J］. 涂料工业，2017，47（8）：38-44.

[7] 李伯战，龙海波，李会宁，等 . 铝型材专用超耐候粉末涂料冲击性能改善最新研究［J］. 涂料技术与文摘，2017，47（8）：38-44.

添加剂碳链分布对高速/大压下量轧制润滑影响的研究

张丕源[1]，孙新年[2]

（1. 沈阳斯达尔中润科技有限公司，辽宁沈阳 115113；
2. 内蒙古忠大铝业有限公司，内蒙古通辽 028000）

摘 要：铝轧制添加剂中含有不同极性基团的油性剂，主要由长链的高级脂肪醇和脂肪酸酯复合而成。实验和使用结果表明：改变添加剂中脂肪醇和脂肪酸酯碳链分布，添加剂的摩擦性能相应改变，对轧制油的承载能力、减摩降压和成膜效果、成膜连续性影响显著，节能降耗效果良好。
关键词：碳链；轧制；添加剂；油膜强度；润湿

Study on Influence of the Distribution of Carbon Chain in the Additive by High Velocity/ High Reduction Rolling Lubricity

Zhang Piyuan[1], Sun Xinnian[2]

(1. Shenyang Sidaer Zhongrun Technology Co., Ltd., Shenyang 115113;
2. Neimenggu Zhongda Aluminium Co., Ltd., Tongliao 028000)

Abstract: Oil additives containing different polar groups in aluminum rolling additives, It is mainly composed of long chain higher fatty alcohol and fatty acid ester. The results of experiment and application show that the friction property of the additive is changed by changing the distribution of fatty alcohol and fatty acid ester carbon chain in the additive, the load-carrying capacity of rolling oil, the effect of reducing friction and reducing pressure and forming film, and the continuity of film-forming are obvious. The effect of saving energy and reducing consumption is good.
Key words: carbon chain; rolling; additive; oil film strength; wetting

1 产业现状

近年来，中国铝加工产业投资规模逐渐变大，产能增长较快，技术装备水平起点高，冷连轧、双零箔产能集中投产，轧制装备全面升级。从技术装备情况看，高速、宽幅是铝加工发展的主题，铝箔向更薄、铝板向高精度方向发展。中国目前有2000mm级宽幅铝箔轧机80余台，其中进口设备超过50台；6辊不可逆式冷轧机22台，仅CVC-6就有17台，很多铝加工企业的装备水平世界一流。

然而，不可忽视的现实摆在产业面前，中国的铝加工业面临着严峻的挑战：产能过剩越来越严重，由原有的低端领域向高端领域蔓延，企业之间的竞争十分激烈。促应用、稳增长、求创新是铝加工企业突围的根本途径。毋庸置疑，实现高速、大压下量是提高生产效率、降低生产成本的重要手段。因此，铝轧制油中的添加剂组分科学组合，对实现高速、大压下量起到至关重要的作用。

2　轧制工艺润滑的作用

铝轧制油在轧制过程中起清洗、冷却和润滑的作用。轧制油润滑可以有效实现减摩降压，达到以下目的：

（1）降低轧制过程中的力能参数（轧制力、轧制力矩、主电机功率）；

（2）减少轧辊的磨损，提高轧件的尺寸精度；

（3）冷却轧辊，控制辊型，减少轧件变形不均匀；

（4）清洗轧件表面，提高轧后表面质量；

（5）减少铝灰分对轧制油污染。

工艺润滑的作用主要取决于铝轧制添加剂的性能。

3　高速轧制润滑特点

轧制润滑主要体现在轧制过程中的减摩降压和轧后表面质量，而现代化高速轧机因其轧制速度、压下量和轧辊的变化导致润滑发生了变化，具体表现在以下几方面：

速度高：高速轧制有利于辊缝间油膜的形成，有利于辊缝润滑。然而高速轧制又会产生大量的变形热和摩擦热，而摩擦的热效应又会影响到工艺润滑油成膜效果和成膜的连续性。

辊长：现代化轧机工作辊长度已达到2800mm，宽幅带材的轧制进一步造成摩擦路径变长、变形区面积增大。

压下量大：压下量高达50%以上，摩擦加剧，此时辊缝的润滑状态由流体润滑向边界润滑过渡，随着压下量的继续加大，润滑条件愈加恶劣。

现代化高速轧机要求轧制油油膜在变形区内润湿铺展迅速，并要有更大的承载力。而且要向低黏度方向发展，提高流动性，充分发挥其稳定辊型、清洗轧件功能。所以添加剂要具备以下几方面性能：（1）低黏度；（2）窄馏程；（3）油膜薄而坚；（4）润湿铺展性能好；（5）减摩降压性能优异；（6）不含硫、磷、氯等有害元素。

4　添加剂主要成分选用

添加剂主要由具有极性分子的高级脂肪醇和脂肪酸酯等油性剂构成，因油性剂碳链长度和极性的不同，而表现出不同的润滑性能。

从表1可以看出，C16、C18熔点较高，由于它们在基础油中溶解度很低，承载能力反而下降，不易采用。C10分子量较低，挥发性好，但因其碳链短，极易造成添加剂损耗过大、过快，而且承载能力也差，气味较大，也不易采用。

表1　不同碳分子脂肪醇物化性能比较

序号	项目	C10	C12	C14	C16	C18
1	分子式	$C_{10}H_{22}O$	$C_{12}H_{26}O$	$C_{14}H_{30}O$	$C_{16}H_{34}O$	$C_{18}H_{38}O$

续表 1

序号	项目	C10	C12	C14	C16	C18
2	分子量	158.29	186.33	214.39	242.44	270.5
3	熔点/℃	6.4	22.6	37.8	50	57.6

从表 2 可以看出，C18 分子量高达 298.5，通常分子量在 254~310 时沸点都在 300℃以上，而 C18 沸点 355.5℃(760mmHg)，调配出来的添加剂终馏点高、馏程过宽，故不易采用。油酸甲酯碘值在 85 以上，极易造成退火油斑，而且烯酸键 18-1、C18-2 含量达到 87.59%，热稳定性能差，易氧化，故不易采用。C10 因其碳链短，挥发快，极易造成添加剂损耗过大、过快，而且承载能力也差，故不易采用。

表 2 不同碳分子脂肪酸酯物化性能比较

序号	项目	C10	C12	C14	C16	C18	油酸甲酯
1	分子式	$C_{11}H_{22}O_2$	$C_{13}H_{26}O_2$	$C_{15}H_{30}O_2$	$C_{17}H_{34}O_2$	$C_{19}H_{38}O_2$	$C_{19}H_{36}O_2$
2	分子量	186.29	214.34	242.4	270.45	298.50	296.49
3	熔点/℃	−18	5.2	18.7	28	38	−19.9
4	碘值/$gI_2 \cdot 100g^{-1}$	<0.5	<0.3	<0.5	<1	<2	85~110

添加剂对润湿铺展的影响，只要润湿剂的表面张力小于被润湿的固体的表面张力，就会自动地发生润湿，反之则不能自动发生润湿。这就是界面物理化学的润湿规律[1]。

对于同系油性添加剂，随着碳链的增加，表面张力逐渐减小。这主要是相同极性基团的分子随着碳链长度的增长，界面吸附层中极性分子间侧向相互作用力增强，使得吸附层极性分子吸附量增加，吸附层更加紧密，从而有利于降低轧制油的表面张力[2]。

天然高级脂肪醇是洗涤剂、乳化剂、润湿剂等精细化工产品的基础原料，而 C12~C18 洗涤性能、润湿性能最好。

根据上述醇、酯的特点确定适合高速轧制添加剂碳分子数，见表 3。

表 3 高速轧制添加剂碳分子数

项 目	脂肪醇	脂肪酸酯
适合铝轧制碳分子数	C12~C14	C12~C16

传统认为添加剂的碳链分布 C12：14：16=4：2：1，即 C12 含量 57.1%、C14 含量 28.6%、C16 含量 14.3%，这样分配的目的是靠 C12 提高润湿，由 C14、C16 提高摩擦性能。

同系物中烃链较长的，吸附自由能也变大，说明极性分子之间的相互作用（主要是色散力）随烃链增长而加大[3]。由于添加剂分子与铝材原子之间的色散力增大，使得轧制油的动态润湿性能增强。为此根据高速轧制的特点，把碳链分布调整为 C12：14：16=2：4：1，即 C12 含量 28.6%、C14 含量 57.1%、C16 含量 14.3%，就两种碳链分布调配添加剂，对清净性能和摩擦性能做实验对比。

5 实验部分

5.1 选用原料

基础油选用国内某厂 100 号，闪点 100℃，40℃运动黏度 2.1~2.3mm^2/s，馏程 230~

265℃，芳烃含量小于0.2%，硫含量小于2mg/kg。基础油碳组分构成见表4，基础油摩擦性能见表5。

表4 基础油碳组分构成（国内某厂闪点100℃基础油）

项目	单位	C11	C12	C13	C14	C15	C16	C17
含量	%	0.27	0.95	23.72	41.82	26.12	6.47	0.65

表5 基础油摩擦性能

项 目	油膜强度/kg	摩擦系数	磨斑直径/mm
100号基础油	11.6	0.0954	0.827

脂肪醇选用日本花王印尼公司产品，脂肪酸酯选用印尼WILMAR公司产品。利用以上原料按不同的碳链分布调配添加剂ST-A(12)，碳链分布4∶2∶1命名为N1，碳链分布，2∶4∶1命名为N2，并按5%加到基础油中做油和实验，重点考察添加剂摩擦性能、退火清净性和馏程。脂肪醇和脂肪酸酯碳组分构成见表6和表7。

表6 脂肪醇碳组分构成 （%）

项 目	C12	C14
C10—OH	0.08	—
C12—OH	99.83	0.04
C14—OH	0	99.6
C16—OH	0	0.26
C18—OH	—	—
其 他	0.09	0.1

表7 脂肪酸酯碳组分构成 （%）

项 目	C12	C14	C16
C10-OH	0.1	—	—
C12-OH	99.6	0.2	—
C14-OH	0.3	99.4	0.5
C16-OH	0	0.4	99.3
C18-OH	—	—	0.2

5.2 试验方法

基础油、脂肪醇和脂肪酸酯碳组分采用ITQ 1100型气相色谱质谱联用仪测定；摩擦性能在MRS-10A四球摩擦试验机测试，钢球是济南钢球厂Ⅱ级轴承钢球，材质GCr15，洛氏硬度HRC64-66，钢球直径ϕ12.7mm。

油膜强度采用GB/T 3142—1982四球法测定，转速1200r/min，温度75℃，运行时间10s。

摩擦系数和磨斑直径采用SH/T 0189—1992测定法测定，转速1200r/min，载荷

392N，长磨 60min，温度 75℃。

油斑退火采用埃索铝盒实验法，使用 SX2-8-10N 马弗炉加热到 300℃，保温 3h。

馏程采用 GB/T 255 实验方法，用 MRS-10D 馏程测定仪分析。

5.3 实验结果（表 8~表 12）

表 8 ST-A(12) 添加剂摩擦性能

序号	型号	油膜强度 PB/kg	摩擦系数 μ	磨斑直径/mm
1	N1	47	0.076	0.60
2	N2	54	0.071	0.52

表 9 ST-A(12) 添加剂油和摩擦性能 5% （wt%）

序号	型号	油膜强度 PB/kg	摩擦系数 μ	磨斑直径/mm
1	N1	34	0.083	0.76
2	N2	40	0.079	0.70

表 10 ST-A(12) 添加剂油斑退火及馏程

序号	型号	馏程/℃	油斑退火/级
1	N1	230~292	Ⅰ~Ⅱ
2	N2	232~301	Ⅱ

表 11 ST-A(12) 添加剂油和油斑退火及馏程 5% （wt%）

序号	型号	馏程/℃	油斑退火/级
1	N1	232~258	Ⅰ
2	N2	232~260	Ⅰ

表 12 速度对 ST-N(12) 添加剂摩擦性能影响

转速/r·min^{-1}	1200		1450		1850		2250	
型号	N1	N2	N1	N2	N1	N2	N1	N2
磨斑直径 d	0.6	0.52	0.62	0.53	0.63	0.53	0.63	0.53
摩擦系数 μ	0.076	0.071	0.075	0.069	0.073	0.067	0.072	0.064

随着速度的提高，磨斑直径略有上升，但上升的幅度较小并趋于稳定，说明这两种碳链分布的添加剂 N1、N2 在较高速度下抗磨性能稳定，体现成膜效果和成膜的连续性比较好。而摩擦系数却随速度的上升呈下降趋势，这主要是速度越高流体润滑所占的比例越高，油膜越厚。然而 N2 摩擦系数下降幅度较大，表现出更好的减摩性能。

从实验结果看，ST-A(12)N1 和 N2 成膜效果和成膜连续性都很好，油斑退火性能相当，而 N2 的减摩和抗压性能更加突出，能适合和满足高速轧制的需求。

6 应用试验

基于理论分析及实验室测试数据，调配添加剂 ST-A(12)N2，选择两个厂家 2 台冷轧机、2 台铝箔粗轧机分别进行了应用试验。

试验方案：

（1）与使用单位协商确定：原基础油不变、使用新配方添加剂：在 2 台冷轧机上选 8011、3003 合金，材料、规格、状态及其他工艺参数不变情况下，测试增大道次压下量效果。

（2）在 2 台铝箔粗轧机上选 8011 合金，材料、规格、状态及其他工艺参数不变情况下，测试提高道次轧制速度效果。

ST-A(12)N2 添加剂现场试验一周及两个月生产使用情况跟踪记录确认轧机上试验结果如下：

（1）冷轧机两种合金材料，道次加工率分别增加 5%~8%。

（2）铝箔轧机上 8011 合金：1 台铝箔轧机（国产、设计速度 720m/min），道次轧制速度从原 600m/min 提高到 660m/min；1 台铝箔轧机（国产、设计速度 1500m/min，配置板型仪）速度从原 1000m/min 提高到 1200m/min 且连续稳定轧制、板形尺寸公差符合要求。

7　结束语

（1）添加剂 ST-A(12)N2 在冷轧机使用分别提高道次加工率 5%~8%；在铝箔粗轧机上使用分别提高道次轧制速度 10%~20%。实际使用情况证明与理论分析、实验室测试基本吻合。添加剂 ST-A(12)N2 性能优异。

（2）拟下一步在冷轧上对 5×××或 6×××合金材料轧制试验，在铝箔粗轧机上做最大宽幅铝箔轧制速度试验。

参考文献

[1] 刘芳，李杰，夏飞．润滑作用与界面化学的润湿规律的关系［J］．塑料助剂，2012，93（3）：51-53.

[2] 周宏慧．铝材轧制润滑油动态动态性能研究［D］．长沙：中南工业大学，2006.

[3] 谭建平，钟掘，肖刚．轧制润滑过程与润滑剂表面化学（3）——铝材轧制润滑剂吸附能的确定［J］．中南矿冶学院学报，1994，25（5）：639-641.

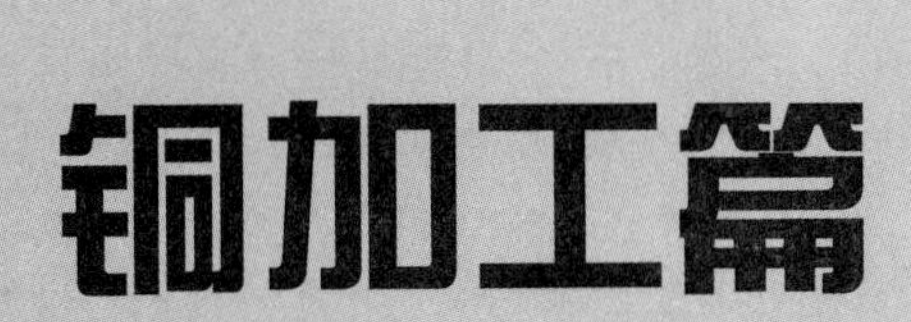

铜加工篇

综　述

中国铜管行业发展现状及趋势

胡　亮

（中国有色金属加工工业协会，北京　100814）

摘　要：本文详述了2017年和2018年上半年中国铜管的生产运行情况，包括铜管的产能产量情况、进出口情况、主要企业的盈利能力分析及下游消费情况。同时，对2018年中国铜管生产、消费及发展趋势进行了简要的预测。

关键词：铜加工；铜管；生产许可证

Current Status and Trend of China Copper Pipe Industry

Hu Liang

(China Nonferrous Metals Fabrication Industry Association, Beijing 100814)

Abstract: The production and operation of China's copper pipes in 2017 and the first half of 2018 were overviewed, including the production capacity of copper pipes, import and export, analysis of profitability of major enterprises and downstream consumption. Meanwhile, A brief forecast about the production, consumption and trend of the copper pipes are proposed.

Key words: copper processing; copper pipes; production license

1　引言

铜管是重要的铜加工材，也是铜加工行业中发展最为迅速的细分产品之一。中国铜加工行业在最近的十多年发展进程中，铜管为推动中国铜加工行业的技术进步和产业升级都发挥了巨大的作用。2017年中国铜管行业无论从产能、产量增长，生产工艺改进，技术指标提升，产品出口等方面都取得可喜成绩，铜管行业再次为铜加工业内所瞩目。

目前铜管生产主要有两种工艺流程[1]：挤压法和连铸连轧法（图1），连铸连轧法为主流工艺，占据90%以上产能。挤压法是传统的铜管生产工艺，生产的铜管产品经过挤压工序，二次加热温度可达到850℃以上，实现完全再结晶，使产品晶粒组织致密，承受压力和变形能力强，适合生产直径≥25mm 的铜直管产品。而连铸连轧工艺能巧妙地把铸造和轧制两种工艺组合运用起来，生产工艺流程短、金属利用率高、能耗低、生产过程机械化和自动化程度高、产品加工品种多、质量好，目前为世界上最先进的铜管生产工艺。两种工艺优缺点对比如表 1 所示。

表 1　挤压法和连铸连轧工艺对比

工艺名称	优　点	缺　点
挤压法	质量最好、组织结构细密、密度大、耐高压、弯曲变形量大，能适用于冷热交换频繁、温差变化大的工作环境，可生产大规格铜管	投资大、效率低、成品率低
连铸连轧法	生产成本低、生产效率高，适用于纯铜及小规格铜管材的生产，产品主要用于空调、冰箱等家用电器	管材因组织疏松，不耐高压，只限于小规格铜管的生产

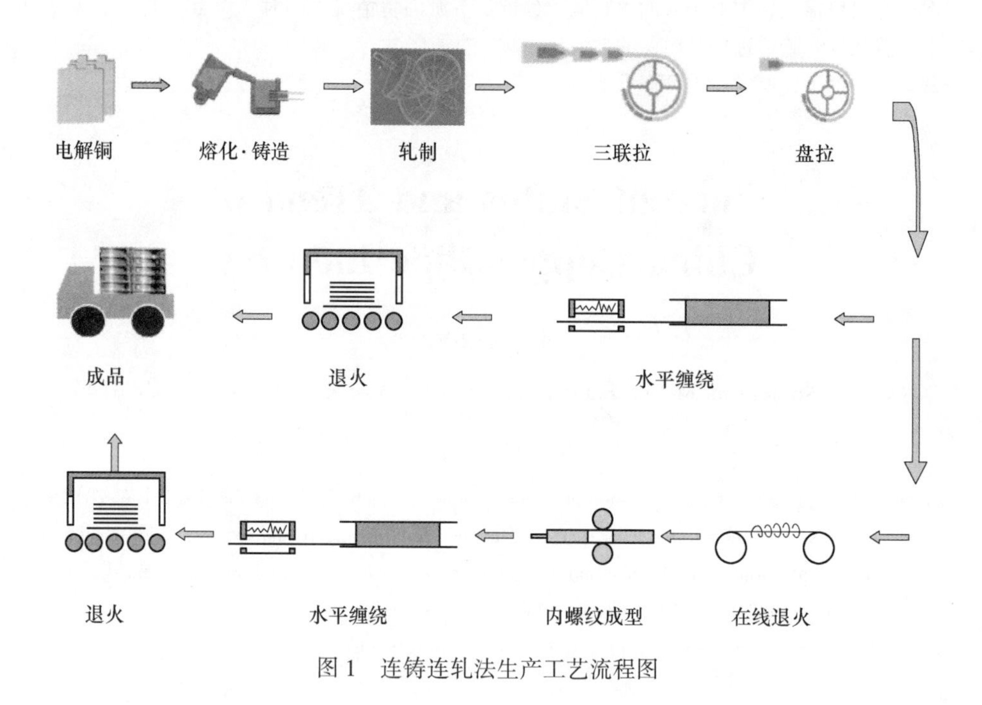

图 1　连铸连轧法生产工艺流程图

2　2017 年铜管生产运行情况分析

2.1　2017 年中国铜管行业产能利用率大幅提升，产量快速增长

2017 年我国铜管行业总体运行良好，受国内外终端市场对铜管行业的强劲带动，尤其是空调制冷行业，全行业产能利用率和产量较上年相比均大幅度的增长。截止到 2017 年底，我国铜管可利用产能约 300 万吨（包括海外产能），产能利用率接近 90%；2017 年中国铜管产量为 260 万吨（统计中包括国内企业海外基地产量），同比增长 12%，行业景气度明显提升。

为了更好地反映行业的实际状况，加工协会 2018 年年初统计了国内重点铜管生产企业 38 家，产量为 170.02 万吨，约占全行业产量的 65.4%（工信部公布的铜及铜合金管材产品质量国家监督抽查企业名单共 231 家，未统计的企业年产量均小于 3000t/a），以此为基础初步核定 2017 年铜管产量为 260 万吨（统计中包括国内企业海外基地产量），并追溯调整 3 年铜管产量。从表 2 中看出，近几年除了 2015 年稍有降低外，整体产量仍维持上升趋势。

表 2　2014~2017 年中国铜管产量

年份	2014 年	2015 年	2016 年	2017 年
产量/万吨	228	222	232	260
同比/%	—	-2.6	4.5	12

资料来源：中国有色金属加工工业协会。

2.2　2017 年中国铜管进出口均略有上涨，大趋势将是下降

2017 年随着国际经济形势好转，特别是美国政府换届后重新布局和鼓励制造业的回归，在高科技领域和传统制造业的双重推动下，美国经济率先开始发力，同时也带动了欧洲经济的增长。在此大环境下，中国铜管行业除了维持传统出口地区对我国铜管需求增长外，北美和欧洲市场对铜管的需求增长对我国铜管的出口有一定的提振作用。

据海关数据显示，2017 年我国出口铜管 16.70 万吨，同比增长 7.8%，其中出口最大的为外径小于 25mm 其他精炼铜管，全年出口量为 8.36 万吨，同比增长 7.6%，其次为外径小于 25mm 的带内螺纹或翅片的精炼铜管，全年出口量为 4.92 万吨，同比增长 12.3%。2017 年我国进口铜管 2.08 万吨，同比增长 22.7%，其中进口量最大的为外径超过 70mm 精炼铜管，全年进口量为 1.02 万吨，同比增长 89%，其次为外径小于 25mm 的其他精炼铜管和其他铜锌（黄铜）合金管。铜管产品进出口价格比较见表 3。

表 3　铜管产品进出口价格比较

<table>
<tr><th rowspan="2">项目</th><th colspan="4">2016 年</th><th colspan="4">2017 年</th><th rowspan="2">同比/%</th></tr>
<tr><th>数量/吨</th><th>金额/万美元</th><th>价格/美元·吨$^{-1}$</th><th>进出口价格比</th><th>数量/吨</th><th>金额/万美元</th><th>价格/美元·吨$^{-1}$</th><th>进出口价格比</th></tr>
<tr><td>进口</td><td>16914</td><td>13781</td><td>8148</td><td rowspan="2">1.33</td><td>20770</td><td>1677</td><td>8073</td><td rowspan="2">1.14</td><td>-0.9</td></tr>
<tr><td>出口</td><td>154913</td><td>95220</td><td>6147</td><td>166969</td><td>118676</td><td>7108</td><td>15.63</td></tr>
</table>

资料来源：中国海关、中国有色金属加工工业协会。

除铜管出口量有所增长外，2017 年铜管出口价格同比增长 15.63%，达 7107.68 美元/吨，一方面是国际铜价有一定幅度的增长，另一方面可能是出口的铜管档次有所提高的缘故。从 2017 年铜管进出口价格比可以看到，进出口价格差距有所缩小。

2017 年我国铜管和管子附件累计出口 26.5 万吨，出口金额 21.43 亿美元；累计进口 2.51 万吨，进口金额 2.93 亿美元。从进出口地区上看，2017 年我国铜管实现出口的目的国家和地区达到 185 个，进口来源国达到 47 个，出口国家数量略有上升。东南亚、中国台湾、日本、美国等国家和地区依然是我国铜管出口的主要目的地国（地区）。统计显示，

2017 年中国铜管出口前十个目的地国家（地区）合计进口我国铜管 10.82 万吨，占我国全部出口铜管的 64.79%，其中出口到泰国的铜管最多，为 2.3 万吨。进口方面，越南、韩国、日本和德国等是我国铜管进口的主要国家，2017 年前十个进口来源国家（地区）出口到我国铜管累计达到 2.02 万吨，占我国全部进口铜管量的 97.12%，其中从越南进口的铜管最多，为 1.12 万吨。

从进出口大趋势来看，从 2009 年美国对中国铜管行业反倾销实施以来（2008 年我国对外出口铜管数量达到 21.77 万吨），我国对外铜管出口就呈现缓慢下降趋势，虽然 2017 年有所反弹，但随着国内铜管企业陆续到国外建厂增多，铜管出口量下降的趋势还会继续保持下去（图 2~图 6）。

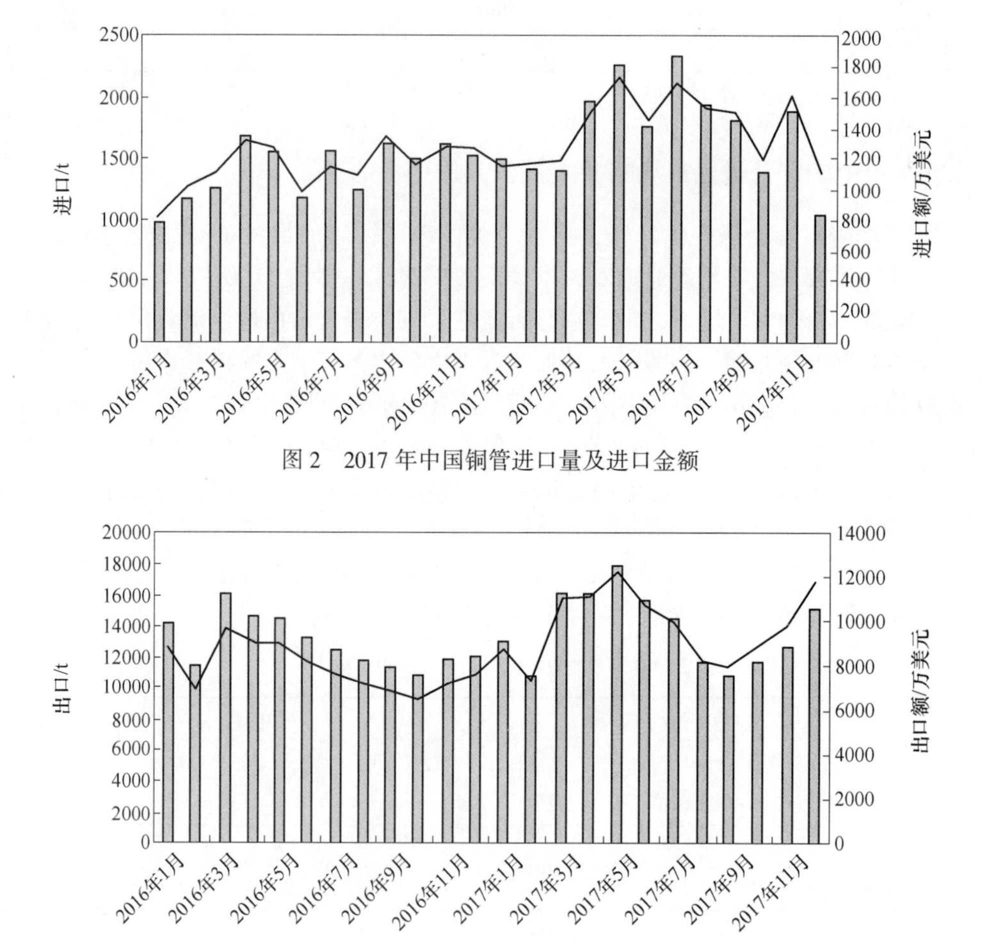

图 2　2017 年中国铜管进口量及进口金额

图 3　2017 年中国铜管出口量及出口金额

2.3　中国铜管企业盈利水平提升

2017 年铜管生产企业开工率高，订单量充足，行业加工费普遍提升，从上市公司铜管毛利率来看，也反映了这一趋势，见图 7。表 4 为海亮股份和精艺股份两家上市企业 2017 年全年业绩报表，从表中可以看出，截至 2017 年 12 月 31 日，海亮股份和精艺股份营业总收入同比增长分别为 68.74%和 40.25%，在 2016 年的基础上均有了较大幅度的提升。

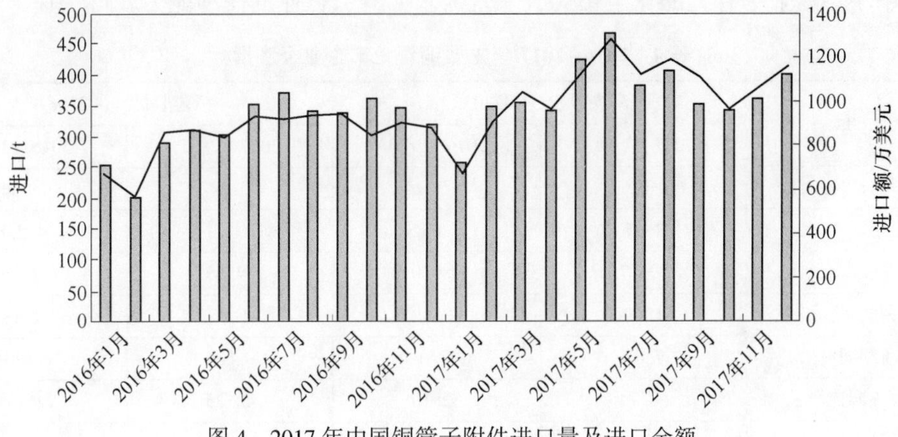

图4　2017年中国铜管子附件进口量及进口金额

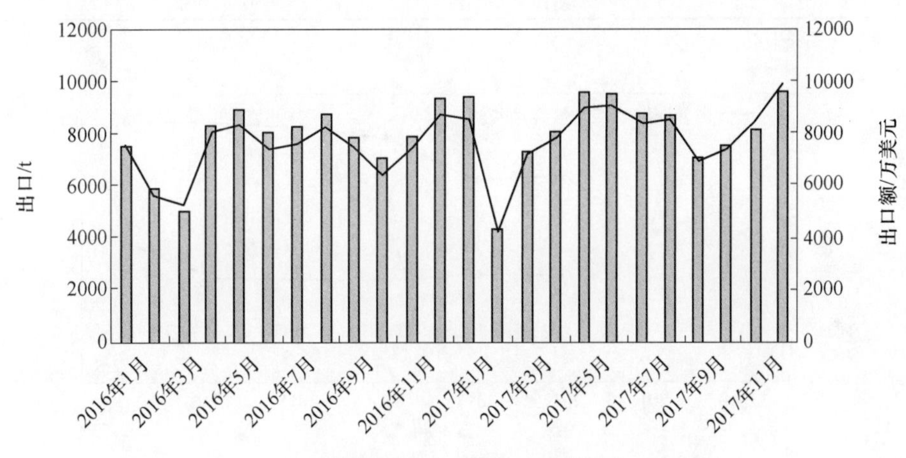

图5　2017年中国铜管子附件出口量及出口金额

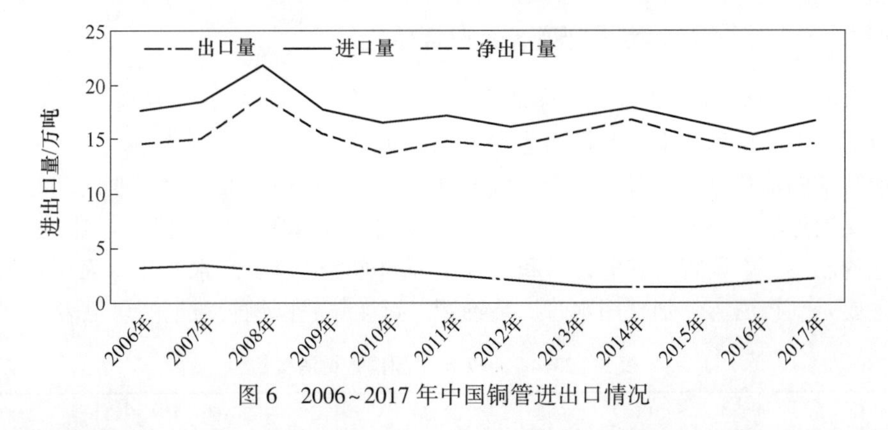

图6　2006~2017年中国铜管进出口情况

海亮股份全年净利润约7.07亿元，精艺股份全年净利润约0.604亿元，分别同比增长28.31%和557.95%，从全年的主要经济指标来看，两家铜管上市企业均远超预期目标。

以上两家上市公司盈利改善只是行业的一个缩影，经过前几年的持续低迷后，铜管行业重新洗牌接近尾声，行业内的企业逐步由分散走向集中，国内已经形成以领导级厂商为主导、中小型企业为补充的竞争格局，一旦需求回升，行业的盈利能力就可快速上升。

表 4 2016~2017 年主要铜管上市企业经济指标

项 目	海亮股份（002203）		精艺股份（002296）	
	2017/12/31	2016/12/31	2017/12/31	2016/12/31
基本每股收益/元	0.4231	0.3298	0.24	0.0365
每股净资产/元	3.07	2.5483	4.51	4.258
营业总收入/亿元	303.7	180.0	54.55	38.9
毛利润/亿元	15.9	13.34	1.56	1.18
归属净利润/亿元	7.07	5.51	0.604	0.0918
营业总收入同比增长/%	68.74	32.19	40.25	26.31
毛利率/%	5.23	7.58	2.85	3.24
销售现金流/营业收入	1.03	1.02	1.08	1.07

资料来源：上市企业公告。

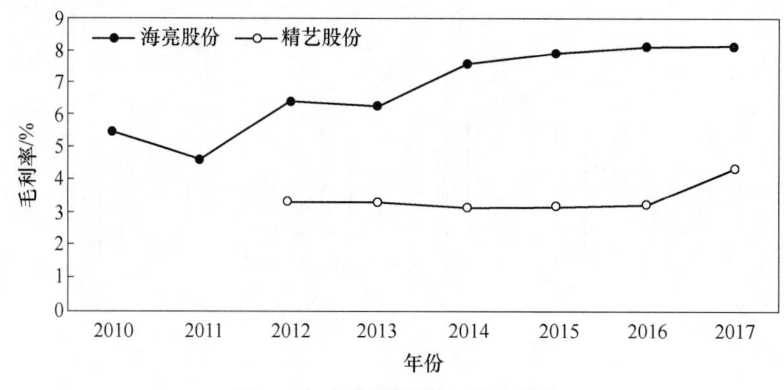

图 7 上市公司铜管产品毛利率

2.4 2017 年中国铜管行业需求旺盛，企业订单充足

2017 年中国铜管行业受国内外终端市场的对铜管的需求拉动，铜管企业订单比较充足，全行业产能利用率和生产产量均达到了历史新高。

从铜管材的消费方向来看，消费领域可分为工业和民用两大块。工业用铜管主要是机械制造、交通运输、石油、纺织、化工等行业中的输油管路，仪器仪表行业的精密铜管，轻工行业的制冷、空调管，发电设备和制冷工程的冷凝管以及海水淡化方面用铜管；民用方面则主要是高档酒店、别墅用水管、装饰管。近 4 年我国铜管材消费量见表 5。

表 5 2014~2017 年中国铜管材消费量 （万吨）

年份	2014	2015	2016	2017
产量	228	222	232	260
出口量	18.01	16.46	15.49	16.69
进口量	1.36	1.34	1.69	2.08
消费量	211.35	206.88	218.2	245.39

从表 5 可以看出，2017 年铜管材的表观消费量为 245. 39 万吨，同比增长 12. 46%。

在铜管的消费中，制冷行业用铜管占铜管总消费的 50%以上，包括家用空调、工业制冷、商业空调、冷柜等细分子行业[2]。2016 年以来全球经济强劲复苏，尤其是中国的房地产业销售火爆（见图 8），直接引发了 2017 年制冷行业的强劲反弹，联合国发布报告，2017 年全球经济增速达 3%，发达经济体的经济增长普遍提速，亚洲新兴经济体的增长依然强劲，中国对全球经济增长的贡献占 1/3。

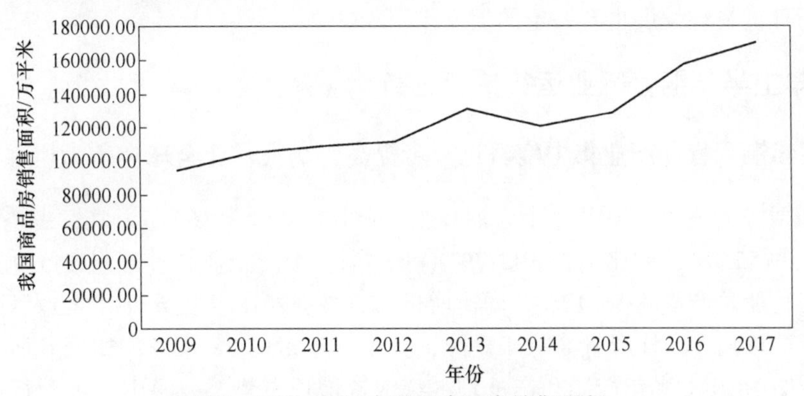

图 8　2009~2017 年我国商品房销售面积

以家用空调为例，2017 年中国家用空调生产 14349. 97 万台，同比增长 28. 7%，销售 14170. 16 万台（见图 9），同比增长 31%，其中内销出货 8872. 45 万台，同比增长 46. 8%；出口 5294. 71 万台，同比增长 11%。如果按照一台家用空调用铜管 5. 5kg 计算，2017 年家用空调用铜管达 78. 92 万吨，占全部铜管产量的 30. 35%。下游空调行业全年爆发式的增长极大地带动了铜管行业的增长。

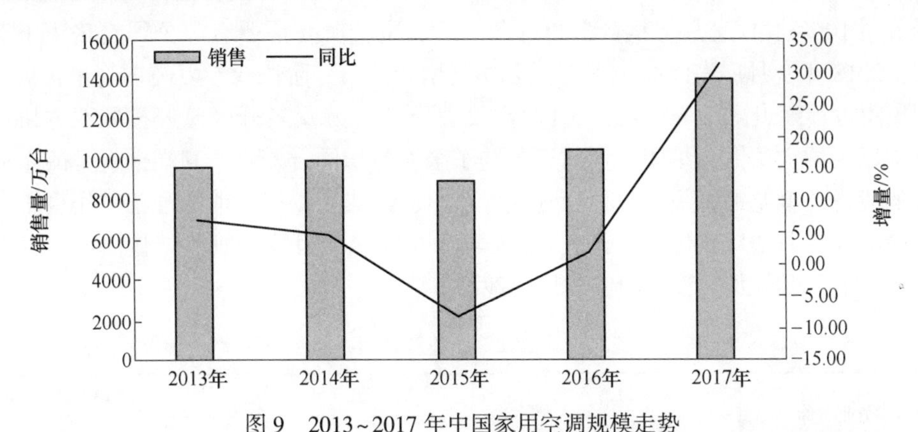

图 9　2013~2017 年中国家用空调规模走势

2. 5 “铜及铜合金管材”生产许可证管理取消，行业进入自主良性发展

为应对新一轮工业革命（“工业 4. 0”）带来的挑战，国务院于 2015 年印发了《中国制造 2025》，提出了建设制造强国的目标，提出十个重点领域五个重大工程，其中新材料是重点推进领域之一；工业和信息化部于 2016 年制定的《有色金属工业发展规划（2016~2020 年）》中将铜材等新材料产品列为重点发展对象，主要集中在技术创新、高端材料及

智能制造方面；2016 年年底到 2017 年年初，国务院相继成立了 23 个部门组建的国家新材料产业发展领导小组以及国家新材料产业发展专家咨询委员会；2017 年，国务院发布《关于调整工业产品许可证管理目录和试行简化审批程序的决定》，正式取消“铜及铜合金管材”生产许可证管理，同时要求放管结合、加强事中事后监管，按照“双随机、一公开”方式加大抽查力度，增加抽查频次和品种，扩大抽查覆盖面。尽管除取消“铜及铜合金管材”生产许可证管理以外，以上一系列政策均未直接涉及铜管行业，但是大环境下，对于铜管行业的良性发展也有一定的促进作用。

3 2018 年上半年铜管行业运行情况分析

3.1 2018 年铜管行业产业集中度将进一步提高，铜管行业全球竞争力增强

根据加工协会统计，2017 年十大铜管生产企业合计产能 165.7 万吨，占整个铜管加工行业总产能的 55.2%，同比增长 10.77%；十大铜管生产企业合计产量 145.9 万吨，占整个铜管加工行业总产量的 56.12%，同比增长 22.0%；2018 年上半年十大铜管生产企业合计产能 177.7 万吨，合计产量 83.54 万吨，占全部产量的 58.83%，如表 6 所示。十大铜管生产企业 2018 年上半年产能和产量均继续保持增长态势，表明中国铜管行业集中度进一步提高，铜管行业产品同质化程度降低，行业竞争压力有所缓和。

铜管行业两大巨头海亮股份和金龙铜管集团，2017 年两家合计生产铜管 88.45 万吨，占全行业产量的 34%，优势已经十分明显。2018 年上半年产量合计 52.12 万吨，占全行业产量的 36.7%。2015 年以来，海亮股份利用资金和技术优势，持续扩大产能，在浙江、广东、安徽、重庆相继建厂，目前已经形成浙江、上海、安徽、广东台山、广东中山、成都、重庆、越南、泰国、美国十大生产基地。2017 年底，海亮股份已完成诺而达集团下属三家子公司 100%股权交割与整合，2018 年 5 月，重庆海亮铜业有限公司在路璜工业园正式动工，2018 年 9 月广东海亮铜业有限公司新增二期第一阶段 3.5 万吨铜管正式投产；金龙铜管集团也逐渐走出债务危机，2017 年 12 月下旬，万州经开区已经按照双方协议，收购了 90%以上的金龙铜管集团，同时还收购了金龙与德国合资生产高端铜板带的企业凯美龙 16%的股份，金龙铜管集团万州搬迁建设小组已经成立，搬迁前的准备工作也正在有序进行。2018 年 3 月 30 日，万州经开区正式与金龙铜管集团签订股权转让协议，标志着万州经开区战略重组金龙铜管集团实质性落地。

表 6 国内十家主要铜管企业 2016~2018 年铜管产能及产量情况 （万吨）

序号	企业名称	2016 年		2017 年		2018 年上半年	
		产能	产量	产能	产量	产能	产量
1	金龙铜管集团	55.70	38.06	57.50	49.5	57.50	28.62
2	海亮股份	31.70	29.00	37.20	38.95	47.20	23.50
3	中色奥博特	14.00	12.45	14.00	11.9	15	6.67
4	山东中佳	8.00	6.58	10.00	8.24	10	4.78
5	宁波金田	8.00	7.5	12.00	7.98	12	4.9
6	江铜龙昌	8.00	5.58	8.00	7.3	8	3.5

续表 6

序号	企业名称	2016 年		2017 年		2018 年上半年	
		产能	产量	产能	产量	产能	产量
7	浙江星鹏集团	10.00	7.91	10.00	6.83	10	3.6
8	精艺股份	6.00	4.67	6.00	5.9	7	3.1
9	青岛宏泰	7.00	4.35	7.00	5.6	7	2.87
10	佛山华鸿	3.00	3.50	4.00	3.7	4	2

资料来源：中国有色金属加工工业协会。

3.2 国内铜管行业已经步入成熟期，企业间将加速分化

从 2017 年铜加工材产品结构图（图 10）可以看出，2017 年铜管材产量仅占所有铜材产量比例的 15%，线材比例达 45%。从 2013 年以来，我国铜管消费占铜加工材比例逐年下降（见表 7），说明我国铜管行业在经历高速发展后，国内总需求量呈现小幅增长态势，产品同质化且市场容量趋向于饱和。这个阶段靠野蛮扩张的发展策略已经很难奏效，资金实力、技术实力是主导行业竞争的关键，企业间的差距也会逐步拉大。2018 年上半年铜管占比为 15.74%，相比 2017 年有少量的增长。

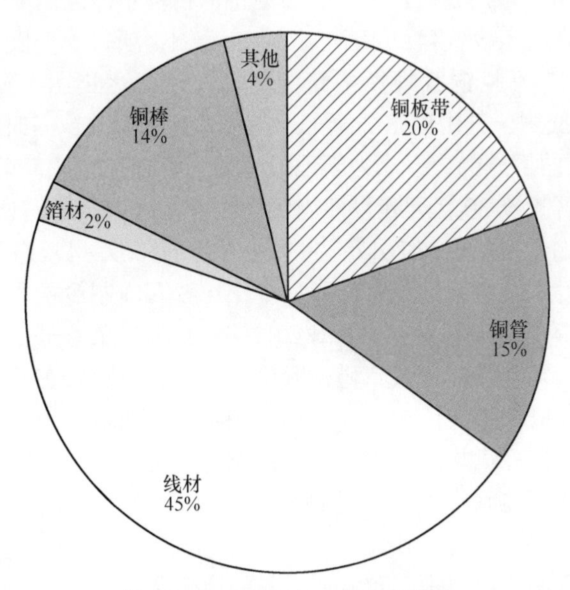

图 10 2017 年铜加工材产品结构

表 7 2013~2018 年铜管占比情况

年份	2013	2014	2015	2016	2017	2018 年上半年
铜管占比/%	19.06	18.78	18.16	16.68	15.0	15.74

资料来源：中国有色金属加工工业协会。

3.3 2018 年领军企业将继续实行规模扩张，行业集中度进一步提高

经统计，2018 年铜管行业拟扩建产能 45 万吨，其中海亮、金龙占了 33 万吨，两大铜

管巨头产能优势与其他企业进一步拉大，另几家有扩建实力的企业是宁波金田、山东中佳、江苏常发、佛山国东（见表8）。

表8 2018年新建/在（拟）建铜管项目

序号	企业名称	项目	投产	在（拟）建	备注
1	海亮股份	年产9万吨高效新型制冷铜管		9	重庆江津区
		年产17万吨高效新型制冷铜管	8.5	8.5	广东台山市
		7万吨铜管项目		7	诸暨店口镇
		3万吨铜管项目		3	泰国
2	河南金龙	年产8万吨高效新型制冷铜管	2.5	5.5	重庆万州
3	宁波金田	年产5万吨制冷铜管		5	广东四会
4	山东中佳	年产4万吨制冷铜管	2	2	江苏常熟
5	江苏常发	年产3万吨制冷铜管		3	江苏金坛
6	佛山国东	年产2万吨铜合金管材		2	广东肇庆
合计			13	45	

资料来源：中国有色金属加工工业协会。

首先，以金龙集团、海亮股份、宁波金田为主的投资主体近两年来进行了多点面的投资布局，继海亮股份在广东投资建设年产5万吨制冷铜管项目，首次布局广东空调制冷市场，未来将完成年产17万吨铜管规模；其次，收购诺而达集团下属三个铜管企业，于2018年年初顺利完成交割，其中广东2家工厂产能达到6万吨，届时海亮仅在广东市场将拥有年产16万吨铜管的生产能力，成为当地最大的铜管加工企业。第三，布局西南市场，海亮股份在重庆江津区投资30亿元建设西南铜材生产基地，其中空调制冷用铜管9万吨、铜排6万吨。而金龙铜管集团也在2017年年底正式和重庆万州政府重组完毕，金龙铜管集团正式回归国企并计划将总部迁至重庆，其中年产8万吨制冷铜管项目一期2.5万吨工程已于2017年12月份建成投产。宁波金田2017年11月22日公告，公司拟以2.1亿元收购江苏百洋实业有限公司、江苏兴荣高科技股份有限公司分别持有的江苏兴荣美乐铜业有限公司48.5%、12.5%股权，共计61%，成为兴荣美乐公司最大的股东，本次收购使得金田铜业公司新增5万吨制冷铜管产能；同时金田铜业公司加快布局珠三角地区，拟在广东肇庆四会市建设年产5万吨制冷铜管、3万吨铜合金棒材项目，该项目的建成将使宁波金田制冷铜管产能达22万吨。

多年来，我国铜管制造业集中度较低，产品同质化严重，行业整体专业化、自动化程度普遍较低，容易处于产业链不利位置。铜管制造企业与下游空调制造企业在产品定价、账期等问题上始终处于被动。2014年以来，经过深刻调整，海亮股份率先进入扩张，金龙铜管也从债务泥潭中走出。2018年行业进入洗牌阶段，未来几年行业集中度将进一步提高，铜管制造企业模式两极分化的形势愈发显著，大型铜加工企业向规模化、国际化方向发展，而小型铜加工企业则向专业化、特色化方向发展。

4 2018年全年铜管生产、消费预测及发展趋势

我国铜管行业与其他铜加工不同，有着很强的国际竞争力。从铜加工材出口结构中可

以看出，2017 年铜管的出口量已经占据了半壁江山，如图 11 所示。

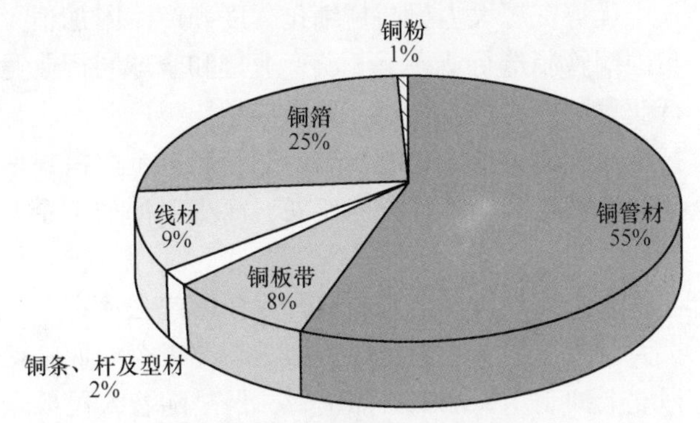

图 11　2017 年铜加工材出口结构

空调行业经过连续两年的火爆行情，2017 年底整个空调行业唱衰的声音较多，认为经历连续两年高增长的空调行业即将进入弱周期、盘整年，但 2018 年上半年空调行业实际数据不但没有下降，依然维持了两位数的高速增长。数据显示，2018 年上半年空调产量为 8792 万台，同比增长 13.2%，总销量 9070 万台，同比增长 14.3%，其中内销出货总量是 5260 万台，同比增长 21.1%，出口总量 3810 万台，同比增长 6%。从数据角度，空调行业在 2017 年同期高基数的基础上再创新高。从消费端来看，存量市场与新兴市场是成为空调行业的两大引擎。所谓存量市场，苏宁白皮书指出寿命在 8 年以上、性能衰退亟待换新的家用空调，市场存量已达到接近 1.26 亿台规模，换新需求巨大。新兴市场方面，苏宁白皮书认为三四线城市及农村市场早已成为整个行业的聚焦点，2018 年将迎来空调进村的黄金时代。铜管作为空调行业的原材料之一，空调市场的火爆，随之而来的必定是铜管市场的火爆，在加工协会上半年的企业调研中发现，铜管企业普遍反映市场良好，订单充足，大部分企业均维持 10%~15%左右的增长。据加工协会和安泰科联合发布的上半年铜加工材产量中，上半年铜加工材产量 902 万吨，其中铜管产量为 142 万吨，同比增长 11.2%。

不过 2018 年上半年空调行业走势显然不能为全年盖棺定论。进入 7 月以后，空调市场率先出现明显萎缩，直接导致铜管订单明显减少。除行业周期性变化影响外，空调行业市场的萎缩是主要原因。预计 2018 年全年铜管产量维持 5%~7%左右的增幅，产量在 273 万~278 万吨左右。

需要意识到的是，尽管中国铜管行业已经具备强大的国际竞争力，并直接参与国际市场的竞争，大型厂商在技术装备、产品质量、营销服务等方面已经达到世界先进水平，经过近几年较为充分的市场竞争，大型厂商在利用技术、资金、规模和研发优势，推动产业升级并提升市场集中度，行业内企业集中度进一步加强；但是国内空调行业经过多年发展，已经具备很强的话语权，市场集中度非常高。据了解，格力、美的、海尔等空调企业的市场占有率达 80%左右。加上上游国际大型铜矿企业通过并购整合加大了资源垄断，铜管行业处于产业链不利位置，铜管制造企业与下游空调制造企业在产品定价、账期等问题上始终处于被动。近年来，下游客户对高性能、高精度、低能耗产品需求扩大，加之铜价波动风险和流动资金需求压力加剧，导致铜管加工企业发展不平衡。所以，铜管制造行业还需要行业领先企业进一步主导行业整合，通过兼并收购、行业升级等方式淘汰落后产能、减少不良竞争，集中优势资源大力提高精细化程度和产品附加值，合理规划产能和产业链布局，从而提升我国铜管制造行业在上下游产业链和全球同行业竞争中的市场地位。

通过行业整合，行业集中度将逐步提高，形成以领导级厂商为主导、中小型企业为补充的竞争格局。随着行业规模化、专业化的发展，铜管制造企业模式两极分化的形势愈发显著，大型铜加工企业向规模化、国际化方向发展，而小型铜加工企业则向专业化、特色化方向发展。

随着铜管制造行业整合进程加快，空调制造行业深度“去库存”调整结束，南亚、东南亚等新兴市场需求扩大，我国铜管制造企业特别是领导级企业面临诸多发展机遇。尽管铜价维持高位在一定程度上抑制了铜加工产品消费，但是随着人民群众对生活品质要求不断提高，对铜加工产品的需求也在不断提升。此外，海洋工程、海水淡化、国防军工等行业发展也一定程度上缓解了铜价上涨带来的冲击。

参 考 文 献

[1] 张士宏，张金利，刘劲松，等. 铜管铸轧技术的新进展 [J]. 世界有色金属，2006 (7)：14-17.
[2] 王岸林，谭周芳. 空调器制冷用铜管研究 [J]. 家电科技，2006 (2)：39-45.

国产压延铜箔生产现状及发展建议

陈启峰

（中色科技股份有限公司苏州分公司，江苏苏州　215026）

摘　要：本文从压延铜箔的加工工艺着手分析了压延铜箔的性能特点，并且与电解铜箔产品比较，概述了表面处理箔与光箔产品在柔韧性、抗弯曲性、延展性等方面的优越性，以及在印制电路板、锂离子电池、汽车散热器制作市场的应用情况；介绍了国内近年新上的压延铜箔生产企业项目进展情况、设备配置以及当前生产现状，分析了国内压延铜箔企业生产中存在缺乏生产经验、未掌握核心工艺以及产品定位不清等主要问题，以及在重要产品锂离子电池用铜箔、印制电路板用铜箔、高挠曲性高机械强度合金箔等产品关键生产工艺、生产技术研发的瓶颈及必要性；介绍了当前国内铜箔企业在产品的研发及推广的进展及困难，以及富氧铜箔坯料制备、铜箔产品表面处理技术、铜箔退火等关键生产技术掌握的程度及需要解决的难点问题。

关键词：压延铜箔；表面处理；铜箔退火

Research on the Domestic Rolling Copper Production and Development Suggestion

Chen Qifeng

(China Nonferrous Metals Processing Technology Co. , Ltd.
(Suzhou Branch Company), Suzhou 215026)

Abstract: This article from the processing technology of wrought rolled copper foil, analyzes the performance characteristics of rolled copper foil, and compared with the electrolytic copper foil production, summarizes the superiority of the foil and foil surface treatment products in flexibility, bending resistance, ductility and other aspects, and applications in printed circuit board, lithium ion battery, automobile radiator production market in recent years, the domestic; new rolled copper foil production enterprise project progress, equipment configuration and the current production is introduced, analyzed the domestic rolling copper enterprises lack of production experience, grasp the core technology and product positioning is not clear the main problems existing in the production, as well as in important products for lithium ion batteries, copper foil for printed circuit board copper foil, high flexibility, high mechanical strength alloy foil products such as key production technology, production technology research and development bottleneck and necessity are introduced; The current domestic copper foil company in product research and development and promotion of the progress and difficulties, and foil products surface treatment technology, annealed copper foil and other key production technology to master degree and to solve difficult problems.

Key words：rolled copper foil；surface treatment；annealed copper foil

1 概述

1.1 压延铜箔产品分类

广义上的压延铜箔指厚度不大于 150μm 的纯铜及铜合金加工产品，根据 2015 年发布实施的《挠性印制线路板用压延铜箔》(YS/T 1039—2015）标准规定，将压延铜箔厚度调整为 75μm 以下，本文针对的主要是 50μm 以下，宽度 500～700mm 的超薄、超宽压延铜箔。

铜箔可分为处理箔和光箔两大类产品：

（1）处理箔。处理箔根据处理工艺的不同，品种有红化箔、灰化箔和黑化箔等，其中黑化箔生产难度最大，厚度一般以 12μm 和 18μm 为主流，目前市场上更以 18μm 产品产量最大。

（2）光箔。光箔产品主要指铜箔母材经轧制、清洗、退火后，达到客户要求规格与性能的产品。光箔主要应用在锂离子电池，厚度规格一般在 8～10μm。

1.2 压延铜箔当前生产现状

压延铜箔加工成本高，售价居高不下，极薄材料本身应用领域相对狭窄，市场容量有限。

目前世界上压延铜箔的生产厂家数量较少，主要集中在日本、美国和中国，全球主要的压延铜箔生产厂家有日本日矿集团、日本日立电线株式会社、日本福田金属、美国奥林黄铜等；国内生产企业主要以灵宝金源朝辉铜业有限公司、菏泽广源铜业有限公司、中色奥博特等为代表。

日本是目前全球最大的压延铜箔生产国，约占全球产量 80%份额，日本 2017 年国内用于 FCCL 用压延铜箔产量为 8325t（产值 228.6 亿日元），其中 9μm 以下为 37t（产值 1.9 亿日元）。

日本日矿集团作为最主要的压延铜箔生产企业，日矿金属下属的日矿金属株式会社拥有铜矿、铜锭制造、压延、表面处理的全部生产流程，是世界上唯一拥有全制程的印制电路板用电子铜箔制造商。该公司除了生产能用于 FPC、锂电池等用途的 C1100 标准压延铜箔，还相继开发出高挠曲性 FPC 用 HA 超高挠曲性铜箔、HS1200 耐热性铜箔，以及 C7025（铜镍硅）、NK120S（C18145）等系列合金箔。

2017 年国内应用在 FCCL 的压延铜箔使用量约为 2200t，主要产品为 0.018mm×600mm 经表面处理后的紫铜箔。

2010 年以前国内生产的压延铜箔大多为光箔，主要应用于汽车散热器散热片、电磁屏蔽层以及电子设备软连接等领域，厚度规格从 75～150μm 不等。生产采用陈旧过时的老工艺：使用小四辊慢速轧制，真空炉或罩式炉退火，产品厚度基本在 50μm 以上，宽度大多在 200mm 以下，生产效率低，产品尺寸公差、力学性能的均匀性和稳定性较差。部分生产厂家采用进口的多辊轧机，也能生产少量0.05mm规格的厚箔产品。

近几年国内新建的铜箔项目生产设备均以引进为主，总投资额超过25亿元，设计产能超过1.5万吨。

1.3 国内压延铜箔生产

国内新建的铜箔项目目标产品均为印制电路板以及锂电池用铜箔，铜箔种类有处理箔和光箔，执行标准多为IPC-4562、JIS6515。其中适用印制电路板用铜箔的为第7类（退火压延铜箔）和第8类（可低温退火压延铜箔），而市场大量使用的为第8类；用于电池的光箔目前没有相应标准，多参考印制电路板铜箔标准。锂电池制作过程中没有类似印制电路板制作工艺的辊压、高温层压成型加工，所需铜箔是需经压延、退火后的产品。

使用先进的国产铜箔生产设备，自主研发铜箔生产工艺，减少项目投资，为市场提供高性价比的产品将成为压延铜箔投资的方向。

2 国内生产设备、生产工艺的研发关键及难点

2.1 铜箔产品的研发及推广

压延铜箔加工成本高，售价居高不下，极薄材料本身应用领域相对狭窄，市场应用空间有限，只有少量企业掌握技术以及占领市场，阻碍铜箔产品的研发及推广。

铜箔分为表面处理箔和光箔两种，国内投资的铜箔应用方向多为印制电路板和电池两个领域，而这两个领域由于多种因素目前被电解铜箔占领。有机构估计印制电路板用压延铜箔在国内使用量为1000~2000t/a；而锂离子电池用铜箔只有在有特殊需要的高性能锂离子电池上，才会花较高的价格从国外进口压延铜箔，根据某些锂电池生产厂家反馈的信息，目前电解铜箔在性能及功能上已经完全满足作为负极载体材料使用的要求，如果压延铜箔价格不显著下降到接近电解铜箔，那么就很难撬动电解铜箔在锂电池应用领域的垄断地位。

高挠曲性高机械强度合金箔是日本国内研发的一类铜箔，小批量使用在分立器件以及集成电路上，目前还没有得到大量使用。

2.2 富氧铜箔坯料的制备

成熟、稳定的富氧铜的熔炼生产技术，是保证高品质压延铜箔的重要前提。氧对铜的电导率影响不大，会稍微降低铜的塑性和疲劳极限，但保证一定范围内的含氧量，使CU2O与极少量的Bi、Sb等杂质起反应，形成高熔点的球状质点分布于晶粒内，有利于消除晶界脆性，大大提高压延铜箔产品的综合性能。2014年国内某研究机构根据日矿集团的压延铜箔样品进行反向研发，根据5个批次的样品含氧量检测结果，含氧量达到严格的±20ppm富氧铜的生产要求，而目前国内一般采用T2或者TU1为原料，该研究机构采用的TU1原料生产的0.011mm×600mm硬态铜箔经180℃×15min、180℃×60min热处理试验后，样品延伸率（1.1%→1.1%→1.1%）没有任何改变。

2.3 铜箔退火技术

铜箔退火国内尝试过单张连续退火及卷式退火两种方式。国内某研发机构在单张连续

退火实验目前并不理想，和实际生产还有较大差距，主要存在氧化严重、卷边等问题。目前国内大部分企业都是采用罩式炉退火。

2.4　表面处理技术

表面处理是印制电路板用压延铜箔最关键、最复杂的一道工序，但是由于国外对压延铜箔的表面处理技术封锁非常严重，国内对此掌握得极少，能够查询到的文献多为大学科研论文。虽然国内企业对电解铜箔表面处理技术能够较好地掌握，但电解和压延属两种完全不同的工艺，产品的处理技术也有较大差异。例如国内某企业有多年电解铜箔的生产经验，在压延铜箔表面处理技术的摸索上，用时 3 年先后聘请国外、国内多个团队研发的铜箔产品，与进口产品还有较大差距，产量也较低。

3　国产压延铜箔产品及生产工艺研发建议

根据现在铜箔的应用方向，建议生产企业可在锂离子电池用铜箔、印制电路板用铜箔、高挠曲性高机械强度合金箔产品方面展开生产工艺、生产技术的研究。

3.1　锂离子电池用铜箔

锂离子电池主要由正极、负极、隔膜和电解液组成（图 1）。铜箔在锂离子电池中既是负极活性材料的载体，又是负极电子的收集与传导体。锂离子电池集流体的主要材料是金属箔（如铜箔、铝箔），其功能是将电池活性物质产生的电流汇集起来，以便形成较大的电流输出，因此集流体应与活性物质充分接触，尽量减少内阻。铜箔具有良好的导电性、柔韧性和适中的电位，耐卷绕和碾压，是锂离子电池负极集流体的首选材料。

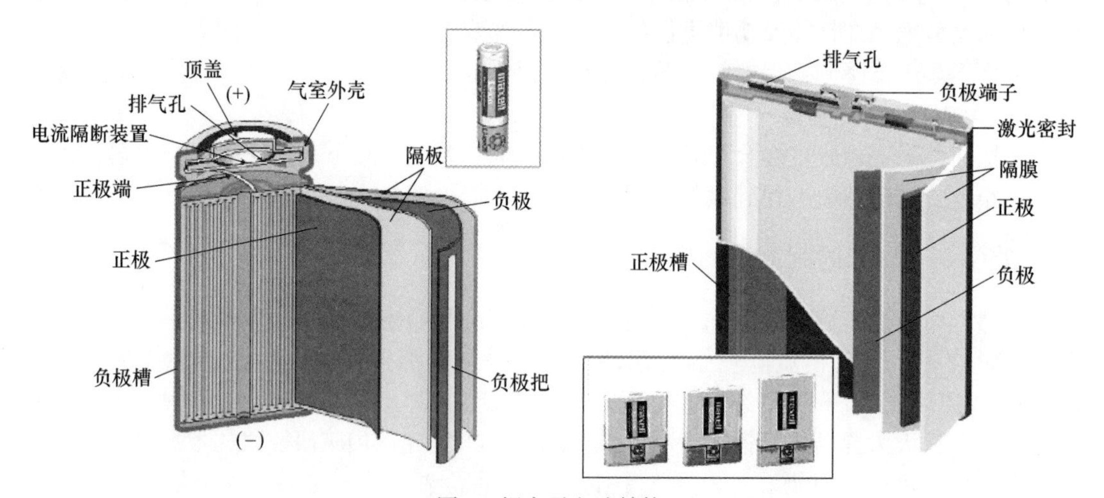

图 1　锂离子电池结构

锂离子电池工业向超薄和大容量两极化发展。目前作为微型电器的动力提供者，最薄的锂电池可做到 0.3mm 的厚度，该电池可以在一定范围弯曲，弯曲度可达到 90°以上，该锂电池必须使用超薄、高延伸性、耐折弯性能的铜箔做支撑；最大的动力锂电池目前可以做到数百安培小时的容量，这种大容量的动力锂电池主要瞄准电动汽车方面。采用压延铜箔为载体的石墨烯电池，容量大，充电速度快，未来的石墨烯电池，仅需几分钟时间，就可以完成充放电。

新研发的生产工艺需包括适合工业生产的铜箔退火工艺，以达到第7类（退火压延铜箔）的要求，并且对箔材抗氧化性、亲水性、厚度均匀性、面密度、抗拉强度、延伸率、耐折性以及针孔度等展开研究。

3.2 印制电路板用铜箔

目前压延铜箔最大的应用市场是挠性印制电路板（FPC，见图2）。它作为一种导电层材料首先提供给挠性覆铜板（FCCL）生产厂家，制作出FCCL后在FPC制造中得到使用，FCCL市场份额占到压延铜箔整个销售额的82%左右。压延铜箔处理箔分为红化箔、灰化箔和黑化箔等，其中黑化箔生产难度最大，目前生产技术仅掌握在日本日矿等极少数国外生产企业中，厚度一般为12μm和18μm。

图2 挠性电路板

新研发的生产工艺需包括适合印制电路板用铜箔的轧制及精整工艺，并调整中间退火工艺，以达到第8类（可低温退火压延铜箔）的生产要求。另外还需对箔材抗拉强度、延伸率、疲劳延展性、剥离强度、表面粗糙度、箔轮廓、可焊性、可蚀刻性以及载体分离强度等展开研究。

3.3 高挠曲性、高机械强度合金箔

原材料（母材）的选择（化学成分的组成）也是获得不同机械性能、物理性能的压延铜箔的关键因素之一。由于压延铜箔原材料成分可以得到一定的改变，使得它在高性能箔、特殊箔的开发上，比电解铜箔有更大的自由度和更快的发展。近年来，以COF为代表的形成微细电路FPC制造技术的发展，以及折叠型移动电话使用FPC对其挠曲性提出更高的要求，促使压延铜箔的制造技术有更重大的进步。这一进步，主要表现在它的高挠曲性压延铜箔、具有高机械强度的以及极薄铜箔（12μm、9μm）压延铜合金箔产品，国外相继开发出高挠曲性FPC用HA超高挠曲性铜箔、HS1200(Cu-0.12%Sn)耐热性铜箔，以及C7025(Cu-Ni-Si-Mg)、NK120S(C18145，Cu-Cr-Zr)等高强度、高耐热型压延铜合金箔。主要应用于COF、HDD带状引线以及专门为有引线框架的IC载板。

合金箔的研发包括合金材料以及加工工艺两部分，主要为材料成分、熔炼铸造工艺、淬火固溶、时效热处理、箔材轧制工艺等。

4　结束语

（1）开展用于锂离子电池、印制电路板以及多层互联 HDD 等高挠曲性高机械强度合金箔产品的研发，扩宽超薄压延铜箔的市场应用方向。

（2）压延铜箔企业需加强在富氧铜箔坯料、铜箔表面处理、铜箔退火等关键技术开发的力度，解决生产技术瓶颈。

（3）铜箔产品超薄化是趋势，使用先进的国产铜箔生产设备，自主研发铜箔生产工艺，减少项目投资，为市场提供高性价比的产品将成为压延铜箔投资的方向。

参 考 文 献

[1] 钟卫佳，马可定，吴维治．铜加工技术实用手册［M］．北京：冶金工业出版社，2007.
[2] 王碧文．艺术用铜及合金［J］．铜加工，2000（1）：44-48.
[3] 陈启峰．压延铜箔的轧制及表面处理工艺［J］．有色金属加工，2014（1）．

浅议屑料在铜熔铸生产中的合理使用及其对熔炼烧损和铸锭质量的影响

许利明[1]，张玉杰[1]，黄自欣[2]，韩 晨[1]

(1. 中色科技股份有限公司，河南洛阳 471039；
2. 中铝洛阳铜业公司，河南洛阳 471039)

摘 要：屑料是铜熔铸生产的主要原料之一，在原料组成中虽然比例不高，但其对熔铸烧损和铸锭质量有较大影响。屑料在入炉前需适当地处理，不同牌号的铜及铜合金对屑料的使用有不同的要求。

关键词：屑料；前处理（烘烤；压块、复熔）；熔炼烧损；铸锭质量

Discussion of the Reasonable Use of Scrap Material in Copper Casting and its Influence on Melting Loss and Ingot Quality

Xu Liming[1], Zhang Yujie[1], Huang Zixin[2], Han Chen[1]

(1. China Nonferrous Metals Processing Technology Co., Ltd., Luoyang 471039;
2. Luoyang Copper Processing Group Co., Ltd., Luoyang 471039)

Abstract: Scrap is one of the main raw materials in the production of copper casting. Although the proportion of raw materials is not high, it has a great influence on the melting loss and ingot quality scrap materials should be properly treated before being put into the furnace. So, different grades of copper and copper alloys have different requirements for scrap materials.

Key words: material scrap; pretreatment; melting loss; ingot quality

1 概述

在铜加工企业熔铸生产中，原料是影响铸锭质量和铸锭成本的重要因素之一。屑料是铜熔铸生产的主要原料组成之一，在生产过程中产生并返回熔铸工序使用。屑料在原料中虽占有的比例不大，但其对熔炼烧损、铸锭质量有较大影响。

铜及铜合金熔铸生产中，所用原料主要由新料、厂内旧料、外购旧料等组成。在厂内旧料中，屑料占有相当比例。在管棒材生产时，每年返回熔铸的屑料占投料量的比例约为2%~4%，在板带材生产时每年返回熔铸的屑料约占投料量的5%~8%。与其他种类原料相比，因为屑料较为细碎，又往往混有或多或少的机加工所用的冷却液，使其在熔炼时易氧化造渣，烧损（火耗）大。屑料也会对铸锭质量产生不利影响，降低成品率。这将最终影响成品材的加工成本。例如，0.5%的烧损将使每吨铸锭的金属损耗增加5kg约250元（姑且全以铜价计）。在当前铜加工行业赢利困难情况下，屑料的合理使用对企业降本增效或许是值得关注的因素。本文对包括紫铜、黄铜、青铜、白铜在内的各类铜及铜合金的屑料的使用方式做简要介绍，供参考和借鉴。

2 屑料的来源

在铜加工企业生产过程中产生的屑料主要来源为：（1）铸锭加工产生的屑料，包括毛锭锯切的锯屑；圆铸锭车皮的车屑；扁铸锭铣面的铣屑等；（2）水平连铸（或立式连铸）带坯冷轧前铣面的铣屑、热轧带坯在冷轧前铣面的铣屑等。

铸锭锯切、连铸带坯或热轧带坯冷轧前的铣面一般是必要的工序，是屑料的主要来源。圆铸锭的车皮或扁铸锭的铣面一般不是必要的工序，只有在铸锭表面质量较差时，如铸锭表面夹渣裂纹较多和较深、冷隔较大，在手工修理后仍难以达到下道加工工序的要求时，才进行相应的车铣加工，车铣的厚度根据表面缺陷的深度而定，但尽可能加工量要小一些。铸锭锯切时锯口的宽度决定了锯屑的比例大小，带锯床所锯锯口较窄，锯片厚度在几毫米，锯口一般在10mm以下；圆盘锯锯口较宽，锯片厚度在十几毫米左右，锯口一般在20mm以下。在冷轧前的带坯铣面时，一般每面铣去0.5~1.0mm。对于复杂合金及易产生表面偏析的合金铣面量较大，如锡磷青铜因为表面有较厚的锡的反偏析层，所以铣面时每面厚度铣去0.70mm以上。管棒材生产时屑料主要是锯切产生的，板带材生产时屑料主要是带坯冷轧前铣面产生的，铸锭锯切的屑料占少量。

3 屑料的处理

铜加工企业产生的废料一般分为一级废料和二级废料，一级废料是指不经处理可以直接入炉使用。屑料被称为二级屑，是指需要经过一定方式处理后，才能作为炉料入炉使用。屑料在入炉前一般需经烘干、压块和复熔等前处理。

3.1 屑料的烘干

屑料烘干的目的是将其表面残存的冷却液、水分烘干。铸锭的锯切、冷轧前带坯的铣面，一般需要冷却。冷却液一般是油或乳液。乳液成本低、冷却效果好，更多地被使用。雾化冷却的方式使冷却液的用量在减少。对于紫铜类带坯在双面铣时也往往采用干铣的方式，不耗用冷却液。圆铸锭的表面车削一般也是干加工，不耗用冷却液。但总而言之，含有油或乳液的屑料占多数。

混有冷却液的屑料如果直接入炉，遇高温铜液时乳液气化，体积急剧膨胀，会造成铜液飞溅，危害操作人员及设备安全，被称为“放炮”事故。同时这些乳液所产生的油烟气及水蒸气会污染车间环境，在被吸入炉子收尘装置后还会影响收尘装置的正常使用。乳液及油类冷却介质中的“油”主要组成是碳氢化合物，随屑料入炉燃烧后，也会生成水，增加炉料气氛中水汽的成分。

这些混有冷却液的屑料直接入炉会使熔体内含气量增高，使熔体黏度增大，流动性变差，易使铸锭产生气孔、裂纹、冷隔、夹渣等缺陷。屑料残存的冷却液也会使炉料烧损加大，特别会使 Zn、Sn、Mn、Al、Si、P 等易氧化的主成分元素烧损加大，从而需在熔体中补料调整成分。

屑料的烘干可采用台车炉、滚筒炉等形式的炉子。炉子加热动力为电或燃气。炉内最高工作温度不宜过高。高锌黄铜 H62、HPb59-1、HSn62-1 等市场需求大，产能也较大，其下临界熔化温度在 880~900℃，烘炉温度控制不好或温度不均局部过热，易使部分屑料熔化。另外，炉子温度过高，也会增加能耗，增加成本。在达到烘干目的时，炉温较低为宜。

台车炉和滚筒炉相比，前者分炉次烘烤，小时烘烤产能较低；后者连续性烘烤，小时烘烤产能较高。前者在烘烤时如果装箱多，易使屑料中间部分烤不透，产生“夹生”；后者烘烤则更均匀。台车炉适合产能小、合金牌号多、年屑料较少的企业选用；滚筒炉更适合产能大、屑料量多的企业选用。

3.2 屑料的压块

屑料烘烤后，以散料形式加炉，因屑料蓬松重量轻，易浮在熔体表面或被木炭等熔体覆盖剂阻隔而接触不到熔体，形成“蓬料”。这样会大幅增加熔化时间而增加电耗；也会使屑料不能及时进入熔体而暴露在空气中使氧化烧损加大。如果“蓬料”不能被及时发现采取措施，还会使熔体过热缩短炉子寿命，甚至超过炉体的最高承受温度，发生“漏炉”事故。屑料压成块后，结合紧密中间无气隙，加炉后可以较少带空气进入熔体；加料时也由于料块重量使料块快速浸入熔体，这样就可避免上述直接加屑料时的弊端。

屑料可以通过压块机压成饼状或方块状，大小重量以方便装箱和加料为宜，几公斤到几十公斤为多。料块太大在转运或起吊时易破裂散开。

一般锯屑、车屑容易压成块，铣屑则压块较困难。紫铜屑较“黏”，易压成块，合金类则压块困难。对于较难压块的屑类可以和箔材、带材等“软”废料混在一起，再进行压块，就容易加工成形了。如果没有足够多的可以混合打块的相应“软”废料，这些屑料也可直接加炉，但应采取相应的加料措施避免出现相应的弊端。

3.3 屑料的复熔

在铜及铜合金中，有的合金牌号杂质限量较严，对原料要求较高，所以其返回的屑料即便烘烤压块后最好也不要直接加炉。这类屑料需要复熔成复熔锭后带用，就是将其集中加炉熔化，并分析其化学成分，铸成铸锭后锯切成块。这些复熔锭在作为炉料使用时，可根据炉前分析出的其主成分和杂质成分的含量来决定每炉带入的量。这类屑料需要复熔的铜合金包括白铜类 B19、BFe30-1-1、BFe10-1-1、BZn15-20；镍铜合金类 NCu28-2.5-1.5、硅青铜 QSi3-1 等。这些牌号的合金其铸锭极易出现气孔，其屑料复熔后带用，也是为了有效避免铸锭内部气孔的产生。使用复熔料可提高铸锭成品率。

屑料复熔可选用铜熔铸生产所用的各种电磁感应炉。正常生产的炉子寿命到期停炉前可进行屑料复熔，之后拆炉，避免洗炉造成浪费。新炉用于复熔或正常生产的炉子中间插入复熔任务，复熔任务完成后转入正常生产前，一般需要洗炉，洗炉炉次在 1 次到数次。在复熔锭铸造时，可适当增加铸速，提高生产效率。

屑料复熔处理，增加了一次熔铸过程，大幅增加了屑料的使用成本。所以对于屑料应尽可能采取措施烘烤压块后直接投炉使用，避免复熔过程。

4　几种典型铜及铜合金屑料的使用

4.1　无氧铜类

TU0、TU1、TU2、C10100、C10200 是生产较多的无氧铜，因其对杂质特别是氧含量限量很低，原料要求苛刻，需用高纯阴极铜，入炉前还应烘烤。应禁止使用返回旧料，屑料无论是否处理均不能带用。其屑料可作为黄铜、青铜熔铸生产时的原料。

TP1、TP2、C12000、C12100、C12200、C12220 等磷脱氧铜可适当带用烘烤压块后的本牌号屑料，但应避免混入其他合金类屑料，屑料带入量一般应控制在 10%或 5%以下。

4.2　紫铜类

T1、T2、C11000 和 TAg0. 1 等以微量元素为主成分的高铜合金类，对杂质及氧含量有较低的限量，铸锭锯切的料头料尾可以投炉使用，加工废料及二级屑料不用。加工废料及屑料易混入杂物（如铁质工件），一旦杂质超标，洗炉较难。这些牌号（含无氧铜）的加工废料和二级屑料（烘干压块）可作为黄铜、青铜类熔铸生产的原料投用。

4.3　黄铜类

黄铜分为简单黄铜和复杂黄铜，简单黄铜的屑料可在烘烤压块后用于本牌号的熔铸生产，也可用于低一级黄铜。H65、H62 产量最大，所有的简单黄铜的屑料都可在其中使用。其中 H62 屑料可用于本牌号，不用于 H65 以上牌号。屑料带用比例 30%。

复杂黄铜的屑料可用于本合金，根据主成分和杂质限量，经计算也可用于低一级黄铜，屑料带入量不超过 10%~15%。HPb59-1 在所有黄铜中杂质限量较为宽泛，市场大产量高，所有简单黄铜及本合金屑料均可大比例带用，带用比例达 30%以上。

4.4　青铜类

锡磷青铜可带用一定比例屑料，比例在 20%之内为宜。宽度 650mm 左右的宽幅单流水平连铸带坯，在冷轧时易产生裂纹和断带，加工难度大，目前生产并不过关。该合金结晶温度范围大，水平连铸带坯的内部疏松、锡元素的反偏析、结晶时冷却强度大和不均匀、氧化夹渣等是轧制开裂的主要原因。所以生产时原料中不要使用屑料。

铝青铜中经常生产的牌号有 QAl9-2、QAl9-4、QAl10-3-1. 5、QAl10-4-4、QAl10-5-5 等，多作为耐磨结构材料使用，内部的微小夹杂、气孔对其疲劳性开裂失效较敏感，所以铸锭生产时屑料应复熔后带用。

QSi3-1 等硅青铜合金其熔体极易氧化吸气，铸锭最易产生内部气孔。其屑料应复熔后按比例带用。

4.5 白铜及镍铜合金类

白铜市场需用量较多的有 B19、BFe10-1-1、BFe30-1-1、BZn15-20 等，镍铜合金有 NCu28-2.5-1.5（蒙乃尔）等，这些合金的成品材多应用在高温腐蚀介质中，其中的 C、S、P、Pb 等杂质限量较低。这类铸锭影响成品率的主要原因是杂质超标、内部气孔、内裂等。在熔铸生产时对原料要求较高，一般要求每炉新料比例不小于 50%。其屑料应复熔后带用，一般不超过 10%。

最后，屑料的使用还应加强管理，避免混料。有些铜及铜合金牌号从外观上很难区分，如 H90 和 QSn6.5-0.1（或相近的其他锡磷青铜）、QSi3-1 和 QSn4-3、H62 和 HPb59-1 等，这些合金如在同一台设备上锯切、铣面时，在变换下一牌号合金时应清理干净。还有的虽然难以区分，但类型相同，为管理方便，几种屑料往往混在一起处理和使用，如 H70、H68、H65；QSn6.5-0.1、QSn7-0.2。

5 结语

铜加工企业其产品在市场上的定位不同，其所针对的客户对产品质量要求也不同。企业对包括屑料在内的原料的使用都有自己的经验和制度。

总之，屑料的合理使用可以减少烧损、保障铸锭质量，加快屑料这样的低品级原料的周转，提高效益。

铜合金红锭铸造机测量控制

尹家勇

（中铝华中铜业有限公司，湖北黄石 435005）

摘 要：铜合金立式半连铸生产线设备的电气控制系统包括液压控制、振动小车控制、冷却水控制、人机界面控制等单元。本文叙述了利用齿轮流量计和西门子 ET200S 计数模块等在 C19400 材料红锭半连铸生产线引锭系统的控制，通过软件设计编程，结合生产和设备实际，解决了红锭铸造的高温高湿恶劣条件下液压系统测量和控制的难题。本文重点是高温铸造状态下的铸锭长度、速度检测方案：液压元件选型、液压回路设计、控制方案确定、PLC 硬件选型、计数器的复杂设定、软件编程、调试和实施情况。使用了合理的工艺流程和先进的设备生产提高了设备可靠性，取得较好的经济效益和社会效益。

关键词：半连铸；引锭系统；流量计；西门子计数模块；S7 软件设计

Copper Alloy Red Ingot Casting Machine Measurement Control

Yin Jiayong

（CHINALCO Central China Copper Co.，Ltd.，Huangshi 435005）

Abstract：Copper alloy semi continuous casting production line equipment and electrical control system：including the hydraulic control，trolley vibration control，cooling water control，man-machine interface control unit. This article describes the use of gear flowmeter and Siemens ET200S counting module in C19400 material red ingot of semi continuous casting production line dummy control system，through the software programming，combined with the actual production and equipment，to solve the red ingot casting of high temperature and high humidity in the harsh conditions of hydraulic system measuring and control problems. This paper focuses on the high temperature casting ingot length，under the condition of speed detection scheme：hydraulic components selection，hydraulic circuit design，control scheme，PLC hardware selection，counter to the complex set，software programming，debugging and execution. The use of the reasonable process and advanced production equipment，improve equipment reliability，achieved better economic benefits and social benefits.

Key words：vertical semi-continuous caster；dummy system；flow meter；Siemens counting module；S7 software design

1 引言

铜合金 C19400 是生产大规模集成电路的基础材料，本公司生产该铜合金工艺采用红锭铸造；红锭铸造优点是冷却速度较慢、铸造应力少、高温塑性好、易于进行热轧开坯减少热轧开裂等。但红锭铸造时由于下引法拉出的铜锭呈高温红热状态，对半连铸设备和检测控制提出较高要求。该设备的电气控制系统包括液压控制、振动小车控制、冷却水控制、人机界面控制等单元。本文重点介绍的是作者根据现场使用要求开发的高温铸造状态下的铸锭长度、速度检测方案设计、原理和实施情况。

2 铸造引锭系统的主要外部设备及其工作原理

铸造垂直引锭系统包括铸锭头、结晶器、引锭平台、引锭油缸、铸锭小车、振动器等，其中平台在铸造小车下方，由引锭油缸牵引其向下移动，使高温结晶后的铜锭随着引锭平台（靠铜铸锭自身重力作用）下引，而油缸是由比例伺服阀通过 PID 调节控制其下引速度的，按照操作者设定的速度和长度生产。

2.1 液压回路分析

液压局部图见图 1。图中 3.4 是比例伺服阀控制油缸铸造时下降速度。3.2 是测速齿轮流量计用来检测油缸液压油流量。

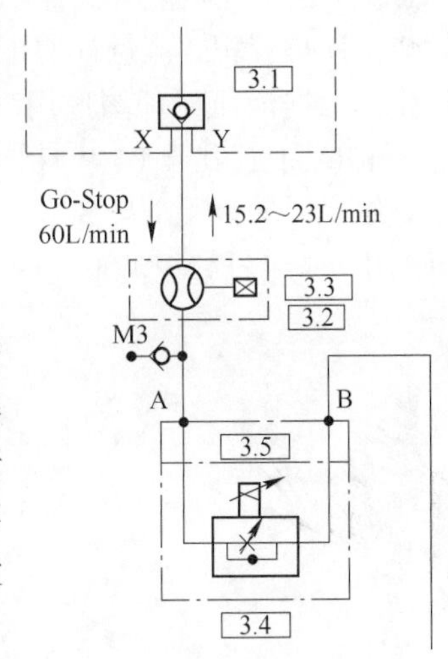

图 1 铸造下降调速回路

3.2—测速齿轮流量计；

3.4—比例伺服阀

2.2 测量方式

测量方式有以下两种方案，并经过实践和生产运行：

（1）采用拉线编码器对平台位置进行测量，非常直观精确，但由于锭呈高温红热状态热辐射非常强烈，拉线编码器钢丝易退火，高压冷却水易进入拉线装置，漏铜等事故不断出现，拉线编码器装置很快损坏，造成高昂维修费和停产事故。试运行一段时间后无法满足生产的需要（此方案由原设备厂家 SMS 开发，现场恶劣，无法连续运行）。

（2）采用流量计对油缸下沉时液压油的流出量进行测量，通过程序计算，就可转化为铜锭的长度和速度。由作者开发，本文重点介绍，如图 2 所示。

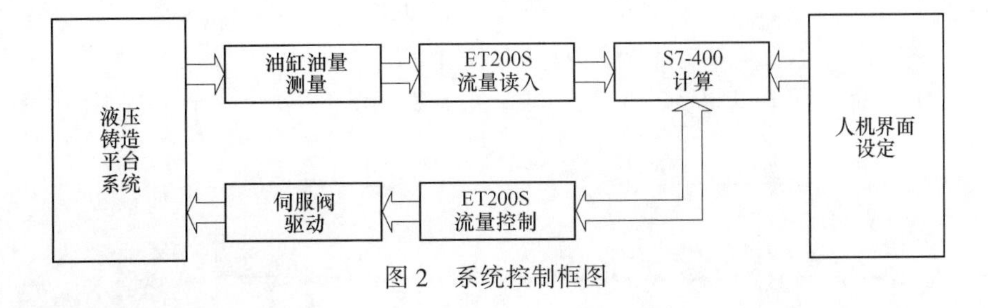

图 2 系统控制框图

3 系统的设计、部件选用

3.1 系统控制方案

（1）触摸面板工控机显示及操作界面，可进行工艺参数的设定：引锭速度（mm/

min）、铸锭长度（mm）、振动频率（Hz），显示当前工作数据：实际引锭速度、平台位置、铸锭当前长度、重量，显示当前工作状态，全系统报警显示等。

（2）通过 ET200 I/O 计数模块取得齿轮流量计 AB 脉冲的数据，后转换为实际平台位置和铸锭长度，对其进行定时中断处理可算出实际的引锭速度，根据设定的引锭速度进行闭环调节，计算出从模拟量输出到比例阀上的信号，从而对引锭过程形成了一个速度闭环控制。

（3）平台位置或铸锭长度的计算方法是：在平台处于最高位置时，把计数值作为参考值，油缸带动平台下移动，齿轮流量计 AB 脉冲的数据变化计数值相对参考值就得到了铸锭的长度值。

3.2　流量计选型

由于原设计液压系统主铸造油缸管径大流量低，采用一般椭圆齿轮流量计不适用，采用特殊的圆齿轮流量计，体积小精度高，输出 AB 脉冲信号。查手册得知 KRACHT 公司齿轮流量计是容积式流量计的一种，用于精密的连续或间断的测量管道中液体的流量或瞬时流量。根据液压原理图选用型号，由铸造流量 15～23L/min 和现场管径 ϕ25mm 设计的型号为 KRACHT VC 1 F1 PS 精度±0.3%齿轮流量计原理见图 3，油流经相邻啮合齿轮推动齿轮旋转，每经过一个齿的容积是固定的，检测旋转齿数即可得到油的流量。流量特征曲线见图 4，流量计输出波形见图 5。

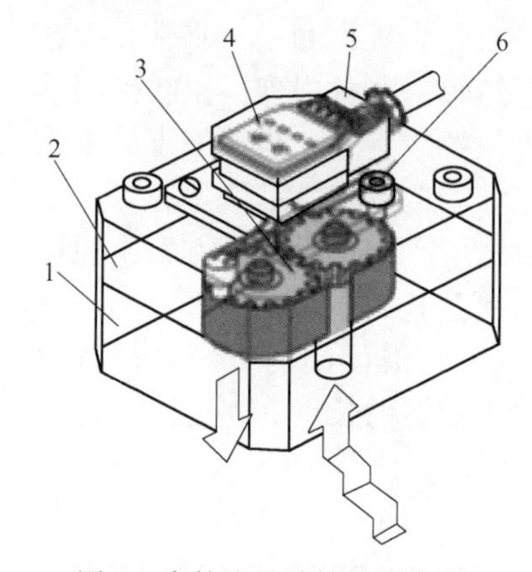

图 3　齿轮流量计结构示意图

1—下密封盖；2—上密封盖；3—测量齿轮；4—信号显示；5—接口；6—测量感应装置

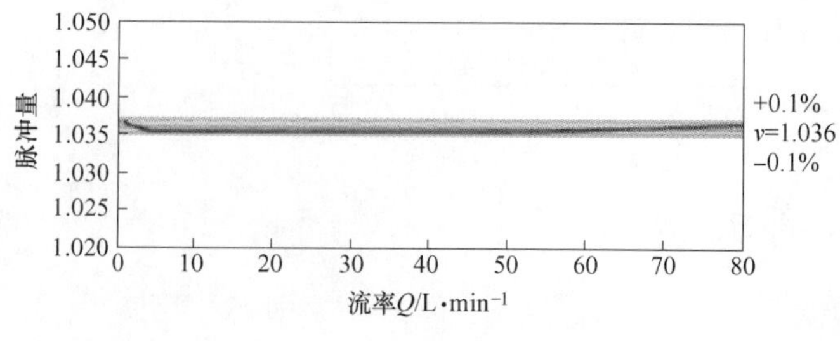

图 4　流量特征曲线

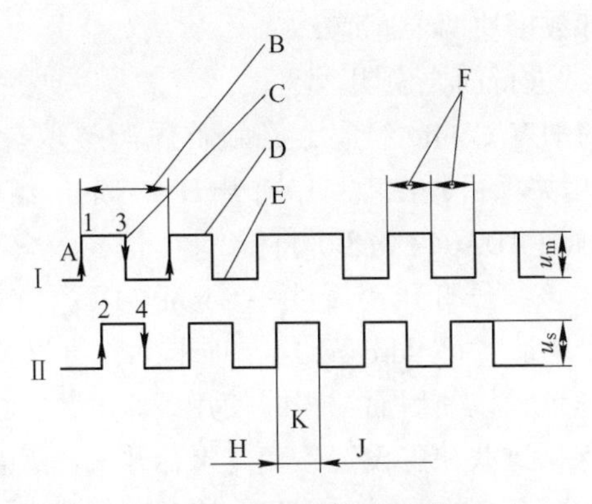

图 5　流量计输出波形

通道Ⅰ：A—脉冲上升沿；B——一个脉冲；C—脉冲下降沿；D—ON 脉冲；
E—OFF 脉冲；F—脉冲占空比 1：1-15%+15%
通道Ⅱ：H—流量方向 1；K—流量方向反向；J—流量方向 2

3.3　控制系统的硬件构成

控制系统采用西门子 S7-400PLC 及其扩展 ET200S I/O 计数模块、触摸面板工控机 PC615 等进行控制。SIMATIC S7-400 是用于中、高档性能范围的可编程序控制器，具有模块化及无风扇的设计，坚固耐用，容易扩展和广泛的通信能力，容易实现的分布式结构以及用户友好的操作的特点。SIMATIC ET 200S 是一种具有多种功能的模块式结构、安装简便等特点的模块式的分布式 I/O 系统，防护等级为 IP20，兼有安装简便、灵活性大，以及运行费用较低等特点，现场采用 PROFIBUS DP 通信网络，人机界面采用面板工控机 PC615，系统采用 Siemens SETP7 和 WinCC flexible2008 编程，PLC 结构见图 6。

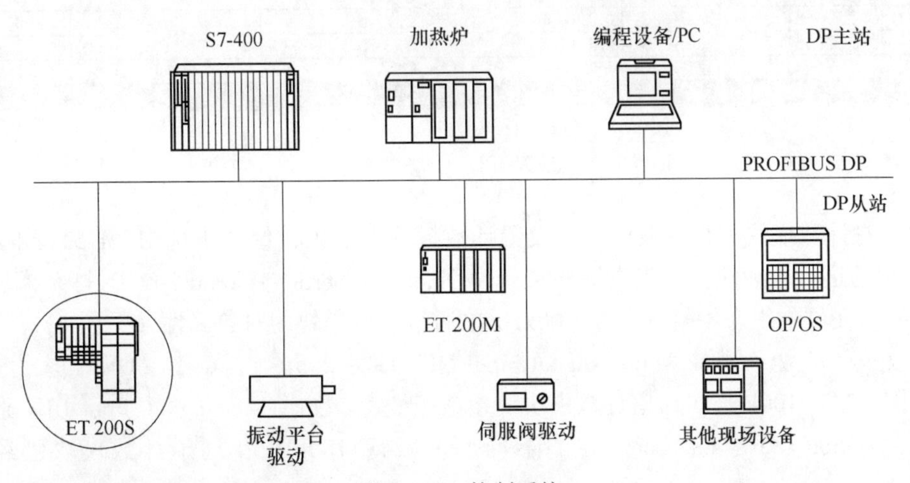

图 6　PLC 控制系统

3.4　PLC 硬件系统组态

在 15 号站添加西门子 ET 200S 计数模块 6ES7138-4DA04-0AB0，外部接线将圆齿轮流量计 AB 脉冲信号接入计数模块两个通道。

下面对 1Count 24V 调试进行简要说明：

（1）使用 STEP 7 中的 HW Config 组态，必须首先调整现有 ET 200S 站的硬件组态，在 SIMATIC 管理器中打开相关项目，在项目中打开 HW Config 组态表。从硬件目录中选择 1Count 24V 编号，6ES7 138-4DA04-0AB0 将显示在信息文本中。将该条目拖到安装 1Count 24V 的插槽中。双击该编号打开“属性-1Count 24V”（Properties-1Count 24V）选项卡（R-S 插槽号）。在“地址”（Addresses）选项卡上，可以找到已将 1Count 24V 拖动到的插槽地址。记下这些地址，以便后面编程时使用。“参数”（Parameters）选项卡包含 1Count 24V 的默认设置。保持这些缺省设置不变。保存并编译组态，然后通过选择“PLC>下载到模块”（PLC>Download to Module）在 CPU 的 STOP 模式下载该组态。PLC 硬件组态见图 7。

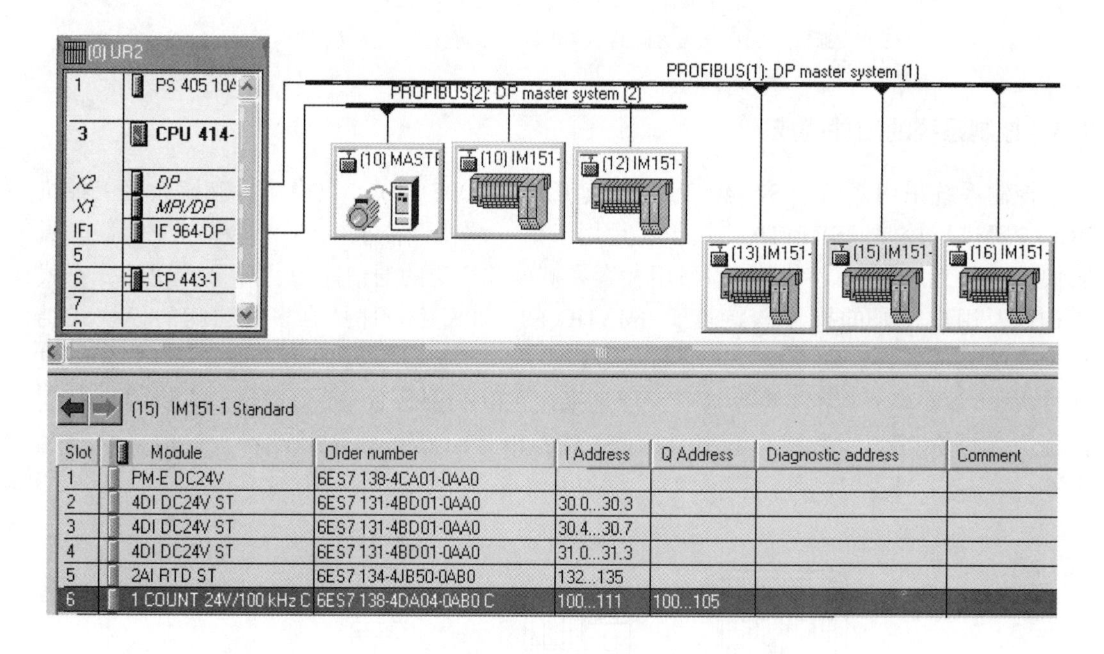

Slot	Module	Order number	I Address	Q Address	Diagnostic address	Comment
1	PM-E DC24V	6ES7 138-4CA01-0AA0				
2	4DI DC24V ST	6ES7 131-4BD01-0AA0	30.0...30.3			
3	4DI DC24V ST	6ES7 131-4BD01-0AA0	30.4...30.7			
4	4DI DC24V ST	6ES7 131-4BD01-0AA0	31.0...31.3			
5	2AI RTD ST	6ES7 134-4JB50-0AB0	132...135			
6	1 COUNT 24V/100 kHz C	6ES7 138-4DA04-0AB0 C	100...111	100...105		

图 7　PLC 硬件组态

（2）对计数模块进行参数设置，设置计数模式。在硬件组态中选中 IM151 下的 24V/100kHz 单通道计数模块。点击右键并选择“Object Properties>Parameters”，打开模块参数化对话框。在硬件组态中打开 24V/100kHz 单通道计数模块的对象属性（见图 8）。

更改一项参数（例如“Filter digital input DI”改为 2.5μs），点击“OK”退出参数设置对话框。24V/100kHz 单通道计数模块的参数-改变参数“Filter digital input DI”通过菜单命令“Station>Save and Compile”编译硬件。24V/100kHz 单通道计数模块已经可以运行。

4　控制程序设计

控制系统程序包括液压控制、振动小车控制、冷却水控制、人机界面控制等单元。下

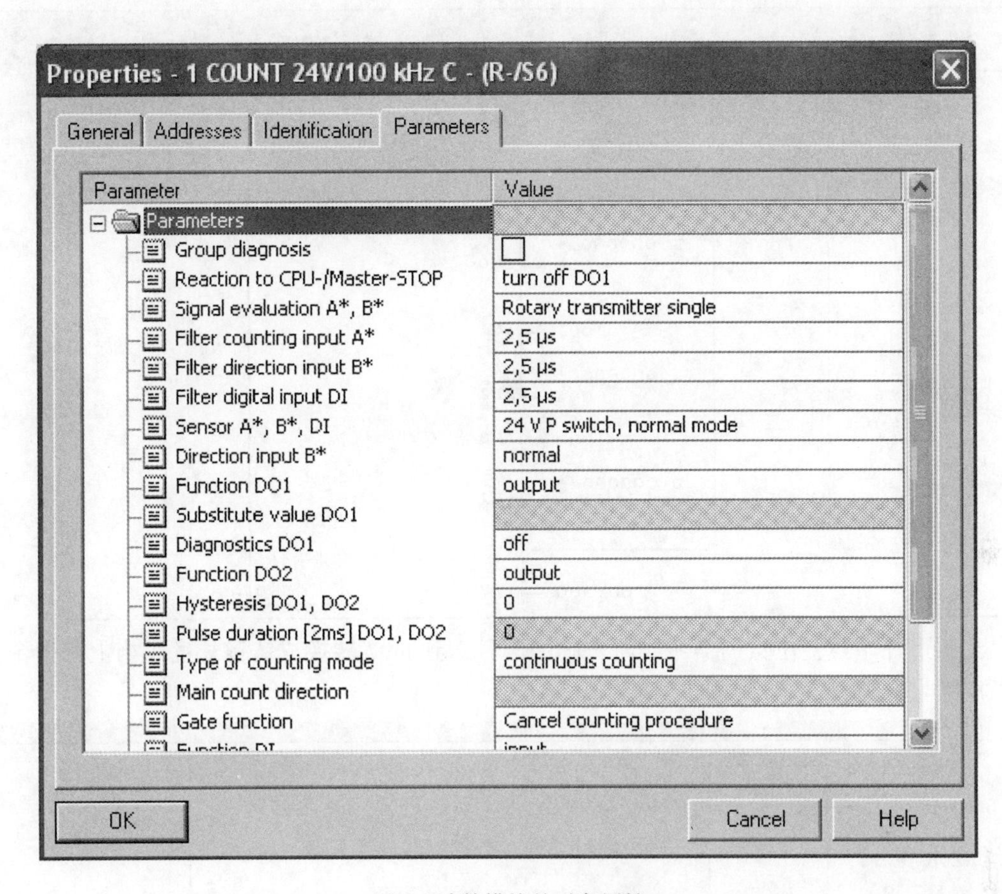

图 8　计数模块的对象属性

面重点介绍作者根据现场使用要求开发的高温铸造状态下的铸锭长度、速度检测方案程序设计、原理和调试。

4.1　由脉冲信号转换成铸锭长度

设置计数模块地址为 100，使用 PID100 读入计数器信号：

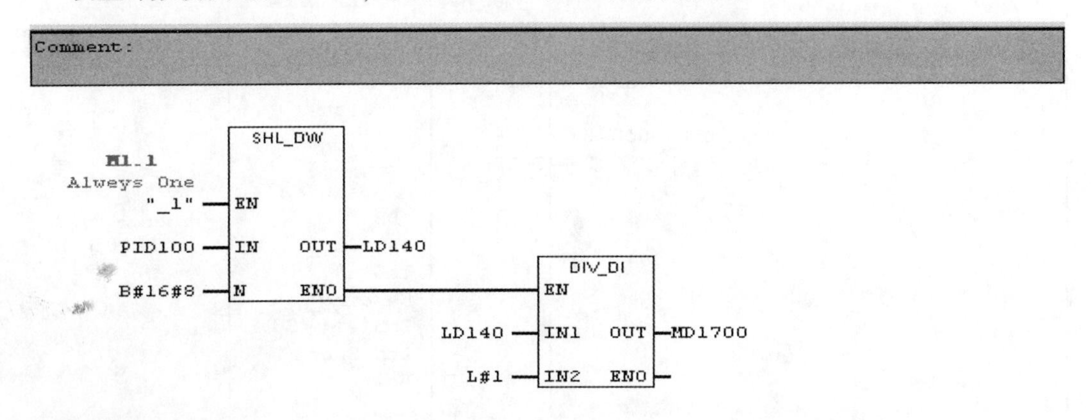

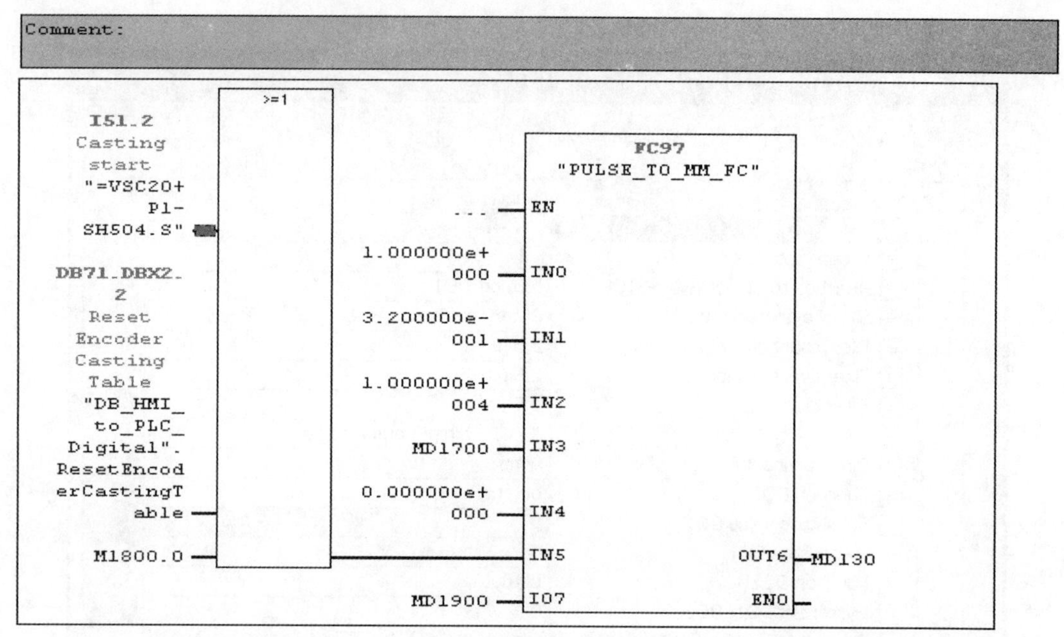

当铸造开始或复位数据信号到时，脉冲信号送到 fc97 转换成铸锭长度。当上升指令到时长度信号复位，置 0：

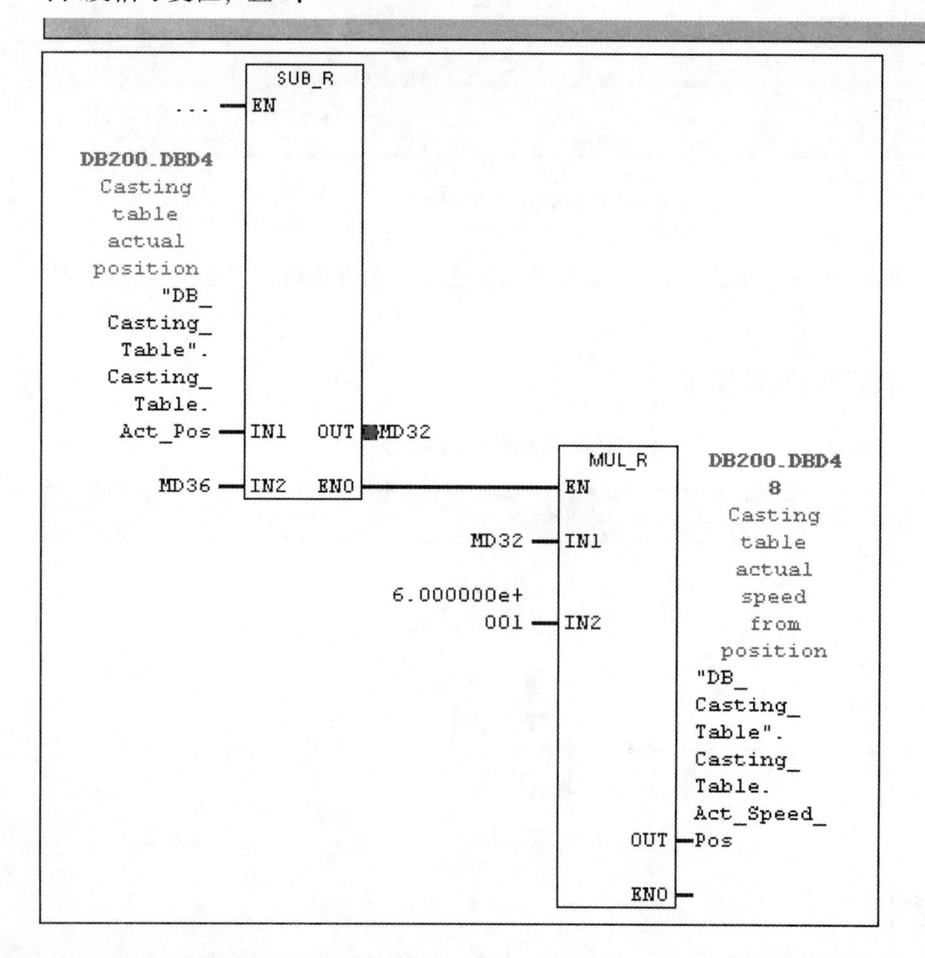

Network 2 : Title:

Comment:

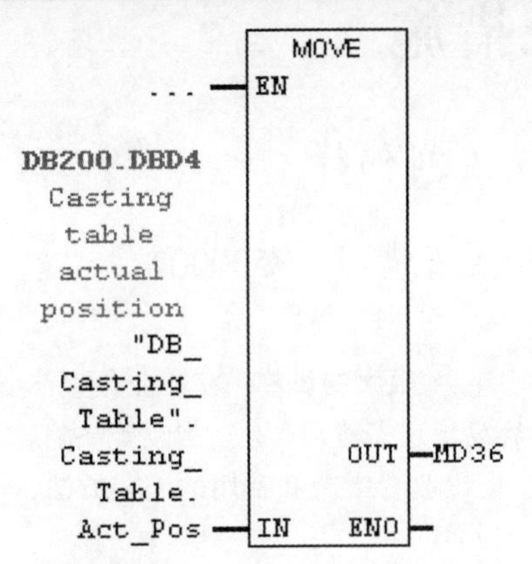

程序说明：

长度计算方法：PID100（左移 8 位）转换成 LD140，LD140 除 1 再转换成 MD1700；

速度计算方法：MD32/60（DB200. DBD4-MD36 转换成 MD32）。

4.2 调试

当硬件和软件设计完成后，进入调试状态，调整各模块参数，使之与现场铸锭长度一致，误差小于 1%。将转换结果发送到其他程序进行位置和安全互锁等控制运算，并同时经过 WinCC flexible 人机界面显示出来；通过反复多次实验即可投入生产。

5 结语

5.1 系统缺陷

（1）由于原液压系统设计油路旁通，无法通过齿轮流量计，所以对上升位置速度无法检测。但上升参数对实际生产意义不大，可以忽略。

（2）由于初步方案中设计齿轮的流量计脉冲输出分辨率低，造成速度转换有 1% 波动，实际生产设备已改造为更高分辨率检测部件，控制系统升级，采用 PID 闭环控制，液压系统也做了优化改造，实际控制精度已优于 0. 3%。

5.2 应用效果

该系统成功用于华中铜业 C19400 铸造系统中，实践证明：维护简单，运行可靠，现已安全运行多年，累计生产合格铸锭 10 万余吨，相关框架材料正逐步占领国内市场，高精度电子引线框架铜带出口远销韩国等地，创造了良好经济效益。

参 考 文 献

[1] 西门子 S7-400 系统手册 .

[2] WinCC flexible 系统手册 .

[3] SMS 半连铸系统手册 .

[4] 崔坚 . 西门子工业网络通讯指南 [M]. 北京：机械工业出版社，2012.

产业化生产大规格铍铜合金铸锭常见缺陷分析及措施

潘建立，李永华，任海强，刘伟锋

（中色（宁夏）东方集团有限公司，宁夏石嘴山 753000）

摘 要：铍铜合金铸锭的质量对产品的使用性能与后续加工产生很大的影响，在产业化生产大规格铍铜合金铸锭的熔铸过程中，铍铜合金造渣量大，容易出现夹渣、气孔、裂纹等缺陷。为了解决这些缺陷，提高铸锭质量，通过对缺陷的分析，提出改善措施和常用的工艺方法，防止夹渣、气孔和裂纹等缺陷的产生。

关键词：铍铜合金；铸锭；气孔；夹杂；原因分析

Analysis and Measures for Common Defects of Beryllium Copper Alloy Ingots in Industrial Production

Pan Jianli，Li Yonghua，Ren Haiqiang，Liu Weifeng

（CNMC Ningxia Orient Group Co.，Ltd.，Shizuishan 753000）

Abstract：The quality of beryllium copper alloy cast ingots has a great influence on the performance of products and subsequent processing. In the process of industrial production of large beryllium copper alloy ingots，beryllium copper alloy slag，easy to contain slag，pores，cracks and other defects. In order to solve these defects and improve the quality of the ingot，through the analysis of the defects，the improvement measures and commonly used process methods are put forward to prevent the occurrence of defects such as slag inclusion，pores and cracks.

Key words：beryllium copper alloy；ingot；porosity；inclusion；cause analysis

1 引言

铍铜合金是一种过饱和固溶体铜基合金，经淬火、冷加工成形和时效处理后，具有高强度、高导电、高弹性、耐疲劳、耐磨、耐寒以及无磁性和受冲击时不产生火花等优良特性，被誉为“有色弹性材料之王”，成为各行业电子元器件的首选材料，是国民经济和国防军工建设中不可缺少的重要结构和功能材料[1~3]。

按照铍含量高低可分为低铍铜合金和高铍铜合金，铍含量分别为0.3wt%~0.6wt%和1.7wt%~2.0wt%，常见的铍铜合金牌号见表1。高强度加工铍青铜主要用于各种弹簧、航空航天导航仪表、电机弹簧片、无火花工具、接触电桥、螺栓、螺钉等领域；高传导加工铍青铜主要应用于熔断器、紧固件、弹簧、开关部件、电接插件、导线、电阻电焊电极头、缝焊电极盘、模铸塞棒头、塑料模具等[4]。

目前铍铜合金的熔炼方法主要有两种：一种是真空熔炼，另一种是非真空熔炼。常见的铍铜合金铸造方法有五种：模具铸造、无流铸造、半连续铸造、水平连铸、电渣重熔。由于真空炉价格昂贵，占地面积较大，一般用于铍铜合金熔炼的只有200kg真空感应炉和300kg真空感应炉，只能生产规格较小、重量较轻的铸锭，导致铍铜铸锭在加工过程中成材率较低，真空熔炼无法实现大规格铸锭的产业化生产。目前，采用非真空熔炼半连续铸造的方式有利于实现产业化生产大规格铍铜合金铸锭。

表1 铍铜合金牌号[5]

Table 1 Trademarks of Be-Cu alloy[5]

国别及标准	GB（中国）	DIN（德国）	ASTM（美国）	NF（法国）	JIS（日本）
高强度加工铍青铜	QBe 2 QBe 1.9 QBe 1.7 QBe 0.1~1.9	CuBe 2 CuBe 1.7	C17200 C17200 C17000	CuBe 1.9 CuBe 1.7	C1720 C1720 C1700
高传导加工铍青铜	QBe 0.6~2.5 QBe 0.4~1.8 QBe 0.3~1.5	CuCo2Be	C17500 C17510 C17600		C1750 C1751 C1760

2 产业化生产大规格铍铜合金铸锭介绍

2.1 生产设备、铸锭牌号及规格

所用设备为4.5t无芯炉和5t液压半连续铸造机，生产的铍铜合金铸锭牌号主要有QBe2.0、QBe1.9、C17200、C17410、C17500、C17510、C17530等。铸锭规格主要有430mm×130mm、425mm×210mm、ϕ190mm、ϕ290mm等，单根铸锭重量最大能够达到4.5t。生产的大规格铍铜铸锭照片如图1所示。

图1 铍铜铸锭照片

Fig. 1 Photo of beryllium copper ingot

2.2 工艺流程图

大规格高铍铜合金铸锭的生产工艺流程如图2所示。

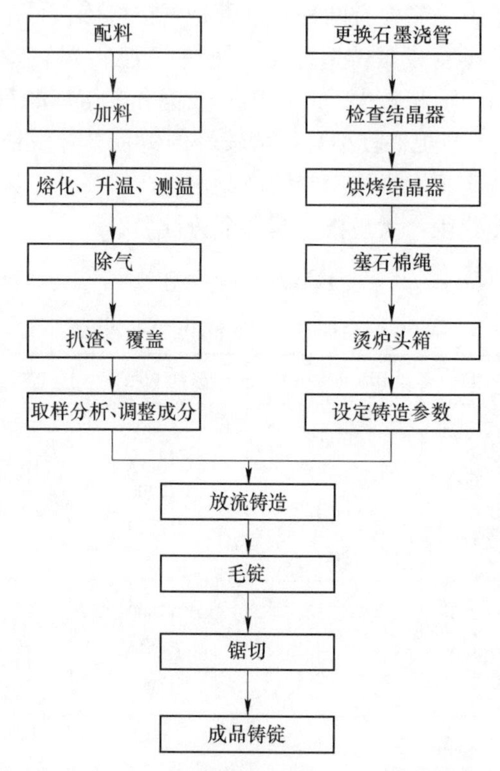

图2　大规格高铍铜合金铸锭生产工艺流程

Fig. 2　Production process of large scale cast ingots of high Be-Cu alloy

3　产业化生产大规格铍铜合金铸锭常见缺陷及预防措施

3.1　成分偏析或不合格

铍铜合金是一种多元合金，含有多种元素，其中Be元素密度较低，在铸造过程中容易产生逆偏析，而Ni和Co为高温难熔金属，再加上Be较为活泼，容易氧化，进而导致铸锭容易产生成分偏析，导致铍铜合金铸锭的成分和内部组织均匀性不好。

3.1.1　取样分析检测

将铸锭的头、尾分别锯切120mm，用车床将铸锭表面车光，将车光后铸锭的头部、中部和尾部各锯切10mm厚的切片，试样上A表示头部，B表示铸锭中部，C表示铸锭尾部。然后在每个切片上分别取5个试样，如图3所示。

采用ARL3460型火花直读光谱仪对试样进行化学成分检测，为了保证分析检测的准确性，检测前用QBe2的标样进行校准，再对每个试样检测5个点，用5次分析检测值的平均值作为最终的检测结果，检测结果见表2，然后对比铸锭不同位置的化学成分分布（图4）。

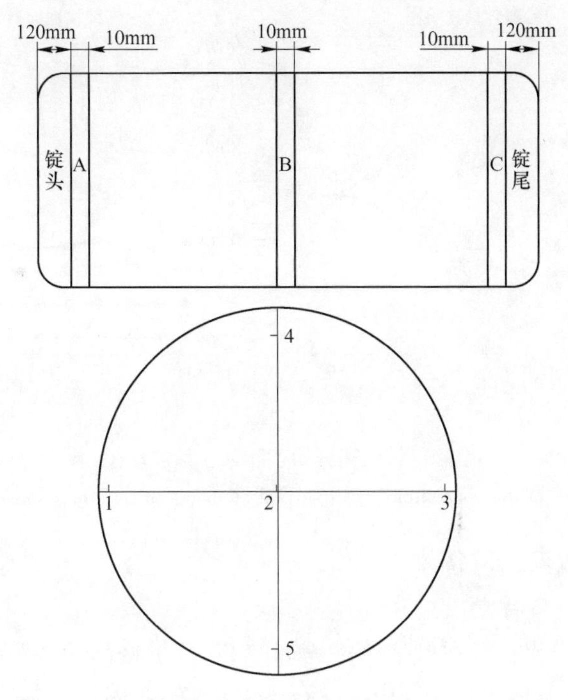

图 3 铸锭取样示意图

Fig. 3 Schematic drawing showing the position of analyzing samples in ingot

表 2 化学成分检测结果

Table 2 Chemical composition testing result

切片编号	取样位置	成分/wt%					
		Be	Ni	Fe	Al	Si	Pb
A	A-1	1.923	0.279	0.098	0.056	0.072	<0.002
	A-2	1.901	0.272	0.093	0.057	0.069	<0.002
	A-3	1.920	0.278	0.094	0.056	0.079	<0.002
	A-4	1.927	0.275	0.102	0.058	0.076	<0.002
	A-5	1.936	0.277	0.095	0.056	0.076	<0.002
B	B-1	1.918	0.273	0.093	0.055	0.071	<0.002
	B-2	1.901	0.279	0.099	0.059	0.072	<0.002
	B-3	1.919	0.279	0.095	0.054	0.065	<0.002
	B-4	1.920	0.277	0.099	0.059	0.068	<0.002
	B-5	1.914	0.271	0.091	0.059	0.077	<0.002
C	C-1	1.903	0.271	0.089	0.055	0.064	<0.002
	C-2	1.871	0.276	0.092	0.059	0.071	<0.002
	C-3	1.895	0.274	0.098	0.058	0.069	<0.002
	C-4	1.900	0.276	0.091	0.058	0.077	<0.002
	C-5	1.899	0.275	0.089	0.052	0.079	<0.002

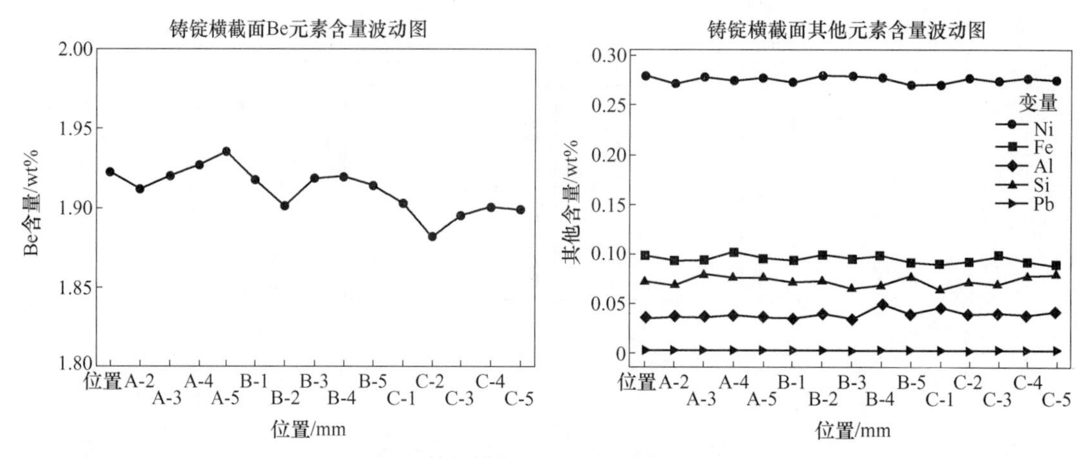

图 4 铸锭横截面各元素含量波动图

Fig. 4 Variation of the concentrations of several elements in the cross sections of the ingot

3.1.2 结果分析及预防措施

3.1.2.1 成分分布特点

由分析结果可以看出：铍铜合金铸锭头部的 Be 含量略高于铸锭中部和铸锭尾部；横截面上心部的 Be 含量最低，在铸锭中心存在 Be 元素的逆偏析，尤其是在锭尾端 Be 元素逆偏析现象最为突出，可能与熔炼初始阶段 Be 元素的轻微氧化烧损及不稳定熔炼等有关；Ni、Fe、Al、Si 等元素在高度和半径方向含量变化不大。

3.1.2.2 原因分析

Be 元素反偏析的原因分析：（1）铸造过程一个降温的过程，同时没有搅拌的作用，进而导致金属液在中间包内储存时就出现了一定程度的成分不均匀分布；（2）凝固结晶过程中，结晶器内金属液横截面方向得不到搅拌，进而造成 Be 在凝固结晶过程中向铸锭边部富集。

铸锭 Be 含量头高尾低原因分析：铸锭长度一般为 5.4～5.8m，所用时间大约为 60min，在铸造过程中炉内金属液越来越少，若电压保持浇筑前的状态不变或过高，将会导致金属液的温度越升越高，造成铍的烧损严重。炉内金属液表面的浮渣没有彻底清理干净，用石墨粉不能对其严密、充分地覆盖，将会加剧铍的氧化烧损。由于铸造时要将炉体倾动，石墨粉密度小，流动性差，故不能很好地覆盖到炉头箱内的金属液表面。

3.1.2.3 预防措施

避免铸锭横截面上 Be 元素的反偏析的措施：（1）在铸造过程中采用振动铸造的方法；（2）在浇铸过程中提升功率，通过电磁感应进行电磁搅拌，使得炉内的金属液得到温度补偿和搅拌作用；（3）在结晶器外围加装电磁搅拌装置，便于合金元素均匀性扩散。

避免化学成分不合格的措施：（1）对母合金和旧料提前进行检验，明确化学成分；（2）精准计算，准备配料，对于活泼的 Be 元素，全面考虑 Be 元素在熔化和铸造过程中的烧损量，在配料时取标准的上限甚至超出上限进行配料；（3）对于较难熔的 Ni 和 Co，应该提前加入，确保足够的熔化精炼时间，从而避免 Ni 和 Co 没有充分均匀化而出现局部含量不够、局部超出范围的现象；（4）严格控制电压，保持恒温浇铸；预防在浇铸过程中温度越来越高，偏差较大；(5) 在浇铸之前把渣捞干净，并且用石墨粉覆盖好（50~100mm）；(6) 在浇铸过程中在炉头箱内单独添加石墨粉再次覆盖。

3.2 铸锭夹渣

铍铜极易氧化，容易造渣，夹渣分为表面夹渣和内部夹渣，在生产过程中产生夹渣的铸锭照片分别如图5和图6所示。

图5 表面夹渣铸锭照片

Fig. 5 Photo of surface slag cast ingot

图6 内部夹渣铸锭照片

Fig. 6 Photo of internal slag cast ingot

3.2.1 原因分析

形成夹渣的原因主要有：铸造温度过低，熔体流动性差；铸造前扒渣不彻底，造成熔体内熔渣过多；铸造过程中，结晶器内金属液面忽高忽低、控制不稳；铸造过程中，对结晶器内金属液面上的浮渣不清除或捞渣过于频繁，捞渣时捞渣勺进入结晶器金属液下过深；浇管、结晶器、引锭头三者没有对中同心；振动频率过大；铍青铜合金造渣严重，而且渣黏性较大，炉头箱壁上的渣越积越多，炉体与炉头箱之间的流口变小，使整体导热性降低，导致炉内金属与炉头箱内金属温差较大。

3.2.2 预防措施

在生产铍铜合金铸锭过程中，要想避免铸锭夹渣的产生，首先要严格控制铸造温度在1170~1180℃；在浇铸前对炉内彻底捞渣；在铸造过程中控制结晶器内金属液面距结晶器上口10~15mm；在结晶器内捞渣2~4次，且捞渣勺不得超过液面下5mm；调整浇管、结晶器、引锭头的位置，使三者对中同心；控制振动频率在5~30次/min；清理炉头箱壁上的积渣，使炉体与炉头箱之间的流口变大，适当提高炉体内金属液温度。

3.3 铸锭开裂

低铍铜合金铸锭容易产生内部开裂的现象如图7所示。

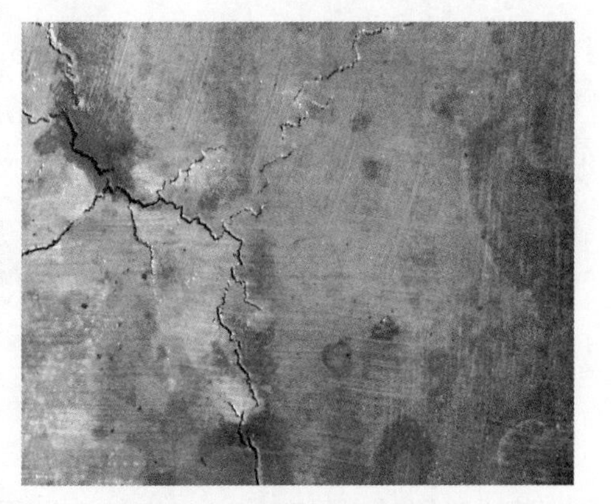

图7 内部开裂铸锭照片

Fig. 7 Photographs of cracked ingots inside

3.3.1 原因分析

裂纹主要是由于铸锭内部的铸造应力导致。低铍铜合金导热率仅为紫铜的一半，导热性较差，浇铸过程铸锭内外温差相比紫铜较大，容易产生热裂现象。生产过程中常常表现为铸造速度过快、温度过高、冷却不均匀。

3.3.2 预防措施

为了避免铍铜合金铸锭在铸造过程中开裂，首先应该根据不同的铍铜合金牌号选择对应的结晶器，选择合适的铸造温度和速度，同时定期检查结晶器，保证结晶器冷却均匀。

3.4 气孔或疏松

铍铜合金在熔铸过程中非常容易产生气孔或组织疏松。大的气孔通过肉眼观察可以识别，如图 8 所示；而小的疏松肉眼无法识别，往往表现在铸锭后续加工过程中的起皮现象。气孔的形成是因为有水分带入到铜液中，铸锭气孔缺陷的形成机理：氢的溶解度随固液温度急剧变化，铜合金在凝固时，气体的溶解度急剧降低，析出氢气[6]。气孔的存在减少了铸锭的有效体积和密度，经加工后虽可被压缩变形，但难以焊合，造成起皮。

3.4.1 原因分析

炉料、工具、引锭头、结晶器等没有充分烘烤；铸造温度、冷却强度、浇铸速度与冷却水温四者不匹配；铸造时结晶器内液面上没有用炭黑覆盖好或所用的炭黑没有烘烤充分；铸造温度过高，熔炼时间过长。

3.4.2 预防措施

充分烘烤炉料、扒渣勺、引锭头、结晶器等；在浇铸速度不变，铸造温度、冷却水温偏低的情况下，可适当降低冷却水流量；用烘烤至赤红状态的炭黑覆盖结晶器表面，而且要彻底覆盖好；待成分合格、温度达到后精炼 20min 立即开始浇铸。

3.5 冷隔

铍铜铸锭在铸造过程中还容易产生冷隔现象，分为层叠式和褶皱式，产生冷隔的铸锭照片见图 9。

图 8 气孔铸锭照片

Fig. 8 Photo of stomatal ingots

图 9 铸锭冷隔照片

Fig. 9 Ingot cold screening photograph

3.5.1 原因分析

产生冷隔的原因有：（1）在铸造过程中，铍铜合金溶液的温度偏低；（2）铸造温度低；（3）结晶器的液面控制不稳或者覆盖不严密。

3.5.2 预防措施

为了避免冷隔的产生，在铸造过程中应确保铍铜合金溶液的温度，实现恒温铸造；同时适当减小冷却水流量，及时将结晶器表面覆盖严密。

参 考 文 献

[1] Caron R N. Copper Alloys：Alloy and Temper Designation [M]. Encyclopedia of Materials. Science and Technology，2008：1660-1662.

[2] Castro M L，Romero R. Transformations during Continuous Cooling of a β-Cu-22.72 Al-3.55 Be (at%) alloy [J]. Scripta Mater，2000，42 (2)：157-161.

[3] 陈希春，董超群，朱宝辉，等．气氛保护电渣重熔铍铜合金 QBe2.0 的冶金质量研究 [J]. 稀有金属，2011，35 (5)：786-790.

[4] 马俊杰，潘建立，李永华．非真空熔铸铍铜合金大规格铸锭的研究 [J]. 宁夏工程技术，2012，11 (1)：22-24.

[5] 钟卫佳，马可定，吴维治．铜加工技术实用手册 [M]. 北京：冶金工业出版社，2007：180-181.

[6] 李永华，任海强，刘伟锋，等．C70250 合金铸锭常见的缺陷及防止措施 [J]. 宁夏工程技术，2018，6 (17)：154-157.

铝青铜合金的热变形行为及加工图

杨春秀，向朝建，陈忠平，张　曦，王如见

（中铝材料应用研究院有限公司苏州分公司，江苏苏州　215026）

摘　要：采用Gleeble-3500热模拟机进行圆柱体压缩试验，研究了变形温度650~950℃、应变速率0.01~5s^{-1}的铝青铜合金的热变形行为。根据应力应变曲线分析了该合金的热变形过程，计算分析了加工图，并观察了变形后的组织。利用加工图结合显微组织确定了热变形的流变失稳区和最佳变形参数。结果表明：铝青铜合金加工过程中有两个热变形区间，即温度750~875℃，应变速率0.1s^{-1}以上，以及温度900℃以上，应变速率0.1s^{-1}以下。

关键词：铝青铜合金；热变形；显微组织；加工图

Hot Deformation Behavior and Processing Map of Aluminium Bronze Alloy

Yang Chunxiu, Xiang Chaojian, Chen Zhongping, Zhang Xi, Wang Rujian

(CHINALCO Materials Application Research Institute Co., Ltd. Suzhou Branch, Suzhou 215026)

Abstract: The hot deformation behavior of Al bronze alloy at the temperature of 650~950℃ and strain rate of 0.01~5s^{-1} have been studied by using hot compression tests on a Gleeble-3500 simulator. The processing map of hot deformation were calculated and analyzed according to the data of true stress-true strain curves, and the microstructures of deformed specimens were observed. The regions of flow instabilities and optimum hot working condition can be attained from the processing map. The results show that there are two thermal deformation zones in the process of aluminum bronze alloy. One is the temperature of 750~875℃ and the strain above 0.1s^{-1}, another one is the temperature above 900℃ and the strain rate under 0.1s^{-1}.

Key words: aluminium bronze alloy; hot deformation; processing map; microstructure

1　引言

铝青铜具有良好的力学性能、加工性能和耐海水腐蚀性能，被广泛应用在海洋工程结构件中，如螺旋桨、泵用叶片、紧固件、海水管件、消防龙头、阀等[1-3]。一般来说，铝青铜合金成分复杂、变形抗力大、热加工难度大。而合金材料制备过程中热变形过程发挥着重要作用，其变形温度和变形速率是对材料织构、显微组织和性能影响最大的两个因素，必须深入研究其变形行为及变形机理，以制定合理的热加工工艺，为优化组织和性能提供理论指导。

关于加工图理论在国外很多文献[4-10]中已有报道，国内也有众多研究[11-13]。纯铜、黄铜、KFC 和 C194 等合金的高温塑性变形行为和加工图计算方面的研究颇多，但关于铝青铜合金的研究还鲜有报道。利用加工图可以对铝青铜合金进行热加工工艺的设计和优化，避免加工过程中产生的不稳定性流变，以获得优化的变形温度和应变速率，以期对实际生产起指导作用。

2 实验方法

实验用铝青铜合金铸锭，其化学成分（wt%）为：7.5Al，4.0Fe，4.0Mn，1.0Ni，0.15Cr，余为 Cu。采用 T1 电解铜、工业纯铝、铜铁中间合金、铜锰中间合金和铜镍中间合金，保护气氛中频感应熔炼炉，熔炼温度为 1150~1250℃，铸锭的规格为 125mm×50mm×600mm。将经过 900℃ 均匀化处理的合金铸锭机加工成 ϕ10mm×12mm 的 Rastegaev 压缩样品，在 Gleeble-3500 热模拟试验机上进行等温压缩试验。热压缩试验开始前，对试样进行加热，加热速度为 4℃/s，保温时间为 1min。试验温度为 650~950℃、应变速率为 0.01~5s^{-1}、总应变量为 80%。由 Gleeble-3500 计算机系统自动采集应力、应变、压力、位移、温度及时间等数据，绘制真应力-真应变曲线。试样沿轴向压缩后立即水淬。然后沿着与压缩轴平行的方向将试样对半切开，制备金相试样，并在另一半上沿轴向切取直径为 3mm 的薄片制备透射电镜试样。采用 NIKON EPIPHOT 200 型金相显微镜及 HRTEM-2010F 型高分辨透射电子显微镜对显微组织进行观察和分析。

3 结果和讨论

3.1 真应力-真应变曲线

图 1 所示为铝青铜合金高温压缩变形时不同温度和不同应变速率条件下的真应力-真应变曲线。在变形温度为 650~950℃ 和应变速率为 0.01~5s^{-1}变形条件下，流变应力先随应变的增加迅速升高，当真应变超过一定值后，真应力并不随应变量的继续增大而发生明显的变化，即呈现稳态流变特征，说明该变形过程中动态回复是主要的软化机制；在同一应变速率下，随变形温度的升高，真应力水平明显下降；在同一变形温度下，随应变速率增加，真应力水平升高，说明合金在该试验条件下具有正的应变速率敏感性；当应变速率在 0.1s^{-1}和 1s^{-1}时，应力应变曲线上则呈现出明显的峰值应力，然后突然下降，出现应力不连续屈服现象，通常这种不连续屈服现象可能是由于材料内部组织发生动态再结晶，动态失效或者局部流变所致。以上曲线的流变特征说明该合金对温度和应变速率都很敏感，而应变速率对合金的热变形行为影响较大。

3.2 加工图

对铝青铜合金进行高温压缩所得不同应变、应变速率和变形温度的实验数据如表 1 所

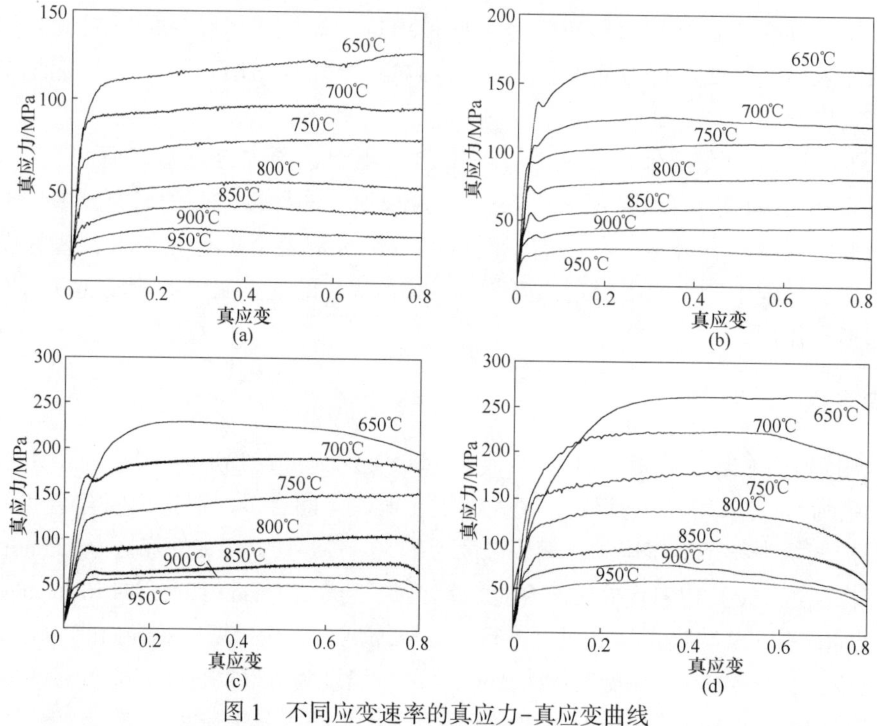

图 1 不同应变速率的真应力-真应变曲线

Fig. 1 True stress-true strain at different strain rates

(a) $0.01s^{-1}$; (b) $0.1s^{-1}$; (c) $1s^{-1}$; (d) $5s^{-1}$

示。根据以下公式[4,13]可得到建立加工图所需条件:

$$m = \partial(\ln\sigma)/\partial(\ln\dot{\varepsilon}) \tag{1}$$

式中, m 为应变速率敏感因子; σ 为流变应力; $\dot{\varepsilon}$ 为应变速率。

$$\eta = \frac{2m}{m+1} \tag{2}$$

无量纲参数 η(efficiency of power dissipation) 反映材料显微组织改变时功率耗散的变化率, 利用 η 可建立功率耗散图:

$$\zeta(\dot{\varepsilon}) = \frac{\partial\ln[m/(m+1)]}{\partial\ln\dot{\varepsilon}} + m \tag{3}$$

无量纲参数 $\zeta(\dot{\varepsilon})$ 表示大塑性流变时的连续失稳判据[13]。当 $\zeta(\dot{\varepsilon})<0$ 时, 为非稳态流变。利用 $\zeta(\dot{\varepsilon})$ 可建立失稳图。

表 1 铝青铜合金在不同应变、应变速率和变形温度的流变应力

Table 1 Flow stress values of Al-Bronze alloy at different temperature and strain rates for various strains

(MPa)

应变	应变速率 /s^{-1}	温度/℃						
		650	700	750	800	850	900	950
0.2	0.01	113.55	84.452	73.293	51.978	40.512	29.031	19.047
	0.1	159.6	122.95	101.98	76.399	56.124	42.074	28.494
	1	227.82	184.56	131.98	92.415	64.167	57.705	48.056
	5	255.52	215.07	165.45	133.39	91.358	74.634	56.402

续表 1

应变	应变速率 /s^{-1}	温度/℃						
		650	700	750	800	850	900	950
0.3	0.01	116.55	85.909	75.817	54.102	41.205	29.7	16.988
	0.1	161.03	124.99	103.57	78.254	57.386	43.245	28.595
	1	229.18	186.92	137.39	96.341	66.743	59.088	49.72
	5	258.95	222.14	172.57	135.11	95.053	76.939	58.363
0.4	0.01	118.88	88.259	77.705	55.232	42.243	28.091	16.727
	0.1	161.09	124.91	105.18	79.332	58.091	43.577	28.081
	1	226.65	188.36	143.47	98.329	69.643	59.753	50.672
	5	263.83	222.79	177.13	135.35	97.439	74.687	60.586
0.5	0.01	121.71	88.163	78.48	55.707	40.584	27.326	16.432
	0.1	160.04	122.62	105.94	79.828	58.764	44.037	26.824
	1	224.18	188.74	148.24	100.74	72.38	59.711	50.313
	5	260.93	223.8	178.65	133.78	97.739	70.517	62.056
0.6	0.01	120.53	89.223	79.412	54.692	39.696	26.841	16.308
	0.1	159.84	121.58	106.47	80.489	59.03	44.108	25.948
	1	221.74	189.32	149.33	102.6	74.955	59.595	49.473
	5	261.86	220.77	176.58	129.21	91.706	64.361	61.028

将功率耗散图与失稳图重叠就可获得加工图。应用加工图分析合金的加工性能不仅可以优化加工工艺，而且可以避开流变不稳定区域。以应变 0.6 为例，如图 2 所示。图中阴影区为流变失稳区，等值线上的数字表示功率耗散系数，可以看出，在 700℃附近功率耗散系数曲线的变化规律发生了明显改变，而且图中失稳区较多，说明该合金加工区域较窄，不易控制。图 2 中包含以下 1 个峰区（η 最大值区域）和 3 个失稳区：

峰区：温度 650~750℃，应变速率为 0.1~1s^{-1}，峰值效率大于 30%，峰值对应的温度和应变速率在 700℃与 0.18s^{-1}附近。

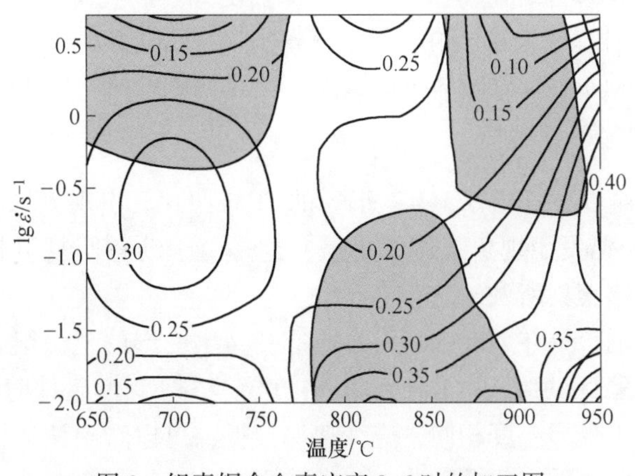

图 2 铝青铜合金真应变 0.6 时的加工图

Fig. 2 Deformation maps for Al-Bronze alloy obtained at strain of 0.6

失稳区 1 包括了 650~750℃，应变速率高于 0.3s^{-1}的范围；失稳区 2 包括了 780~910℃，应变速率低于 0.18s^{-1}的范围；失稳区 3 包括了 850~940℃，应变速率高于 0.18s^{-1}的范围。该合金失稳区多且范围较大，说明变形温度和变形速率对该合金加工性能的影响均较显著。

加工图中功率耗散系数较高的区域代表特殊的显微组织或流变失稳机制[12]，可能发生了动态回复或动态再结晶，还有可能是局部流变失稳，需要结合变形后试样的金相组织观察和流变曲线来进一步确认。本研究的热压缩试验中试样的变形区根据变形程度可主要分为三部分，即难变形的边部组织（距压缩头最近的）是死区；易变形的中部组织变形量最大；而弧部的变形量是介于这两者之间，最能反映真实变形量。

3.3　微观组织

初始合金基体为具有树枝状偏析的 α 固溶体，枝间有少量黑色的（α+γ）共析体，是非平衡冷却而得，其显微组织如图 3 所示。

图 4 为 700℃/0.1s^{-1}变形条件对应的弧部显微组织，该变形条件和峰值 1 变形温度相同，应变速率接近，可以看到该金相组织主要由 α 相基体组成，晶粒沿与压缩垂直方向变长，未发现再结晶晶粒，这说明发生了动态回复；同时可以看到部分晶粒因球化明显变短变粗，而发生球化需要较高的变形储存能，这可能是峰值 1 功率耗散系数高达 30%以上的原因。

图 3　变形前铝青铜合金的显微组织

Fig. 3　Initial microstructure of aluminium bronze alloy before deformation

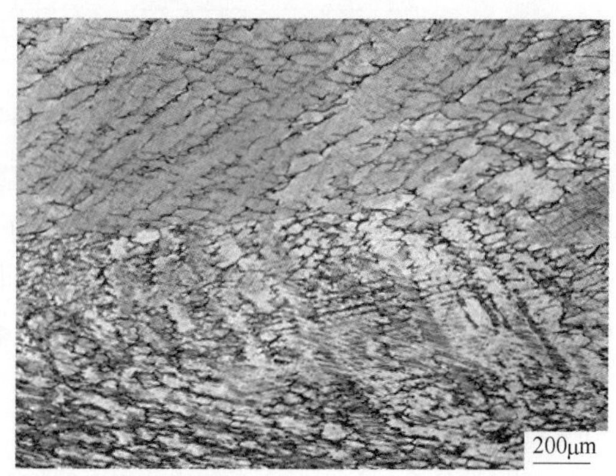

图 4　铝青铜合金在 700℃/0.1s^{-1}变形的显微组织

Fig. 4　Microstructure of Al-Bronze alloy compressed at 700℃/0.1s^{-1}

图 5 为铝青铜合金在 700℃/0.1s^{-1}变形后的 TEM 照片，出现大量的位错在 α 晶界处聚集（图 5(a)）以及位错发团现象（图 5(b)），这是由于动态回复引起的软化机制不能完全消除变形引起的位错聚集所致。

图 6 所示为铝青铜合金在 700~900℃不同应变速率变形的显微组织，对应的显微组织照片分别代表不同失稳区的组织。图 6(a) 是 700℃/5s^{-1}变形条件对应的弧部显微组织，该变形条件和失稳区 1 变形温度相同，应变速率接近，可以看到该金相组织也主要由 α 相基体组成，但局部扭曲严重，尺寸不均，未发现再结晶晶粒，这说明发生了不均匀的动态回复导致失稳。失稳区 1 的形成可能因为随变形速率提高，α 晶粒在较低温度的情况下动

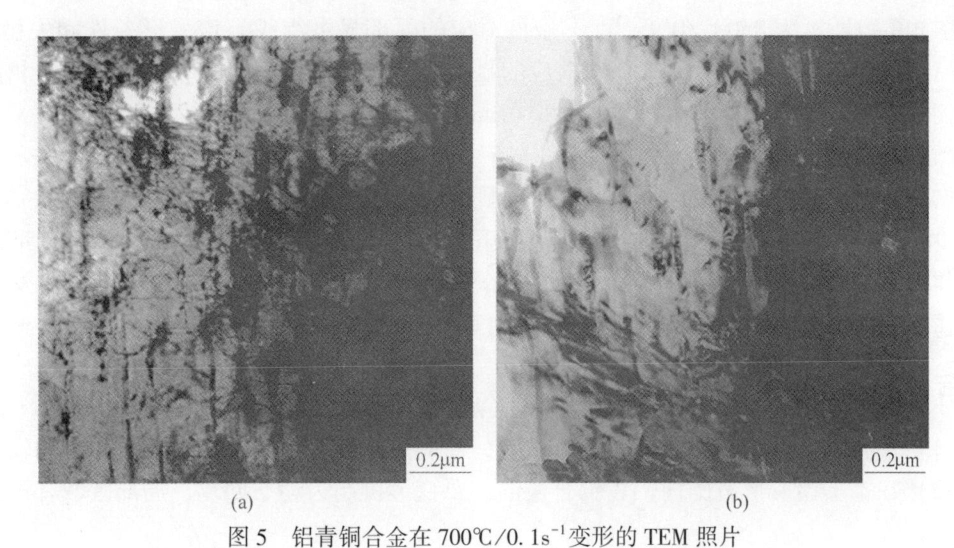

图5 铝青铜合金在700℃/0.1s^{-1}变形的TEM照片

Fig. 5 TEM images of Al-bronze alloy compressed at 700℃/0.1s^{-1}

（a）位错在α晶界处聚集；（b）位错发团

态回复易于发生，位错聚集程度轻，使得应变速率对组织的影响大于温度，从而使晶粒粗化，造成该区域加工不稳定；另外如应变速率高于0.3s^{-1}，温度较低则会产生滑移切应力，导致开裂，这些区域在加工过程中应尽量避免。

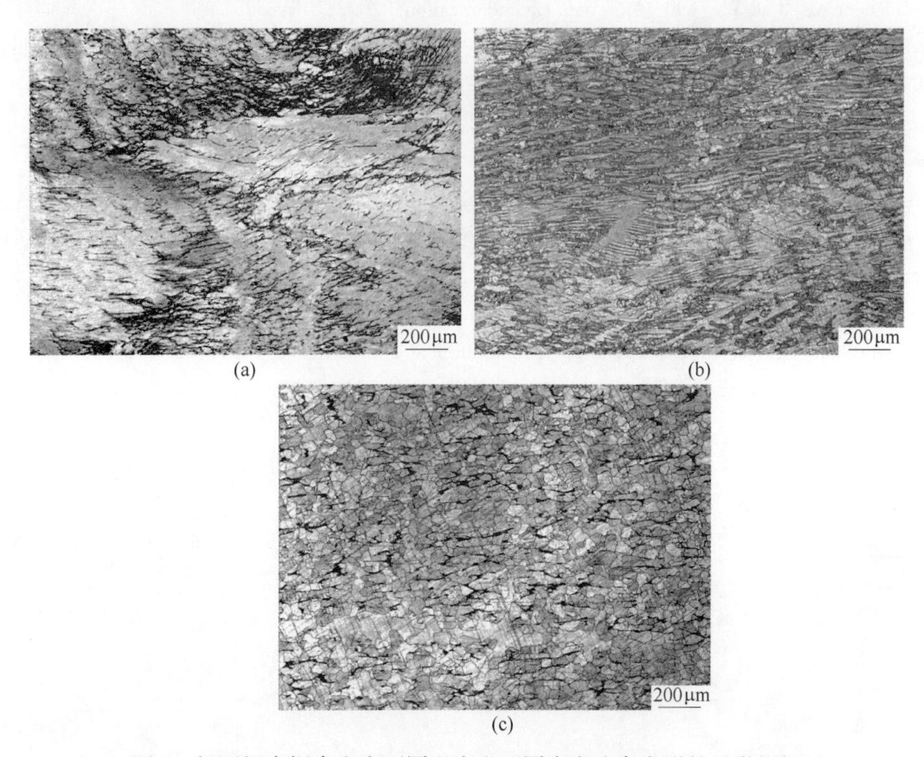

图6 新型铝青铜合金在不同温度和不同应变速率变形的显微组织

Fig. 6 Microstructure of Al-Bronze alloy compressed with different strain rate at different temperatures

（a）700℃/5s^{-1}，弧部；（b）850℃/0.1s^{-1}，弧部；（c）900℃/5s^{-1}，中心部

图 6(b) 所示为 850℃/0.1s^{-1}变形条件对应的弧部显微组织，该变形条件和失稳区 2 变形温度相同，应变速率接近，该区对应的显微组织与原始组织相比变化很大，α 相晶粒变细，局部发生再结晶，说明失稳区 2 是动态再结晶区域。

图 6(c) 所示为 900℃/5s^{-1}变形条件对应的中心部显微组织，该变形条件和失稳区 3 变形温度相同，应变速率接近，该区对应的显微组织与原始组织相比变化更大，属完全再结晶组织，局部晶粒粗化，且晶界多处出现熔化现象，这也是该区失稳的原因。局部晶界熔化和粗大组织使合金的加工性降低，说明铝青铜合金在应变速率高于 0.18s^{-1}时变形温度选在 850℃之上是不合适的。

4 结论

(1) 铝青铜合金对温度和应变速率敏感，而应变速率对合金的热变形行为影响较大。

(2) 在本实验变形范围内铝青铜合金的主要变形机制为动态回复，局部区域有再结晶粗化现象出现。

(3) 该合金的加工范围较窄，有两个热变形区间，即温度 750~875℃，应变速率 0.1s^{-1}以上，以及温度 900℃以上，应变速率 0.1s^{-1}以下。

参考文献

[1] Wharton J A, Barik R C, Kear G, et al. [J]. Corrosion Science, 2005, 47: 3336.

[2] Al-Hashem A, Riad W. [J]. Materials Characterization, 2002, 48: 37.

[3] Chen Ruiping, Liang Zeqin, Zhang Weiwen, et al. Transactions of Nonferrous Metals Society of China [J]. 2007, 17: 1254.

[4] Bozzini B, Cerri E. [J]. Mater Sci Eng A, 2002, A328 (1-2): 344.

[5] Rao K P, Doraivelu S M, Prasad YVRK, et al. [J]. Metallurgical Transactions, 1983, 14A: 1671.

[6] Prasad Y V R K, Gegel H L, Doraivelu S M, et al. [J]. Metallurgical Transactions, 1984, 15A: 1883.

[7] Prasad Y V R K, Sasidhara S. Hot Working Guide: A Compendium of Processing Maps [M]. OH: ASM International, 1997: 1.

[8] Prasad Y V R K, Sechacharyulu T. [J]. International Materials Reviews, 1998, 43 (6): 243.

[9] Padmavardhani D, Prasad Y V R K. [J]. Metallurgical Transactions, 1991, 22A: 2985.

[10] Zhou Jun, Zeng Weidong, Shu Ying, et al. [J]. Rare Metal Materials and Engineering, 2006, 35 (2): 265.

[11] Huang Guangsheng, Wang Lingyun, Chen Hua, et al. [J]. The Chinese Journal of Nonferrous Metal, 2005, 15 (5): 763.

[12] Zeng Weidong, Zhou Yigang, Zhou Jun, et al. [J]. Rare Metal Materials and Engineering, 2006, 35 (5): 673.

[13] Prasad Y V R K, et al. [J]. Indian J Tech, 1990, 28: 435.

汽车端子用双强黄铜带材生产工艺的研究

文志凌，刘建新，胡 勇

（安徽楚江科技新材料股份有限公司，安徽芜湖 241008）

摘 要：本文主要论述通过对常规黄铜带材生产工艺的优化，产出可替代锡磷青铜带材应用于汽车端子冲压领域，同时具备高抗拉强度与高延伸率指标黄铜产品的工艺方案。

关键词：汽车端子；黄铜；双强铜带；生产工艺

Research on Processing Technique of Ultra-fine Brass Strip Used in Automotive Connector

Wen Zhiling，Liu Jianxin，Hu Yong

（Anhui Truchum Advanced Materials and Technology Co.，Ltd.，Wuhu 241008）

Abstract：This paper expounds the optimization of technological parameters on conventional brass strip. By optimized production process and parameters，the brass strip can replace the phosphorus bronze strip in the use of automotive connector production field due to the high tensile strength and the high elongation.

Key words：automotive connector；brass；ultra-fine brass strip；production process

1 引言

汽车连接器中的车用电线束接插器产品（简称汽车端子）因产品冲压成型的形状复杂，对生产所需铜带材料的塑性要求极高，且端子的公端和母端在啮合与分离（即插拔力）时需符合国内汽车行业标准 QC/T 417—2011 的要求，对铜带材料的强度也提出了较高的要求。由此，汽车端子冲压行业对所需铜带材料提出了兼顾高强度与高塑性这一需求，简称双强铜带需求。具体而言，即所需铜带材料在保障抗拉强度达到 500MPa 水平的基础上，同时需具备 15%以上的延伸率。

针对这一需求，汽车端子冲压行业普遍采用以 QSn6. 5-0. 1 牌号为代表的锡磷青铜系列带材作为首选材料。但该系列牌号因材料成本原因，铜带价格与汽车端子冲压厂家所期望的成本控制需求相距甚远；以牌号 H65 为代表的传统黄铜产品可满足汽车端子行业对材料成本的管控期望，但在同时满足抗拉强度指标与延伸率指标这一需求上存在不足[1]（见表 1）。

表 1 《铜及铜合金带材》(GB/T 2059—2017) 节选

牌号	状态	拉伸试验			硬度试验
		厚度/mm	抗拉强度 R_m/MPa	延伸率 $A_{11.3}$/%	维氏硬度 HV
H65	H02	≥0. 2	355~460	≥25	100~130
	H04		410~540	≥13	120~160
QSn6. 5-0. 1	H02	≥0. 15	490~610	≥10	150~190

围绕这一需求背景，近年来国内外黄铜带材供应商均在自身擅长的领域内实施了研发，部分厂家与院校在黄铜合金化方向及变质剂方向[2]上取得了一定的突破，公司自 2016 年启动双强黄铜带材研发，以工艺优化为方向，规避合金化及变质剂手段带来的废料回收困难风险，从样品试制到批量产出，取得了较好的成效。本文就工艺优化手段产出汽车端子用双强黄铜带材进行论述。

2 产品技术要求

结合汽车端子冲压行业走访信息，汽车端子用双强黄铜带材技术要求如下。

2.1 主要产品规格

厚度（0. 25~0. 5）mm±0. 005mm；宽度（305~410）mm±0. 05mm；卷重 1. 2~1. 5t。

2.2 产品化学成分

参照 GB/T 5231 中 H65 牌号要求进行控制。

2.3 产品典型力学性能

产品典型力学性能指标见表 2。

表 2 力学性能指标

牌号	状态	拉伸试验			硬度试验
		厚度/mm	抗拉强度 R_m/MPa	延伸率 A_{50}/%	维氏硬度 HV
H65	H04	≥0. 2	≥500	≥15	150~170

2.4 产品表面质量要求

依据汽车端子技术要求，带材产品表面色泽与纹理需均匀，避免表面氧化与脏污，严控刮伤，禁止出现分层与起皮。

3 工艺方案论证

通过上述产品技术要求可知，汽车端子用双强黄铜带材除产品力学性能指标外，其余要求均与常规黄铜带材产品相当。由此，确立产出合格的汽车端子用双强黄铜带材，核心在于如何调配生产工艺以解决抗拉强度指标与延伸率指标无法同步达成的问题。

3.1 理论分析

铜及铜合金材料的强化机理主要包含细晶强化、固溶强化、加工硬化及第二相强化(如弥散强化、沉淀强化等）四大类[1]。由于黄铜材料为单相或简单的双相合金，且对杂质元素控制严格，因此当前主要应用的强化机理为细晶强化与加工硬化两类。其中，加工硬化通过塑性变形增加铜带材料内部的位错数量，以此实现铜带材料强化的目的，但塑性降低；细晶强化是在加工硬化的基础上，通过对晶粒度的控制，减少平均晶粒尺寸的同时通过晶界的增加均布杂质元素，可以实现强化目的的同时同步增加塑性。

综合细晶强化与加工硬化两种强化机理的优劣势，针对汽车端子用双强黄铜带材力学性能指标实现的工艺优化方案，核心将围绕传统的加工硬化机理基础，通过细晶强化机理的合理应用，实现强度与塑性指标的同步达成。

3.2 理论验证

以确定的工艺优化机理为基础，结合公司常规工艺条件产出黄铜产品的现状，梳理各类常规工艺条件下的黄铜产品力学性能参数表现，见表3。

表3 H65、H04黄铜力学性能

工艺条件	规格	抗拉强度 R_m/MPa	延伸率 A_{50}/%	维氏硬度HV
气退留底	0.25	456	21.7	152
	0.25	480	18.5	155
	0.25	510	12.5	160
低温罩退留底	0.25	475	18.0	151
	0.25	483	17.2	152
	0.25	519	10.5	164
常温罩退留底	0.25	456	19.7	149
	0.25	486	18.1	155
	0.25	520	11.3	161

分析表3中数据可知：

(1) 现有工艺条件所生产黄铜产品均无法满足汽车端子用双强黄铜需求。

(2) 退火条件直接影响最终产品的力学性能表现。气退留底条件下生产的黄铜产品在同等抗拉强度条件下，延伸率指标保障效果优于罩退方式；低温罩退留底条件下生产的黄铜产品可获得较高的强度，但塑性劣于常温罩退。

留底退火方式的不同带来不同的退火后晶粒度。影响晶粒度的核心工艺要素为留底加工率（原始晶粒度)、退火工艺三要素（加热速度、加热温度、保温时间)[3]，而气垫炉退火方式相较罩式炉退火方式而言，具备可快速加热、短时保温的特点，对晶粒度管控具备相当的先天优势，但在工艺配备上，因气垫炉设备本身特性，少有实施低温退火的应用方式[4]。

综上，双强黄铜带材工艺优化重点为在现行工艺的基础上，控制留底大加工率产出，调配成品加工率的同时，推行低温气退留底工艺。

4　工艺实践与实施成效

4.1　定型生产工艺

公司采用国内外成熟的生产工艺，采用立式半连续铸锭，经加热、热轧及双面铣削后再冷轧，中间退火采用带保护气强对流钟罩炉，成品退火采用气垫式连续退火炉，铜带经表面清洗、拉伸弯曲矫直、剪切后包装入库。

在理论分析的基础上，依托公司现行生产工艺，设定汽车端子用双强黄铜带材生产工艺流程如下：

熔炼过程采用工频有芯感应炉、立式半连续铸造，经锯床切除头尾，热轧过程采用燃气步进式加热炉加热，经 ϕ700mm×700mm 两辊可逆热轧机多道次往复轧制成 18～21mm 厚的带坯无芯成卷，并经双面铣削后厚度为 17～20mm 带坯卷取。

冷轧精整过程采用四辊可逆粗轧机冷开坯，经裁边及钟罩式退火炉退火酸洗后采用中精轧机多道次轧制、多道次退火酸洗、抛光钝化后，拉弯矫直、成品精裁、分条、在线检测、包装入库，生产出合格的产品。典型工艺参数如下：

厚度 0.3mm：3.0(480℃/5h)→0.8(40m/min)→0.40(60m/min)→0.30

相较于常规工艺，汽车端子用双强黄铜带材工艺主要优化内容包括：

（1）生产工艺全流程除毛坯退火保障充分再结晶外，其余退火工序均按照不完全再结晶气退的方式配备参数。

（2）留底前道控制大的道次间加工率，保障晶粒充分破碎。成品加工率考虑留底不完全退火条件下的加工硬化特性，重新调整加工硬化曲线后设定。

（3）配合工艺的实现，全流程的轧制工序均需精确控制尺寸精度与尺寸波动状况，并重点保障轧出板形，以免高速气退阶段出现跑偏断带。

4.2　生产工艺成效

经过多批次工艺参数的修正，通过对不完全再结晶条件下加工硬化曲线的描绘，最终确定了批量稳定产出汽车端子用双强黄铜带材的工艺，并且顺利通过了产品的市场验证与客户的批量交付（表 4）。

表 4　H65、H04 双强黄铜力学性能达标情况

比较项目	牌号	状态	拉伸试验			硬度试验
			厚度/mm	抗拉强度 R_m/MPa	延伸率 A_{50}/%	维氏硬度 HV
目标值	H65	H04	≥0.2	≥500	≥15	150～170
工艺 1	H65	H04	0.3	513	15.5	165
				508	16.1	164
				515	15.3	166

5 结束语

随着黄铜带材应用领域的拓展及细分行业需求的提升，传统高精度黄铜带材的分类方式在单纯进行材料牌号与状态进行区分的基础上，更多地将进入按照黄铜带材的“功能性”进行分类的新兴方式，如高导热用黄铜材料、高弹性用黄铜材料等。

围绕“功能性”目标的实现，除开对传统黄铜材料进行更进一步的合金化这一手段外，通过工艺技术手段对传统黄铜材料潜力的挖掘，会更为便捷且经济。本次对于汽车端子用高精度黄铜带材生产工艺的研究，通过对生产工艺的优化，实现了对传统黄铜带材力学性能与成型性能指标的改善，基本达到了替代锡磷青铜在汽车端子领域应用的目标。

参考文献

[1] 钟卫佳，马可定，吴维治，等．铜加工技术实用手册［M］．北京：冶金工业出版社，2007.

[2] 蔡薇，饶克，李莉．H65 黄铜带的晶粒细化与组织性能［J］．特种铸造与有色合金，2007，27（9）：728-729.

[3] 聂铁安．水箱散热器水室用 H68 板带材的晶粒控制［J］．甘肃有色金属，1997（3）：28-31.

[4] 文志凌，刘建新，龚寿鹏．浅析气垫炉退火工艺参数的确定［C］．中国铜加工产业技术创新交流大会，2014.

材料科学在铜板带中的实践

李　珣[1]，邬志龙[1]，应奔驰[2]，上官庆平[2]

（1. 浙江天河铜业股份有限公司，浙江永康　321300；
2. 天河集团有限公司，浙江永康　321300）

摘　要：通过分析铜板带企业生产中合金材料、压延加工、热处理和性能控制等方面的案例，阐述铜板带制造过程中应用的塑性加工金属学、铜合金强化理论等材料科学知识，强调铜板带企业可吸收钢铝板带、其他铜加工材生产的先进相联技术，促进铜板带技术发展。

关键词：铜板带；合金强化；压力加工定律；板带材技术借鉴

Practice of Material Science in Copper Strip

Li Xun[1], Wu Zhilong[1], Ying Benchi[2], Shangguan Qingping[2]

(1. Zhejiang Tianhe Copper Co., Ltd., Yongkang 321300;
2. Tianhe Group Co., Ltd., Yongkang 321300)

Abstract: Based on the cases of alloy materials, calendering, heat treatment and performance control in the production of copper strip enterprises, this paper expounds the professional foundations of material science such as plastic processing metallurgy and strengthening theory of copper alloy applied in the manufacturing process of copper strip. It emphasizes that the advanced interconnection technology of steel-aluminium strip and other copper processing materials can be absorbed by copper strip enterprises to promote the development of copper strip industry. Technological development of copper sheet and strip.

Key words: copper sheet and strip; alloy strengthening; plastic processing law; sheet and strip technology reference

1　引言

铜板带箔材材料通过冶炼、铸造获得铸锭或带坯后，通过轧制塑性加工的方法获得具有矩形截面形状和力学性能的产品。铜板带箔材是我国铜加工产品的重要品种，属高新技术领域新材料，在冶金、汽车、电气、电子、信息电缆、军工、机械制造、服饰、交通和海洋工程领域应用广泛，也是铜加工投资领域的热门，涉及品种有热轧板、高精度铜带、压延铜箔、冷轧铜板，规格大到铜门 1000mm 宽，小到宽 5mm，生产企业涉及卷重 50kg 小卷和 3500kg 大卷，从热轧板 100mm、装饰板 5. 0mm、变压器带的 2. 0mm 厚至压延铜箔的0.006mm，材料涉及无氧铜、韧铜、磷铜、高铜（Cu≥96%）黄铜、青铜和白铜等。虽然我国铜加工发展有近70年的历史，国企及历史较久的企业技术基础较好，但在经济高速增长的中国，大量的铜板带新材料、新项目、新企业不断涌现（2016年国产铜板带产量相比2008年154万吨翻一番还多[1]），有必要重新审视和普及铜板带材料专业知识，并应用于铜板带制造过程中，把握提高铜板带产品质量的工程技术原理，提升铜板带产品品质。

2 材料科学在铜板带生产中的应用

铜板带材生产工艺技术涉及物理冶金基础、塑性加工工艺、塑性加工材料学、工艺润滑、材料热处理和重型压加设备及自动控制等学科。其中以材料学、材料加工学为科学主线，围绕铜板带产品制造，涉及材料冶金、材料科学、铜板带加工装备机械、材料检测分析和材料润滑与清洗等多方面工程技术，是工业文明集成的重要体现。

2.1 材料的宏观与微观

材料的微观决定宏观，宏观反映微观。相同的成分，不同的结构（排布和方向），形成的组织不同；不同的成分，相同的结构（排布和方向），形成的组织也不一样。

铜及铜合金关于宏观与微观研究和其他金属材料一样，重点在两个方面：一方面是冷轧、热加工对铸造组织的均匀化；另一方面是加工、热处理对组织性能的影响。

宏观上一般认为铜板带化学成分应该一致，从微观上化学成分和厚度公差曲线一样，不同位置的化学成分与公称成分（设计成分）有一定的偏差。

在铜板带加工中，其半连铸热轧开坯铸锭和水平连铸的带坯，高温铜水凝固过程经历了不平衡冷却，内部成分和组织最不均匀，尤其是具有反偏析的水平连铸锡磷青铜带坯。认识和理顺这种现象，对制定铜板带产品加工工艺、产品性能控制具有重要作用。

2.1.1 不均匀成分的铸坯的工艺研究

基于锡磷青铜产品的连铸反偏析，铸造的成分和组织不均匀导致后续难以塑性加工，工程技术人员采用了多种工艺路线。针对反偏析，采用先均匀化退火再铣面，还有先冷轧加工到7.5~10mm均匀化退火，为提高材料性能和降低加工成本，国内外研究采取了多项工艺克服反偏析。法国格里赛的水平连铸坯横轧4%再800℃×30min退火，有效地提升了锡磷青铜后续冷轧变形程度，缩短工艺流程。国内浙江某厂也有较为粗放的同样的工艺，采用连铸铣面坯14轧至7.5mm→均匀化退火→2.5→退火，使均匀化退火时间大大缩短。八达铜业开展的电磁连铸铸造，细化了枝晶和组织，加快了均匀化热处理的原子扩散，退火时间也大大缩短（图1）。

2.1.2 水平连铸与热轧宏观组织

市场、技术人员经常谈论的半连续热轧与水平连铸生产法铜带性能有差异。我们应该这样认识，半连续厚锭和水平连铸铸锭的铸造组织晶粒均偏大，生产中有时不用显微镜即可看见，晶粒尺寸可以按1mm最小单位检测（见图2）。水平连铸由于带坯薄，没有前期的热加工改造、细化均匀晶粒组织，冷轧开坯和第一次退火的细化组织作用有限，所以不适合做厚带，但做经过两次大加工率和两次热处理，薄带没有问题。水平连铸法铜板带企业主要生产锡磷青铜和无氧紫铜带且规格≤0.8mm，当然也可以生产成型要求不高的厚带。热轧开坯生产的铜及铜合金可以做厚带，经过热轧的形变热处理，厚板带组织细化和

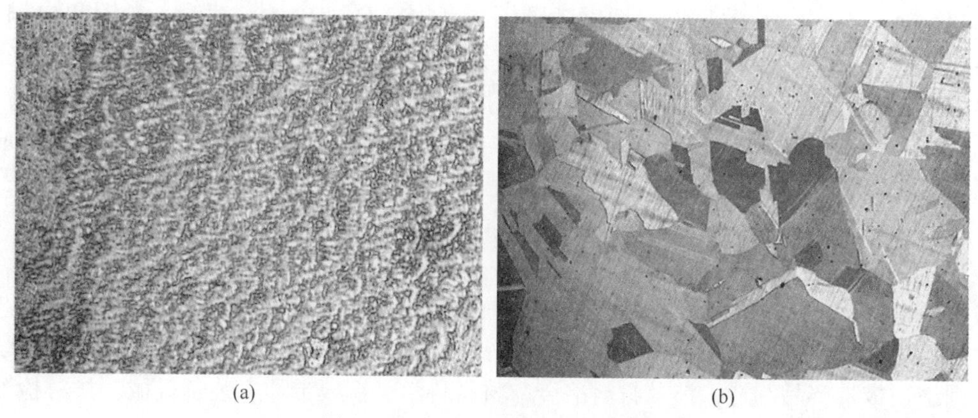

图 1　QSn8-0.15 铸坯（同倍数）
（a）连铸坯；（b）连铸坯均匀化处理

均匀度提升明显，弯曲不容易开裂。无论是冷轧开坯还是热轧开坯，组织具有先天遗传性，不同材料、不同规格的组织有待进一步研究。

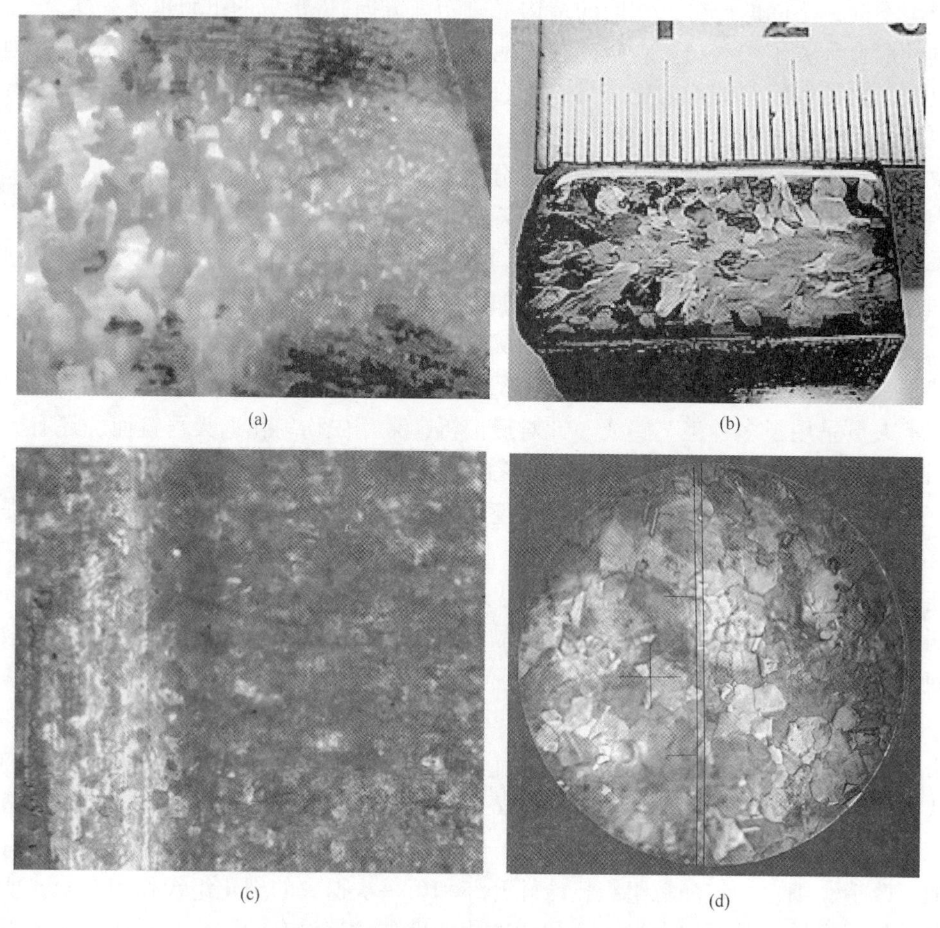

图 2　铸锭、连铸带坯和热轧坯的组织
（a）水平连铸紫铜表面；（b）水平连铸紫铜断面组织；（c）半连续紫铜表面（晶粒 2~3mm）；
（d）热轧 C2680 断面微观组织（晶粒小于 0.1mm）

2.2 同牌号铜带性能差异研究

同一牌号的铜带性能应该接近一致，不同铜带的合金化学元素含量差异会导致性能差异。生产中主元素一般有波动，且能控制在1%范围以内，H62就比较明显，60.5与61.0性能差异巨大，事实上0.5%Cu含量的差异成为性能差异的重要原因（图3）。

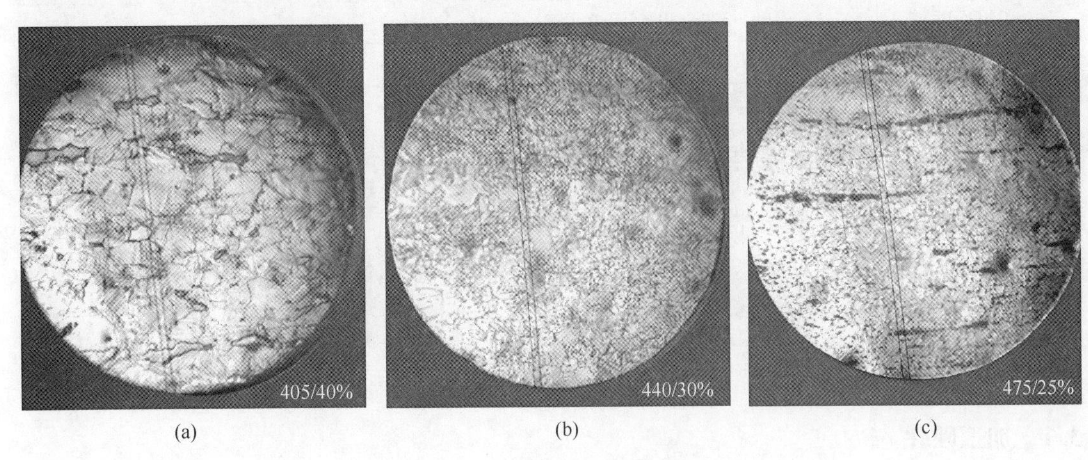

图3 H62生产中0.8Y2性能组织

（a）R_m405/40%/HV114；（b）R_m440/30%/HV134；（c）R_m475/25%/HV146

研究表明，H62、H63在一定的加工工艺条件下，具有比H65更高强度高延伸的强塑性组合（见表1），可实现超级黄铜带材料产品的研发。

表1 H62和H63不同工艺条件下的性能

性 能	规格	抗拉强度/MPa	伸长率A_{50}/%	硬度HV
高强度高延伸H62	0.2	570	13	181
H62常规工艺加工率30%~33%	0.2	485~535	4~10	160~180

2.3 材料性能的研究——合金大数据

基于现有材料的现有性能，凭借对材料成分、工艺与性能关系的研究，设计并研发出以下新材料[2]，相关性能见表2。

表2 Cu-Ni-Si系材料性能大数据

合金牌号	成分/wt%	EC/%IACS	R_m/MPa
C70275	Cu-1.0Ni-0.25Si-0.6Sn-0.5Zn	30	525
C70350	Cu-1.5Ni-0.6Si-1.1Co	50	800
C64745	Cu-1.6Ni-0.4Si-0.5Sn-0.4Zn	40	680
C64760	Cu-1.8Ni-0.4Si-0.1Sn-1.1Zn	44	650
C64725	Cu-2.0Ni-0.5Si-0.5Sn-1.0Zn	37	650
C64775	Cu-2.4Ni-0.65Si-0.2Cr-0.4Sn-0.5Zn	38	790

续表 2

合金牌号	成分/wt%	EC/%IACS	R_m/MPa
C64770	Cu-2. 4Ni-0. 52Si-0. 2Sn-0. 2Mg	40	690
CAC75	Cu-2. 5Ni-0. 6Si-0. 2Sn-1. 0Zn	40	775
C64727	Cu-2. 8Ni-0. 7Si-0. 6Sn-0. 6Zn	40	800
C70250	Cu-3. 0Ni-0. 65Si-0. 15Mg	45	775
C64790	Cu-3. 8Ni-0. 9Si-0. 2Cr-0. 2Sn-0. 5Zn	38	820

2.4　水平连续铸造成分需要过程控制

同一卷铜带因头中尾化学成分差异导致性能差异明显，这在水平连铸铜合金比较明显。因为一卷铜带是经过多次连续加料生产出来的，如果原材料混料、加料不稳定、检测失误，就会存在合金含量不稳定现象。

3　塑性加工理论

3.1　加工硬化

铜板带随着轧件变形程度的增大，铜材料抗拉强度、硬度不断提高，加工硬化率（硬化曲线斜率）不断减小。

加工硬化曲线是铜板带材加工的核心，关系到冷轧轧程分配（退火次数）与成品精轧的实施，是实现铜板带预期材料性能的关键。性能最直观的就是硬度，见图 4。

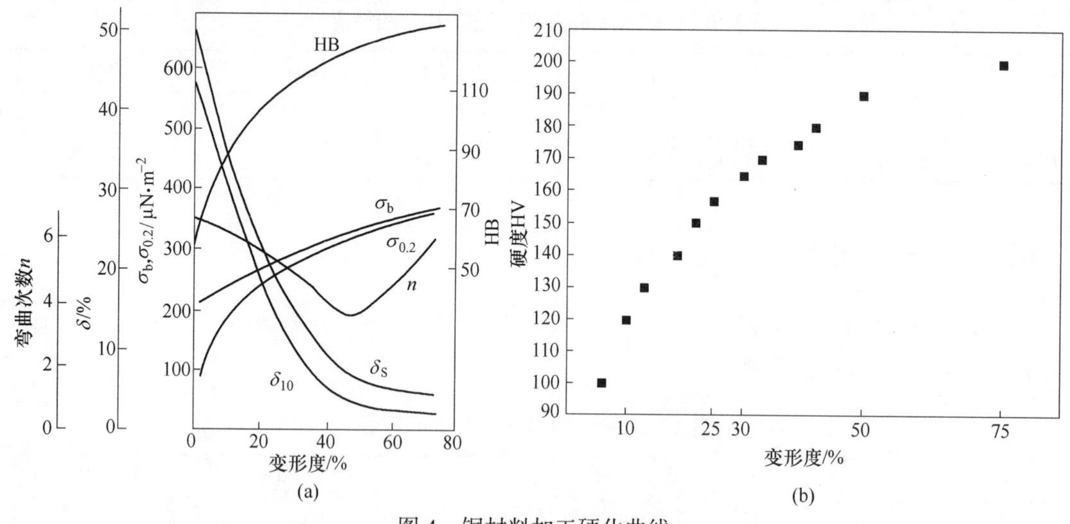

图 4　铜材料加工硬化曲线

（a）紫铜；（b）黄铜

误区：不能简单认为材料可以承受多大的总加工率即可安排多大的轧程加工率，不同轧制阶段因轧前组织（连铸坯、热轧坯及退火状况）、边部质量（轧制裂边、初切轧程位置等）、宽度、轧制板形等限制，总加工率大小安排不完全一致。比如 C2680 热轧铣面坯 15 轧 3.0 总加工率 80%，而中轧（切边后）一般不安排 3.0 轧 0.6mm(80%)，生产 C2680 铜箔可以安排 1.0 轧 0.18(82%)。通过以上的案例说明冷轧总加工率优化还有小幅创新空间。

3.2 体积不变定律

体积不变定律，指的是塑性加工中轧件加工前后体积不变，这是质量守恒定律的升级版，加工过程近似密度不变，科学意义上密度有微量变化，但在工程中尤其是工业生产中是没问题的。铸造组织因为可能存在气孔、夹杂等内在缺陷，不如加工组织致密，尤其经过热轧工艺的中厚铜板相比铸锭致密性高些，但铜板带在塑性加工轧制过程认为体积不变。

（1）应用：热轧过程可以通过体积不变定律计算每道次带坯长度，结合轧制速度通过温降理论公式计算温降，为实现热轧最后道次带坯处于再结晶或淬火温度以上提供工艺设计基础。

（2）应用投料：在订单中客户有准确的卷重要求，尤其是面向下游客户的产品，比如电缆带需要精确的长度控制（如 T2 M 0.17×42 要求 3340+10m），需要反推计算需要多大卷重的坯料，推算铸坯卷重。

（3）中厚板下料：做冷轧中厚板时，需要应用体积不变原理计算预精轧的厚度和长度；做热轧板计划需要事先安排铸锭尺寸。

3.3 变形不均匀定律

铜材料轧制加工也是塑性变形的一种，存在变形不均匀现象，案例有在热轧的单鼓形（表层与里层、中间与边部变形大小不一样）和轧制的上下翘，如图 5 所示。因为金属变形过程中总是向阻力最小的方向流动，而引起阻力的原因有铜材料内部和外部加工条件。内因有铜材料成分偏析或者微观多相组织、铸造晶粒组织的不均匀等；外因有与轧制的接触轧辊的摩擦力、轧件外端约束、不同位置的温度差异等。

理解变形不均匀定律有助于理解加工过程的板形不良问题、厚板性能不均匀现象。板带材边部减薄区产生的原因是轧辊弹性压扁的不均匀（边部压力小，弹性压扁小辊缝相比中间更小），还有由于边部金属横向流动阻力小促进边部压力降低，进一步降低了边部厚度。

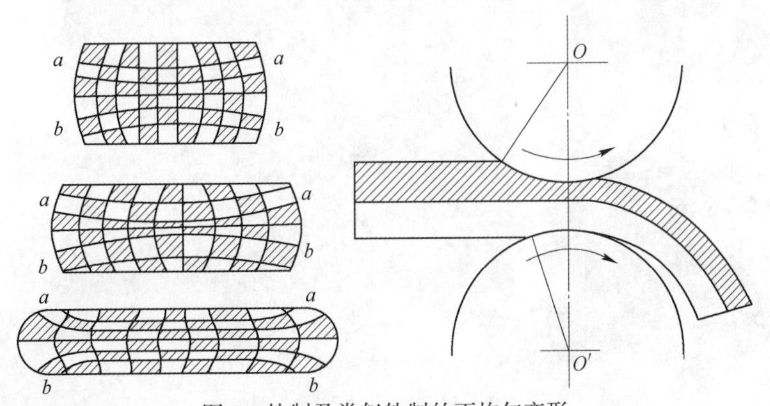

图 5 轧制及类似轧制的不均匀变形

3.4 铜材料合金强化理论

铜材料的一大特点就是高导电性能，采用合金强化原理，选择不同的合金元素和加工工艺，铜合金强化性能各有差异。低强度高导铜板带主要在纯铜产品，有电器、电子带，高导低强（Cu-0.1Fe-0.02P）引线框架分立器件，高导高强型（Cu-Cr-Zr）高端插件。

根据位错解释强化理论，金属的塑性变形主要由位错运动引起，增加位错和阻碍位错运动就能强化金属。而增加金属材料的点、线、面和体晶体缺陷即可阻碍位错运动，实现提高材料强度的目标（图6）。

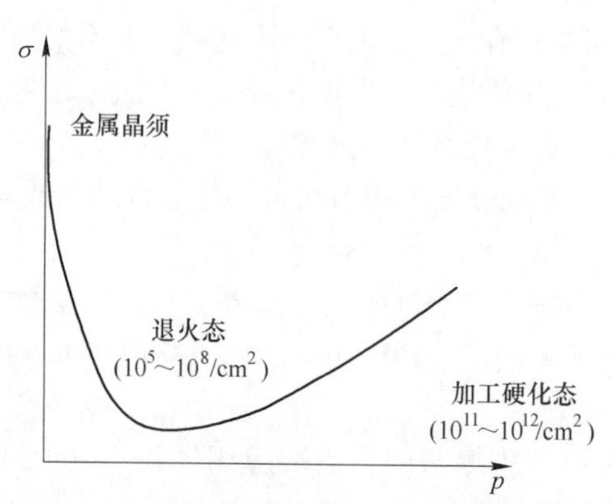

图6　加工硬化后材料的位错密度和强度

点缺陷指空间三维方向的尺寸很小，约为一个原子或几个原子；线缺陷指空间三维一个方向扩展很大，其他两个方向很小；面缺陷指两个方向缺陷扩展很大，一个方向很小；体缺陷在三维尺寸较大，如沉淀相。

引进缺陷分别对应的强化机制为固溶强化、形变强化、细晶强化、第二相强化。图7为材料强化通俗示意图。

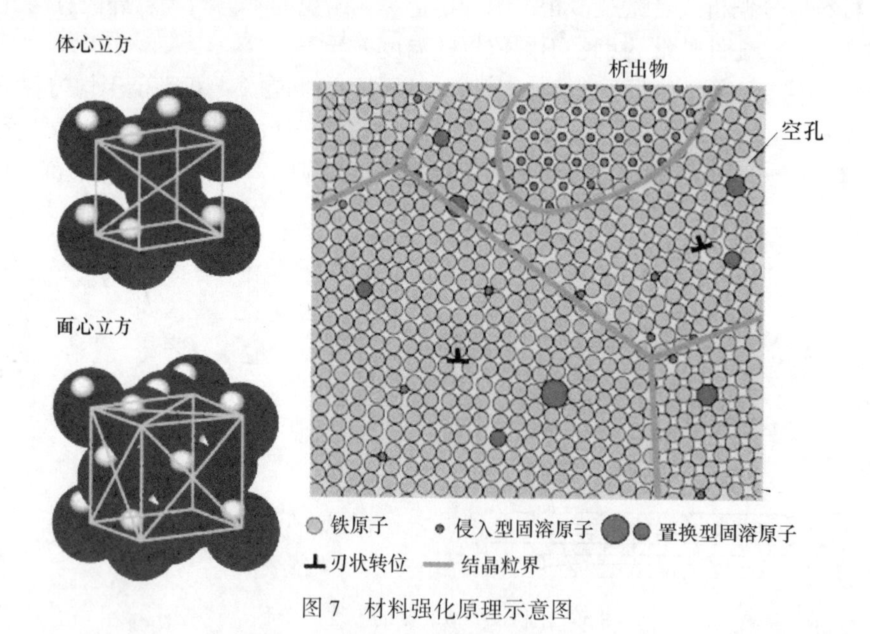

图7　材料强化原理示意图

铜材料强化引进点缺陷的方法有固溶强化，固溶强化在于通过这些加入的金属或非金属原子可以阻止位错的移动，从而提高材料强度，案例如图8所示，Cu固溶强化作用最大的是Sn元素，表现在锡磷青铜相比黄铜属于弹性较高的铜合金。

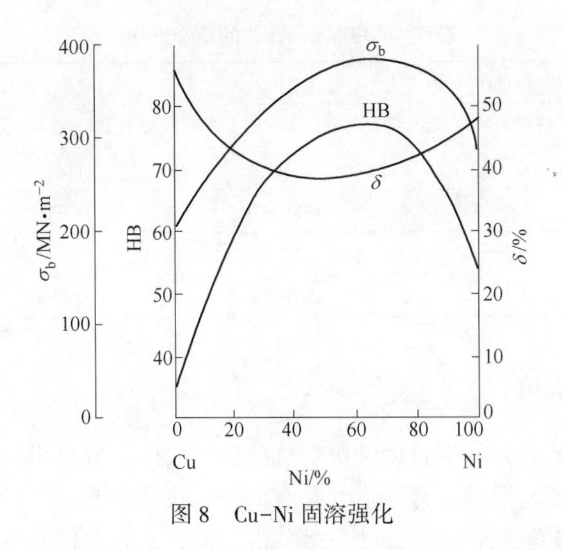

图8 Cu-Ni固溶强化

铜材料引进线缺陷有冷变形强化，通过增加冷变形程度，位错密度不断增加导致位错运动时的相互作用增强，位错运动阻力增大，变形抗力增加，从而提高金属的强度。生产铜及铜合金硬系列产品表现在H02、H04和H06状态产品的冷轧成品加工率逐渐提高。

铜材料增加面缺陷最主要的是细晶强化。位错运动至晶界附近，受到晶界的阻碍而塞积（图9），晶粒细化，晶界面积越大，位错障碍越多，材料强度提高。还有形变强化也会引起的亚晶界增加。目前在合金牌号材料种类多的情况下，企业在现有产品的基础上继续工艺创新挖掘材料性能，细晶强化是铜板带加工厂的主流合金强化方法。采取的手段从微合金化、变质剂、铸造工艺到热处理和冷轧，以及所有前述手段的组合等。如H70的Sn合金化改性牌号C44500，C51180对C51100的Fe、Ni的合金化。生产中偶有黄铜带Fe含量0.1%轧制道次偏多、性能偏硬，也是晶粒细化的效果。

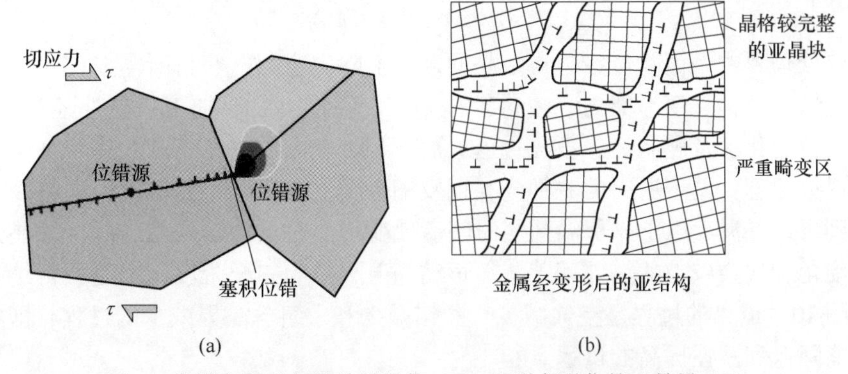

图9 位错塞积引起的晶界强化（a）和形变强化的亚晶界（b）

既能起明显强化效果且对铜合金导电性能影响较少的方法是引进体晶体缺陷，也是铜合金研究的热点，Cu-Fe-P系、Cu-Ni-Si系就是典型通过引进体缺陷的强化铜合金，很多元素的调整也是为了加强该强化效果（见表3）。SuperKFC相比KFC的改进，是材料析出强化作用加强体缺陷强化可以不牺牲或者少牺牲材料的导电性能和减少各向异性，实现高强度高导电，实现复杂成型、元器件小型化的电连接器的发展方向。

表 3　神户制钢 KFC 的不断升级[3]

钢种	SuperKFC	KFC	KLF-2	KLF-5
成分/%	Cu-0. 3Fe-0. 03P	Cu-0. 1Fe-0. 03P	Cu-0. 1Fe-0. 03P-Sn0. 1	Cu-0. 1Fe-0. 03P-Sn2
导电率/%IACS	78	90	80	35
H 态抗拉强度/MPa	430~530	390~470	≥390	530~640
H 态伸长率/%	≥3	≥2	≥7	≥2
H 态硬度	130~160	120~145	120~160	160~200

3.5　材料扩散理论应用

高铜、紫铜、锡磷青铜的带材的钟罩炉热处理生产中，容易出现黏带现象，黏接为罩式炉特有缺陷，其特征是形貌呈月牙形，是有曲线形状的应变条纹带铜在退火过程中有时产生局部黏接，造成平整开卷时黏接处发生撕裂变形、凸起，经平整后形成弯月状、马蹄状或弧形的凹印。因黏接处变形产生加工硬化、塑性降低、冲压性能差，影响软态产品表面质量，使铜带产生部分或整卷的废次品。因此，对于用罩式退火炉来进行消除轧后产生的内应力的冷轧产品生产厂家来说，如何预防、减少黏接的产生，提高产品的合格率，是铜板带产品生产厂家面临的重要课题之一。

根据黏带是材料扩散（金属及合金中原子依靠热振动进行无规则运动，从一个位置到另一个位置）导致，可以分析出纯铜（同类原子）、高温均更容易导致原子扩散，导致黏带，很少看见 H65 黄铜黏带；原子扩散除了内因外，还有导致原子扩散的驱动力，比如板凸度引起的压应力、轧制的卷取张力、中间浪导致的压应力、冷却热应力和罩式退火料盘变形导致的局部铜带压应力。还有导致原子扩散的通道，罩式退火层间接触容易黏，倒带涂油、喷防黏剂均是阻断原子扩散的一些方法。

3.6　热处理

材料热处理目的是消除位错、再结晶回复、消除内应力、获得所需要的织构；使得铜降低硬度，恢复其塑性变形能力，使得客户和在制品能够易于加工；另外经过冷变形后，铜带表面残留乳化液及轧制油，再经过退火后，铜带表面可变光亮。

罩式退火原理：属于退火的一部分，铜及铜合金主要为再结晶退火，即将冷变形后的金属加热到再结晶温度以上，保温适当时间后使变形晶粒重新转变为新的等轴晶粒，同时消除加工硬化和残余应力的热处理工艺。再结晶退火分为三个阶段：回复、再结晶、晶粒长大，见图 10；退火的过程是空穴减少、位错减少和重组、晶界减少的过程，即发生材料的力学性能降低和塑性提高的过程。

企业生产中，退火工艺中温度的精准制定还有提升空间，在粗放型产品（硬度范围广）的时候显得没有必要，他们习惯在生产安排中一般以规格定温度，整体上也能生产。一些黄铜厂家成品软态产品订单偏少，性能不稳定，这是没掌握材料科学知识的体现。事实上软态性能不稳定也可以说明硬系列产品也不稳定，因为硬系列产品也是退火处理轧制出来的，结果侥幸符合范围上下限，或被企业内部改成其他状态，或被拥有广大客户群体的中间商调配处理。生产 C2680 M 0. 25X400，0. 5 轧 0. 25、0. 4 轧 0. 25 同退火工艺出来

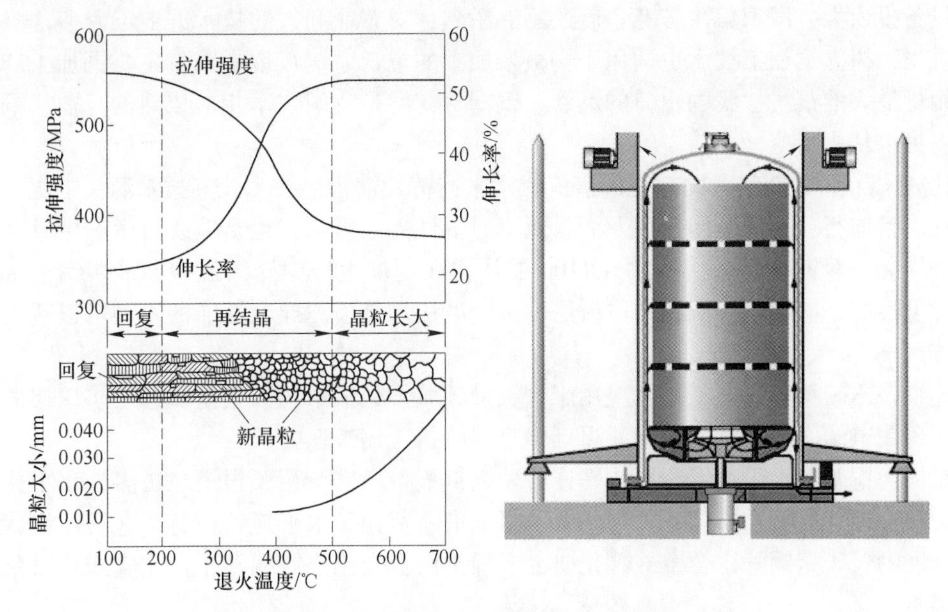

图 10 退火对铜材料组织性能的演变和罩式炉

的性能是不一样的。成品性能仅关注最后一次退火的是不够的，微量元素、轧制工艺、中间退火工艺和执行状况对后续影响不可谓不小（图 11）。

企业一般都是专业合金厂家，但对相近牌号的再结晶退火差异性认识还不够深入，在开发新牌号产品时更是没有参考基准，热处理工艺在设备实现过程还不够深入了解。事实上再结晶软化退火在热处理工艺中是最简单的，工艺简单但没有掌握透科学规律也是导致企业产品性能不合格率偏高的一个重要因素。

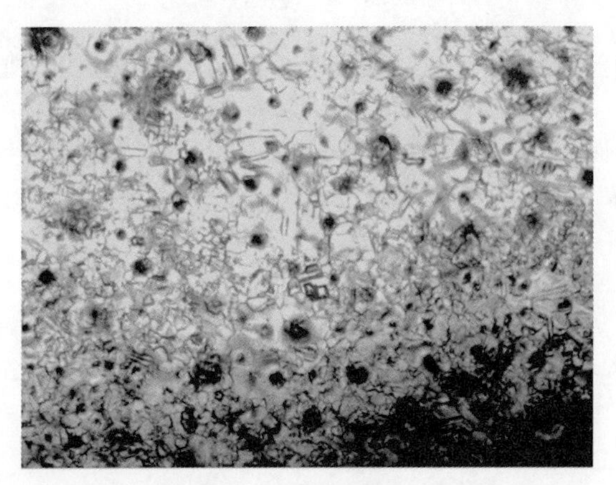

图 11 C2680 一次成品退火的不均匀现象

4 铜板带的技术消化及提升

近年我国铜板带发展很快，但技术进步还有很大的空间。技术进步相对缓慢的原因，作者认为还在于铜板带离日常生活不是那么近，导致整体上市场改善驱动力偏弱，对铜板带厂家的要求偏低，产量也一般（年消费 325 万吨[1]，占铜材约 18.8%）；其次相比管棒线厂设备投入大，厂家偏少，竞争度还不够激烈，对企业和人的技术进步压力小。

首先，树立铜加工技术也适用于铜板带加工的意识。铜板带是四大主要铜加工产品之一，用量最大的铜线、我国出口的铜管、铜棒材，均是我国技术相对成熟的行业，铜板带的创新可以从中借鉴。

比如“十五”期间我国攻克的潜流式水平连铸紫铜板坯技术，其技术源头来源于上引法铜杆。目前行业书籍介绍杂质及微量元素对铜性能的影响，也是铜线材生产中总结的数据。关于无氧紫铜 TU、含氧韧铜 C1100 的认识在铜杆生产中介绍最多。很多铜板带厂家检测导电性能不够科学，铜线的电桥法、水密度法均是检测导电性能的一种可以适当学习的地方。

连续挤压新型塑性加工技术应用于铜板带领域不是最早的。它是从连续挤压铝电缆到连续挤压铜电缆，从连续挤压铜线再延伸至连续挤压铜带坯的。

紫铜类铜管的水平连铸相比水平连铸紫铜铜板带厂家，相关报道也更多，水平连铸紫铜板带存在柱状晶长和组织不均匀问题，可以借鉴紫铜管水平连铸拉铸工艺与组织，金龙公司开展的关于紫铜管微合金减薄化研究、稀土微合金化连铸铜管工业化实践均对紫铜板带有借鉴意义。

其次，强化铜板带是一种金属材料板带材的意识，我国铝板带、钢铁中厚板、热轧板、冷轧板带和不锈钢带均是铜板带的类似行业。借鉴它们的行业技术不失为一种好的思路。钢铁业的轧机比铜板带更先进。热轧机的控制轧制（温度的精准控制）铜板带基本没有（除了部分厂家做框架材料有终轧温度要求），对铜板带材料性能发掘研究还是偏少。超级青铜、超级钢材料均是高强度高塑性材料，期待更多、更高性能的合金市场需求，能够催生高性能铜板带的技术进步。

参 考 文 献

[1] 吴琼. 2017 年中国铜板带材加工产业发展报告 [C]. 2017 中国铜加工产业年度大会论文集，江西，2017：327.

[2] 大山好正. 2017 年铜加工产业论坛——日本铜加工现状 [C]. 2017 中国铜加工产业年度大会论文集，江西，2017：13.

[3] 神户制钢网站.

[4] 材料科学基础.

引线框架材料 C19400 铜带热轧工艺与设备分析

韩　晨，孙付涛，许利明，曹学立，王世纯

（中色科技股份有限公司，河南洛阳　471039）

摘　要：本文重点论述和分析了 C19400 铜合金板带材热轧生产的工艺需求、生产过程、产品状况以及铜板带热轧机组的装备技术特点。同时，通过具体的生产实践并结合加工理论分析，进一步研究和探讨了 C19400 大铸锭的控轧控冷工艺，并指出了生产过程中的关键技术和提高、改进的方向。

关键词：引线框架材料；C19400 铜合金；铜板带；热轧机；控轧控冷

Analysis on Hot Rolling Processing and Equipment of C19400 Copper Strip for Lead Frame Material

Han Chen，Sun Futao，Xu Liming，Cao Xueli，Wang Shichun

(China Nonferrous Metals Processing Technology Co.，Ltd.，Luoyang 471039)

Abstract: Demanding of the hot rolling processing，processing procedure and product condition，and the hot mill equipment technical characteristic for producing C19400 copper alloy strip were discussed and analysed in this paper. Also，process specification of controlling rolling & cooling for C19400 was further researched and discussed through specific productive practice and hot processing theory，and the key technology and improving direction in the processing procedure were set forth.

Key words: lead frame material；C19400 Cu-alloy；copper sheet & strip；hot mill；controlling rolling & cooling

1　引言

相比于 Cu-Ni-Si 和 Cu-Cr-Zr 系引线框架用铜合金，Cu-Fe-P 系合金在开发成熟度、综合性价比、应用广泛性等方面都具有显著的优势，因而占据了整个引线框架材料用量的 65%以上，其中，析出强化型 C19400 合金又是 Cu-Fe-P 系中最具代表性的合金品牌[1]。

过去的 30 年，国产 C19400 铜合金精密带材不仅产能小，而且产品表面质量、力学性能等较难满足市场要求，因而国内消费主要依靠进口。自 2008 年大卷重、高控制精度、工艺功能较为完备的国产现代化铜板带热轧机组研制成功（解决了在线高温固溶处理技术难题），以及在中铝华中铜业、中铝洛铜、宁夏东方、晋西春雷、楚江科技等企业的成功实践，不仅大大提高了国产热轧机组的整体装备水平和竞争力，也使 C19400 带材的产能与产品质量有了大幅度的提高，在满足国内市场的同时，已实现批量出口。

2 C19400 合金成分及性能

C19400 合金是在铜中加入 Fe、Zn、P 等低固溶度元素，属典型的析出强化型合金。根据合金元素及第二相在基体中的溶解度随温度的降低而减少的基本条件，利用热加工终了温度进行固溶处理，在随后的变形过程中将消除加工硬化退火和时效析出处理结合起来，使第二相尽可能得以充分析出，进而提高合金的强度与电导率。

由 Cu-Fe 相图可知，在 835℃时，面心立方的 γ-Fe 转变为体心立方的 α-Fe，此时最大的固溶度达到 4.0%。室温下，Fe 几乎不溶于 Cu 中，以 α-Fe 形式析出，如果有 P 存在，可以生成细小的 Fe_2P 或 Fe_3P，从铜基体中析出，能够对合金起到细晶强化的作用[2]。

微量合金元素的添加能有效改善 C19400 的性能，但加入量要进行合理控制[3]。C19400 合金化学成分及力学性能见表 1。

表 1　C19400 合金化学成分及力学性能

Table 1　Chemical composition and mechanical properties of C19400 alloy

化学成分/%					抗拉强度 R_m /MPa	伸长率 $A_{11.3}$ /%	电导率 /%IACS	硬度 HV
Fe	P	Zn	Pb	Cu				
2.1~2.6	0.015~0.15	0.05~0.2	≤0.03	≥97.0	420~490	≥4.0	≥60	130~150

3 C19400 热轧工艺特点

3.1 工艺流程

相比于紫铜、黄铜等铜及铜合金，C19400 比较显著的特征是需要热轧后进行高温固溶处理。利用现代化铜板带热轧机组生产 C19400 的工艺流程为：铸锭再加热→铸锭出炉→热锭传送→铸锭对中→氧化皮吹扫→轧边辊轧边→多道次热轧→高温固溶处理→头尾矫直→带材冷却降温→空气吹扫→液压剪切头尾→带材卷取→料卷运输。

3.2 熔炼铸造

含 Fe 2.1%~2.6%的 C19400 铜合金熔点为 1090℃，固相线为 1084℃，因而其液-固相区域较窄。一般铜液温度控制在 1150~1190℃为宜，同时应采用较低的铸造速度。铸造时，随温度的降低，会析出一定量的二相粒子（α-Fe、Fe_2P、Fe_3P 混合物）。二相粒子能够阻碍位错的运动，并对晶界起钉扎作用，使晶粒不会明显长大，但应对二相粒子的大小、形状、分布进行控制，以使合金的高温性能好，利于热轧开坯。若铸锭冷却速度快，析出的第二相聚集长大，呈粗大的树枝状和针状分布，会使材料各向异性，造成高温时材料的横向性能差，变形时合金易产生沿晶断裂尤其是热轧开裂现象。

某企业在生产时，采用转炉温度 1247℃，铸造温度 1186℃，铸造速度 62mm/min，振动频率 60 次/min 等工艺参数，生产出内部质量和外部尺寸都控制较好的 210mm×620mm×

8000mm 规格的 C19400 铜合金大铸锭。

3.3 铸锭再加热

在 C19400 铸锭热轧前，应进行再加热，使内部元素扩散，降低铸造应力，利于热轧开坯。再加热温度一般低于固相线温度约 100~200℃，但应能保证最难溶二相粒子的完全固溶。根据 Cu-Fe 合金相图，C19400 铸锭加热温度一般控制在 930~980℃范围内，加热与保温时间正比于铸锭厚度而控制在 3~5h 内。

炉生一次氧化皮是 C19400 铸锭加热后表面最主要的氧化层。对 C19400 铸锭的加热温度、加热与保温时间、炉内气氛尤其是含氧量等进行有效控制可以减少铸锭表面的氧化皮厚度。生产时，现场采用表 2 中的工艺参数，有效保证了 C19400 的开轧、终轧温度，并减少了炉生一次氧化皮的厚度。

表 2 C19400 铸锭加热工艺参数

Table 2 Reheating processing parameter of C19400 casting

加热温度/℃	加热保温时间/h	出炉温度/℃	炉内压力/MPa	炉内含氧量/%
950~980	4~5	920~950	微正压	0.05~0.1

3.4 热轧

热轧的过程，也是控制轧制与控制温降过程。高速轧制、减少轧制道次、保证终轧温度、提高板形及表面质量等都是 C19400 热轧所追求的目标。图 1 所示为 C19400 带材热轧。

图 1 C19400 铜合金带材热轧

Fig. 1 Hot rolling of C19400 alloy strip

C19400 特殊的工艺需求给热轧机组提出了较高的要求，因此，在设备细节设计上考虑较为周到：

（1）C19400 铸锭出炉后热辐射温降约 0.8~1.1℃/s，如要保证 30℃以内的温降，铸锭出炉后的运输时间应保证在 30s 以内。通过减少加热炉到轧机的距离、改进铸锭出炉的方式，以及提高运输辊道速度等方法都有效满足了 C19400 开轧温度的需求。

（2）在轧边辊设置上，改变以往线外大立辊的模式，在轧机内机前机后都设置了 C

形结构的轧边辊。在对边部质量进行控制、限制宽展的同时，参与轧制过程使带材形成后张力，进而有效改善了带材的板形。

（3）为了减少带材温降，轧辊采用盒式冷却，减少了溅落到带材表面的乳液，同时也提高了带材的表面质量。

C19400铸锭热轧后要进行在线高温固溶处理，带材终轧温度最低不能低于710℃，而固溶处理后的温度应控制在300℃以下。所以，在热轧机组最高轧制速度在150~180m/min的前提下，如何保证C19400高于710℃的终轧温度就显得非常关键。其解决途径有：（1）提高热轧开轧温度；（2）减少轧制道次；（3）在线加热或保温。但加热温度的提高不能是无限制的，或者会导致过热、过烧，严重时无法热轧；而在线加热保温一般为炉卷轧机所使用的工艺。因而，铜板带热轧机组在实际应用时，只能在保证开轧温度的情况下，通过减少轧制道次，尽量提高轧制速度（会增大轧制力）的方式来进行C19400的控轧控温。

为了提高生产效率、减少带材温降、大压下充分破碎再结晶晶粒，机组在前期11道次试轧、9道次试轧基础上实现了对210mm×620mm×8000mm规格的C19400大铸锭进行7道次大压下高速轧制，这在大铸锭铜板带生产工艺领域具有极其重要的意义：

（1）体现了机组的较高控制能力；

（2）突破了铸锭咬入工艺技术难题；

（3）大压下能充分破碎再结晶晶粒，进而达到细化晶粒的目的；

（4）减少了轧制时间，能够降低铸锭及带材表面的氧化层厚度；

（5）单个铸锭实际生产时间可以节省5min左右，提高了生产效率；

（6）节能降耗并减少人工时，有效降低产品的生产成本。

经过优化后的C19400大铸锭7道次轧制规程见表3。

表3　C19400铸锭7道次轧制规程

Table 3　7 pass rolling rules of C19400 casting

轧制道次	厚度/mm	道次压下量/mm	道次压下率/%	预测轧制力/t	轧制速度/m·min^{-1}
1	195	15	7.2	290	60
2	159	36	18.5	400	60
3	117	42	26.4	460	90
4	78	39	33.3	500	120
5	46	32	41.0	600	150
6	26	20	43.5	770	180
7	15	11	42.3	720	160

3.5　热轧后工序

C19400热轧后，要进行高温固溶处理、带材测温、头尾矫直、带材冷却降温、带材表面空气吹扫、对中、头尾剪切、三辊卷取、料卷运输与存放等工序。

在C19400高温固溶处理及带材冷却方面，其模式源自钢铁行业生产高强度低合金钢时所使用的控制相变的层流冷却工艺。但相比高强度低合金钢有较为精确和重要的相变点、加速冷却工艺对组织的显著影响、层冷与空冷工艺的相互配合等对温度和工艺的极高要求，C19400 在线固溶及冷却只要在满足高温固溶温度的同时，尽量提高冷却速度即可。冷却分段、粗精调的分区、用水量、温降模型、喷水模式等都可以进行简化或部分采用，主要存在一个用水节能和控制机组总长度的问题。图 2 为 C19400 带材在线高温固溶处理时的状况。

图 2　C19400 带材高温固溶处理

Fig. 2　High temperature solution treatment of C19400 alloy strip

在压头辊的设置上，目前都为单辊压下，但由于 C19400 带材的回弹性较大，在实际生产中，若带材翘头严重，单辊压下和开口度不足的局限就显现出来。若合理配置开口式的三辊矫直设备，并增设液压事故剪，就更能有效满足生产工艺的需求。

由于层流水高温固溶、冷却降温后带材表面会带有一定厚度的水层或水膜，这会影响在线测温结果，因而需要在层流水装置后设置压力、气量、开口度都可调的压缩空气吹扫装置。但相比钢铁轧机，目前国内外铜热轧机现有的空气吹扫装置还需要进一步改进。

三辊卷取装置成本较低，也能够满足生产效率，利用三辊卷取后的 C19400 料卷基本能够满足生产要求及其后的双面铣削工序。因而，目前国内外铜板带热轧机组都使用三辊无芯、无张力卷取装置。但是从长远来看，若要有效提高生产效率，减少生产事故，降低卷取工艺的复杂性，提高卷取质量，如表面光洁度、塔形、错层、松卷等，并有利于下一工序即双面铣削的开卷与生产，使用具有张力卷取、带钢制助卷器的有芯涨缩式卷取机还是很有必要。

4　C19400 热轧带材分析

4.1　微观组织分析

现场在 1~4 号铜带的头部进行取样，进行微观组织的观察与分析，取样规格为 45mm×45mm×15mm。经高倍制样并浸蚀后，所观察到的组织如图 3 所示。

结果表明组织均为 α 基体+Fe 相，无高倍缺陷。图 3(a)、(b)、(d) 为变形晶粒，图 3(c) 基体为再结晶组织，晶粒平均直径为 0.015mm。图 3(a)~(d) 组织中 Fe 相多以弥散质点状分布，少量以小颗粒状存在，质点状 Fe 相由于分布疏密不同形成与加工方向平行的条带状组织，条带状组织上的 Fe 相分布相对密集，图 3(c) 条带状组织不明显，但

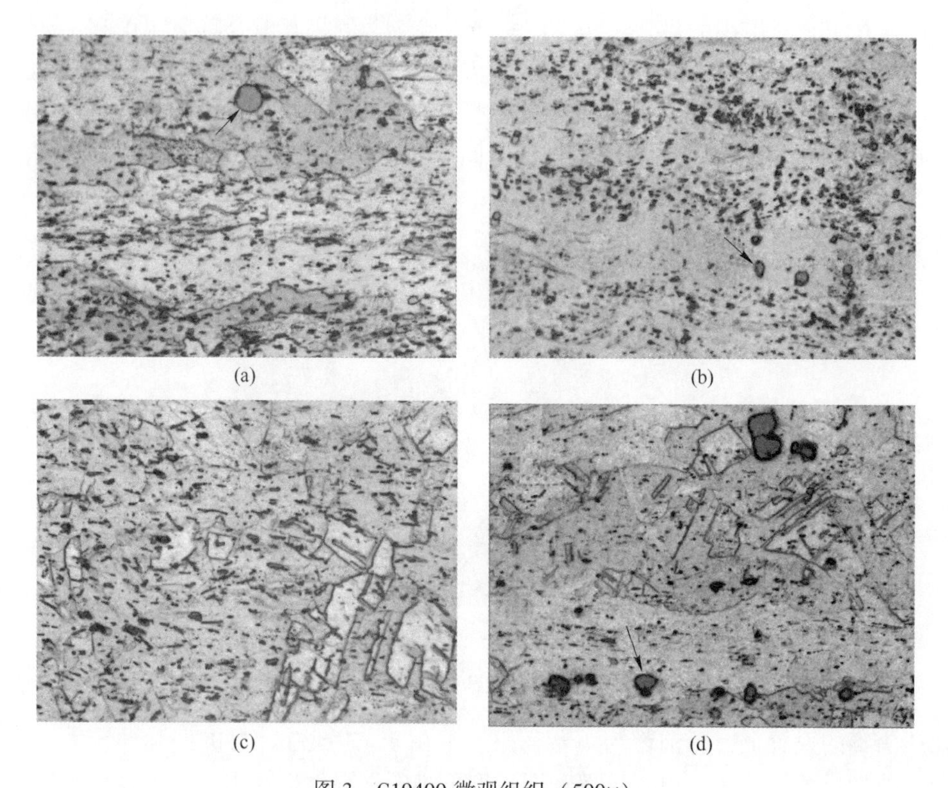

图 3　C19400 微观组织（500×）

Fig. 3　Microstructure of C19400 alloy

（a）~（d）1~4 号带材试样

质点状 Fe 相分布不均匀，局部质点状 Fe 相粒度较大、分布密集。

建议：在 Fe 相控制上，可以进一步采取均匀并优化合金成分、提高再加热温度等方式使 Fe 颗粒能够进一步固溶，其二相粒子能够以更细微、规则、均匀的方式弥散分布，进而充分发挥出其固溶、弥散强化的作用。

4.2　带材控温结果

热轧机组对 C19400 控制轧制的能力主要取决于机组的力能参数，但对带材的控温能力更能体现出机组的装机水平。

相比于紫铜、黄铜等，C19400 合金在开轧温度、终轧温度、固溶开冷及终冷温度的要求上较为严格。以下为生产时的控温数据，较为理想地满足了 C19400 的生产工艺需求。开轧（第 1 道次）温度 912℃，第 2~6 道次温度分别为：907℃、892℃、879℃、857℃、846℃，终轧（第 7 道次）温度：头部 798℃，中部 781℃，尾部 717℃，淬火后带材头部温度为 235℃。

4.3　板形及厚差

最能体现生产工艺与装备水平的是所生产的 C19400 热轧铜板带的板形、厚差及表面质量等。在实际生产中，除了在氧化皮去除、侧弯控制、料卷卷取质量等方面还可以进一步提高完善外，其他参数的控制都非常理想。

对 C19400 热轧铜板带进行轧后测量，带材宽度：头部宽 648mm，中部宽 646mm，尾部宽 647mm，宽度最大偏差 2mm；带材厚差：头部传动侧 15.32mm、操作侧 15.35mm，头部横向厚差 0.03mm；中部传动侧 15.32mm、操作侧 15.34mm，中部横向厚差 0.02mm；尾部传动侧 15.30mm、操作侧 15.295mm，尾部横向厚差 0.005mm；纵向传动侧厚差 0.02mm，纵向操作侧厚差 0.055mm。以上数据都满足了宽度偏差≤3mm、横向及纵向偏差≤0.1mm 的目标值。

在对 C19400 带材进行侧弯的检测和分析上，首先需明确侧弯定义：如图 4 所示，沿着存在侧弯现象的热轧铜板带长度方向作一条直线 ab，直线 ab 沿带材宽度方向作水平移动，当阴影面积 $S=S_1+S_2$ 时停止直线 ab 的移动，此时 L 即为该铜板带的实际侧弯值。

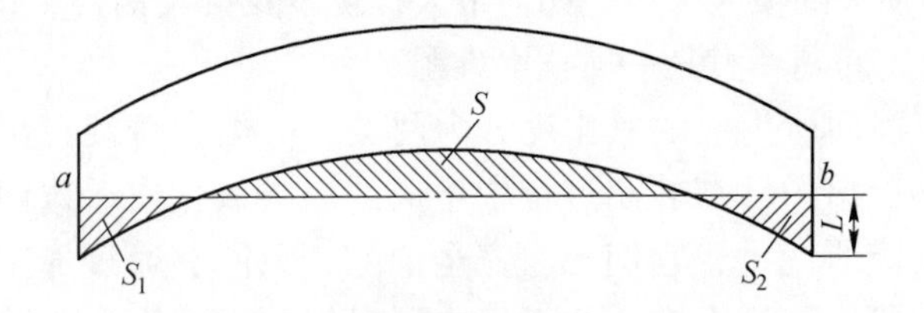

图 4　热轧铜板带侧弯定义示意图

Fig. 4　Side bend definition diagrammatic sketch of hot rolling Cu-strip

在实际测量 C19400 带材侧弯值时，由于现场条件的限制，采用测量带材距运输辊道端头距离的方法来进行。图 5 为 C19400 带材长度与带材边部至辊道端部距离的示意图。

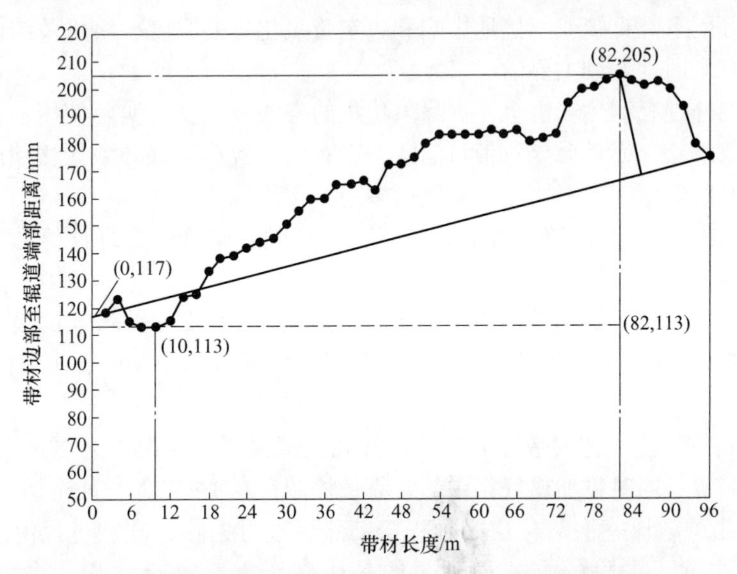

图 5　C19400 带材长度与带材边部至辊道端部距离示意图

Fig. 5　C19400 strip length and distance of strip edge to roll table end diagrammatic sketch

热轧后带材长度为 102m，在长度方向上共测 49 个点，每 2 点间距为 2m，测量全长为 96m。头部距辊道端部为 175mm，尾部距辊道端部为 117mm，带材在辊道上偏移 58mm。带材边部距辊道端部最远点为第 42 测量点，距离为 205mm，第 49 点距辊道端部为

175mm，带材全长最大侧弯为 30mm。所以，生产出的 C19400 铜合金带材在侧弯的控制上也有效地满足了总长范围内不超过 35mm（头尾各 3000mm 不计）的既定目标值。只是，在设备控制及工艺技术上还可以进一步减小侧弯的程度。

5　C19400 热轧的改进

C19400 合金的热轧生产，综合加工工艺与热轧设备来看，还有两个宏观关键点需要进一步完善。其一是带材表面氧化皮的控制与去除，其二是热轧带材侧弯的有效控制。

5.1　氧化皮的去除

目前，在大多数铜加工企业，氧化皮的形成一般都会造成 1%～3%的材料损失，而且通常是工厂中成品率损失的最大来源。如何最大程度减少铜及铜合金铸锭在加热及轧制过程中产生的表面氧化皮问题一直是一项技术难题。

铜及铜合金铸锭表面所生成的氧化皮分为两类，一类为铸锭在加热炉内生成的一次氧化皮，另一类为铸锭出炉后在轧制过程中生成的二次氧化皮。这两类氧化皮都为铜与氧气或水蒸气发生反应所产生，它们无法完全消除，只能够通过加工工艺参数的调整和特殊的设备来降低其厚度，进而在后续工序中通过铣削进行完全去除。铣削前铜板带氧化皮的厚度越小，生产时的能源消耗、人工时消耗、产品成本就越低，带材的表面质量也越好。

目前的研究成果及生产实践可以表明：加热温度、加热及保温时间、加热炉内的气氛、氧化层的结构、铜锭在加热炉内的容量、铜合金化学成分的抗氧化性、轧制道次压下率的分配方式等因素都直接或间接地影响和决定着氧化皮的厚度、组成及结构[4]。在这些因素当中，前三个因素是最主要的。

目前在国内外现有铜热轧机上，去除氧化皮的方法及装置在实际使用过程中或者由于压力小而使用效果差，或者会导致带材温降，或者由于板形不好导致无法使用，或者不能去除轧制前较厚的炉生一次氧化皮等问题而多遗弃不用或被改造。

综合考虑 C19400 带材温降、轧制效率、工艺和设备设置的合理性等方面，在氧化皮的去除方面可以采取以下方法：

（1）添加抗氧化性的微合金元素，如 As、Cr、Te，不仅可以降低铜板带表面的氧化程度，还可以提高金属的力学性能。对合金成分合理搭配的情况下还可以降低生产的成本。

（2）优化铸锭加热工艺参数。如在满足开轧温度需求的情况下，尽量降低加热温度、加热及保温时间等；同时将加热气氛中的含氧量控制在 0.1%以下，甚至低至 0.05%。

（3）对炉生的较厚一次氧化皮必须先松动然后进行去除，轧制过程中破碎的氧化皮可以直接进行去除。去除的方式最理想的是用高压空气进行吹扫，也可以使用钢刷装置。

5.2　侧弯程度的控制

在国内外热轧机组现有装机水平及生产工艺条件下，C19400 热轧铜板带产品普遍存在侧弯现象，同时也伴随有带材在辊道上的跑偏（会进一步加剧侧弯程度），而且随着轧制道次的增加和带材的减薄，侧弯及跑偏现象都会逐渐加剧。

侧弯不仅影响到正常的轧制与下阶段的生产工序，而且增加了带材切边量、能源消耗、生产成本，并降低带材的成品率。C19400 热轧铜板带侧弯现象在目前生产条件下几乎无法避免，而只能通过工艺、控制、设备等方法或手段来尽量降低其侧弯的程度。

由轧制原理可知：压下率增加，将使金属出辊速度增加而进辊速度减小，如果铜板带两边压下量不相等，则压下较大一边出辊速度较大而进辊速度较小，使铜板带出现侧弯，向着压下较小的一边继续偏移，同时咬入端轧件会向压下较小的那边偏移。因而，导致 C19400 铜板带侧弯的原因可以归为以下几类[5,6]：

（1）APC 和 AGC 控制的问题。该问题可以有效解决。

（2）轧机两端的刚度差异及轧辊倾斜导致。该问题也可以解决。

（3）铸锭或铜板带宽度方向上的温度分布不均。温差造成的侧弯可用轧辊倾斜来消除。

（4）轧辊的辊型所导致。可以将上工作辊磨成一定的负凸度。

（5）轧机前后的对中导尺不对中。对中不好对侧弯的影响非常大，如果前后导尺对中偏差方向相反，侧弯更难确定，此时使用轧辊倾斜反而会增加侧弯程度。

现场实际来看，在 C19400 的生产中，轧机不对中导致的侧弯最为普遍。相比于立辊轧机对钢板、铝板带的边部轧制，铜板带轧边辊的压下量较小，精度要求较高。因而，在设备调试及负荷生产时，应严格对机前机后的对中导尺进行标定，使对中导尺与轧制中心线的偏移尽量小，即使存在微小偏移，前后导尺的偏移方向也应该一致，不能相反。同时，在生产时由于对中导尺会存在一定程度的震动，因此，合理使用旋转编码器对导尺进行距离与位置测量比使用直线位移传感器效果更好，能够进一步保证前后导尺的对中性。

6 结束语

本文论述和分析了 C19400 铜合金板带热轧生产的工艺需求、生产实践、产品状况以及热轧机组的装备技术特点。同时，进一步探讨了 C19400 大铸锭的控轧控温工艺规程，并指出了生产过程中的关键技术和提高、改进的方向。

通过对引线框架材料多年的研究，国内已经解决了 C19400 合金成分、性能等方面的关键技术问题。同时，加工设备的引进与开发，也使得 C19400 铜合金的生产工艺日趋成熟。国内引线框架铜合金材料目前已实现了规模化生产，有的企业年产量突破万吨并实现出口，有力地提高了国产高精度铜合金带材的竞争力。但相比国外 C19400 产品，还存在以下主要问题：（1）Fe、P 等成分及生产工艺的不稳定性经常会导致 C19400 带材综合性能不稳定；（2）带材表面质量缺陷较多，尤其是表面起皮、划伤问题比较普遍。

这两个问题使得国产 C19400 产品的成品率一直处于较低水平，而且无法真正进入高端市场。改进并稳定加工工艺、洁净化生产、对析出粒子的形貌与分布进行有效控制、建立合金综合性能的预判定与检测闭环系统等措施，是国内 C19400 合金研发与改进的方向，只有这样，才能使国产 C19400 合金的成品率得到提高，并具备进入高端应用领域的条件。

参 考 文 献

[1] 刘凯，柳瑞清，谢春晓．C194铜合金的强化机制概述［J］．热处理，2007，22（1）：24-28.
[2] 刘平，赵冬梅，田保红．高性能铜合金及其加工技术［M］．北京：冶金工业出版社，2005.
[3] 兰利亚，李耀群，杨海云．铜及铜合金精密带材生产技术［M］．北京：冶金工业出版社，2009.
[4] 余万华，周斌斌，陈龙．去除氧化铁皮的新方法介绍［J］．金属世界，2010（3）：46-51.
[5] 李振兴，胡贤磊，刘相华．中厚板侧弯与楔形的关系分析［J］．轧钢，2010，27（4）：10-12.
[6] 王廷溥．金属塑性加工理论——轧制理论与工艺［M］．北京：冶金工业出版社，1998.

铜板带材常温喷淋清洗剂的研发与应用

郭建华[1]，拓小飞[1]，张福平[2]

（1. 中铝华中铜业有限公司，湖北黄石 435005；
2. 武汉联合必拓科技有限公司，湖北武汉 430205）

摘　要：随着有色金属加工行业绿色改造升级的要求，研发了一种以非离子型表面活性剂为主要成分，辅以非离子型表面活性剂为抑泡剂，复配以分散剂、防锈剂和助洗剂等成分的常温喷淋清洗剂。该产品常温下低泡沫、清洗效果好；适用温度范围广，可满足铜板带材的高压喷淋清洗要求。

关键词：铜板带；常温；喷淋；脱脂

Development and Application of Normal-temperature-used Spray Cleaning Agent for Copper Strip

Guo Jianhua[1], Tuo Xiaofei[1], Zhang Fuping[2]

(1. CHINALCO Central China Copper Co., Ltd., Huangshi 435005;
2. Wuhan United BITUO Technology Co., Ltd., Wuhan 430205)

Abstract: With the requirement of environment friendly upgrading in the non-ferrous metal processing industry, a normal temperature spray cleaning agent was developed, which has a non-ionic surfactant as the main component and the non-ionic surfactant as the anti-foaming agent, it also combined with dispersant, antirust agent and detergent builder. This product has low foam at room temperature and good cleaning effect. It is suitable for a wide range of temperature to meet the requirements of high pressure spray cleaning of copper strip.

Key words: copper strip; normal temperature; spray; degreasing cleaning

1　引言

国务院2015年发布的《中国制造2025》中明确提出：“加快制造业绿色改造升级，全面推进钢铁、有色等传统制造业绿色改造；到2020年规模以上单位工业增加值能耗下降幅度比2015年下降18%。”[1]铜板带材是铜加工材料中应用最广泛的产品，多用于电子、通信、电气、新能源汽车等行业，特别是近年随着国内半导体和新能源汽车蓄电池行业的蓬勃发展，更要求铜板带材光亮、平整、无污染。

铜板带材过程及成品清洗是提高带材表面质量最重要的生产工序之一，据调查了解，目前包括华中铜业在内，大部分铜板带加工企业使用的是中温（50~85℃）清洗剂，工作时需要将清洗介质从室温加热到工艺要求温度并保温，整个清洗过程耗能严重，且清洗过程产生的“高温碱雾”会影响工人身体健康；在此情况下，中铝华中铜业有限公司根据企业自身情况，会同武汉联合必拓科技有限公司，率先在铜板带材行业进行了常温清洗剂的研发与应用。

2　铜板带行业应用常温清洗剂的要求与优势

2.1　铜板带材清洗工艺对清洗剂的要求

（1）污垢类型。铜板带材表面需清洗的污垢类型多为轧制乳液、轧制油、设备泄漏油脂、铜粉和铜氧化物；这要求清洗剂要对铜粉有较好的分散和防再沉积性，对油污有较好的脱除性。

（2）清洗方式。铜板带材限于带材连续生产和卷取方式，清洗工艺多采用高压喷淋清洗和刷洗相结合的方式；高压力对清洗剂泡沫提出了非常高的要求。

（3）清洗时间。从预喷淋到刷洗结束，清洗工序长度一般不超过 5m，根据工艺要求，机列速度最高可达 100m/min，铜板带从接触清洗剂到结束所用时间一般不超过 4s，这要求清洗剂具有极快润湿速度和极佳的脱脂能力。

2.2　铜板带材应用常温清洗剂的优势

据现场测量（室温（25±5)℃），铜板带材在轧制后 8h 内，带材表面温度约在 40~60℃；退火料按工艺冷却完带材表面温度也在这个范围。带材本身的热量可以在一定程度提升清洗剂槽液的温度，能够提高表面活性剂的活性，对清洗效果产生有利影响。

3　清洗剂配方确定

综合以上情况，双方决定开发一款高温无泡、低温低泡、高清洗性、无刺激性气味和可以在常温度下使用的弱碱性清洗剂。

清洗剂对油污和粉尘的去除机理，主要是借助表面活性剂对污物进行润湿、渗透、卷缩和分散等过程来实现[2]，因此对表面活性剂的选型和复配就显得尤为重要。因要求表面活性剂在常温下发挥最好的效果，重点对浊点在这个范围内的表面活性剂进行了筛选和复配[3]，最后确定了以表 1 中原材料为主进行配伍。

表 1　清洗剂主要原材料

主要原料	外　观	主要成分及性能
A	浅黄色黏稠液体	浊点：35~40℃，异构醇醚类，主成分
B	淡黄色液体	浊点：28~32℃，异构醇醚类，主成分
C	无色液体	浊点：22~26℃，不饱和醇醚类，抑泡剂
D	琥珀色液体	增溶剂
E	白色固体粉末	稳定剂

续表1

主要原料	外　观	主要成分及性能
F	黏稠淡黄色液体	螯合剂，醚羧酸类
G	淡黄色液体	阻垢分散剂，聚丙烯酸类
H	半透明黏稠液体	消泡剂，聚醚类

4　试验

考虑到现场实际情况，参考 JB/T 4323.2—1999《水基金属清洗剂试验方法》要求，决定评价清洗剂对铜、铁金属的腐蚀性、清洗性能和泡沫性能。

4.1　腐蚀性试验

将45号钢和C19400、C19200铜试片（规格20mm×30mm×1.6mm）全浸在（30±5)℃的3%清洗剂水溶液中，45号钢浸泡4h，C19400、C19200铜片浸8h，趁热取出试片经蒸馏水漂洗后再用无水乙醇清洗2次，立即热风（80℃±5℃）吹干，与新打磨清洗好的试片对比检查外观，以金属试片表面颜色的变化来评定清洗剂对金属的腐蚀性能（表2）。

表2　腐蚀试验结果

金　属	45号钢片	C19400铜片	C19200铜片
表　观	光亮无变色	光亮无变色	光亮无变色

4.2　清洗性能测试

在室温（(25±2)℃）条件下，配置3%清洗剂稀释液2kg，用摆洗法冲洗50mm×80mm×1.6mm C19400和C19200铜片（铜片正反面各均匀涂刷0.5g出光轧制油），用失重法评测清洗剂清洗能力（表3）。

表3　清洗能力

清洗材质/时间	C19400铜片			C19200铜片		
	1min	2min	3min	1min	2min	3min
除油率/%	90	95	98	90	95	99

4.3　清洗剂的泡沫性能测试

铜板带在清洗过程中，采用的是喷淋与刷洗相结合的工艺，高压的清洗剂稀释液打在高速旋转的刷辊上，极容易产生泡沫，泡沫过多时，可能从清洗机接水盘和回水槽中溢出，会造成设备报警导致无法工作，因此要求清洗剂具有低的起泡倾向和高的消泡速度。

对泡沫的测试采用的是循环冲击法，即在500mL的量筒中装入350mL的3%清洗剂稀释液，在（25±2）℃温度下，对清洗剂稀释液用流量为2L/min的泵（出水口直径5mm，出口距被冲击液面150mm）进行循环，记录时间与泡沫的关系，循环8h后泡沫加上工作液高度之和低于500mL为合格。

泡沫与时间图见图1。图中分别为未加非离子表面活性剂C和加3%非离子表面活性剂C稀释液，加5%非离子表面活性剂C稀释液。

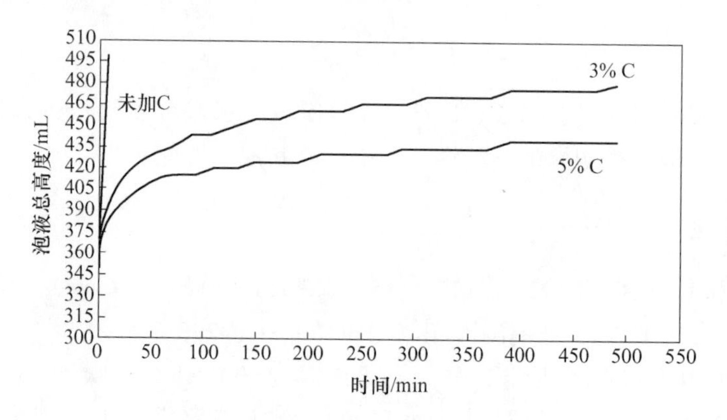

图1　清洗剂泡沫与时间关系

5　确定后的清洗剂性能指标

确定后的清洗剂性能指标见表4。

表4　清洗剂各项指标

外观（目视）	密度/g · cm^{-3}	3%pH值（pH试纸）	总碱值/mgKOH · g^{-1}
清亮透明浅黄液体	1.023	9.0	28

6　常温清洗剂现场应用情况

为进一步确认常温清洗剂的实际使用性能，选择中铝华中铜业有限公司厚带清洗线进行了为期70天的现场应用试验，具体试用情况见表5。

表5　现场试用情况汇总

浓度	清洗液的浓度为2%～3.5%
温度	车间环境温度为常温，实际水温根据环境温度变化
效果	至今共8个月的使用期间，共清洗C19400、C19210、T2、TP2、C10500五种类型铜带合计3000卷，其中成品卷占比1/3，清洗效果佳，无清洗质量异常反馈
能耗	通过连续跟踪一个季度介质更换周期，本工序使用常温清洗剂相比先前使用中温清洗剂，吨铜节约用电4.47kW · h，每月可节约用电22350kW · h，每月节约成本1.5万元
其他	碱雾大幅度减少（图2），泡沫性能优异

图 2 碱雾对比照片

7 结论

由中铝华中铜业有限公司与武汉联合必拓科技有限公司联合研发的常温清洗剂，在常温下除污脱脂能力强、清洗效果优异，能满足铜带材加工清洗工序的工艺要求，节能降耗效果显著。

参考文献

[1] 国务院关于印发《中国制造 2025》的通知，2015-05-19.
[2] 陈旭俊. 工业清洗剂及清洗技术 [M]. 北京：化学工业出版社，2002.
[3] 贺晓慧. 水基金属油污清洗剂的研制 [J]. 精细化工，1998 (6)：11-13.

C52100 铜带冷轧断带及着火因素分析

韩　晨

（中色科技股份有限公司，河南洛阳　471039）

摘　要：本文通过现场观察、分析、试轧并结合轧制工艺理论得出了某锡磷青铜生产企业在生产 C52100 时出现带材表面质量差、带材断裂以及断带着火等问题的原因。合金成分不合格尤其是硬质颗粒 Pb 含量偏高，以及道次压下率偏大是产生以上带材缺陷或生产事故的主要原因。同时，本文也对 C52100 轧制道次压下率偏大的根源即带材冷精轧时表面除油效果和除油方式不理想的现状进行了分析。

关键词：C52100；锡磷青铜带；断带着火；硬脆相；道次压下量；带材除油

Analysis on Reasons for Strip Breakage and Fire Accident of C52100 Alloy in Cold Rolling Process

Han Chen

(China Nonferrous Metals Processing Technology Co., Ltd., Luoyang 471039)

Abstract: Reasons of strip poor surface quality, strip breakage, strip breaking and catching fire of C52100 alloy when produced by a Sn-P bronze strip company were obtained by the way observing and analyzing in site, rolling test and comprehensive analysis of the theory of rolling process in this paper. Main reasons of the defect and accident of strip production are higher percentage composition of the hard particle Pb and higher reduction in pass. Current situation of the not very ideal mode and effect of rolling oil removing which is the ultimate reason of higher reduction in pass for cold finish rolling C52100 strip was also analysed in the article.

Key words: C52100; Sn-P bronze strip; strip breakage and fire accident; hard phase; reduction in pass; rolling oil removing

1　引言

C52100 为一种高锡磷青铜合金，也称为 QSn8-0.3，其 Sn 含量较高，一般在 7%~8% 的范围内，由于组织中易形成 Cu_3P 与 δ 相（$Cu_{31}Sn_8$）共存的三元共晶结构，再加上硬质颗粒元素 P、Ni、Pb 的含量也比较高，导致其热脆性较大，以铸锭热轧开坯的方式进行生产存在一定的困难。因而，目前国内外生产锡磷青铜板带材主要采用水平连铸的方式，并进行长时间的均匀化退火处理，经过冷轧开坯后，再进行中间退火、酸洗、精轧后得到成品[1,2]。

某锡磷青铜生产企业在利用4辊轧机对C52100进行冷精轧过程中，在一段时间内经常出现C52100带材表面质量不好，以及发生带材断裂、断带区域轧制油烟雾着火等现象。带材表面质量和生产工艺、控制轧制都有关，而着火的原因主要是带材断裂后出现火花、温度达到了油雾的闪点；同时和轧制油烟雾浓度也有一定的关系。现场观察分析后，通过试验轧制和工艺数据的对比等方式排除了设备的原因，并定性从合金成分、轧制工艺、除油效果等方面对C52100冷精轧时带材断带着火的原因进行了分析和探讨。

2 C52100合金成分分析

2.1 C52100合金成分

C52100锡磷青铜合金含有一定百分比的Sn、Pb、P、Ni等硬质颗粒或硬脆二相粒子，若这些颗粒、硬脆相的含量控制不好导致百分比偏高，或熔炼铸造参数控制不当导致硬质颗粒和硬脆相分布不均、偏聚，都会导致C52100板带在轧制加工时沿组织内硬质相偏聚处、晶界亚晶界处出现裂纹、开裂和断带。如若轧制过程中轧机辊缝、机后装置等部位的轧制油烟雾较大，C52100断带后形成的火花就很容易点燃浓度较高的轧制油烟雾，从而出现断带着火的事故。所以，对C52100合金成分和生产加工工艺进行严格控制就显得尤为重要。

表1为某锡磷青铜生产企业所生产C52100合金的化学成分及其百分含量。

表1 某企业C52100合金的化学成分及其百分含量 (wt%)

元素	Cu	Sn	Ni	Zn	P	Pb	Cd
含量	92.31	7.36	0.043	0.091	0.164	0.090	0.001

2.2 合金成分对带材开裂影响的分析

C52100在配料时必须对每一炉旧料在熔炼之前先进行成分检测，严格控制所含杂质元素，同一种成分的旧料要分类好，不能与其他成分不同的旧料相混淆。同时，要严格控制硬质颗粒或易形成硬脆相二相粒子化学成分的含量，特别是Pb的含量要控制在0.02%~0.05%的范围以内，甚至是必须在0.02%以下，若Pb的含量太高，非常容易导致轧制开裂断带。

从表1某企业C52100合金所控制的化学元素实际含量可以看出，其Pb含量远远超过了0.02%或0.05%以下的范围，高达0.09%。Pb为游离态的硬质颗粒，不固溶于α相中，多分布在枝晶、晶界和亚晶界上，非常容易导致带材沿晶界开裂和断裂。

在铜合金带材冷精轧过程中导致带材断裂的因素还很多，在部分C52100轧制过程中出现断带时，现场也多次发现是因为来料出现微小裂边或边部质量缺陷较多所导致。所以，从材料化学成分、熔炼铸造工艺、上游工序生产等方面要严格控制，从而从根源上消除可能使带材轧制断裂的微观因素。

3　C52100 轧制工艺分析

3.1　现场试轧工艺规程及轧制结果

如果冷精轧道次压下量和轧制速度过高，也会导致铜合金带材断裂，甚至使带材发热量过大进而导致产品表面质量、组织性能不合格。同时，可逆轧机在左→右、右→左轧制过程中产生的轧制油烟雾浓度若较大，即使在冷轧机排烟效果非常理想的情况下，断带后也非常容易带来轧制油烟雾起火的生产事故。

在对现场情况检查和分析后排除了轧机排烟系统故障和排烟效果差等可能导致轧制过程中烟雾大的原因，同时也为了验证是否如生产人员所反映的 C52100 带材在左→右、右→左轧制过程中轧制油烟雾浓度不一样的问题，在不影响生产的情况下，在现场进行了试验轧制分析。试轧主要是对发热量较大的 C52100 料卷 1（两道次生产）轧制工艺和 C52100 料卷 2（三道次生产）轧制工艺进行适当的调整，以便进行观察和对比。两卷 C52100 的第一道次试轧规程尤其是道次压下率、轧制速度等都接近生产实际工艺，也就是说试轧规程是完全反映出 C52100 生产实际的。表 2 所示为两卷 C52100 轧制工艺参数的对比。

表 2　两卷 C52100 轧制工艺对比

合金名称	第一道次		第二道次		第三道次
C52100	料卷 1	料卷 2	料卷 1	料卷 2	料卷 2
入口厚/mm	0.275	0.7	0.160	0.42	0.31
出口厚/mm	0.160	0.42	0.147	0.31	0.273
压下率/%	41.8	40	8.1	26	12.3
轧制方向	左→右	右→左	右→左	左→右	右→左
轧速/$m \cdot min^{-1}$	140~180	120~150	150~180	120~150	—
开卷张力/t	1.7	2.33	1.1	2.16	—
卷取张力/t	1.4	2.1	1.0	2.0	—
轧制力/t	210~230	210 左右	380~390	250 左右	—

现场轧制试验结果表明，材质相同、道次压下率和轧制速度接近的料卷 1（左→右轧制）和料卷 2（右→左轧制）第一道次的发热量都很大，两个道次所产生的轧制油烟雾从辊缝到卷取机之间浓度也都很大（见图 1），而且无明显差别。现场用接触式测温仪测得两卷 C52100 轧制卷取后的带材边部温度都在 85℃左右，由于带材较薄，从轧辊到卷取机的温降较大，推测刚出轧辊时的带材中部表面温度在 100℃以上。此时，若带材出现断带等可以产生火

图 1　C52100 一道次压下率 40%时机后出现大量轧制油烟雾

花的问题，必然会导致轧制油烟雾着火。

同时，试轧工艺及结果也表明了在轧制道次加工率接近的情况下，左→右轧制和右→左轧制 C52100 带材的发热量、轧制油烟雾程度以及冷轧机的排烟效果基本是一样的。

3.2 轧制工艺对 C52100 断带着火影响分析

该 4 辊冷精轧机在生产 C52100 等锡磷青铜带的同时，也轧制 C26800 等黄铜带材产品，轧制黄铜带时也出现过断带的情况（主要是来料存在小裂边所致），但是从来没有发生过轧制油烟雾着火的现象。对于这个问题，必然需要从轧制产品材质的不同来进行分析。

影响带材发热量的因素主要是材料的硬度和带材轧制时的应变速率，而应变速率又由道次压下率和轧制速度等工艺参数决定，轧制时带材应变速率的表达式见式（1）。由式（1）可以看出，道次压下率和轧制速度数值越大，应变速率 $\dot{\varepsilon}$ 值也就越大，从而使铜合金带材产生较大的发热量。

$$\dot{\varepsilon} = \frac{\mathrm{d}v}{\mathrm{d}t} = \frac{2v\sqrt{\dfrac{\Delta h}{R}}}{H + h} \tag{1}$$

式中，$\dot{\varepsilon}$ 为带材的应变速率；v 为工作辊的线速度；H 为带材入口厚度；h 为带材出口厚度；Δh 为带材入口出口厚度差；R 为工作辊半径。

在道次压下量和轧制速度一定的情况下，由于 C52100 的硬度大大高于 C26800，轧制时 C52100 带材发热量大，出现较多的轧制油烟雾也是必然，当发生断带时就很容易出现着火的生产事故，这也解释了轧制 C26800 时也出现断带，但却没有发生过轧制油烟雾着火的问题。现场生产技术人员也反映，有时轧制 C52100 锡磷青铜时由于带材发热量过大，带材表面变色发黑，此时如果断带极易起火，生产人员看到这种现象就把轧制速度降下来。

退火态锡磷青铜如果只轧制一个道次，可以将该单道次压下率控制在 35%以下，如果是多道次轧制退火态锡磷青铜，第一道次压下率应该控制在 30%以下，以后道次根据轧制力的大小适当调整（25%以下）或进行退火。但实际情况是，该锡磷青铜生产企业为了减少道次轧制、提高生产效率而采取加大道次压下率的方式来进行生产，部分 C52100 料卷第一道次压下率高达 42%，这必然会导致带材表面质量差、带材发热量大、轧制油烟雾大、轧制过程中易断带以及引起着火等生产事故。所以在 C52100 等锡磷青铜带材生产过程中，高于 35%的第一道次压下率应该尽量少用或不用，或者不仅第一道次发热量大，而且随后道次的累积热量更大。大压下率只能用在个别料卷上，而不应该作为批量生产的工艺规程，否则生产隐患必然增多。

当然，生产企业采用加大道次压下率方式来提高生产效率是有原因的，其主要原因是由于带材表面除油效果不尽理想而不能够提高轧制速度，因为轧制速度越高除油效果越差，带材就容易出现打滑、跑偏、卷不齐甚至产品不合格等现象。但是，铜及铜合金带材冷精轧时除油的方式、除油装置的设置以及实际除油效果一直是世界性的难题，牵涉到的因素很多，影响的因素也很多。

4　C52100 冷精轧带材除油问题

在 C52100 锡磷青铜断带着火现象的背后，是很容易发现各种因素和工艺参数是相互影响相互制约的：为提高生产效率→需要提高轧制速度和道次压下率→带材的应变速率大→带材的发热量及轧制油烟雾大→带材表面质量差并容易断带着火→需要加大轧制油喷射量对带材降温→带材表面轧制油残留多→带材打滑跑偏→需要降低轧制速度或道次压下率→会降低生产效率。所以，这就牵涉到一个生产平衡点的问题，即在现有生产技术与设备条件下如何加工出质量最优、产量最高的铜及铜合金带材产品。

在这里只简单地分析一下带材除油的问题，该问题一直是国内外科研机构、生产企业面临的一个技术难题，并持续在进行研究、实践和改进创新。目前国内外铜带材冷精轧多采用对辊除油装置、真空抽吸装置、双尼龙条刮油装置、聚氨酯挤干辊除油装置、3M 辊除油装置（特指 3M 公司产品）以及小辊除油装置中的一种或几种相配合使用来进行除油。这些方式及相应的除油装置都在逐步提高带材除油的实际效果。

目前来看，除了 3M 公司生产的 3M 辊（辊子的材质非常重要）除油效果较为理想外，国外如日本企业及国内几家企业研制的小辊（钢制）装置除油效果也不错，这主要是利用了小辊和带材的实际板型贴合较好的原理来进行除油的，同时为提高小辊刚度不足的缺陷，多利用若干轴承来对其进行背衬。

如果能有效地对 C52100 带材表面残留轧制油进行在线去除，冷精轧时的轧制速度就可以提高，至少稳定在 300~450m/min 的范围内，甚至达到接近 600m/min 的速度，料卷的生产时间就可大大减少。同时，企业也不会依靠不符合材料加工工艺原则的轧制规程来进行生产，以减少轧制道次、提高生产效率。所以，除油效果理想、减少道次压下率、提高轧制速度的情况下，带材发热量就小，轧制时产生的油烟也少，C52100 带材出现表面质量不好、断带以及断带着火的概率就可以降到最低。

5　结束语

本文就某企业生产 C52100 锡磷青铜过程中出现的带材表面质量差、带材发热量大尤其是经常发生断带、断带着火等生产事故的原因进行了分析和探讨，通过现场观察、分析、试轧并结合材料加工工艺理论得出了 C52100 合金成分不合格尤其是硬质颗粒 Pb 含量偏高、道次压下率偏大是产生以上带材缺陷或生产事故的主要原因。同时，本文也对 C52100 轧制道次压下率偏大的根源即带材冷精轧时其表面除油效果和除油方式不十分理想的现状进行了分析。以上分析和结论对锡磷青铜生产企业的实际生产工艺控制和包括研制开发带材除油装置的设备设计机构具有一定的意义。

参 考 文 献

[1] Shou Peng，Modern G. Process and Technology for Producing Phosphor Bronze Strip［J］. Shanghai Nonferrous Metals，2006，27（3）：6-12.

[2] 钟卫佳，等．铜加工技术实用手册［M］．北京：冶金工业出版社，2007.

热浸镀锡铜带表层Cu-Sn金属间化合物生长的工艺研究

刘爱奎，鲁长建，孟凡俭，沈朝辉

（凯美龙精密铜板带（河南）有限公司，河南新乡 453000）

摘　要：通过热处理方法，将热浸镀锡铜带的表层自由锡转化为金属间化合物。采用宏观分析、SEM、BES和EBSD的方法对热处理前后的镀层表面和横截面进行分析。结果表明热浸镀锡铜带经过加热温度为210℃和保温时间为32h的热处理后，表面自由锡层可全部转化为Cu_6Sn_5金属间化合物。

关键词：热浸镀锡铜带；热处理；自由锡；Cu-Sn金属间化合物；Cu_6Sn_5

Research on Growth of Cu-Sn Intermetallic Compounds of Hot Dip Tinning Copper Strip Surface

Liu Aikui，Lu Changjian，Meng Fanjian，Shen Chaohui

（KMD Precise Copper Strip（Henan）Co.，Ltd.，Xinxiang 453000）

Abstract：Free tin of hot dip tinning copper strip surface layer is transferred to Cu-Sn intermetallic compounds by heating treatment. The surface and cross section of coating between before and after heating treatment has been analyzed by macroscopic analysis，SEM，BES and EBSD. The results show that free tin of hot dip tinning copper strip surface layer has been complete transferred to Cu_6Sn_5 by heating treatment（Heating temperature：210℃，holding time：32 hours）.

Key words：hot dip tin copper strip；heating treatment；free tin；Cu - Sn intermetallic compounds；Cu_6Sn_5

1 引言

对金属材料进行保护是现代材料学的一大课题，通常采用表面涂层的方式对金属材料进行保护。对于铜及铜合金来说，表面镀锡是较为常用的保护措施。表面镀锡可以显著提升铜及铜合金的耐腐蚀性、抗氧化性及改善摩擦性能等。目前，铜材表面镀锡主要分为电镀锡和热浸镀锡，其中热浸镀锡具有加工范围广、生产效率高、无污染等优势。另外，热浸镀锡过程中可以有效去除内应力，防止锡须产生，镀层具有更强的附着性、不易脱落等性能优势，是未来铜材镀锡的发展方向。

但如表 1 所示，纯锡的硬度只有 HB14.8，这样锡镀层会非常软，镀锡产品在使用过程中锡层易磨损，进而致使其寿命大大减少。而 Cu-Sn 金属间化学物 Cu_6Sn_5 和 Cu_3Sn 的硬度分别为 HB358 和 HB325，因此如何提升镀锡产品镀层硬度，以增强镀层的耐磨性受到了广泛的关注。

本文介绍了通过热处理将热浸镀锡表面镀层的自由锡全部转化为 Cu_6Sn_5（俗称热锡）的方法，使镀层表面硬度可达 HB358，大大提高了镀层的耐磨性及其产品的的使用寿命。而热锡铜带因其具有良好的机械性能、耐腐蚀性、导电性，广泛应用于汽车、机器制造、电气接插件等行业。

表 1　Cu、Sn 与 Cu_6Sn_5、Cu_3Sn 性能对比[1]

材　料	铜	锡	Cu_6Sn_5	Cu_3Sn
屈服强度 /MPa	68.9	24.8		
抗拉强度 /MPa	220	34.5~48.3		
杨氏模量 /GPa	129.8	52.73	114.7	131.9
泊松比	0.339	0.36	0.309	0.299
硬度 HB	37	14.8	358	325

2　热浸镀锡铜带热处理工艺分析和研究

如图 1 所示，通过热处理方法将热浸镀锡铜带镀层表面自由锡转化为 Cu_6Sn_5 的过程：

（1）经热浸镀锡后的铜带镀层形成表面自由锡层，而表面自由锡层与铜基体间形成了由 Cu_3Sn 和 Cu_6Sn_5 金属间化合物组成的 IMC；

（2）将热浸镀锡带放入炉中进行热处理，在整个热处理过程中铜基体中的铜向表面自由锡层扩散，而表面自由锡层中的 Sn 向 Cu 基体扩散；

（3）由于 Cu_6Sn_5 和 Cu_3Sn 的 Cu 与 Sn 间的原子比不同，因此需通过控制热处理的加热温度和保温时间，来控制 Cu 和 Sn 在热处理过程中的扩散和溶解程度，以使热浸镀锡铜带的镀层表面全部转化为 Cu_6Sn_5，而表面 Cu_6Sn_5 层与铜基体间形成 Cu_3Sn。

（4）根据 Cu_6Sn_5 金属间化合物组成可知，其铜元素含量与锡元素含量理论上原子个数比为 6 : 5，即当热浸镀锡镀层的表面自由锡层完全转化为 Cu_6Sn_5 时 Cu : Sn 为 1.2。

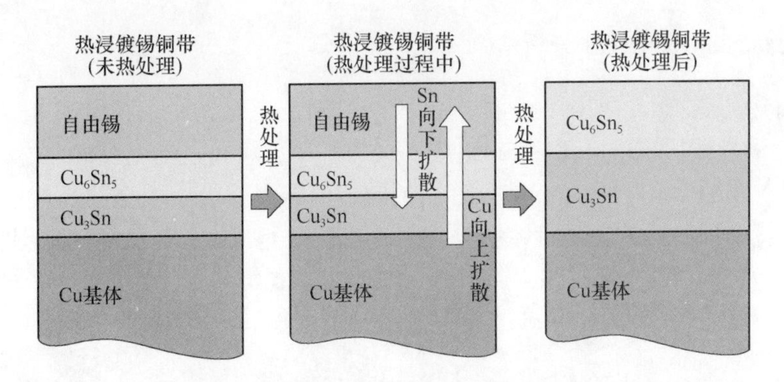

图 1 镀层自由锡转化为 Cu_6Sn_5 的过程

2.1 样品制备

本文使用厚度为 0.32mm、状态为 R480 的 C19400 铜带，经热浸镀锡后，在钟罩炉进行热处理。热处理参数为：加热温度为 210℃，保温时间为 32h。

2.2 检测方法

采用上海长方 XTL-240 体视光学显微镜对热处理前后的镀锡带进行表面宏观分析，采用 BRUKER XFlash 6130 场发射扫描电镜对热处理前后的镀锡带进行 SEM、BES 和 EBSD 分析。

3 检测结果与分析

3.1 宏观分析

如图 2 所示，热处理前的镀锡铜带表面光亮、无锡花，而热处理后的镀锡铜带表面形成了一个个的锡花，说明了镀锡带表层自由锡通过热处理后已转化为 Cu-Sn 金属间化合物。

(a)

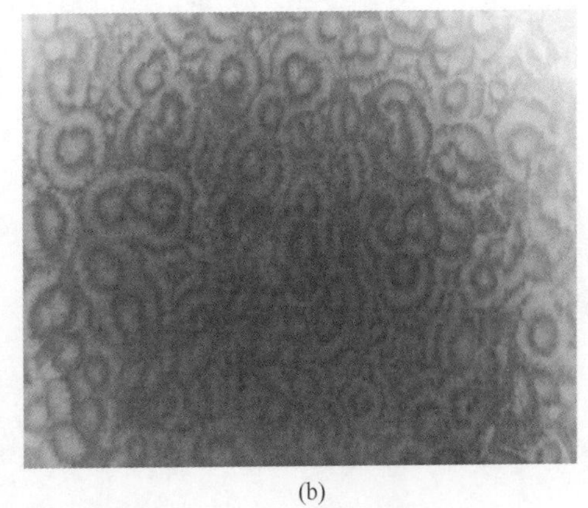
(b)

图 2 镀层表面宏观分析（10×）
（a）热处理前；（b）热处理后

3.2　镀层表面 SEM 与 BES 分析

如图 3(a) 和图 4(a) 所示，热处理前的镀锡铜带表面光滑。并由图 5(a) 可知，热处理前的镀锡铜带镀层表面几乎由 Sn 组成。

如图 3(b) 和图 4(b) 所示，热处理后的镀锡铜带表面由一个个的晶粒组成，并由图 5(b) 可知，热处理后的镀锡铜带镀层表面由 Cu 和 Sn 组成，且 Cu/Sn 原子比为 1.25，几乎等于 Cu_6Sn_5 的理论 Cu：Sn 比。

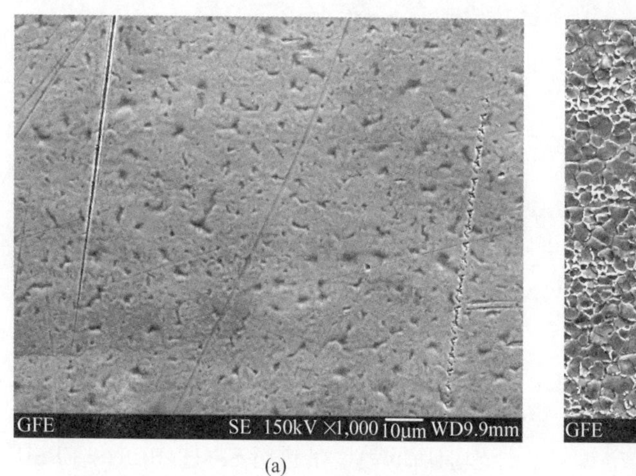

(a)

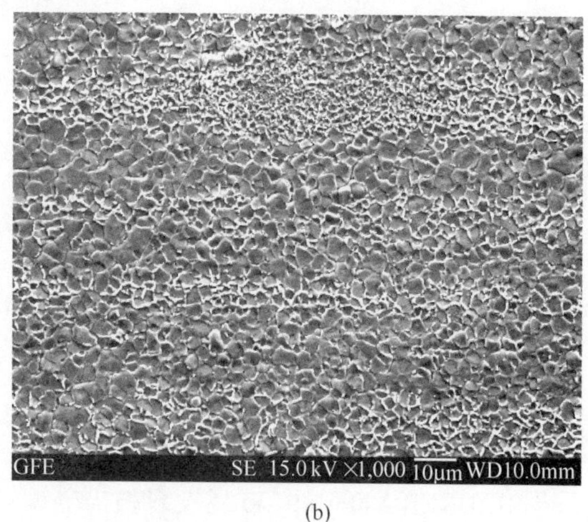

(b)

图 3　镀层表面 SEM 分析（1000×）

（a）热处理前；（b）热处理后

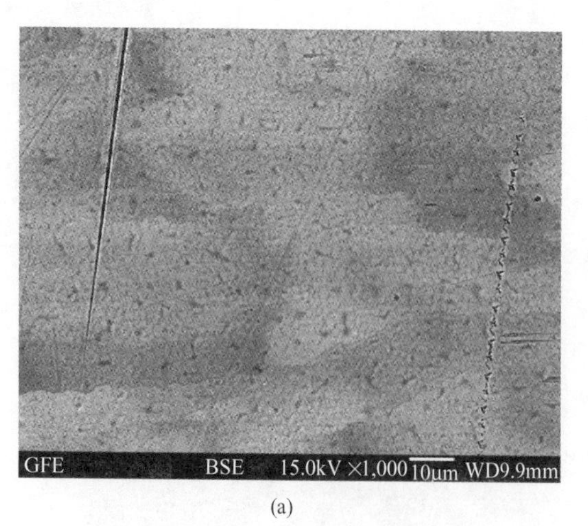

(a)

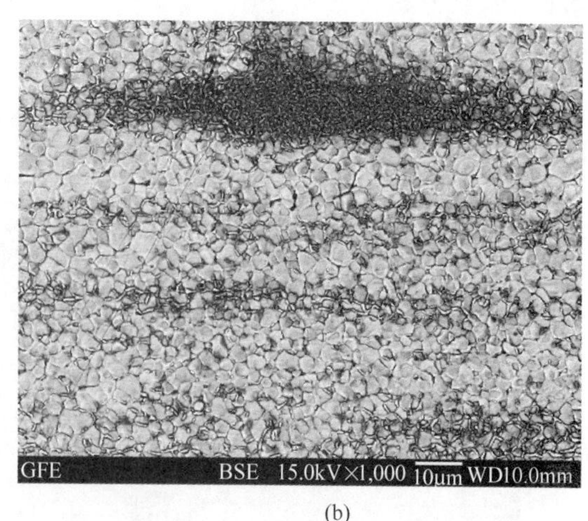

(b)

图 4　镀层表面 BEM 分析（1000×）

（a）热处理前；（b）热处理后

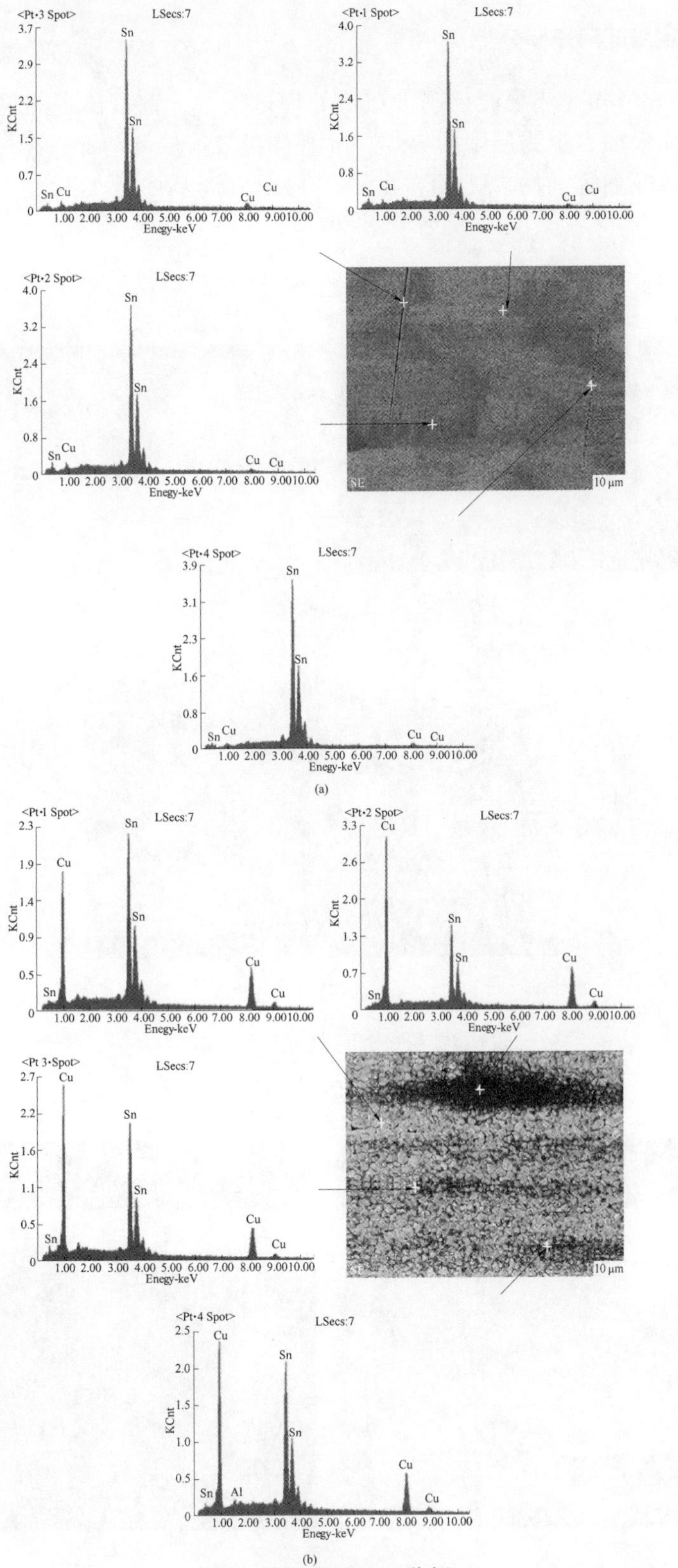

图 5 镀层表面 EDS 分析

（a）热处理前；（b）热处理后

3.3　横截面SEM与BES分析

由图6~图8可知，热浸镀锡铜带在热处理过程中，铜基体中的铜向表面自由锡层扩散和溶解，而表面自由锡层中的Sn向Cu基体扩散镀层和溶解。经过热处理后，热浸镀锡铜带镀层由热处理前的“表面自由锡层+IMC+铜基体”变为“Cu_6Sn_5+Cu_3Sn+铜基体”

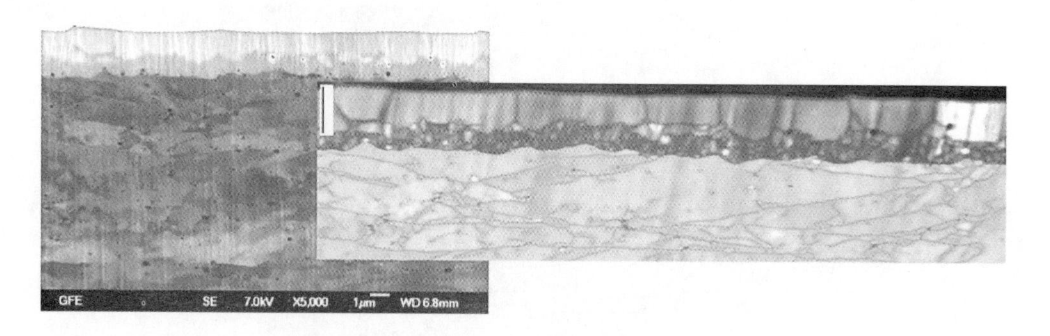

(a)

(b)

图6　镀层横截面SEM分析（5000×）

（a）热处理前；（b）热处理后

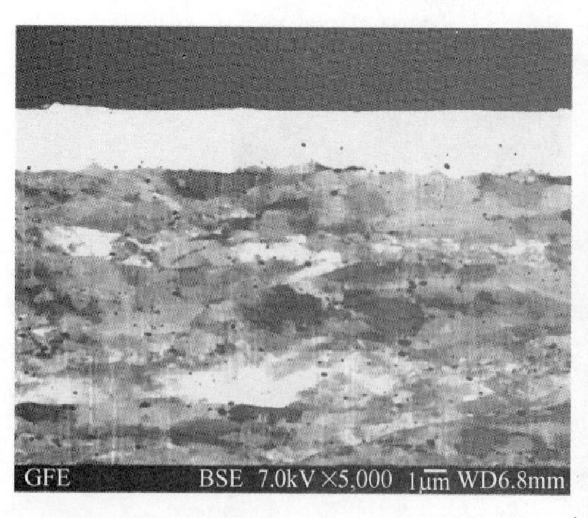

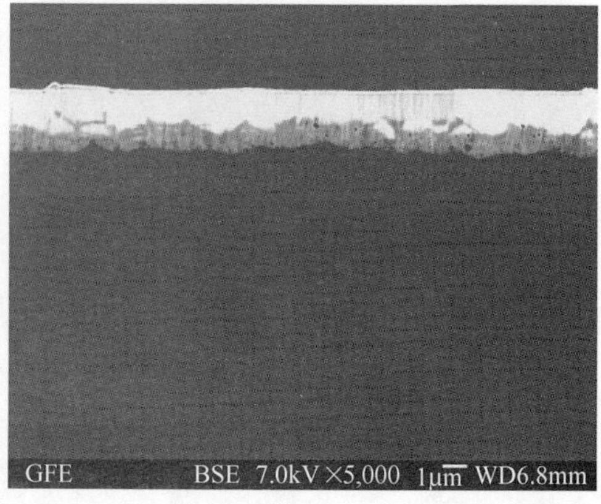

(a)

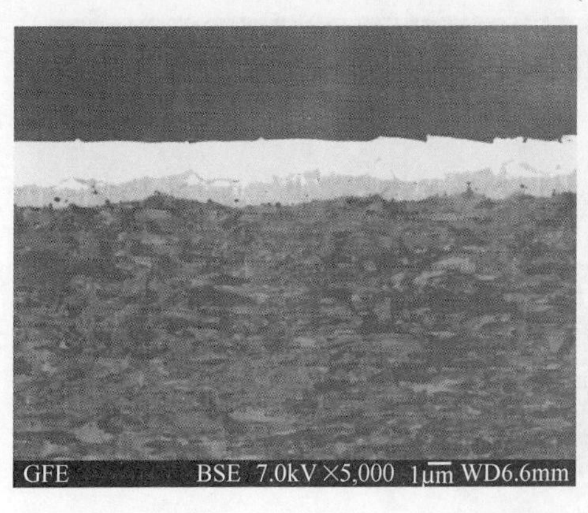

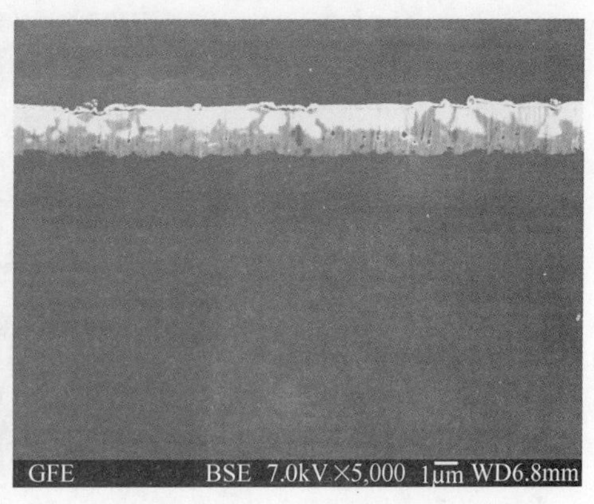

(b)

图 7 镀层横截面 BES 分析（5000×）

（a）热处理前；（b）热处理后

4 结论

（1）热浸镀锡铜带在热处理过程中铜基体中的铜向表面自由锡层扩散和溶解，而表面自由锡层中的 Sn 向 Cu 基体扩散和溶解。

（2）热浸镀锡铜带经过加热温度为 210℃和保温时间为 32h 的热处理后，表面自由锡层可全部转化为了 Cu_6Sn_5 金属间化合物。

（3）热浸镀锡铜带经过热处理后，镀层由热处理前的光亮表面形成一个个锡花、较暗的镀层表面。因此，镀层表面是否形成锡花可以作为判定热浸铜带经过热处理后，表面自由锡层是否转化为 Cu_6Sn_5 金属间化合物的一个标准。

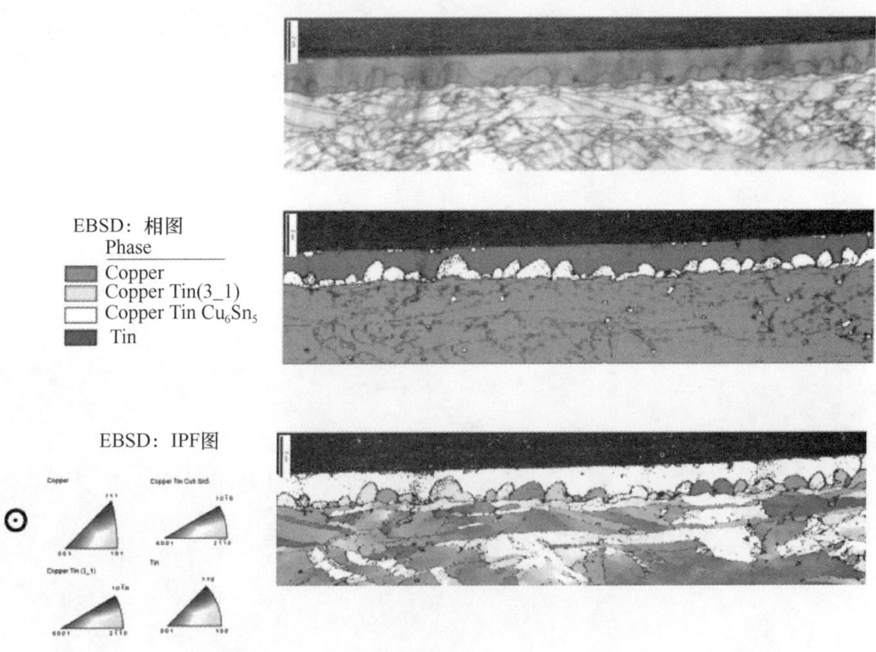

(a)

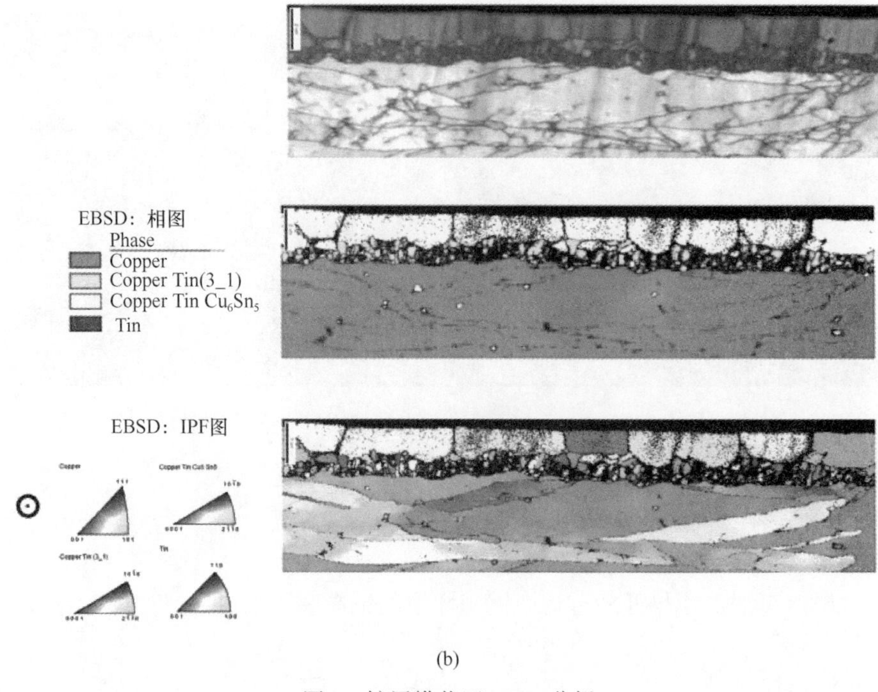

(b)

图 8　镀层横截面 EBSD 分析

（a）热处理前；（b）热处理后

参 考 文 献

［1］ Chen Zhiwen. Micro－mechanical Characteristics and Dimensional Change of Cu－Sn Interconnects Due to Growth of Interfacial Intermetallic Compounds ［D］. Loughborough：Loughborough University，2014：7.

工艺技术：压延铜箔

高精度压延铜箔黑化络合废水处理的工艺探究

陈　宾，孙继伟，张春阳

（中色奥博特铜铝业有限公司，山东临清　252600）

摘　要：铜箔的表面黑化处理是提高铜箔和基材之间的黏结强度，防止铜箔表面铜粉脱落的关键技术，黑化处理铜箔的生产伴随着高浓度含铜离子、含镍离子及含氨废水的产生，本文通过pH值的调节和硫酸亚铁的还原破络实验，分析了络合废水的处理效果，探究了压延铜箔黑化络合废水处理的可行性工艺。

关键词：压延铜箔；黑化处理；络合废水；污水处理

Study on the Process of High-Precision Calendared Copper Foil Blackening Complex Wastewater Treatment

Chen Bin, Sun Jiwei, Zhang Chunyang

(CNMC Albetter Albronze Co., Ltd., Linqing 252600)

Abstract: The surface black type treatment of copper foil is the key technology to improve the bond strength between copper foil and base material, also prevent copper powder shedding. High concentration of wastewater containing copper ion, nickel ion and ammonia will be produced with the production of treated copper foil. This paper, analyzed the treatment effect of complexed wastewater, and investigated the feasibility of the treatment of the black complexed wastewater of rolled copper foil through the regulation of pH value and the reduction of ferrous sulfate.

Key words: rolled copper foil; black type treatment; complexed wastewater; wastewater treatment

1　工艺研究背景

高精度压延铜箔具有优异的导热性能、机械特性和电气特性，是电子信息产业发展的核心基础材料，也是新能源与新能源汽车生产的关键材料，在挠性印刷电路板（FPC）、新能源电池、挠性母线、电波屏蔽板、高频汇流排、热能收集器、包装及工程装饰等领域的应用日益广泛。铜箔的表面黑化处理是提高铜箔和基材之间的黏结强度，防止铜箔表面铜粉脱落的关键技术，随着市场对黑化处理铜箔的需求量越来越大，近几年国内压延铜箔厂家加大了对高端压延铜箔黑化处理箔产业化技术的研究，同时黑化处理铜箔的产量也日益增加。但是，黑化处理铜箔的生产伴随着高浓度含铜离子、含镍离子及含氨废水的产生[1,2]，随着国家对环境要求的把控越来越严格，在生产黑化处理铜箔的同时，还必须开发黑化生产时与之配套、行之有效的污水处理方案。

2 工艺废水产生的原因

目前国内黑化箔的生产通常是在电镀溶液中加入硫酸铵，使其在与铜离子、镍离子共同电镀的过程形成黑色的电镀层。在促进黑色化方面，氨盐是必不可少的添加剂，能细化铜离子、镍离子的电镀颗粒，从而得到镍铜黑色色泽。氨盐的加入可直接导致废水处理铜、镍、氨氮等污染物浓度大幅提高。

络合废水与常规含铜废水混合处理会增加废水处理的难度，络合废水与常规废水分离处理后，废水中的铜离子浓度可直接由100ppm下降至10ppm左右，大大降低高浓度含氨废水处理难度，同时也避免了高浓含氨废水造成的铜沉淀“返溶”现象。

3 工艺实验

3.1 实验依据

工艺废水中氨根离子的存在严重影响污水中铜离子与镍离子的处理，其原因在于氨根离子能与铜离子、镍离子形成稳定的四氨合铜和四氨合镍络合物[3,4]，络合物的溶度积常数K_{sp}远高于氢氧化铜的溶度积常数，使用常规的化学沉淀法无法实现废水处理达标排放，本实验主要依据硫酸亚铁的破络效果，配合工艺废水的pH调节，使废水中重金属的浓度降低至达标水平之内。工艺废水处理的化学反应式如下：

$$CuSO_4 + 4NH_3 \cdot H_2O = [Cu(NH_3)_4]SO_4 + 4H_2O$$

$$NiSO_4 + 4NH_3 \cdot H_2O = [Ni(NH_3)_4]SO_4 + 4H_2O$$

3.2 工艺废水水质及排放标准

依据国家强制标准GB 21900—2008《电镀污染物排放标准》[5]的规定，对新建企业工业废水中的总铜及铜镍的排放标准如表1所示，即总铜与总镍含量最高均不能超过0.5mg/L。

表1 废水排放标准

pH值	总铜/$mg \cdot L^{-1}$	总镍/$mg \cdot L^{-1}$
6~9	≤0.5	≤0.5

目前公司工业废水中总铜与总镍的含量见表2，铜箔黑化处理的废水中总铜与总镍的含量严重超标，需进行工业污水处理。

表 2　工艺废水水质

pH 值	总铜/mg · L^{-1}	总镍/mg · L^{-1}
6.5	97	150

3.3　工艺废水处理流程

铜箔黑化废水中含有大量的氨铜、氨镍络合物，废水处理一般在碱性条件下，使用硫酸亚铁作为破络剂，其机理在于绿矾溶解后所生成的 Fe^{2+} 具有将氨铜、氨镍中的二价铜离子、二价镍离子还原成一价铜离子、一价镍离子，一价铜离子和镍离子容易与水中氢氧根离子反应生成氢氧化亚铜和氢氧化亚镍沉淀。

铜箔黑化废水处理工艺（图 1）：首先加入氢氧化钠调整 pH 值，在 pH 值达到一定值时加入硫酸亚铁，进行充分搅拌，目的使亚铁离子与铜离子、镍离子充分反应，然后加混凝剂（PAC）、絮凝剂（PAM）再次沉淀，最后废水经盐酸调整 pH 值，检测废水中的铜离子与镍离子标排放。

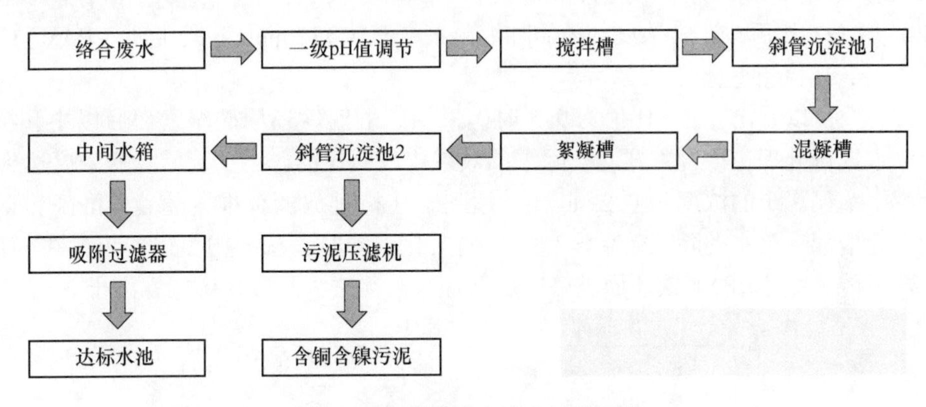

图 1　铜箔黑化络合废水处理工艺

3.4　实验方案

3.4.1　常规处理

取表 2 废水 9L，使用实验烧杯分成 9 份，分别添加 NaOH 调节废水 pH 值至 9.5、10、10.5、11、11.5、12、12.5、13、13.5，按常规化学沉淀法进行废水处理，添加混凝剂（PAC）120ppm、絮凝剂（PAM）12ppm，使用 ICP 检测其中重金属浓度，重金属浓度测量数据如图 2 所示。

从图 2 中可以看出，调节 pH 值能够有效降低废水中的铜离子和镍离子浓度。当 pH 值达到 13 的时候，铜离子浓度为 0.45mg/L，镍离子浓度为 1.45mg/L；当 pH 值达到 13.5 的时候，铜离子浓度为 0.05mg/L，镍离子浓度为 0.95mg/L。采用常规的化学沉淀法处理废水，需要将 pH 值控制到至少 13 以上，并且镍离子的浓度尚无法达到环保的排放标准，众所周知，废水 pH 值每调高 1，需要投入碱的质量提高 10 倍左右，因此说，简单通过调节 pH 值处理废水不能称之为经济合理的方式。

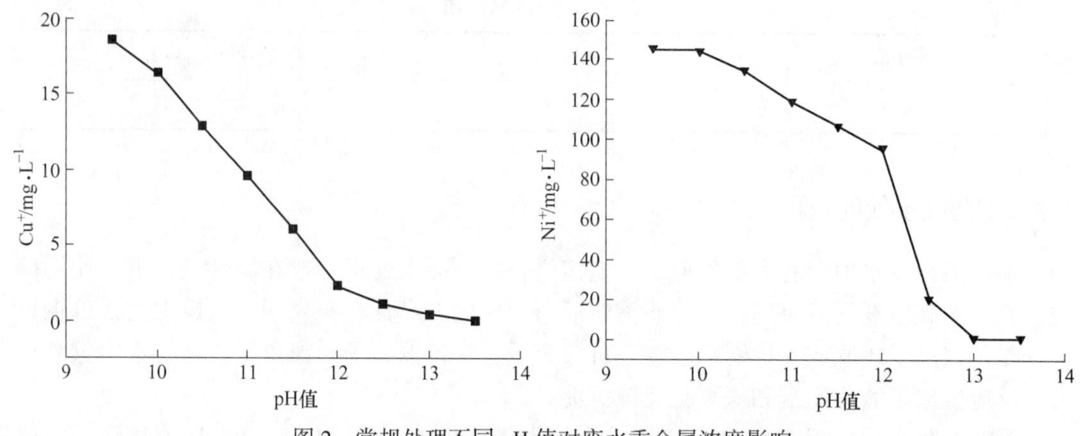

图 2　常规处理不同 pH 值对废水重金属浓度影响

3.4.2　硫酸亚铁破络处理

实验一：取表 2 废水 15L，添加 NaOH 调节废水 pH 值至 9.5，将调节好的废水分成相等的 15 份，分别加添加硫酸亚铁 1g、2g、3g、4g、5g、6g、7g、8g、9g、10g、11g、12g、13g、14g、15g，然后按正常浓度加入添加混凝剂（PAC）120ppm、絮凝剂（PAM）12ppm，过滤后使用 ICP 检测重金属浓度。

从图 3 中可以看出，当 pH 值为 9.5 时，采用硫酸亚铁还原破络，而后以中和沉淀的方式对废水进行处理，该种方式对于除铜的效果比较明显的，当加硫酸亚铁浓度达到 5g/L 以后，废水中铜离子的浓度为 0.29mg/L，达到了达标排放的标准，随着硫酸亚铁破络剂浓度的不断增加，废水的除铜效果没有明显的变化。同时，从图中可以看出，在 pH 值为 9.5 的条件下，采用硫酸亚铁还原破络废水处理工艺无法去除废水中的镍离子。

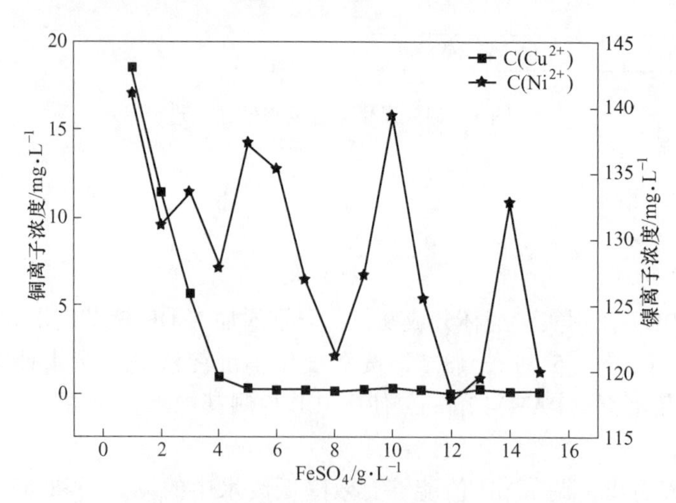

图 3　硫酸亚铁浓度对废水中铜离子及镍离子的影响

实验二：取表 2 废水 9L，使用实验烧杯分成 9 份，分别添加 NaOH 调节废水 pH 值至 9、9.5、10、10.5、11、11.5、12、12.5、13，之后按照 5g/L 的浓度加入硫酸亚铁对废水进行处理，按正常浓度加入添加 PAC、PAM，过滤后使用 ICP 检测废水中重金属离子浓度，测量数据曲线如图 4 所示。

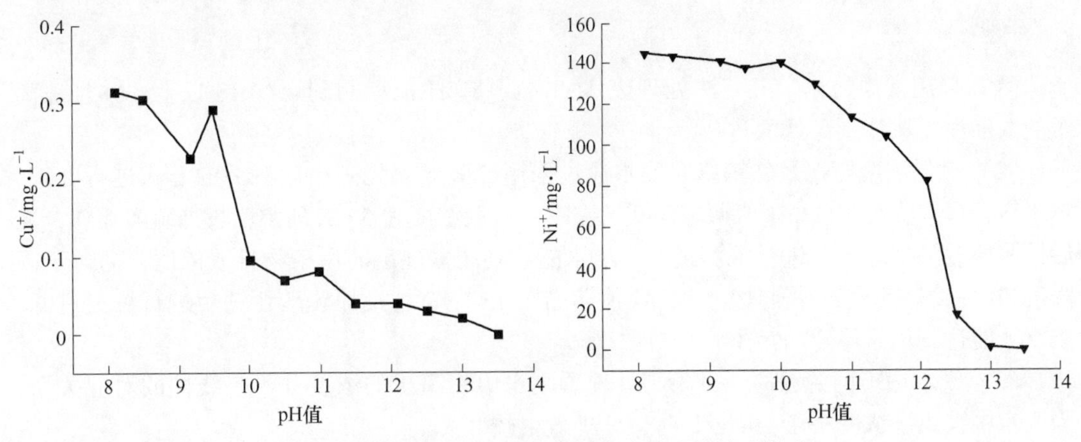

图 4 络合处理废水时 pH 值对废水重金属浓度影响

从图 4 中可以看出，添加硫酸亚铁破络处理后再调节 pH 值，效果明显要优于常规方法处理，仅使用硫酸亚铁处理废水，铜离子浓度就已经达到排放标准，随着 pH 值的增加，铜离子浓度亦明显降低；对于镍离子，使用硫酸亚铁处理废水后，再次调节 pH 值，镍离子浓度明显减少，当 pH 值达到 13 时，镍离子浓度为 0.45mg/L，能够达到废水排放标准。

实验三：取表 2 废水 15L，使用实验烧杯分成 15 份，依次调节实验废水中的镍离子含量为 10mg/L、15mg/L、20mg/L、30mg/L、40mg/L、50mg/L、60mg/L、70mg/L、80mg/L、90mg/L、100mg/L、110mg/L、120mg/L、130mg/L、140mg/L，添加 NaOH 调节废水 pH 值至 9.5，之后按照 5g/L 的标准加入 $FeSO_4$ 进行破络处理，按正常浓度加入添加 PAC、PAM，过滤后使用 ICP 检测重金属浓度，测量数据曲线如图 5 所示。

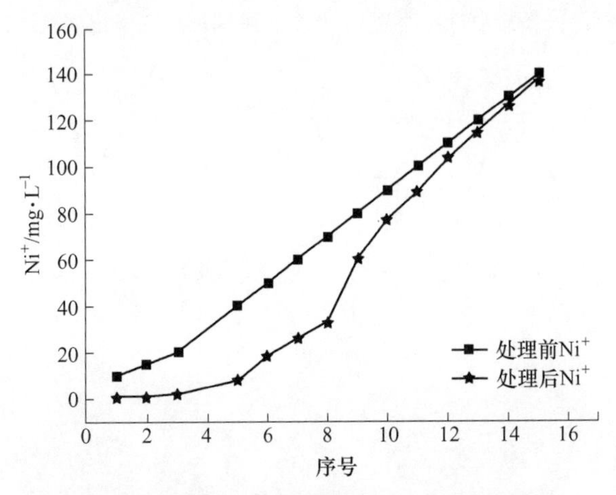

图 5 废水中镍离子浓度对处理结果的影响

从图 5 中可以看出，添加硫酸亚铁破络处理后再调节 pH 值至 9.5 后，原废水中不同的镍离子含量与处理后废水中镍离子的浓度并不是线性的对应关系，当原废水中镍离子浓度小于 70mg/L 时，使用该处理工艺效果比较好；当原废水中镍离子浓度大于 70mg/L 时，随着镍离子浓度的增加，处理效果明显下降。

4 结论

（1）采用常规的化学沉淀法处理废水，需要将 pH 值控制到至少 13 以上，并且镍离子的浓度尚无法达到环保的排放标准。

（2）对低浓度氨铜及氨镍络合废水通过采用硫酸亚铁先破络后沉淀的方式进行处理，对于络合铜，将废水的 pH 值调整至 9.5 左右，按照浓度为 5g/L 的浓度投加硫酸亚铁，之后按照原有的处理工艺进行沉淀过滤，出水能达到国家规定的污染物排放浓度；而对于高浓度的氨镍络合废水，需将废水的 pH 值调高至 13 左右，投加硫酸亚铁后进行沉淀过滤，出水才能达到国家规定的污染物排放浓度。

（3）废水中不同的镍离子含量与处理后废水中镍离子的浓度并不是线性的对应关系，当废水中镍离子浓度小于 70mg/L 时，处理效果较好。

通过改进生产工艺降低废水中铜镍浓度能显著提高废水处理的能力，将此废水与含铜含镍浓度都比较低的含铬废水进行混合处理，废水的进水铜镍浓度均降低 10 倍以上，继续使用硫酸亚铁破络处理后出水的浓度就能达到《国家污染物综合排放标准》的二级排放要求。

参 考 文 献

[1] 孟祥和，胡国飞．重金属废水处理［M］．北京：化学工业出版社，2000.

[2] 林琳．电镀络合废水破络合后处理工艺优化［J］．工业用水与废水，2011，42（6）：33-36.

[3] 陈鹏宇，王宇辰，郝宝军，等．浅谈沉铜络合废水的处理［C］．2015 秋季国际 PCB 技术/信息论坛，2015：330-336.

[4] 宫本涛，袁浩，李永德，等．铜氨废水处理与废铜液回收［J］．电镀与精饰，2002，24（1）：31-34.

[5] GB 21900—2008 电镀污染物排放标准［S］．北京：中国环境科学出版社，2008.

工艺技术：铜线

铜母线精密冲裁产品工艺试制与优化

黄路稠，邓雄文

（佛山市华鸿铜管有限公司，广东佛山　528234）

摘　要：针对铜母线需精密冲裁的产品，试制不同生产工艺对铜母线精密冲裁的影响，通过工艺的试制和后续模具的优化，有效地减少和避免了铜母线精密冲裁产生的不良缺陷具有借鉴意义。

关键词：铜母线；精密冲裁；工艺试制；模具优化

Tral-manufacture and Optimization of Precision Blanking Process for Copper Busbar

Huang Luchou，Deng Xiongwen

（Foshan Huahong Copper Tube Co.，Ltd.，Foshan 528234）

Abstract：Aiming at the products needing precise blanking for copper busbar，the influence of different production processes on precise blanking for copper busbar is trial-produced. Through trial-production of process and optimization of follow-up die，the bad defects caused by precise blanking for copper busbar are effectively reduced and avoided.

Key words：copper busbar；precision blanking；process trial-manufacture；die optimization

1　引言

精密冲裁简称精冲，精冲是在普通冲压技术基础上发展起来的，具有优质、高效、低耗和面广等特点[1]。铜母线精密冲裁产品广泛用于高低压开关柜、变电站、母线槽、桥架、电器开关、通信设备、基站、充电桩、家用电器、船舶制造、办公自动化设备、电梯制造、机箱机柜制造等电气成套制造行业。由于精密冲裁的实质是使冲模刃口附近剪刀变形区内材料处于三向压应力状态，抑制断裂的发生，使材料以塑性变形的方式实现分离，因此，冲裁的铜母线应该具备良好的切屑加工性能及塑性变形能力。产品经过精密冲裁后截面应平直、光洁，不应有撕裂、分层、裂纹、空洞等不良现象。如何有效地减少和避免铜母线精密冲裁后产品的不良现象，满足客户的使用加工要求，是此次试制的目的与追求的目标。

2　铜母线生产工艺

挤压是有色金属、钢铁材料生产与零件成形加工的主要生产方法之一，也是各种复合材料、粉末材料等先进材料制备与加工的重要方法。有色金属挤压制品在国民经济的各个领域得了广泛应用[2]。连续挤压是一种新型高效的压力加工技术，其原理是将传统压力加工中做无用功的摩擦力转化为变形的驱动力，和金属塑性变形热一并成为坯料升温的发热源，是一种新型高效加工技术[3]，是有色金属加工技术的一次革命。连续挤压技术具有短流程、低成本、品质优、高效节能，可实现连续自动化等特点，在铜加工诸多领域得到了快速发展和广泛应用。此次试制采用“上引法→连续挤压→拉伸→精冲”的工艺路线和采用“上引法→连续挤压→轧制→再结晶退火→拉伸→精冲”的工艺路线进行试制。

3　试制内容

3.1　产品试制内容

产品试制内容见表 1。

表 1　试制产品表
Table 1　Trial product list

牌　号	产品状态	产品规格（厚度×宽度）/mm	精冲试验
T2	硬态	*R*8×40	无不良缺陷

3.2　产品的主要技术指标

按 GB/T 5585.1—2005《电工用铜、铝及其合金母线　第 1 部分：铜和铜合金母线》的要求，铜母线主要技术质量指标见表 2。

表 2　试制产品主要技术质量指标
Table 2　Main technical quality indexes of trial-produced products

牌　号	产品规格/mm	厚度偏差/mm	宽度偏差/mm	布氏硬度
T2	*R*8×40	±0.07	±0.15	≥65

4　试制工艺及精冲结果

4.1　试制工艺

连续挤压是金属塑性变形热使金属晶体破碎再重组的过程，选用不同的挤压速度，铜母线的性能可能会不同。连续挤压出来的半成品，通过轧和再结晶退火，可消除金属晶体缺陷，得到排列均匀的等轴晶，此时得到的铜母线性能或许会比单独使用连续挤压出来的产品性能更优良。因此，对试制工艺分为以下三种：

（1）上引法→连续挤压 1→拉伸→精冲的工艺路线；

（2）上引法→连续挤压2→拉伸→精冲的工艺路线；

（3）上引法→连续挤压→轧制→再结晶退火→拉伸→精冲的工艺路线。

铜母线的三种试制工艺及主要技术要求见表3~表5。

表3 试制产品生产工艺（1）

Table 3 Production process of trial-produced products (1)

工序名称	工序规格/mm	工艺参数
上引炉	ϕ20	炉温：1155~1160℃
连续挤压	R9.2×41.4	转速8.5r/min
拉伸	R8×40	

表4 试制产品生产工艺（2）

Table 4 Production process of trial-produced products (2)

工序名称	工序规格/mm	工艺参数
上引炉	ϕ20	炉温：1155~1160℃
连续挤压	R9.23×41.42	转速4.9r/min
拉伸	R8×40	

表5 试制产品生产工艺（3）

Table 5 Production process of trial-produced products (3)

工序名称	工序规格/mm	工艺参数
上引炉	ϕ20	炉温：1155~1160℃
连续挤压	14×42	转速8.5r/min
轧制	9.15×41.35	轧制速度：40m/min
光亮退火	9.15×41.35	退火温度540℃，保温时间240min
拉伸	R8×40	

4.2 试制结果

试制工艺的精冲结果见表6。

表6 试制工艺的精冲结果

Table 6 Fine blanking results of trial production process

试制工艺序号	成品道次延伸系数	硬度HB	冲压条数	不良条数	精冲不良率/%
1	1.184	84	18	9	50.0
2	1.188	84	10	4	40.0
3	1.177	82	15	1	6.67

5 试制结果分析与模具优化

试制工艺1：坯料按正常挤压转速8.5r/min进行挤制，成品主要技术质量指标均符合标准要求，经精冲试验，冲裁倒角处有明显的撕裂空洞现象，随机取样 18 条，不良 9 条，不良率高达 50%。

试制工艺 2：降低连续挤压机转速至 4.9r/min 进行挤制，成品主要技术质量指标均符合标准要求，经精冲试验，从冲裁倒角的实物来看，边部撕裂空洞状比之前转速相对快的有所好转，但还是达不到客户的要求。试制工艺 1 与试制工艺 2 的冲裁倒角见图 1。

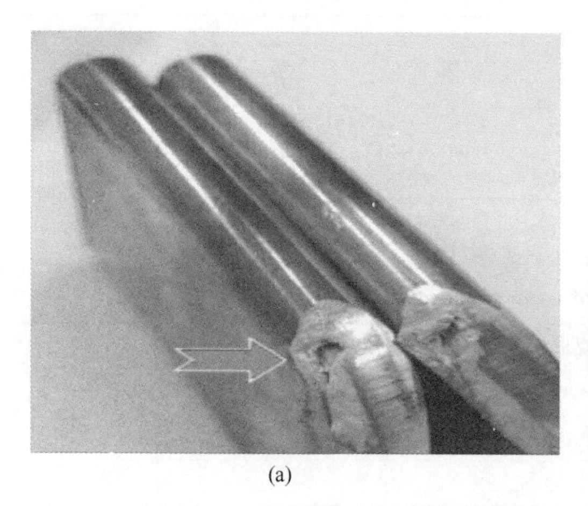

(a)

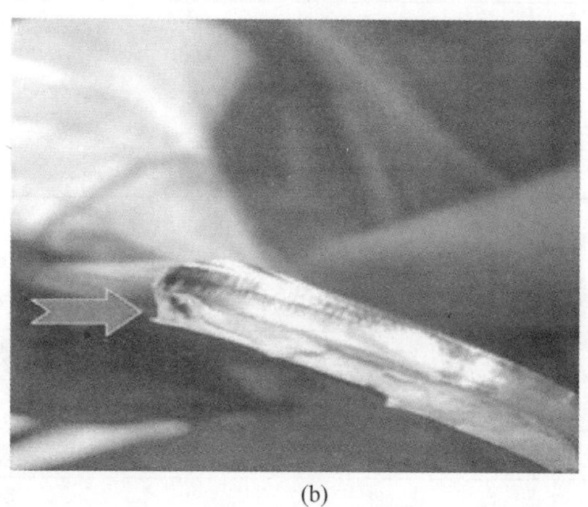

(b)

图 1　试制工艺 1 与试制工艺 2 的冲裁倒角对比

Fig. 1　Comparisons of blanking chamfer between trial process 1 and trial process 2

（a）试制工艺 1：挤压速度 8.5r/min 冲裁倒角状况；（b）试制工艺 2：挤压速度 4.9r/min 冲裁倒角状况

试制工艺 3：坯料按正常挤压转速 8.5r/min 挤制再轧制退火工艺进行试制，成品主要技术质量指标均符合标准要求，经精冲试验，从冲裁倒角的实物来看，冲压断面光滑，无任何空心、撕裂状。试制工艺 3 的冲裁倒角见图 2，冲裁倒角设备见图 3。

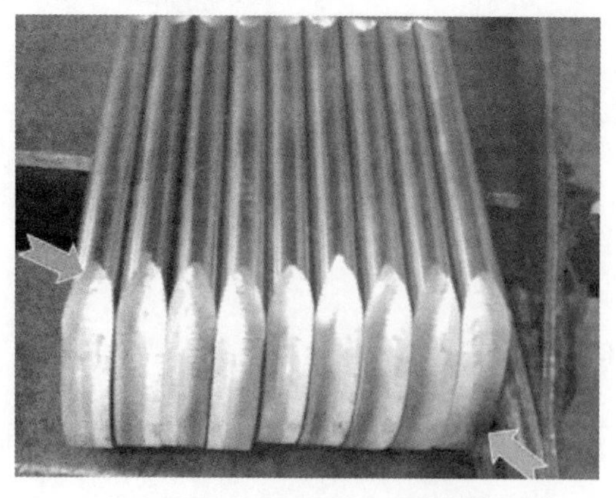

图 2　试制工艺 3 轧制退火冲裁倒角状况

Fig. 2　Trial production process 3

图 3　精密冲裁设备

Fig. 3　Precision blanking equipment

通过对三种试制工艺的试制结果对比分析，增加轧制退火的生产工艺路线对精冲效果是最好的。从冲裁倒角的实物发现的不良现象来看，铜母线常见的宏观缺陷为疏松、气孔、粗晶、夹杂等。铜母线精密冲裁产品的加工优劣主要取决于金属的流动性，通过一系列的加工工艺优化，选择合适的加工工艺，改善铜母线的宏观缺陷，可使铜母线的宏观组织表现为致密、均匀、无夹杂等的等轴晶体，精冲出来的产品切断面平直、光洁、无裂纹、无撕裂、无夹层、无毛刺等缺陷。连续挤压金属流动规格的研究对于优化控制连续挤压过程、合理设计工模具、提高产品性能等具有重要意义[4]。为确保和稳定产品质量的可持续性，后续对原模具结构进行了改进，之前的压料堆料，改善为直接进料，使腔体内的原料不产生死料区或相互交错，增大边部原料压力和填充力，使其达到均衡出料，不产生空边问题，挤压模腔内部结构和形状改进前后见图 4，挤压模具进料口改进前后对比见图 5。通过挤压模具的改进，缩短塑性变形区的长度减小分流比，改变塑性流动方向，使塑性流动更均匀，保证产品内部质量的致密性良好。产品经送往客户车间进行精冲检验，冲压断面光滑，无任何空心、撕裂状，冲压效果达到使用单位的高度好评。

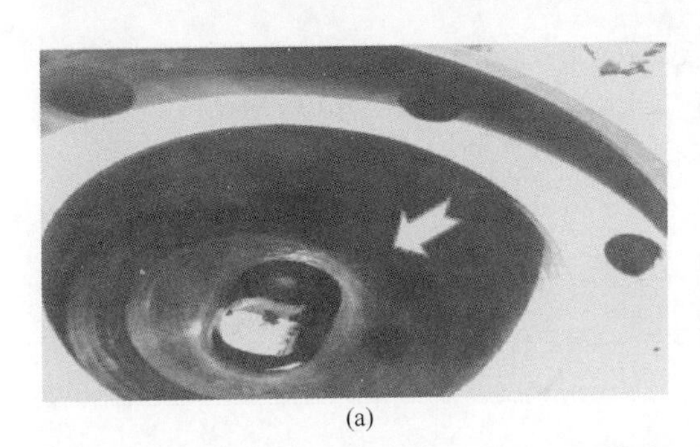
(a)

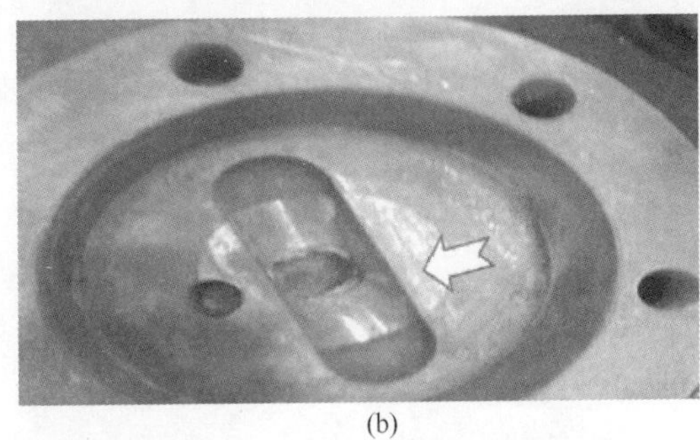
(b)

图 4　挤压模腔内部结构和形状

Fig. 4　Internal structure and shape of extrusion die cavity

(a) 改进前；(b) 改进后

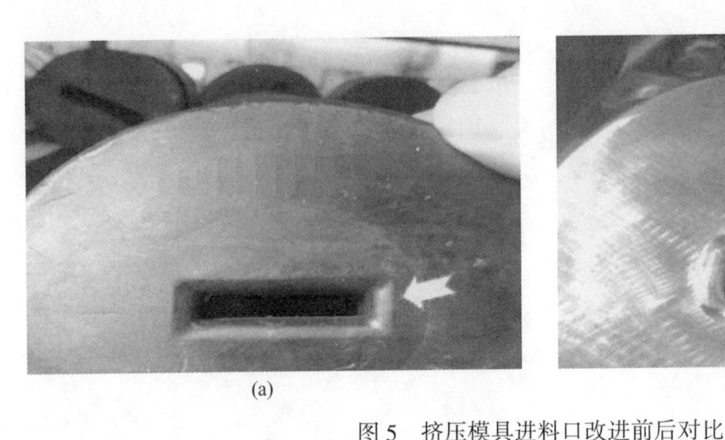
(a)

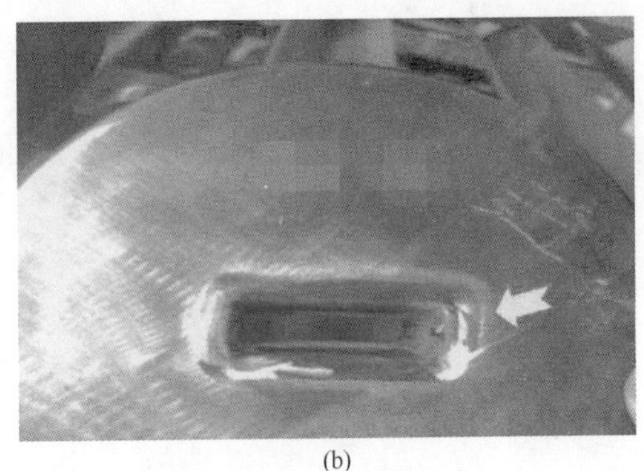
(b)

图 5　挤压模具进料口改进前后对比

Fig. 5　Contrast before and after improvement of inlet and outlet of extrusion die

(a) 改进前；(b) 改进后

6　结束语

随着国民经济的持续高速发展，经济发展模式在不断变化，互联网大数据、通信 5G、新能源汽车等促使基站、通信设备、快速充电桩、高低压电柜、变压器等行业呈爆发式增长，对铜母线的精密冲裁产品产量和消费的需求也大幅度提高。为了响应国家节能减排的号召，高品质、高效益、低能耗是未来精冲铜母线的方向。因此，应通过优化铜母线的生产工艺和挤压模具的改进（优化模具结构，不用轧制退火工艺），改善铜母线的加工性能，有效地减少和避免铜母线精密冲裁产生的不良缺陷，使精冲出来的铜母线切断面平直、光洁，无裂纹、无撕裂、无夹层、无毛刺等。该产品效果得到使用单位的高度好评，提高了铜母线的品质，降低了不良率，也间接地降低了生产能耗，为产品在未来的竞争力中提供有力的保障。

参 考 文 献

[1] 鲁子恒，雷君相．基于 ABAQUS 的板材精冲工艺研究［J］. 有色金属材料与工程，2016，37（6）：281.

[2] 钟毅．连续挤压技术及其应用［M］. 北京：冶金工业出版社，2004.

[3] 徐恒雷．连续挤压应用过程中常见缺陷浅析与措施［J］. 有色金属加工，2010，39（4）.

[4] 钟毅，连续挤压技术及其应用［M］. 北京：冶金工业出版社，2004.

工艺技术：管理

MES 质量管理系统在铜加工行业应用实践

苏忠伟，应勇志，孟玲娟

（天行集团有限公司，浙江金华 321000）

摘　要：通过建立基于 MES 的质量管理信息系统，得以在制造执行层面实现质量活动与制造过程的数据交互，实时分析从生产现场收集到的数据，及时控制每道工序的加工质量，进行质量预测、检测、监控和控制，事先消除质量缺陷，降低质量成本。同时通过每道工序的质量信息，对产品实现从接到订单、原料投入到最后产成品的完全实时质量跟踪，不仅可以实现对不合格产品的逆向追溯，还可以产生质量统计分析报表，报表结果的反馈为 MES 生产性能分析提供了可靠的质量报告，使质量计划的执行具有更好的预见性。

关键词：铜加工行业；制造执行系统；质量管理；数据交互；质量预测

Application of MES Quality Management System in Copper Processing Industry

Su Zhongwei，Ying Yongzhi，Meng Lingjuan

（Tianxing Group Co.，Ltd.，Jinhua 321000）

Abstract：Through the establishment of quality management information system based on MES，the data interaction between quality activities and manufacturing process can be realized at the manufacturing execution level，the data collected from the production site can be analyzed in real-time，the processing quality of each process can be controlled in time，the quality prediction，detection，monitoring and control can be carried out，the quality defects can be eliminated in advance，and the quality cost can be reduced. At the same time，through the quality information of each process，the complete real-time quality tracking of products from receiving orders，raw materials input to final products can not only achieve the reverse traceability of unqualified products，but also produce quality statistic alanalysis reports. The feedback of the report results provides reliable quality reports for MES production performance analysis，so that the implementation of quality plans can be better foresight.

Key words：copper processing industry；manufacturing of execution systems；quality management；data interaction；quality forecasting

1　引言

日益激烈的市场竞争，要求铜加工企业在降低成本的同时，缩短供货时间，提高产品质量。面对挑战，铜加工企业需要改善内部管理，提高企业资源的使用效率。然而，在ERP（Enterprise Resource Planning，企业资源规划）和SCM（Supply Chain Management，供应链管理）上大量的投资，并没有为企业带来令人满意的效果，因为作为铜加工企业价值核心的车间生产并没有整合到管理信息系统中去。如果车间生产不能按时生产出高质量的产品，如果生产信息不能在需要的时间传递给需要的人，那么企业级的管理决策都只能基于猜测，这必然影响到整个企业的效益。因此，对于铜加工行业企业的经营管理者来说，一个实时的、有效的、和供应链紧密配合的工厂管理系统是必不可少的。MES能实现对制造工厂的有效管理。

2　质量管理现状

目前国内大多数铜加工行业中质量管理是通过下达生产计划，事后生产检验和产生质量统计报表等形式进行的静态质量管理。产品生产流程中很多数据的采集采用手工方式传递，可靠性得不到保证；质量信息的采集主要靠现场的质量随行卡片、报表、单据等文字资料；而且，也没有按照正确的质量设计标准进行实时的质量判定，判定人为产生，出错概率大，直接影响现实生产的时效性和准确性，不能实时对复杂现场中产品质量进行预测和控制，质量控制的效果受到很大制约。少数铜加工企业开发了质量管理信息系统，传统的质量管理信息系统主要用于记录、管理企业中的质量数据，覆盖质量活动的全过程，但对制造过程的关注度不够。这类系统大多独立于制造过程，很少考虑与制造过程发生的活动和数据交互。因而，仅能支持质量部门日常工作的无纸化操作，无法满足质量过程和制造过程之间的信息传递需求以及企业对质量活动执行效率和制造过程质量水平的追求。而且由于受到铜加工行业工艺流程复杂、品种多、批量小、速度快、质量高，现场生产环境复杂，老工业企业工人认知水平不高，与引进的世界一流先进加工设备的磨合期较短，国内的成功案例不多等主客观条件的影响，使得开发完成的大部分系统还不够成熟，与整个MES系统结合不够紧密，相对孤立。

3　质量管理系统

随着质量管理系统在制造企业的发展，钢铁企业已经形成了较为成熟的质量管理系统，而钢铁企业的信息系统主要为ERP/MES/PCS三层架构，整个企业的质量管理任务也主要由这三大系统承担，各个系统的侧重点有所不同，主要质量功能由MES完成。与钢铁企业信息系统的成熟相比，铜加工企业的信息系统才刚刚起步，钢铁企业的信息系统中部分功能可以在铜加工行业里应用，但是铜加工企业也有自己特有的质量系统特点。在铜加工行业ERP中，质量标准管理一方面提供了国家标准、冶金标准等质量标准；另一方面提供了产品库存量、客户订单工艺信息、材料需求状况以及成本管理、财务管理等各项管理所需要的质量支持数据。质量标准管理为MES系统提供了质量标准。

在 PCS 中，质量管理主要实现对现场生产质量数据的实时采集，采集的数据传递到 MES 中。采集数据主要包含料卷的电子随行卡片、化学成分信息、不合格品的数据信息、质量封锁等。电子随行卡片主要包含该料卷在所运行工序上的质量情况及合同要求的工艺信息；化学成分信息通过采集熔铸的检化验分析结果得到；不合格品的数据信息包含料卷检查不合格的责任机台、需要返工的机台，质量问题，质量问题料卷的封锁日期、封锁人等；质量封锁包含不合格品料卷封锁情况及不合格品的处理情况。此外，PCS 系统还通过提供的数据曲线等方法对生产过程进行控制，如精轧机自带的板型仪、测厚仪提供的板型控制图形数据可以控制该生产设备或者该工序的厚度质量特性。MES 层是质量管理系统的关键一层，也是质量管理系统较为复杂的一层。它不仅承上接收来自用 ERP 的客户要求的质量信息标准数据，进行质量工艺设计，而且还启下获取来自 PCS 的实时采集数据，由于得到的都是实时自动收集的数据，可以轻而易举地实现系统的在线生产自动质量判定。通过对 PCS 层传来的质量数据进行统计分析，产生各个工序、各个工区的质量报表，对产生的质量信息进行判断，来指导质量计划的制定；数据综合处理后送到 ERP 中，包括客户要求产品的质量信息和现场生产的质量报表等。而整合了每个工序的质量信息的数据库也加强了对产品从原材料到成品的追踪能力。铜加工行业 MES 主要以此实现从事后检验和把关为主转变为以预防和改进为主，从过去就事论事、分散管理转变为以系统的观点进行全面综合治理。

4 系统总体设计

以中铝洛阳铜业有限公司为例，建立了基于 B/S 与 C/S 混合结构的质量管理系统。其总体设计如图 1 所示。

采用 B/S 与 C/S 的复合结构，能使企业的操作人员非常方便地实现系统操作、信息交互、查找等功能，便于集中管理，实现两者的优势互补。服务器对各个设备工序数据库质量信息的采集采用 C/S 结构，车间质量科、质量管理科、检化验的访问采用 B/S 结构。

5 系统功能

5.1 MES 中质量管理系统基本框架

图 2 所示为质量管理系统结构框架。铜加工行业的质量管理系统的总体目标是按照客户订单对产品质量的要求，设计出成分、性能等质量参数和生产工艺技术标准及设备参数，并且对现场生产工序进行实时质量跟踪。根据工艺技术标准和质量标准对产品生产过程中的质量问题进行实时质量判定和控制体现了生产制造过程与质量管理的紧密结合，随着生产过程的继续，质量管理不断进行着采集数据、质量检验判定、质量数据统计分析，与质量目标的对比等活动。生产过程中质量检查员根据质量标准要求、工序过料标准要求、工艺及合同要求，在各个生产工序对来料和料的加工生产的情况进行检测和控制，如图 3 所示。

工序加工开始时，接收的来料由生产人员和质检人员进行本工序生产前的首次检验，首检合格后，进行本工序生产。在生产过程中，生产人员会对生产的料的情况进行检查，

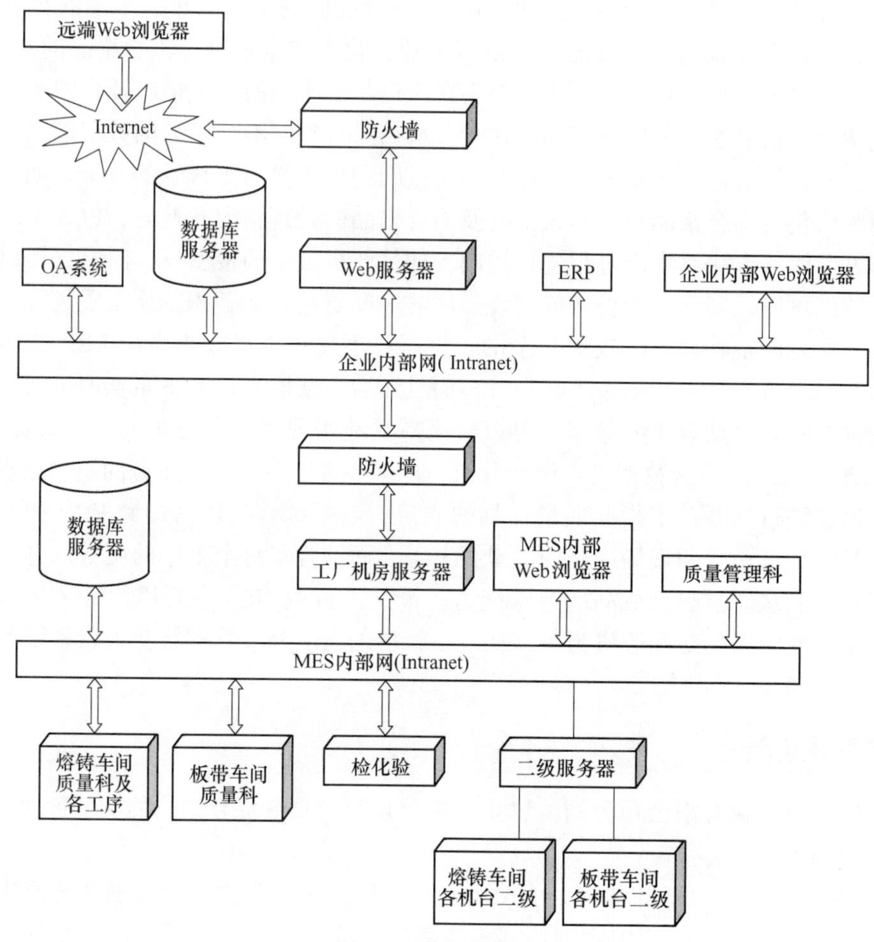

图 1　系统总体设计

发现问题及时反映给质检人员，同时质检人员会对生产的料的情况进行本工序检查（巡检），如果发现问题，质检人员对生产的料进行封锁处理，生产的产品进入不合格品处理流程，质检部门对料进行质量判定，提出处理意见（质检员对不合格品的处理可以分为：返工、返修、降牌号、杀废、改制、降级、改牌号等），同时把处理意见提交给生产计划工艺部门。计划工艺部门结合实际的生产情况，如现有计划、工艺等，对处理意见进行确认，或者驳回，直至质量判定后的产品判定合格后进入正常工作流程。图 4 所示为不合格品处理流程。

5.2　质量管理功能

根据质量管理系统的结构和制造过程的流程，质量管理模块可以分为质量标准管理、质量判定、检化验审核、电子随行卡管理、料卷所挂合同执行情况、基础数据管理、质量统计。

5.2.1　基础数据管理

基础数据管理中包含着质量角色权限管理以及管理编码。角色权限管理主要提供质量人员信息的添加、查询、更改、删除功能和各级质量人员的权限分配功能。因此系统管理

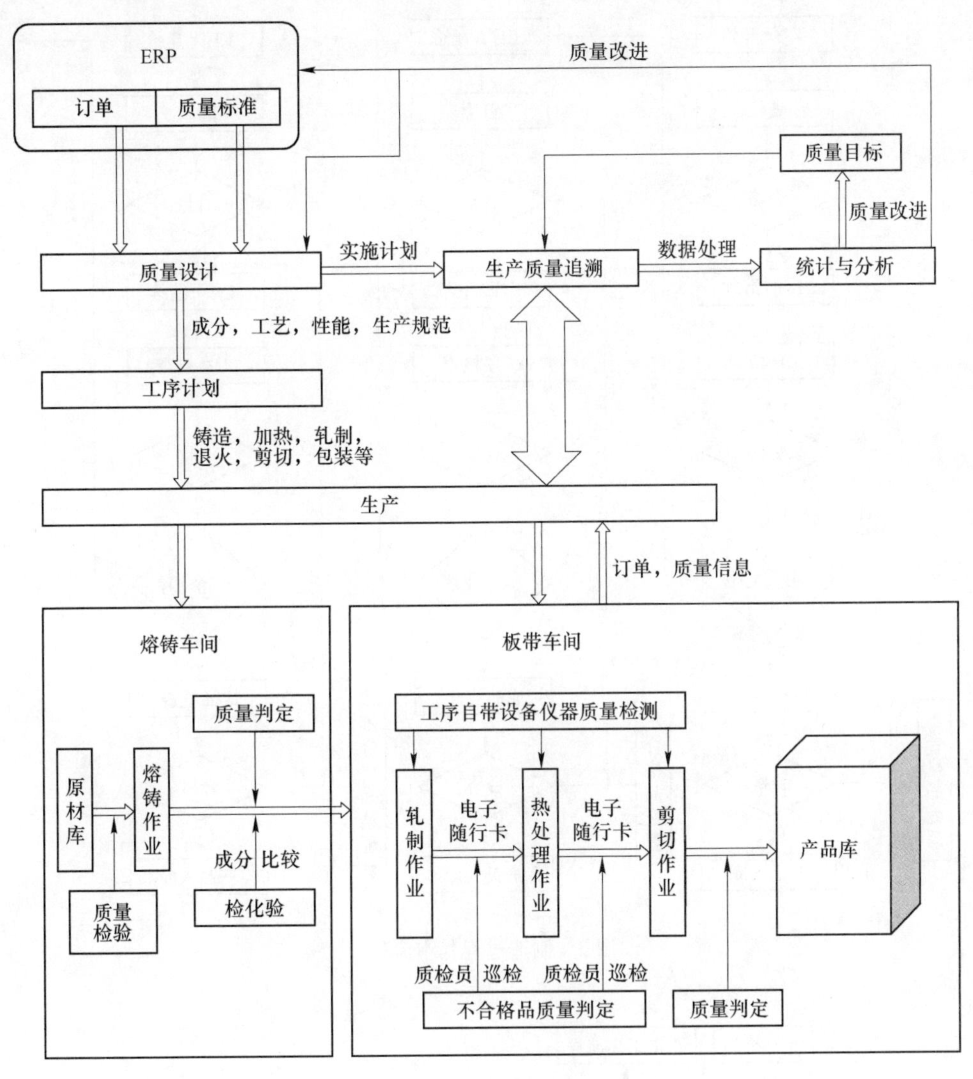

图 2 质量管理系统结构框架

员可以方便地根据现场的实际需要合理进行质量人员信息及其权限的集中管理。管理编码主要包括质量检查方法、质量检查要求、质量缺陷程度、缺陷名称、缺陷位置等。

5.2.2 质量标准管理

铜加工行业 MES 中质量标准包括质量各项参数（成分、性能、公差、包装方式等）标准、生产过程中设备运行参数（压力、温度等）标准。质量标准按照产品的规格要求可以分为规格标准（国际标准、国内标准、行业标准）、客户特殊要求的标准和厂内标准。客户特殊要求标准包含了客户对于所需产品的成分、性能、公差、粗糙度、侧边弯曲度等要求建立起来的标准。这种标准的产生完全是市场经济作用的结果，随着市场竞争的延续，它会越来越多，越来越细。厂内标准对于其他两个标准来说更为严格，它的产生不仅是企业节能减排、降低生产成本的现实需要，也是企业不断追求创新、不断自主开发新产品的产物。

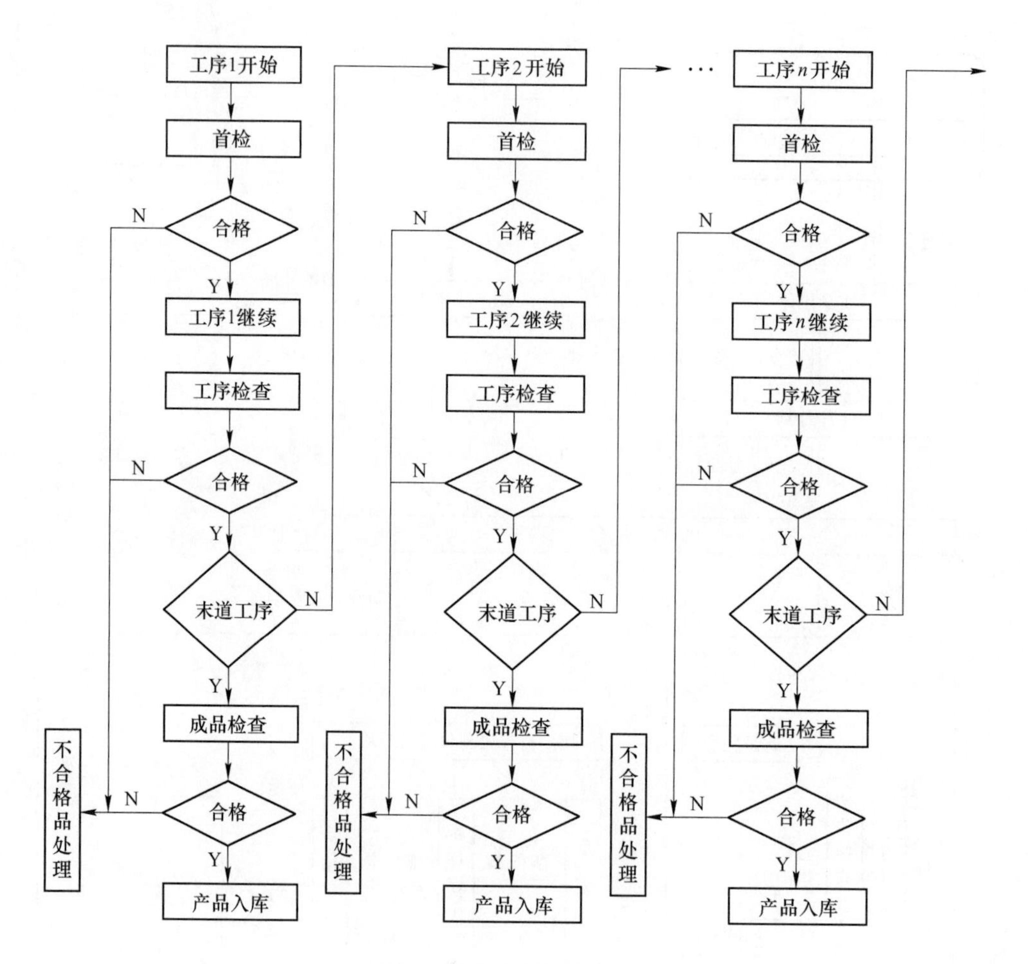

图3　制造过程基本流程

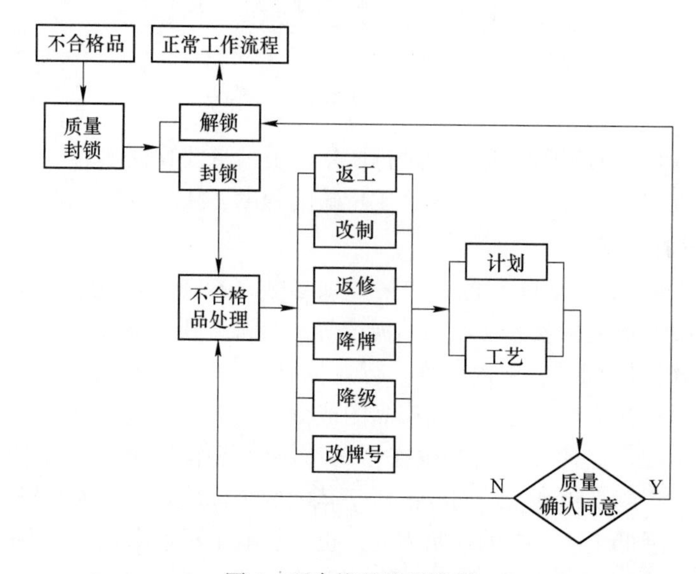

图4　不合格品处理流程

5.2.3 质量判定

质量判定主要包含质量封锁管理和不合格品的处理。质量封锁管理是质检人员对实际生产过程中有问题的产品进行封锁，阻止其向下一工序进一步生产的行为。在产品质量封锁的基础上，质检人员对有质量问题的产品进行不合格品处理。不合格品处理分为质检部门的不合格品处理和计划工艺部门的不合格品处理两层。按照质量标准的要求，质检部门对不合格品提出处理意见，计划工艺部门对意见进行确认和驳回，质量部门对计划工艺部门进行确认的产品进行解锁，经判定合格的产品进入正常的生产流程。

5.2.4 检化验管理

检化验管理主要在熔铸车间进行。它主要包含化学成分管理和检化验审核管理两部分。化学成分管理主要包含原材料检验和熔铸前、后产品试样的化学成分比较。原材料检验是提高产品生产率非常有效的手段，原材料试样经过检化验，合格后的产品标注好厂家、材料入库时间等，为以后产品的质量跟踪到原材料提供原始证据。检化验审核管理中包含着所有的未化验的料卷信息、计划员提出的放行申请信息、化验不合格的料卷信息、紧急放行料卷信息。检化验管理包含着所有未化验的料卷，对于化验不合格的料卷在这里可以进行料卷质量封锁处理，等待质检人员作为不合格品处理，对于合格的料卷进行放行处理。

5.2.5 电子随行卡管理

电子随行卡管理是整个质量管理系统的核心，用它不仅可以采集获得最基础、最原始的产品经过每道工序的质量信息，也可以为后来的质量追踪提供条件，为后来的质量报表提供数据上的准备。电子随行卡由数据采集和质量跟踪两部分组成。基于 MES 的质量管理系统的数据采集采用先进的数据采集技术和工厂实际情况相结合的方式，具有很高的实效性、适应性、扩展性，包括数据自动采集、手动输入和数据共享。质量跟踪则贯穿于整个生产过程中，从原材料到最后的产成品。通过它可以把生产现场的质量信息、质量设计目标和客户要求进行质量异常判断。如果上一工序出现问题，下一工序可采集措施，确保质量目标和客户要求。如果在某一工序经常出现质量问题，可以通过追溯产品的在线质量信息，如设备状况、工序参数信息等，采取措施，避免问题以后继续发生。通过实时监控，及时对异常质量信息采取措施，减少成品不合格率。

5.2.6 质量统计分析

质量统计分析主要是对生产过程中产生的质量问题进行统计，反映出质量水平现状，找出原因，不断改进质量水平，满足质量目标和质量需求。质量统计分析包括以下几个方面：

（1）提供对原材料、半成品、产成品按各种要求统计的日报、月报、季报、年报，为质量部门分析质量、产量和合格率等情况提供依据。

（2）提供各个机台、各个工区、各个车间的质量报表，为以后考察各个机台、工区、车间的通货量和成品率，以及分析经常产生质量原因所对应的设备情况提供数据上的准备。

（3）质量问题汇总。系统自动统计出各类质量问题，如质量判定日志统计质检人员进行质量处理的产品情况，反映出返工、返修、杀废、改制等质量问题的发生频率。

（4）通过直观的图形（如直方图、排列图等）等统计手段对质量参数值（影响质量的元素参数、延伸率、力学性能、电性能）进行分析，找出影响产品质量的特性。

6 结束语

基于MES的质量管理信息系统，通过把质量统计分析的结果，实时反馈给MES系统，不仅使生产部门及时掌握全厂整体的质量水平，为生产部门进行生产评估和制定下一阶段生产计划，充分协调现场生产，合理分配生产，优化生产工艺，完善质量标准提供了质量依据；还可以使与生产相关的管理者随时看到生产过程中的质量数据，便于查找和分析质量分析结果背后的质量问题和原因，使产品质量得以更大程度改善。

参考文献

[1] 夏建中．制造业质量管理信息化研究与实践［J］．中国质量，2005（10）：68.
[2] 顾佳晨，刘晓强，孙彦广．钢铁企业MES质量管理的功能与技术架构［J］．冶金自动化，2004，28（1）：19-21.
[3] 张迪妮．基于MES的质量管理信息系统的研究［J］．世界标准化与质量管理，2007（4）：39-42.